“十二五”江苏省高等学校重点教材

高等职业教育系列教材

物联网工程概论

主编　刘全胜

参编　平　毅　曹建峰　等

主审　彭　力

机械工业出版社

本书介绍了物联网的起源与发展、核心技术、主要特点以及应用前景，系统地阐述了物联网的层次结构和功能划分，提出“六域”的物联网国际标准结构模型，从用户域、目标对象域、感知控制域、服务提供域、运维管控域和资源交换域这6个方面展开，深入浅出地为读者展示物联网的先进技术，引领读者步入物联网的世界。本书重点突出物联网的系统性与体系架构，强调了具体技术的实用性与解决方案的系统性，并通过实际案例详细讲解了物联网技术在各行各业的应用。

本书适合作为高职高专院校物联网技术、电子信息技术、自动化技术、通信技术等相关专业教材，也可作为普通本科院校、中等职业学校教材。此外，本书也可作为物联网科普读物。

本书配有授课电子课件，需要的教师可登录 www.cmpedu.com 免费注册、审核通过后下载，或联系编辑索取（QQ：1239258369，电话：010-88379739）。

图书在版编目（CIP）数据

物联网工程概论/刘全胜主编．—北京：机械工业出版社，2015.11（2021.8重印）
高等职业教育系列教材
ISBN 978-7-111-52572-1

Ⅰ.①物… Ⅱ.①刘… Ⅲ.①互联网络-应用-物流-高等职业教育-教材 ②智能技术-应用-物流-高等职业教育-教材 Ⅳ.①TP393.4 ②TP18

中国版本图书馆CIP数据核字（2015）第308232号

机械工业出版社（北京市百万庄大街22号　邮政编码100037）
策划编辑：鹿　征　　责任编辑：鹿　征
责任校对：张艳霞　　责任印制：郜　敏
北京盛通商印快线网络科技有限公司印刷

2021年8月第1版·第4次印刷
184mm×260mm·16.25印张·401千字
标准书号：ISBN 978-7-111-52572-1
定价：49.00元

电话服务
客服电话：010-88361066
010-88379833
010-68326294

网络服务
机　工　官　网：www.cmpbook.com
机　工　官　博：weibo.com/cmp1952
金　书　网：www.golden-book.com
机工教育服务网：www.cmpedu.com

出 版 说 明

《国家职业教育改革实施方案》（又称“职教20条”）指出：到2022年，职业院校教学条件基本达标，一大批普通本科高等学校向应用型转变，建设50所高水平高等职业学校和150个骨干专业（群）；建成覆盖大部分行业领域、具有国际先进水平的中国职业教育标准体系；从2019年开始，在职业院校、应用型本科高校启动“学历证书+若干职业技能等级证书”制度试点（即1+X证书制度试点）工作。在此背景下，机械工业出版社组织国内80余所职业院校（其中大部分院校入选“双高”计划）的院校领导和骨干教师展开专业和课程建设研讨，以适应新时代职业教育发展要求和教学需求为目标，规划并出版了“高等职业教育系列教材”丛书。

该系列教材以岗位需求为导向，涵盖计算机、电子、自动化和机电等专业，由院校和企业合作开发，多由具有丰富教学经验和实践经验的“双师型”教师编写，并邀请专家审定大纲和审读书稿，致力于打造充分适应新时代职业教育教学模式、满足职业院校教学改革和专业建设需求、体现工学结合特点的精品化教材。

归纳起来，本系列教材具有以下特点：

1）充分体现规划性和系统性。系列教材由机械工业出版社发起，定期组织相关领域专家、院校领导、骨干教师和企业代表召开编委会年会和专业研讨会，在研究专业和课程建设的基础上，规划教材选题，审定教材大纲，组织人员编写，并经专家审核后出版。整个教材开发过程以质量为先，严谨高效，为建立高质量、高水平的专业教材体系奠定了基础。

2）工学结合，围绕学生职业技能设计教材内容和编写形式。基础课程教材在保持扎实理论基础的同时，增加实训、习题、知识拓展以及立体化配套资源；专业课程教材突出理论和实践相统一，注重以企业真实生产项目、典型工作任务、案例等为载体组织教学单元，采用项目导向、任务驱动等编写模式，强调实践性。

3）教材内容科学先进，教材编排展现力强。系列教材紧随技术和经济的发展而更新，及时将新知识、新技术、新工艺和新案例等引入教材；同时注重吸收最新的教学理念，并积极支持新专业的教材建设。教材编排注重图、文、表并茂，生动活泼，形式新颖；名称、名词、术语等均符合国家有关技术质量标准和规范。

4）注重立体化资源建设。系列教材针对部分课程特点，力求通过随书二维码等形式，将教学视频、仿真动画、案例拓展、习题试卷及解答等教学资源融入到教材中，使学生学习课上课下相结合，为高素质技能型人才的培养提供更多的教学手段。

由于我国高等职业教育改革和发展的速度很快，加之我们的水平和经验有限，因此在教材的编写和出版过程中难免出现疏漏。恳请使用本系列教材的师生及时向我们反馈相关信息，以利于我们今后不断提高教材的出版质量，为广大师生提供更多、更适用的教材。

机械工业出版社

前　言

物联网（Internet of Things）自从诞生以来，就引起了巨大关注，被认为是继计算机、互联网、移动通信网之后的又一次信息产业浪潮。物联网将人类生存的物理世界网络化、信息化，将分离的物理世界和信息空间有效互连，代表了未来网络的发展趋势与方向，是现代信息技术发展到一定阶段后出现的一种聚合性应用与技术提升。

物联网是一次技术革命，代表未来计算机和通信的发展方向，其发展依赖于在诸多领域内活跃的技术创新。物联网技术融合了 RFID（射频识别）技术、WSN（无线传感器网络）技术、传感器技术、服务支撑技术、网络传输技术等多种技术。RFID 是一种非接触式自动识别技术，可以快速读写、长期跟踪管理，在智能识别领域有着非常好的发展前景；以短距离、低功耗为特点的无线传输器网络的出现使得搭建无处不在的网络变为可能；以 MEMS（微机电系统）为代表的传感器技术拉近了人与自然世界的距离；服务支撑技术则为发展物联网的应用提供了服务内容。

本书是为了配合物联网相关专业的专业前导课程“物联网工程概论”而编写的。作为一门专业前导性的课程，本书主要从物联网的层次、技术、服务、知识体系以及如何做一名合格的物联网工程师的角度，阐述了该课程包括的主要内容。本书试图通过大量的应用案例，帮助学生理解物联网的概念和应用，启发读者的学习兴趣，培养读者创新思维能力。本书既可以作为应用型本科物联网工程相关专业的课程教材，也可以作为高职高专物联网应用技术相关专业的课程教材。

全书共分 8 章，涉及物联网绪论、物联网感知层技术、物联网网络层技术、嵌入式技术及智能设备、物联网支撑技术、物联网安全技术及物联网技术应用。此外，考虑到高职学生特点，本书还以附录的形式提供了 3 个认知实验，便于学生对相关关键技术有感性的认识。无锡物联网研究院在三层架构的体系结构上，提出了“六域”的物联网国际标准，并于 2014 年获得通过。“六域”由用户域、目标对象域、感知控制域、服务提供域、运维管控域和资源交换域组成，本教材融入了这些物联网技术发展的最新成果。

本书由无锡职业技术学院刘全胜教授担任主编并负责组稿，彭力主审。参加本书编写工作的有刘全胜（第 1 章、第 2.5 ~ 2.6 节、第 8 章），吴孔培（第 2.1 ~ 2.4，第 6.5 节），王荣（第 3 章），吴伟（第 4 章），王波（第 5 章），平毅（第 6.1 ~ 6.4 节），曹建峰（第 7 章）。无锡物联网产业研究院副院长沈杰及团队成员刘马飞、陈慧为本书的编写提供了部分材料，在此向他们表示感谢。

由于作者水平有限，书中难免有疏误之处，希望得到读者的批评指正。

编　者

教学建议

《物联网工程概论》课程学时分配表

章　节	课程内容	建议学时分配		
		讲授	实验	合计
第1章　绪论	物联网的定义、发展概况、框架结构、标准体系、关键技术和应用领域	2		2
第2章　射频识别技术	自动识别技术、RFID体系结构及典型应用、EPC标准和EPC编码协议、EPC系统结构	4	2	6
第3章　传感技术与无线传感器网络	传感技术与常用传感器介绍、智能传感器、传感器接口技术、微机电系统及无线传感器网络	4	2	6
第4章　物联网网络技术	物联网近场通信、近程通信、远程通信及物联网网络结构	4	2	6
第5章　嵌入式技术及智能设备	微电子技术发展、嵌入式技术概述、可穿戴计算机技术及智能机器人应用	6		6
第6章　物联网支撑技术——云计算与M2M	云计算概述、云计算平台、云计算应用及M2M技术	2		2
第7章　物联网安全技术	感知层安全问题及对策、传输层安全问题及对策、应用层安全问题及对策，以及物联网几种安全技术简介	2		2
第8章　物联网技术的应用	智能家居、智能医疗、智能超市及其他方面应用	2		2
合　计		26	6	32

目　录

第1章　绪　　论

物联网（Internet of Things，IOT）是新一代信息技术的高度集成和综合运用，具有渗透性强、带动作用大、综合效益好的特点。推进物联网的应用和发展，有利于促进生产生活和社会管理方式向智能化、精细化、网络化方向转变，对于提高国民经济和社会生活信息化水平，提升社会管理和公共服务水平，带动相关学科发展和技术创新能力增强，推动产业结构高速和发展方式转变具有重要意义。我国已将物联网作为战略性新兴产业的一项重要组成内容（摘自《国务院关于推进物联网有序健康发展的指导意见<国发［2013］7号>》）。目前，在全球范围内物联网正处于快速发展阶段，作为一个新兴产业，物联网是继计算机、互联网与移动通信网之后的世界信息产业第三次浪潮。中国与德国、美国等国家一起，成为国际标准制定的主导国之一。

本章将简要介绍物联网领域目前的研究状况，从物联网概念定义、发展历程、体系架构、技术标准、关键技术和主要难点等方面进行阐述，并根据目前物联网标准发展的情况，结合具体的应用领域，以达到物联网工程及相关专业的学生学习、研究的目的。

1.1　物联网的定义

国内外普遍认为物联网最初是由麻省理工学院 Ashton 教授在1999年提出，其理念是通过射频识别（RFID）（RFID+互联网）、红外感应器、全球定位系统、激光扫描器、气体感应器等信息传感设备，按约定的协议，把任何物品与互联网连接起来，进行信息交换和通信，以实现智能化识别、定位、跟踪、监控和管理的一种网络。简而言之，物联网就是“基于物与物相连的互联网”。根据物联网的定义，可得到如图1-1所示的物联网系统的一般结构。

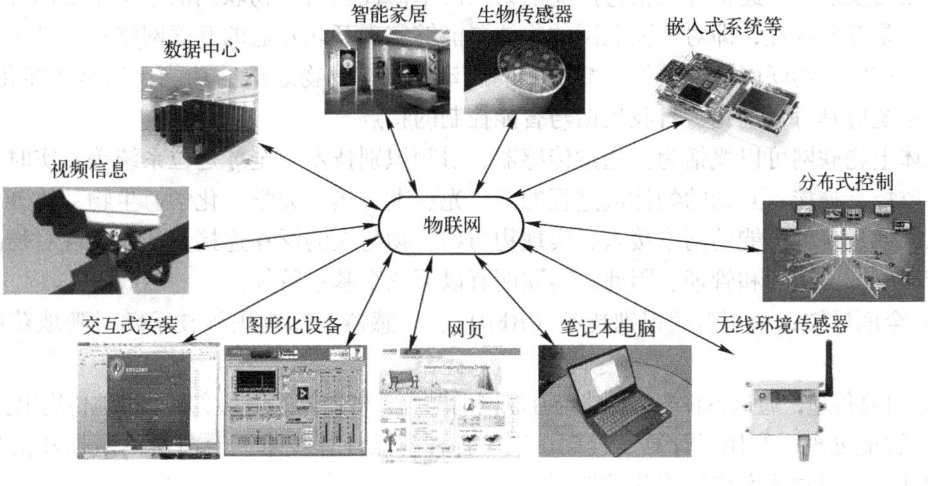

图1-1　物联网系统的一般结构

图1-1中，各类传感器、控制器、交互设备、视频、嵌入系统等设备，通过物联网连接起来，在总部和分布式控制中心的协调下，进行多种信息的采集与多种设备的控制，实现对“万

物”的“高效、节能、安全、环保”的“管、控、营”一体化。总之，物联网把所有物品通过信息传感设备与互联网连接起来，进行信息交换，即物物相息，以实现智能化识别和管理。

目前国内外对物联网还没有一个统一公认的标准。国内外不同机构对物联网的描述如下。

中国物联网校企联盟：将物联网定义为当下几乎所有技术与计算机、互联网技术的结合，实现物体与物体之间，环境以及状态信息的实时共享以及智能化的收集、传递、处理、执行。广义上说，当下涉及信息技术的应用，都可以纳入物联网的范畴。

根据中国物联网校企联盟的定义，可以看出，物联网是一个基于互联网、传统电信网等信息承载体，让所有能够被独立寻址的普通物理对象实现互联互通的网络。其具有普通对象设备化、自治终端互联化和普适服务智能化三个重要特征。

国际电信联盟（ITU）：将物联网定义为通过二维码识读设备、射频识别（RFID）装置、红外感应器、全球定位系统和激光扫描器等信息传感设备，按约定的协议，把任何物品与互联网相连接，进行信息交换和通信，以实现智能化识别、定位、跟踪、监控和管理的一种网络。

根据国际电信联盟的定义，物联网主要解决物品与物品（Thing to Thing，T2T），人与物品（Human to Thing，H2T），人与人（Human to Human，H2H）之间的互连。但是与传统互联网不同的是，H2T 是指人利用通用装置与物品之间的连接，从而使得物品的连接更加简化，而 H2H 是指人之间不依赖于 PC 而进行的互连。因为互联网并没有考虑到对于任何物品连接的问题，故我们使用物联网来解决这个传统意义上的问题。物联网顾名思义就是连接物品的网络，许多学者讨论物联网时，经常会引入一个 M2M 的概念，可以解释成为人到人（Man to Man）、人到机器（Man to Machine）、机器到机器（Machine to Machine）。从本质上而言，人与机器、机器与机器的交互，大部分是为了实现人与人之间的信息交互。

虽然不同组织对物联网的定义不完全相同，但从对物联网定义的本质分析，物联网是现代信息技术发展到一定阶段后才出现的一种聚合性应用与技术提升，它是将各种感知技术、现代网络技术和人工智能与自动化技术聚合与集成应用，使人与物智慧对话，创造一个智慧的世界。因此物联网技术的发展几乎涉及了信息技术的方方面面，是一种聚合性、系统性的创新应用与发展，因此被称为信息产业的第三次革命性创新。物联网的本质主要体现在三个方面：一是互联网性，即对需要联网的物体要能够实现互联互通的互联网络；二是识别与通信特征，即纳入物联网的“物”一定要具备自动识别、物物通信的功能；三是智能化特征，即网络系统应具有自动化、自我反馈与智能控制的特点。

总体上物联网可以概括为：通过传感器、射频识别技术、全球定位系统等，实时采集任何需要监控、连接、互动的物体或过程的声、光、电、热、力学、化学、生物、位置等需要的信息，通过各种可能的网络接入、实现物与物、物与人的泛在连接，从而实现对物品和过程的智能感知、识别和管理。因此，物联网有以下三个基本特征。

1）全面感知，利用射频识别技术（RFID）、传感器、二维码等技术随时随地获取物体的信息。

2）可靠传递，通过各种电信网络与互联网的融合，将物体的信息实时准确地传递出去。

3）智能处理，利用云计算、模糊识别等各种智能计算技术，对海量的数据和信息进行分析和处理，对物体实施智能化的控制。

但物联网中的“物”，不是普通意义的万事万物，这里的“物”要满足以下条件：①要有相应信息的接收器；②要有数据传输通路；③要有一定的存储功能；④要有处理运算单元（CPU）；⑤要有操作系统；⑥要有专门的应用程序；⑦要有数据发送器；⑧遵循物联网的通信协议；⑨在世界网络中有可被识别的唯一编号。

1.2 发展概况

1.2.1 物联网的起源

物联网的理念最早出现于比尔·盖茨 1995 年《未来之路》一书，只是当时受限于无线网络、硬件及传感设备的发展，并未引起世人重视。1998 年，美国麻省理工学院（MIT）创造性地提出了当时被称作 EPC 系统的“物联网”的构想。1999 年，“物联网”的概念由美国麻省理工学院的 Auto-ID 实验室首先提出，其提出的物联网概念以 RFID 技术和无线传感网络作为支撑。2005 年，国际电信联盟（ITU）发布了《ITU 互联网报告 2005：物联网》，正式提出物联网的概念。报告指出，无所不在的“物联网”通信时代即将来临，世界上所有物体都可以通过互联网主动进行信息交换，射频识别技术、传感器技术、纳米技术、智能嵌入技术将得到更加广泛的应用。2008 年 11 月，IBM 提出“智慧地球”的构想，如图 1-2所示的 IBM“智慧地球”理念及创新。从此，物联网成为重要的经济振兴战略之一。

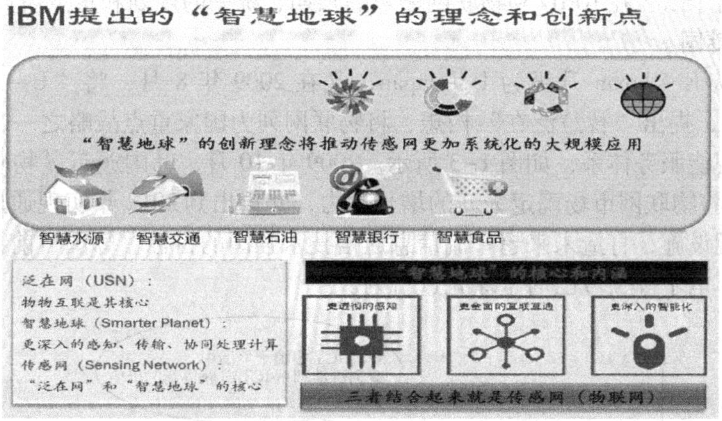

图 1-2　IBM“智慧地球”理念及创新

1.2.2 国外物联网现状

当前，全球主要发达国家和地区均十分重视物联网的研究，并纷纷抛出与物联网相关的信息化战略。世界各国的物联网基本都处在技术研发与试验阶段，美国、日本、韩国、欧盟等都投入巨资深入研究探索物联网，并相继推出了区域战略规划。

1. 美国

奥巴马总统就职后，很快回应了 IBM 所提出的“智慧地球”，将物联网发展计划上升为美国的国家级发展战略。该战略一经提出，在全球范围内得到极大的响应，物联网荣升为 2009 年最热门话题之一。那么什么是“智慧地球”呢？就是把感应器嵌入和装备到电网、铁路、桥梁、隧道、公路、建筑、供水系统、大坝、油气管道等各种物体中，并且被普遍连接，形成所谓“物联网”，然后将“物联网”与现有的互联网整合起来，实现人类社会与物理系统的整合。智慧地球的核心是以一种更智慧的方法通过利用新一代信息技术来改变政府、公司和人们相互交互的方式，以便提高交互的明确性、效率、灵活性和响应速度。智慧方法具体来说是有以下三个特征：更透彻的感知、更全面的互联互通、更深入的智能化。

综合美国的物联网发展历程来看，美国并没有一个国家层面的物联网战略规划，但凭借其在芯片、软件、互联网、高端应用集成等领域的技术优势，通过龙头企业和基础性行业的物联网应用，已逐渐打造出一个实力较强的物联网产业，并通过政府和企业一系列战略布局，不断扩展和提升产业国际竞争力。

2. 欧盟

欧盟围绕物联网技术和应用做了不少创新性工作。2006 年成立了专门进行 RFID 技术研究的工作组，该工作组于 2008 年发布了《2020 年的物联网——未来路线》，2009 年 6 月又发布了《物联网——欧洲行动计划》，对物联网未来发展以及重点研究领域给出了明确的路线图，欧盟还通过重大项目支撑物联网发展。

在物联网应用方面，至 2014 年，欧洲 M2M 市场比较成熟，发展均衡，通过移动定位系统、移动网络、网关服务、数据安全保障技术和短信平台等技术支持，欧洲主流运营商已经实现了安全监测、自动抄表、自动售货机、公共交通系统、车辆管理、工业流程自动化、城市信息化等领域的物联网应用。

欧盟各国的物联网在电力、交通以及物流领域已经形成了一定规模的应用。欧洲物联网的发展主要得益于欧盟在 RFID 和物联网领域的长期、统一的规划和重点研究项目。

3. 日本和韩国

日本最初从 E－Japan 升级为 U－Japan，又在 2009 年 8 月，将“U－Japan”升级为“i－Japan”战略，提出“智慧泛在”构想，将物联网列为国家重点战略之一，致力于构建个性化的物联网智能服务体系，如图 1-3 所示。2009 年 10 月，韩国颁布《物联网基础设施构建基本规划》，将物联网市场确定为新的增长动力，并提出到 2012 年实现通过构建世界最先进的物联网基础设施，打造未来超一流信息通信技术强国的目标。韩国目前在物联网相关的信息家电、汽车电子等领域已居全球先进行列。

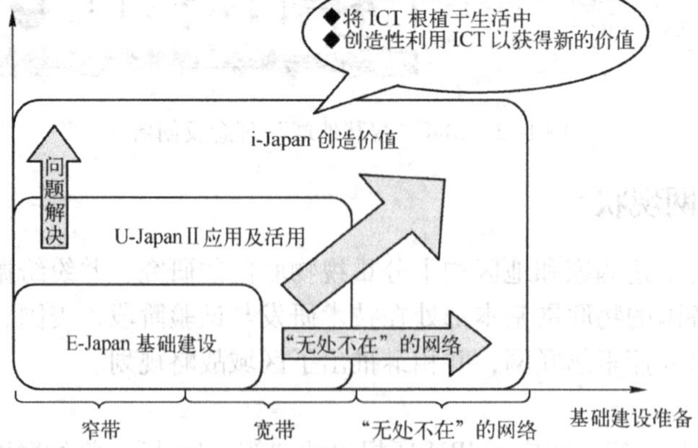

图 1-3　日本的 i－Japan 计划

法国、德国、澳大利亚、新加坡等国也在加紧部署物联网发展战略，加快推进下一代网络基础设施的建设步伐。各国竞相争夺信息技术制高点。

1.2.3　国内物联网应用情况

我国在物联网领域的布局较早，中科院早在十年前就启动了传感网研究。在物联网这个全新的产业中，我国技术研发水平处于世界前列，中国与德国、美国、韩国一起，成为国际标准制定的四个发起国和主导国之一，其影响力举足轻重。

2009 年 8 月，时任总理温家宝在无锡视察时指出，要在激烈的国际竞争中，迅速建立中国的传感信息中心或“感知中国”中心。物联网被正式列为国家五大新兴战略性产业之一，并写入政府工作报告中。2009 年 11 月，总投资超过 2.76 亿元的 11 个物联网项目在无锡成功签约。2010 年工信部和发改委出台了一系列政策用以支持物联网产业化发展。到 2020 年之前我国已经规划了 3.86 万亿元的资金用于物联网产业的发展。

中国“十二五”规划已经明确提出，发展宽带融合安全的下一代国家基础设施，推进物联网的应用。物联网将会在智能电网、智能交通、智能物流、智能家居、环境与安全检测、工业与自动化控制、医疗健康、精细农牧业、金融与服务业、国防军事十大领域重点部署。

1.2.4 全球物联网应用情况

目前，全球物联网应用基本还处于发展初期，各个物联网应用相对独立。全球物联网应用主要以 RFID、传感器、M2M 等应用项目体现，大部分是中小规模部署的，还处于探索和尝试阶段，覆盖国家或区域性大规模应用较少。

基于 RFID 的物联网应用相对成熟，RFID 在金融（手机支付）、交通（不停车付费等）、物流（物品跟踪管理）等行业已经形成了一定的规模性应用，其市场应用包括标签、阅读器、基础设施、软件和服务等方方面面。但自动化、智能化、协同化程度仍然较低。无线传感器应用仍处于试验与试用阶段，全球范围内基于无线传感器的物联网应用部署规模并不大，很多系统都在试用阶段。发达国家物联网应用整体上较领先。美、欧及日韩等信息技术能力和信息化程度较高的国家在应用深度、广度以及智能化水平等方面处于领先地位。美国是物联网应用最广泛的国家，物联网已在其军事、电力、工业、农业、环境监测、建筑、医疗、空间和海洋探索等领域投入应用，其 RFID 应用案例占全球 59%。欧盟的物联网应用大多围绕 RFID 和 M2M 展开，在电力、交通以及物流领域已形成了一定规模的应用。

我国物联网应用已开展了一系列试点和示范项目，在电网、交通、物流、智能家居、节能环保、工业自动控制、医疗卫生、精细农牧业、金融服务业、公共安全等领域取得了初步进展。其中 RFID 技术目前主要应用在电子票证/门禁管理、仓库/运输/物流、车辆管理、工业生产线管理、动物识别等。相关部门还投入大量资金实施了目前世界上最大的 RFID 项目（第二代居民身份证）。我们所熟知的交通一卡通、校园一卡通等也是应用了此项技术。但目前我国物联网还处在零散应用的产业启动期，距离大规模产业化推广还存在很大差距。对于物联网未来的发展，有三个值得关注的发展趋势：

1）互联互通设备数据的急剧增加以及设备体积的极度缩小。

2）物体通过移动网络连接，永久性地被使用者所携带并可被定位。

3）系统以及物体在互联互通过程中异质性和复杂性在现有和未来的应用里变得极强。

1.3 物联网的体系结构

虽然物联网的定义目前没有统一的说法，但物联网的技术体系结构已基本得到统一认识，常见的有分为感知层、网络层、应用层三个大层次，这三层的物联网结构体系得到了大家的广泛认可。但在这感知层、网络层、应用层三层体系结构中，没有涉及物联网应用的相关法律、法规方面的内容，这已严重影响了物联网的发展。无锡物联网研究院在此三层的体系结构上，又提出了“六域”的物联网国际标准，并于2014年获得通过。下面以最新的物联网“六域”体系结构对物联网进行阐述。

1.3.1 概念模型

物联网概念模型是从业务功能角度对物联网系统的抽象，由用户域、目标对象域、感知控制域、服务提供域、运维管控域和资源交换域组成。域之间的关联关系表示域之间存在逻辑关联或者物理连接。物联网概念模型见图1-4所示。

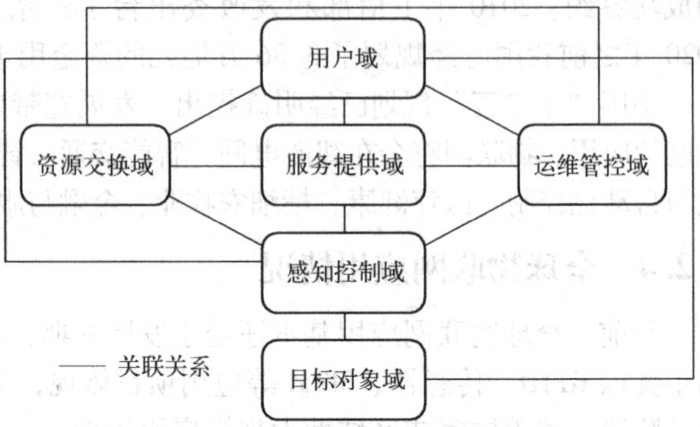

图1-4 物联网概念模型

1. 用户域

用户域是不同类型物联网用户和用户系统的集合。物联网用户可通过用户系统及其他域的实体获取对目标对象域中实体感知和操控的服务。

2. 目标对象域

目标对象域是物联网用户期望获取相关信息或执行相关操控的物理对象集合，包括感知对象和控制对象。目标对象域中的物理对象可与感知控制域中的实体（如传感网系统、标签自动识别系统、智能设备接口系统等）以非数据通信类接口或数据通信类接口的方式进行关联，实现对物理对象的信息获取和操控。

3. 感知控制域

感知控制域是各类获取感知对象信息与操控控制对象的系统的集合。感知控制域中的感知控制系统为其他域提供远程的管理和服务，并可提供本地化的管理和服务。

4. 服务提供域

服务提供域是实现物联网业务服务和基础服务的实体集合，满足用户对目标对象域中物理对象的感知和操控的服务需求。

5. 运维管控域

运维管控域是物联网系统运行维护和法规监管等的实体集合。运维管控域从系统运行技术性管理和法律法规符合性管理两大方面保证物联网其他域的稳定、可靠、安全运行等。

6. 资源交换域

资源交换域是根据自身物联网系统与其他相关系统的应用服务需求，实现信息资源和市场资源的交换与共享功能的实体集合。资源交换域可为其他域提供自身系统所缺少的外部信息资源，以及对外提供其他域的相关信息资源。

1.3.2 物联网应用系统参考体系结构

1. 应用系统参考体系结构图

物联网应用系统参考体系结构是基于物联网概念模型，从面向应用系统功能组成的角度，描述物联网应用系统各业务功能域中主要实体及其实体之间的关系。如图1-5所示给出了面向应用的物联网参考体系结构包含的主要实体和实体之间的接口。

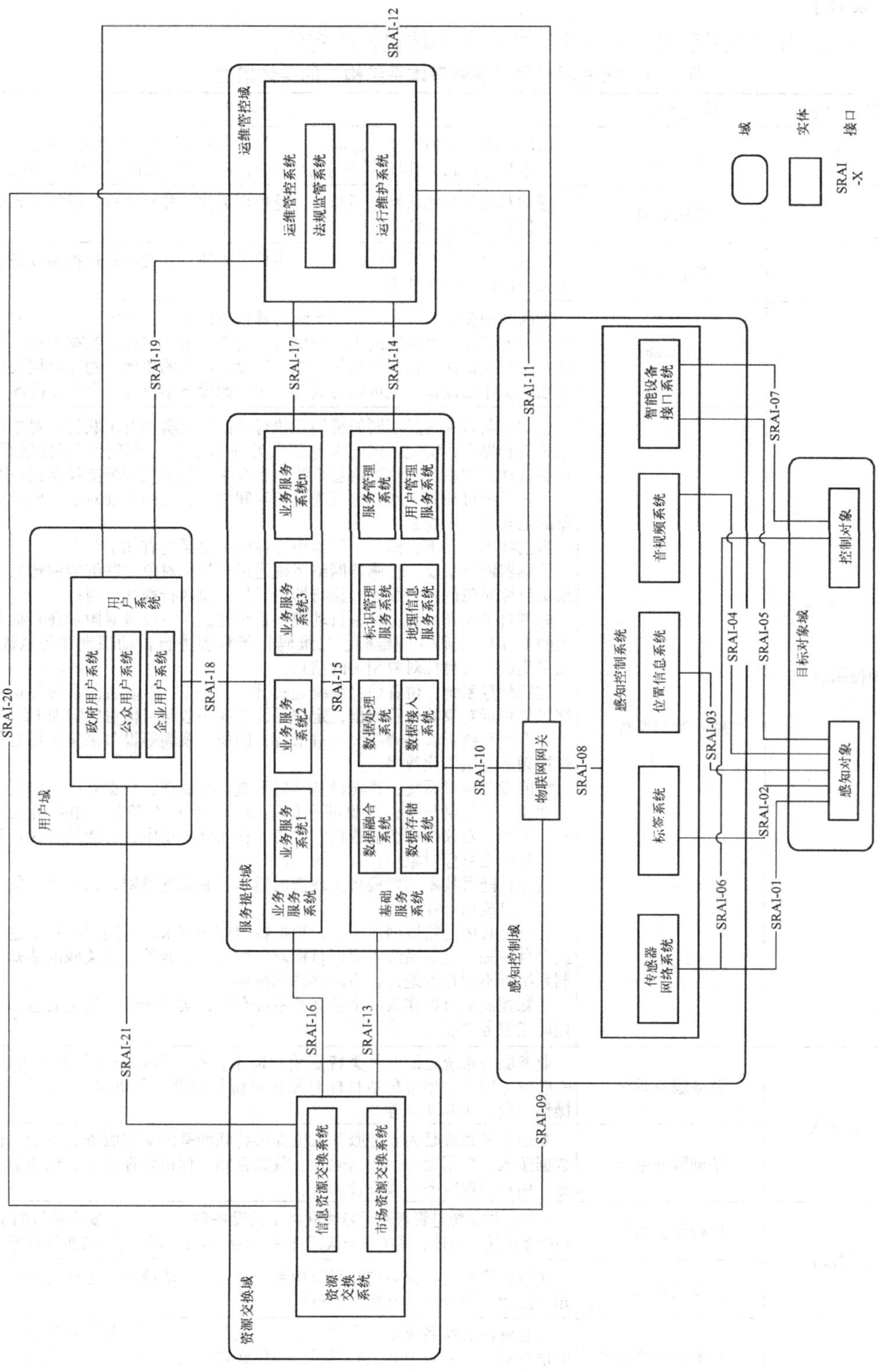

图1-5 物联网应用系统参考体系结构

2. 实体描述

表 1–1 给出了应用系统参考体系结构中各个域包含的实体。

表 1–1　物联网应用系统参考体系结构中的实体描述

物联网域	域包含实体	实体说明
用户域	用户系统	用户系统是支撑用户接入物联网，使用物联网服务的接口系统，从物联网用户总体类别来分，可以包括政府用户系统、企业用户系统、公众用户系统等
目标对象域	感知对象	感知对象是与物联网应用相关、受用户关注、并且可通过感知设备获取相关信息的物理实体
	控制对象	控制对象是与物联网应用相关、用户感兴趣、并且可通过控制设备进行相关操作控制的物理实体
感知控制域	物联网网关	物联网网关是支撑感知控制系统与其他系统相连，并实现感知控制域本地管理的实体。物联网网关可提供协议转换、地址映射、数据处理、信息融合、安全认证、设备管理等功能。从设备定义的角度，物联网网关可以是独立工作的设备，也可以与其他感知控制设备集成为一个功能设备
	感知控制系统	感知控制系统通过不同的感知和执行功能单元实现对关联目标对象的信息采集和操作，实现一定的本地信息处理和融合，包括传感器网络系统、标签自动识别系统、位置信息系统、音视频采集系统和智能设备接口系统等，各系统可独立工作，也可通过相互间协作，共同实现对物联网世界对象的感知和操作控制。 当前技术状态下，感知控制域中存在的主要系统有如下几个。 传感器网络系统：传感器网络系统通过与目标对象关联绑定的传感结点采集目标对象信息，或通过执行器对目标对象执行操作控制； 标签自动识别系统：标签自动识别系统通过读写设备对附加在目标对象上的 RFID、条码（一维码、二维码）等标签进行自动识别和信息读写，以采集或修改目标对象相关的信息； 位置信息系统：位置信息系统通过北斗、GPS、移动通信系统等定位系统采集目标对象的位置数据，定位系统终端一般与目标对象物理上绑定； 音视频系统：音视频系统通过语音、图像、视频等设备采集目标对象的音视频等非结构化数据； 智能设备接口系统：智能设备接口系统具有通信、数据处理、协议转换等功能，且提供与目标对象的通信接口，其目标对象包括电源开关、空调、大型仪器仪表等智能或数字设备。在实际应用中，智能设备接口系统可以集成在目标对象中； 其他：随着技术的发展将出现新的感知控制系统类别，系统可采集目标对象信息或执行控制。 在一个具体的物联网应用中，根据特定应用需求，可同时存在上述一种或多种感知、控制系统。根据目标对象的社会化属性，相关联的感知、控制系统可不同程度地进行协同感知和操控。 感知控制域可以作为一个独立的系统存在，实现局部区域化的感知和操控应用服务功能
服务提供域	业务服务系统	业务服务系统是面向某类特定用户需求，提供物联网业务服务的系统，一般业务服务类型可包括目标对象信息统计查询、分析对比、告警预警、操作控制、协调联动等
	基础服务系统	基础服务系统是为业务服务系统提供物联网基础支撑服务的系统，包括数据接入、数据处理、数据融合、数据存储、标识管理服务、地理信息服务、用户管理服务、服务管理等
运维管控域	运行维护系统	运行维护系统是管理和保障物联网中的设备和系统可靠、安全运行的系统，包括系统接入管理、系统安全认证管理、系统运行管理、系统维护管理等
	法规监管系统	法规监管系统是保障物联网应用系统符合相关法律法规运行的系统提供相关法律法规查询、监督、执行等
资源交换域	信息资源交换系统	信息资源交换系统是为满足特定用户服务需求，获取其他外部系统必要的信息资源，或者为其他外部系统提供必要信息资源前提下，实现系统间的信息资源交换和共享
	市场资源交换系统	市场资源交换系统是为支撑物联网应用服务的有效提供和可持续运行，实现物联网相关信息流、服务流和资金流的交换关系

1.3.3 接口描述

表 1–2 给出了物联网应用系统参考体系结构中主要接口的描述。

表 1–2 物联网应用系统参考体系结构中主要接口描述

接口	实体 1	实体 2	接 口 描 述
SRAI–01	感知对象	传感器网络系统	本接口规定传感器网络与感知对象间的关联关系。传感器网络系统的感知单元通过该接口获取感知对象的物理、化学、生物等属性。本接口为非数据通信类接口，主要包括物理、化学、生物等作用关系
SRAI–02	感知对象	标签自动识别系统	本接口规定标签自动识别系统与感知对象间的关联关系，通过标签附着在目标对象上，标签读写器可自动识别和写入与感知对象相关内容。本接口为非数据通信类接口，主要实现不同标签与感知对象的绑定关系。现有标签自动识别系统一般包括 RFID、条码、二维码等
SRAI–03	感知对象	位置信息系统	本接口规定位置信息系统与感知对象间的关联关系，通过位置信息终端与目标对象的绑定，可获取感知对象的空间位置信息。本接口为非数据通信类接口，主要实现位置信息终端与感知对象的绑定关系
SRAI–04	感知对象	音视频采集系统	本接口规定音视频采集系统与感知对象间的关联关系。音视频采集系统通过该接口获取感知对象的音频、图像和视频内容等非结构化数据。本接口为非数据通信类接口，主要实现音视频采集终端与感知对象空间的布设关系
SRAI–05	感知对象	智能设备接口系统	本接口规定智能设备接口系统与感知对象间的关联关系。智能设备接口系统通过该接口获取感知对象的相关参数、状态、基础属性信息等。本接口为数据通信类接口，主要包括串行总线、并行总线、USB 接口等
SRAI–06	控制对象	传感网系统	本接口规定传感网系统与控制对象间的关联关系。传感网系统的执行单元可通过该接口获取控制对象的运行状态，并实现对控制对象的操作控制。本接口为数据通信类接口，主要包括串行总线、并行总线、USB 接口等
SRAI–07	控制对象	智能设备接口系统	本接口规定智能设备接口系统与控制对象间的关联关系。智能设备接口系统通过该接口可获取控制对象的运行状态，并实现对控制对象的控制操作。本接口为数据通信类接口，主要包括串行总线、并行总线、USB 接口等
SRAI–08	感知控制系统	物联网网关	本接口规定感知控制系统与物联网网关间的关联关系。物联网网关通过此接口适配、连接不同的感知控制系统，实现与感知控制系统间的信息交互以及系统管理控制等。本接口为数据通信类接口，主要包括短距离无线网络通信接口、以太网接口、无线局域网接口、移动通信网络接口等
SRAI–09	物联网网关	资源交换系统	本接口规定资源交换系统与物联网网关间的关联关系。资源交换系统通过该接口实现与物联网网关的通信连接，实现在权限允许下的信息共享交互。本接口为数据通信类接口，主要包括互联网接口、以太网接口、无线局域网接口等
SRAI–10	物联网网关	基础服务系统	本接口规定基础服务系统与物联网网关间的关联关系。基础服务系统通过该接口实现与物联网网关的通信连接，实现在权限允许下的信息交互，主要包括感知控制域所获取的感知对象信息和对控制对象的执行命令等。本接口为数据通信类接口，主要包括互联网接口、以太网接口、无线局域网接口等

（续）

接口	实体1	实体2	接 口 描 述
SRAI－11	物联网网关	运维管控系统	本接口规定运维管控系统与物联网网关间的关联关系。运维管控系统通过该接口实现与物联网网关的通信连接，实现在权限允许下的信息交互，主要包括感知控制域运行维护状态信息以及系统和设备的管理控制指令等。本接口为数据通信类接口，主要包括互联网接口、以太网接口、无线局域网接口等
SRAI－12	物联网网关	用户系统	本接口规定用户系统与物联网网关间的关联关系。用户系统通过此接口实现与物联网网关的信息交互，获取感知控制域本地化的相关服务。本接口为数据通信类接口，包括蓝牙、无线局域网接口、串口等
SRAI－13	基础服务系统	资源交换系统	本接口规定基础服务系统与资源交换系统间的关联关系。基础服务系统通过该接口实现同其他相关系统的资源交换，主要包括以提供用户物联网综合服务的必要信息资源。本接口为数据通信类接口，主要包括互联网接口、专用传输网络接口、以太网接口、无线局域网接口等
SRAI－14	基础服务系统	运维管控系统	本接口规定基础服务系统与运维管控系统间的关联关系。运维管控系统通过该接口实现对基础服务系统运行状态的监测和控制，同时实现对基础服务系统运行过程中法律法规符合性的监管。本接口为数据通信类接口，主要包括互联网接口、专用传输网络接口、以太网接口、无线局域网接口等
SRAI－15	基础服务系统	业务服务系统	本接口规定基础服务系统与业务服务系统间的关联关系。业务服务系统通过此接口获取基础服务系统提供的物联网基础支撑性服务，主要包括数据存储管理、数据加工处理、标识管理服务、地理信息服务等。本接口为数据通信类接口，主要包括互联网接口、专用传输网络接口、以太网接口、无线局域网接口
SRAI－16	业务服务系统	资源交换系统	本接口规定资源交换系统与业务服务系统间的关联关系。业务服务系统通过该接口实现同其他相关系统的资源交换，例如为支撑业务服务的市场商业资源，如支付金额信息等。本接口为数据通信类接口，主要包括互联网接口、专用传输网络接口、以太网接口、无线局域网接口
SRAI－17	运维管控系统	业务服务系统	本接口规定业务服务系统与运维管控系统间的关联关系。运维管控系统通过该接口实现对业务服务系统运行状态的监测和控制，以及实现对业务服务所提供的相关物联网服务进行法律法规层面的监管。本接口为数据通信类接口，主要包括互联网接口、专用传输网络接口、以太网接口、无线局域网接口等
SRAI－18	业务服务系统	用户系统	本接口规定业务服务系统与用户系统间的关联关系。用户系统通过此接口获取相关物联网业务服务。本接口为数据通信类接口，主要包括互联网接口、专用传输网络接口、以太网接口、无线局域网接口等
SRAI－19	用户系统	运维管控系统	本接口规定用户系统与运维管控系统间的关联关系。运维管控系统通过该接口实现对用户系统运行状态的监测和控制，以及实现对用户系统相关感知和控制服务要求进行法律法规层面的监管和审核。本接口为数据通信类接口，主要包括互联网接口、专用传输网络接口、以太网接口、无线局域网接口
SRAI－20	资源交换系统	运维管控系统	本接口规定资源交换系统与运维管控系统间的关联关系。运维管控系统通过该接口实现对资源交换系统状态的监测和控制，以及实现对资源交换过程中法律法规符合性层面的监管。运维管控系统通过本接口从外部系统获取需要的信息资源。本接口为数据通信类接口，主要包括互联网接口、专用传输网络接口、以太网接口、无线局域网接口

（续）

接口	实体 1	实体 2	接口描述
SRAI－21	资源交换系统	用户系统	本接口规定资源交换系统与用户系统间的关联关系。用户系统通过该接口实现同其他系统的资源交换，例如用户为消费物联网服务而所应支付资金信息等。本接口为数据通信类接口，主要包括互联网接口、移动通信网络接口等

1.4 物联网关键技术和应用难点

物联网的涵盖范围广阔，涉及学科领域众多，运用到的原理技术复杂，至今还未能达成世界公认的统一技术标准，但通过分析其技术基础，以及展望未来应用的需求，发展了物联网技术主要涉及架构技术、标识技术、通信技术、网络技术、软件技术、硬件技术、安全技术、标准等，这些技术构成了目前研究平台以及后续发展的基础，汇总得到了物联网关键技术，如表 1–3 所示。

表 1–3 物联网关键技术描述

传感控制技术	在物联网中，传感技术主要负责接收物品“讲话”的内容，传感控制技术是关于从自然信源获取信息，并对之进行处理、变换和识别的一门多学科交叉的现代科学与工程技术，它涉及传感器、信息处理和识别的规划设计、开发、制造、测试、应用及评价改进等活动，包括了 EPC 编码和 RFID 系统等。控制技术是根据信息处理的结果，对物体和对象进行控制，最终实现物物交互和物物控制
网络及组网技术	物联网中，物品与人的无障碍交流，必然离不开高速、可进行大批量数据传输的有线和无线网络，无线网络既包括允许用户建立远距离无线连接的全球语音和数据网络，也包括近距离的蓝牙技术、红外技术和 ZIGBEE 技术。 组网技术就是网络组建技术，分为以太网组网技术和 ATM 局域网组网技术，也可分为有线、无线组网。在物联网中，组网技术起到“桥梁”的作用，其中应用最多的是无线自组网技术，它能将分散的节点在一定范围之内自动组成一个网络，来增加各采集节点获取信息的渠道，除了采集到的信息外，该节点还能获取一定范围内的其他节点采集到的信息，因此在该范围内节点采集到的信息可以统一处理，统一传送，或者经过节点之间的相互“联系”后，它们协商传送各自的部分信息
人工智能技术	人工智能是研究使计算机来模拟人的某些思维过程和智能行为（如学习、推理思考、规划等）的技术，在物联网中，人工智能技术主要负责将物品“说话”的内容进行分析，从而实现计算机自动处理

简单概括，物联网就是传感网、互联网、智能服务的综合体，并且智能服务是未来发展应用核心，更直接地说，就是把世界所有的物体连接起来形成的网络。这是个理想化的阶段，物联网在其实际发展过程中，不可避免地遇到很多技术以及产业问题，表 1–4 所示为目前物联网发展亟待解决的主要问题。

表 1–4 物联网发展亟待解决的主要问题

技术标准问题	世界各国存在不同的标准，中国信息技术标准化技术委员会于 2006 年成立了无线传感器网络标准项目组。2009 年 9 月，传感器网络标准组正式成立了 PG1（国际标准化）、PG2（标准体系与系统架构）、PG3（通信与信息交互）、PG4（协同信息处理）、PG5（标识）、PG6（安全）、PG7（接口）和 PG8（电力行业应用调研）等 8 个专项组，开展具体的国家标准的制定工作。无锡物联网产业研究院牵头制定了多个物联网方面的国际标准，如 2014 年通过的《物联网参考体系结构》国际标准

（续）

数据安全问题	如果物联网的设计没有健全的安全机制，会降低公众的信任，也不会有很好的发展。物联网的安全涉及感知节点、网络及物联网业务的安全问题
IP 地址问题	每个物品都需要在物联网中被寻址，就需要一个地址。物联网需要更多的 IP 地址，IPv4 资源即将耗尽，那就需要 IPv6 来支撑，IPv6 协议已经从实验室走向了应用阶段
物联网终端问题	物联网终端除具有本身功能外还拥有传感器和网络接入等功能，且不同行业的需求千差万别，如何满足终端产品的多样化需求，对运营商来说也是一大挑战

本章小结

物联网的发展是随着互联网、传感器等发展而发展的。理念是在计算机和互联网的基础上，利用射频识别技术、无线数据通信等技术，构造一个实现全球物品信息实时共享的实物互联网。

物联网分为硬件的感知控制层、网络传输层，软件的应用服务层，其中每一部分既相互独立，又密不可分。物联网标准体系既可以分为感知控制层标准、网络控制层标准、应用服务层标准，又包含共性支撑标准。目前介入物联网领域主要的国际标准组织有 IEEE、ISO、ETSI、ITU－T，3GPP、3GPP2 等，不同的标准组织基本上都按照各自的体系进行研究，采用的概念也各不相同。

RFID 和 EPC 技术、传感控制技术、无线网络技术、组网技术以及人工智能技术为物联网发展应用的关键支撑技术，而其推广应用的主要难点体现在技术标准问题、数据安全问题、IP 地址问题、终端问题。

物联网的显著特点是技术高度集成、学科复杂交叉、综合应用广泛，目前发展应用主要体现在智能电网、智能交通、智能物流、智能家居、智能医疗等领域。

总之，通过本章的学习，能够掌握物联网的核心问题、本质特点以及最高目标，应对物联网的概念定义、基本组成结构、关键技术和主要问题以及发展应用领域有一个基本了解，并建立物联网的整体概念，为后续各章节的学习打下良好的基础。

习题与思考题

1-1　简述物联网的定义，分析物联网的“物”的条件。

1-2　简述物联网应具备的三个特征。

1-3　简要概述物联网的框架结构。

1-4　分析物联网的关键技术和应用难点。

1-5　举例说明物联网的应用领域及前景。

第2章　射频识别（RFID）技术

在“沙漠风暴”战争中，美军成堆的军用物资拥挤在各个货栈或仓库之中，或者没有标记，不知集装箱或货柜中所装为何物；或者没有人认领，不知道这些货物是发给谁或是谁要的。要搞清楚集装箱内所装何物，有时甚至要打开包装箱才知道。为此，美国国防部主持开发了一个“联合后勤管理信息系统”，对军中一切资产进行自动识别和跟踪，包含从供应商订货开始，直接运输、仓储及送达用户手中的全过程。这套系统利用了“射频识别（Radio Frequency Identification，RFID）标签”取代原有识别技术——条形码，安装在每个集装箱、货柜或特定的装备上。在美军运送货物的每条路线的关卡或检查站，都装有“射频询问器”。射频询问器可从集装箱或货柜所带的“射频识别标签”上取得所载物资的标号信息（图2-1）。美军的这项军用信息技术很快就向民用转移，并引起了极大的关注，使得自动识别技术发展成一种能够让物品“开口说话”的技术。当前RFID技术研究与应用的目标是形成在全球任何地点、任何时间、自动识别任何物体的物品识别体系。RFID技术为物联网的发展奠定了重要的基础。

图2-1　军事物资仓储管理

2.1　自动识别技术简介

随着人类社会步入信息时代，人们所获取和处理的信息量不断加大。传统的信息采集输入是通过人工手段录入的，不仅劳动强度大，而且数据误码率高。那么怎么解决这一问题呢？答案是以计算机和通信技术为基础的自动识别技术。自动识别技术将数据自动采集，对信息自动识别，并自动输入计算机，使得人类得以对大量数据信息进行及时、准确的处理。

自动识别技术近几十年在全球范围内得到了迅猛发展，初步形成了一个包括条码技术、磁条磁卡技术、IC卡技术、光学字符识别、射频技术、声音识别及视觉识别等集计算机、光、磁、物理、机电、通信技术为一体的高新技术学科。中国物联网校企联盟认为自动识别技术可以分为：光符号识别技术、语音识别技术、生物计量识别技术、条形码技术、IC 卡技术、射频识别技术（RFID）。这里简要介绍常见的条形码技术以及 IC 卡技术。

2.1.1　条形码技术

条形码（barcode），读者都很熟悉，在我们身边随处可见，是随着计算机与信息技术的发展和应用而诞生的，条形码技术是集编码、印刷、识别、数据采集和处理于一身的新型自动识别技术。常见的条形码有一维条形码和二维条形码。因为条形码是印刷在商品包装上的，所以其成本几乎为“零”。如图 2-2 所示。

a)　　　　b)

图 2-2　一维条形码和二维条形码
a）一维条形码　b）二维条形码

1. 一维条形码

一维条形码是将宽度不等的多个黑条和空白，按照一定的编码规则排列，用以表达一组信息的图形标识符。一维条形码只是在一个方向（一般是水平方向）表达信息，而在垂直方向则不表达任何信息，其一定的高度通常是为了便于阅读器的对准。

常见的一维条形码是由反射率相差很大的黑条（简称条）和白条（简称空）排成的平行线图案。一维条形码可以标出物品的生产国、制造厂家、商品名称、生产日期、图书分类号、邮件起止地点、类别、日期等许多信息，因而在商品流通、图书管理、邮政管理、银行系统等许多领域都得到广泛的应用。

通用商品条形码一般由前缀部分、制造厂商代码、商品代码和校验码组成。商品条形码中的前缀码是用来标识国家或地区的代码，赋码权在国际物品编码协会，如 00 ~ 09 代表美国、加拿大，45、49 代表日本，69 代表中国大陆，471 代表中国台湾地区，489 代表中国香港特区。制造厂商代码的赋权在各个国家或地区的物品编码组织，中国由国家物品编码中心赋予制造厂商代码。商品代码是用来标识商品的代码。商品条形码最后用 1 位校验码来校验商品条形码中左起第 1 ~ 12 数字代码的正确性。商品条形码是指由一组规则排列的条、空及其对应字符组成的标识，用以表示一定的商品信息的符号。其中条为深色、空为浅色，用于条形码识读设备的扫描识读。其对应字符由一组阿拉伯数字组成，供人们直接识读或通过键盘向计算机输入数据使用。这一组条空和相应的字符所表示的信息是相同的。

一维条形码的应用可以提高信息录入的速度，减少差错率，但是一维条形码也存在一些不足之处：①数据容量较小，只有 30 个字符左右；②只能包含字母和数字；③条形码尺寸相对较大（空间利用率较低）；④条形码遭到损坏后便不能阅读等。

2. 二维条形码

在水平和垂直方向的二维空间存储信息的条形码，称为二维条形码（2-dimensional bar code）。与一维条形码一样，二维条形码也有许多不同的编码方法，称为码制。就这些码制的编码原理而言，通常可分为以下三种类型。

1）线性堆叠式二维条形码：在一维条形码编码原理的基础上，将多个一维码在纵向堆叠而产生的。典型的码制如 Code 16K、Code 49. PDF417 等。

2）矩阵式二维条形码：在一个矩形空间通过黑、白像素在矩阵中的不同分布进行编码。典型的码制如 Aztec、Maxi Code、QR Code、Data Matrix 等。

3）邮政码：通过不同长度的条进行编码，主要用于邮件编码，如 Postnet、BPO 4 - State。

二维条形码相对于一维条形码，主要有以下几个优点：

1）二维条形码包含更多的信息量。二维条形码采用了高密度编码，小小的图形中可以容纳 1850 个大写字母、2710 个数字、1108 个字节或 500 多个汉字，是普通条码信息容量的几十倍。如此大的信息量能够让人们把更多种样式的内容转换成二维条形码，通过扫描传播更大的信息量。

2）编码范围广。二维条形码可以把图片、声音、文字、签字、指纹等可以数字化的信息进行编码，用条码表示出来。可以表示多种语言文字，也可表示图像数据。

3）二维条形码译码准确。我们知道二维条形码只是一个图形，想要获取图形中的内容就需要对图形进行译码。二维条形码的译码误码率为千万分之一，比普通条形码的译码误码率的百分之二要低很多。

4）能够引入加密措施。和一维条形码相比，二维条形码的保密性更好。通过在二维条形码中引入加密措施，能更好地保护译码内容不被他人获得。

5）成本低，易制作。二维条形码有用非常多的内容，但其成本并不高，并且能够长久使用。

相对其他自动识别技术，二维条形码只是主要解决了一维条形码信息标识容量问题。条形码是“可视技术”，读写器在人的指导下工作，只能接收它视野范围内的条形码，并且条形码只能识别生产者和产品，贴在所有同一种产品包装上的条形码都一样，无法识别单品。这些问题的解决还需要新技术的使用。

2.1.2 磁卡与 IC 卡技术

1. 磁卡

磁卡是一种卡片状的磁性记录介质，利用磁性载体记录字符与数字信息，用来标识身份或其他用途。磁卡由高强度、耐高温的塑料或纸质涂覆塑料制成，能防潮、耐磨且有一定的柔韧性，携带方便、使用较为稳定可靠。通常，磁卡的一面印刷有说明提示性信息，如插卡方向；另一面则有磁层或磁条，以液体磁性材料或磁条为信息载体，将液体磁性材料涂复在卡片上或将宽约 6 ~ 14 mm 的磁条压贴在卡片上。磁条上有三条磁道：磁道 1 与磁道 2 是只读磁道，在使用时磁道上记录的信息只能读出而不允许写或修改；磁道 3 为读写磁道，在使用时可以读出，也可以写入。磁道 1 可记录数字（0 ~ 9）、字母（A ~ Z）和其他一些符号（如括号、分隔符等），最大可记录 79 个数字或字母。磁道 2 和 3 所记录的字符只能是数字（0 ~ 9）。磁道 2 最大可记录 40 个字符，磁道 3 最大可记录 107 个字符。磁卡磁条结构如图 2-3 所示。

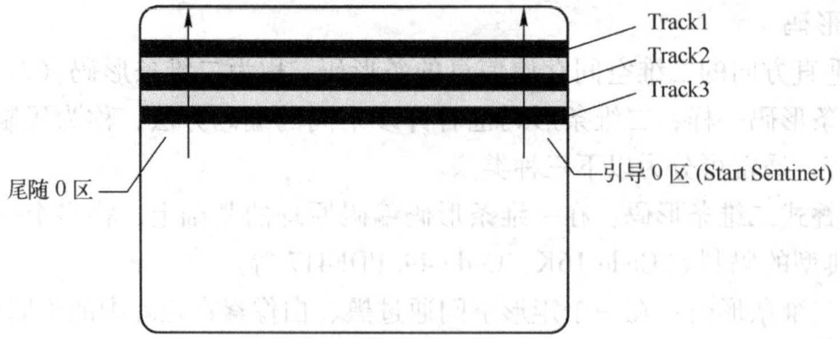

图 2-3　磁卡磁条结构

磁卡的信息读写相对简单容易，使用方便，成本低，从而较早地获得了发展，并进入了多个应用领域，如电话预付费卡、收费卡、预约卡、门票、储蓄卡、信用卡等。信用卡是磁卡较为典型的应用。发达国家从 20 世纪 60 年代就开始普遍采用了金融交易卡支付方式。其中，美国是信用卡的发祥地，日本首创了用磁卡取现金的自动取款机及使用磁卡月票的自动检票机。1972 年，日本制定了磁卡的统一规范，1979 年又制定了磁条存取信用卡的日本标准 JIS - B -9560、9561 等。国际标准化组织也制定了相应的标准。

虽然磁卡得到了广泛应用，但磁卡受压、被折、长时间曝晒、高温，磁条划伤弄脏等也会使磁条卡无法正常使用。同时，在刷卡器上刷卡交易的过程中，刷卡器磁头的清洁与老化程度，数据传输过程中受到干扰，系统错误动作，收银员操作不当等都可能造成磁条卡无法使用。

2. IC 卡

IC 卡（Integrated Circuit Card，集成电路卡），也称智能卡（Smart card）、智慧卡（Intelligent card）、微电路卡（Microcircuit card）或微芯片卡等。它是将一个微电子芯片嵌入符合 ISO 7816 标准的卡基中，做成卡片形式。IC 卡与读写器之间的通信方式可以是接触式，也可以是非接触式。根据通信接口把 IC 卡分成接触式 IC 卡、非接触式 IC 卡和双界面卡（同时具备接触式与非接触式通信接口）。如图 2-4 所示。

接触式 IC 卡是通过 IC 卡读写设备的触点与 IC 卡的触点接触后进行数据的读写。国际标准 ISO 7816 对此类卡的机械特性、电器特性等进行了严格的规定。

非接触式 IC 卡与 IC 卡设备无电路接触，是通过非接触式的读写技术进行读写（例如光或无线技术）。其内嵌芯片除了 CPU、逻辑单元、存储单元外，还增加了射频收发电路。因此非接触式 IC 卡又称为射频卡。

双界面卡是由 PVC 层合芯片线圈而成，基于单芯片的，集接触式与非接触式接口为一体的智能卡，它有两个操作界面，对芯片的访问，可以通过接触方式的触点，也可以通过相隔一定距离，以射频方式来访问芯片。卡片上只有一个芯片，两个接口，通过接触界面和非接触界面都可以执行相同的操作。两个界面分别遵循两个不同的标准，接触界面符合 ISO/IEC 7816 标准；非接触符合 ISO/IEC 14443 标准。

与磁卡相比较，IC 卡具有以下优缺点：存储容量大；安全保密性好，不容易被复制，IC 卡上的信息能够随意读取、修改、擦除，但都需要密码；使用寿命长，可以重复充值；IC 卡具有防磁、防静电、防机械损坏和防化学破坏等能力，信息保存年限长，读写次数在数万次以上。但 IC 卡的制造成本高。

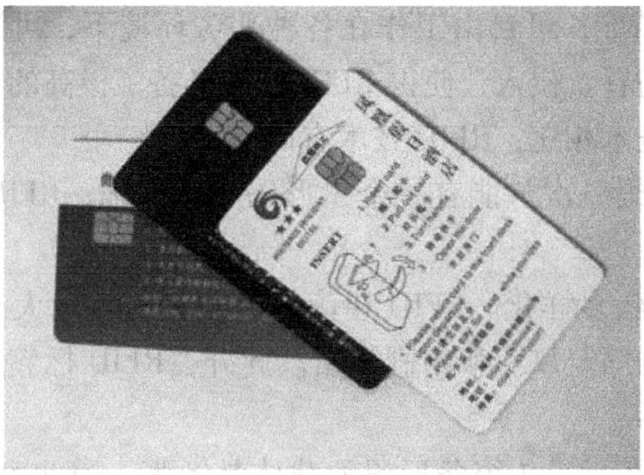

a)

b)

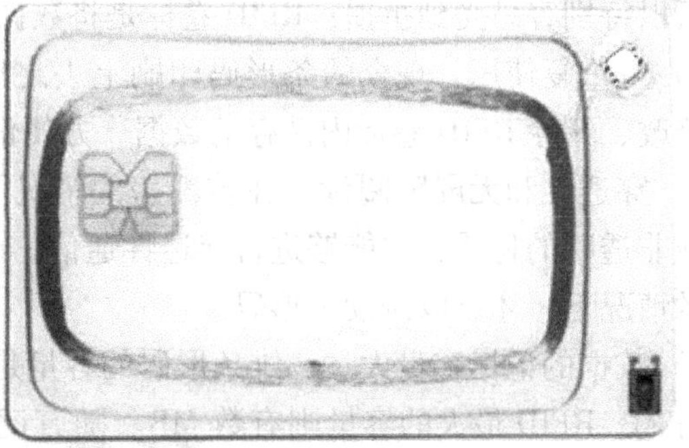

c)

图 2-4　IC 卡

a）接触式 IC 卡　b）非接触式 IC 卡　c）双界面 IC 卡

以 RFID 技术为基础的非接触式 IC 卡，即射频卡，使用的是通过无线电波进行数据传递的一种非接触式自动识别技术。它通过射频信号自动识别目标对象并获取相关数据，识别工作无需人工干预，可工作于各种恶劣环境。与条码识别、磁卡识别技术和接触式 IC 卡识别技术等相比，它以特有的无接触、抗干扰能力强、可同时识别多个物品等优点，逐渐成为自动识别中最优秀的和应用领域最广泛的技术之一，是目前最重要的自动识别技术。

2.2　RFID 的概念与系统组成

1. RFID 的概念与特点

射频识别（Radio Frequency Identification，RFID）技术是 20 世纪 80 年代发展起来的一种新兴的非接触式自动识别技术，是一种利用射频信号通过空间耦合（交变磁场或电磁场）实现非接触信息传递，并通过所传递的信息达到识别目的的技术。应用 RFID 技术，可识别高速运动的物体，并可同时识别多个标签，操作快捷、方便。短距离射频产品不怕油渍、灰尘污染等恶劣的环境，可在这样的环境中替代条码，例如用在工厂的流水线上跟踪物体。长距射频产品多用于交通上，识别距离可达几十米，如自动收费或识别车辆身份等。

RFID 技术是一项易于操控，简单实用且特别适合于自动化控制的灵活性应用技术，其具备的独特优越性是其他识别技术无法企及的。它既可支持只读工作模式，也可支持读写工作模式，且无需接触或瞄准；可自由工作在各种恶劣环境下；可进行高度的数据集成。另外，由于该技术很难被仿冒、侵入，使得 RFID 技术具备了极高的安全防范能力。

与传统条形码识别技术相比，RFID 技术有以下优势：

1）快速扫描。条形码一次只能有一个条形码受到扫描；RFID 辨识器可同时辨识读取数个 RFID 标签。

2）体积小型化、形状多样化。RFID 在读取上并不受尺寸大小与形状限制，不需为了读取精确度而配合纸张的固定尺寸和印刷品质。此外，RFID 标签更可往小型化与多样形态发展，以应用于不同产品。

3）抗污染能力和耐久性。传统条形码的载体是纸张，因此容易受到污染，但 RFID 对水、油和化学药品等物质具有很强的抵抗性。此外，由于条形码是附于塑料袋或外包装纸箱上，所以特别容易受到折损；RFID 卷标是将数据存在芯片中，因此可以免受污损。

4）可重复使用。现今的条形码印刷上去之后就无法更改，RFID 标签则可以重复地新增、修改、删除 RFID 卷标内储存的数据，方便信息的更新。

5）穿透性和无屏障阅读。在被覆盖的情况下，RFID 能够穿透纸张、木材和塑料等非金属或非透明的材质，并能够进行穿透性通信。而条形码扫描机必须在近距离而且没有物体阻挡的情况下，才可以辨读条形码。

6）数据的记忆容量大。一维条形码的容量是 50 B，二维条形码最大的容量可储存 2 至 3000 字符，RFID 最大的容量则有数 MB。随着记忆载体的发展，数据容量也有不断扩大的趋势。未来物品所需携带的资料量会越来越大，对卷标所能扩充容量的需求也相应增加。

7）安全性。由于 RFID 承载的是电子式信息，其数据内容可经由密码保护，使其内容不易被伪造及变造。

2. RFID 系统组成

在学校里，"校园一卡通"是射频识别技术最成功、最典型的应用案例。如图 2-5 所示。这个系统中，大家常见的主要包括三个部分：使用的卡，读卡的机器以及发卡、充值用的计算机管理系统。"校园一卡通"的管理模式代替了传统的做法，在学校范围内，凡有现金、票证或需要识别身份的场合，均可采用一张射频卡来完成，系统涵盖了就餐、消费、考勤、洗澡堂、教室、图书及宿舍集中用电、用水、出入门禁等方面的管理，使得学校的各项管理工作变得高效、便捷。

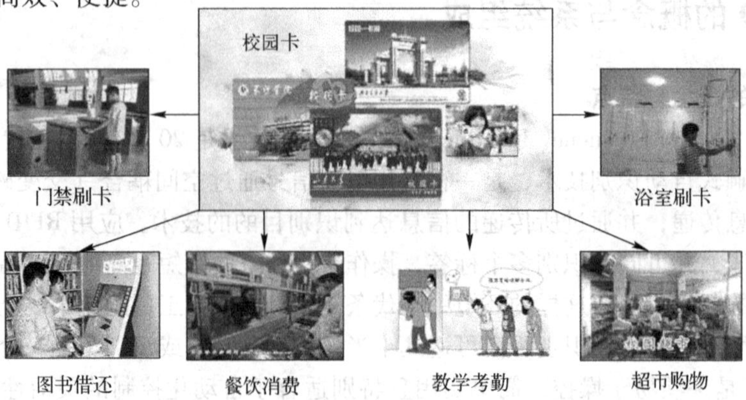

图 2-5　校园卡应用图

总结校园卡的系统设计，可以得出 RFID 系统包括：射频（识别）标签（卡片）、射频识别读写设备（读写器）、应用软件管理系统（计算机系统）。一个典型的 RFID 应用系统的结构如图 2-6 所示。

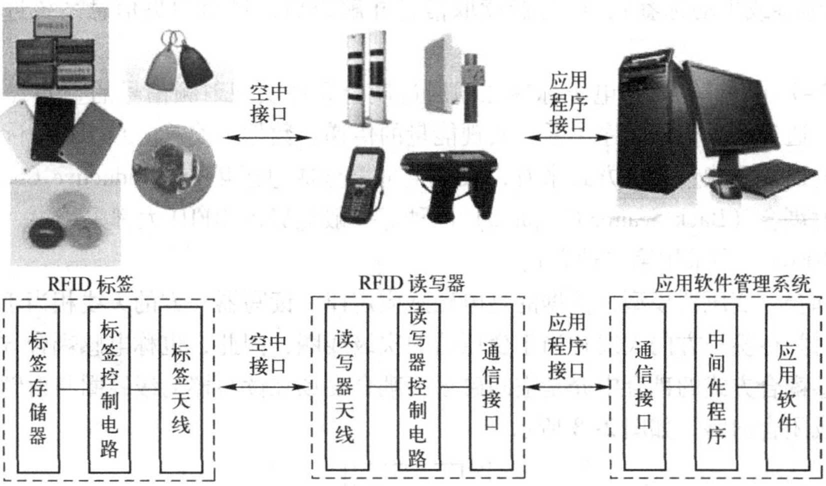

图 2-6　典型的 RFID 应用系统的结构

RFID 标签（TAG）：又称为射频标签、电子标签，主要由存有识别代码的大规模集成线路芯片（控制电路与存储器）和收发天线构成。每个标签具有唯一的电子编码，附着在物体上标识目标对象。标签是被识别的目标，是信息的载体。

RFID 读写器（Reader）：射频识别读写设备，是连接信息服务系统与标签的纽带，主要起到目标识别和信息读取（有时还可以写入）的功能，包括天线、控制电路与接口电路。

应用软件管理系统：针对各个不同应用领域的管理软件。

2.3　RFID 的基本工作原理

RFID 的基本工作原理如图 2-7 所示。

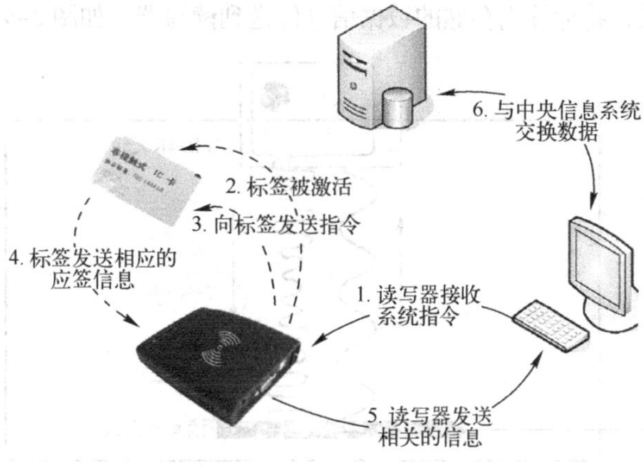

图 2-7　RFID 的基本工作原理

首先读写器接收管理系统的指令，发射特定频率的无线电波能量，当射频标签进入感应磁场后，接收读写器发出的射频信号凭借感应电流所获得的能量，发送出存储在芯片中的产品信息（Passive Tag，无源标签或被动标签），或者由标签主动发送某一频率的信号（Active Tag，有源标签或主动标签），读写器读取信息并解码后，送至中央信息系统进行有关数据的处理。

在图 2-7 中，读写器与电子标签之间通过耦合元件实现射频信号的空间（无接触）耦合，在耦合通道内，根据时序关系，实现能量的传递、数据的交换。以 RFID 读写器及射频标签之间的通信及能量感应方式来看，大致上可以分成电感耦合（Inductive Coupling）及电磁后向散射耦合（Back Scatter Coupling）两种。一般低频的 RFID 大都采用第一种方式，而较高频的 RFID 大多采用第二种方式。

电感耦合：变压器模型，依据的是电磁感应定律。读写器一方的天线相当于变压器的初级线圈，射频标签一方的天线相当于变压器的次级线圈，因此，也称电感耦合方式为变压器方式。电感耦合方式的耦合中介是空间磁场，耦合磁场在读写器初级线圈与射频标签次级线圈之间构成闭合回路。如图 2-8 所示。

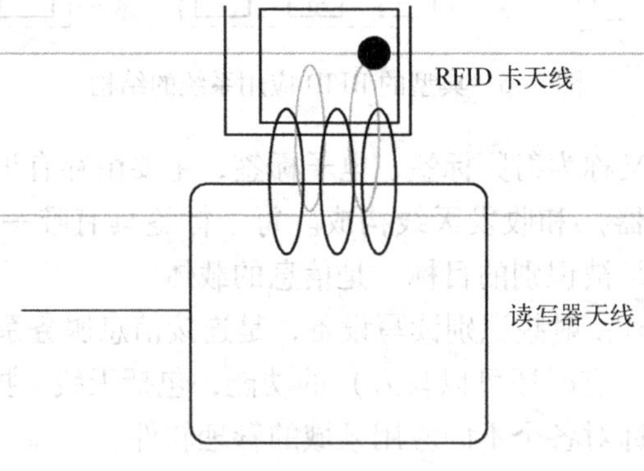

图 2-8　RFID 电感耦合方式示意

电磁反向散射耦合：雷达原理模型，依据的是电磁波的空间传播规律。读写器的天线将读写器产生的读写射频能量以电磁波的方式发送到定向的空间范围内，形成读写器的有效阅读区域，位于读写器有效阅读区域内的射频标签从读写器天线发出的电磁场中提取工作电源，并通过射频标签内部的电路及天线，将标签内存储的数据信息传送到读写器，如图 2-9 所示。

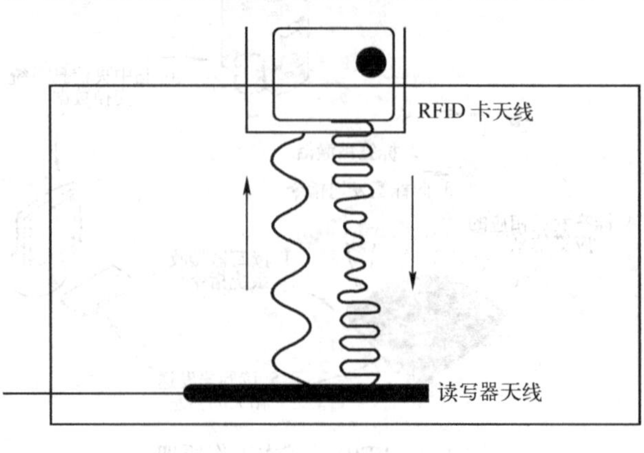

图 2-9　RFID 电磁反向散射耦合方式示意

电感耦合方式一般适合于中、低频工作的近距离射频识别系统。典型的工作频率有：125 kHz、225 kHz 和 13.56 MHz。识别作用距离小于1m，典型作用距离为 10 ~ 20 cm。电磁反向散射耦合方式一般适合于高频、微波工作的远距离射频识别系统。典型的工作频率有：433 MHz，915 MHz，2.45 GHz，5.8 GHz。识别作用距离大于 1 m，典型作用距离为 3 ~ 10 m。

从工作原理上来说，第一种工作方式属单向通信，第二种工作方式为半双工双向通信。

对 RFID 系统，需要清楚认识到以下三点：数据交换是目的；时序是数据交换实现的方式；能量是时序得以实现的基础。

1. 能量

读写器向射频标签供给射频能量。对于无源射频标签来说，其工作所需的能量由该射频能量中取得（一般由整流方法将射频能量转变为直流电源存储在标签中的电容器里）；对于（半）有源射频标签来说，该射频能量的到来起到了唤醒标签转入工作状态的作用；完全有源射频标签一般不利用读写器发出的射频能量，因此读写器可以用较小的能量发射取得较远的通信距离，移动通信中的基站与移动台之间的通信方式可归入该类。

2. 时序

对于双向系统（读写器向射频标签发送命令与数据、射频标签向读写器返回所存储的数据）来说，读写器一般处于主动状态，即读写器发出询问后，射频标签予以应答，这种方式为读写器先讲方式。

另一种情况是射频标签先讲方式，即射频标签满足工作条件后，首先自报家门，读写器根据射频标签的自报家门，进行记录或进一步发出一些询问信息，与射频标签构成一个完整对话，从而达成读写器对射频标签进行识别的目的。

RFID 系统的应用中，根据读写器读写区域中允许出现单个射频标签或多个射频标签的不同，将 RFID 系统称为单标签识别系统与多标签识别系统。

在读写器的阅读范围内有多个标签时，对于具有多标签识读功能的 RFID 系统来说，一般情况下，读写器处于主动状态，即读写器先讲方式。读写器通过发出一系列的隔离指令，使得读出范围内的多个射频标签逐一或逐批地被隔离（令其睡眠）出去，最后保留一个处于活动状态的标签与读写器建立起无冲撞的通信。通信结束后，将当前活动标签置为第三态（可称其为休眠状态，只有通过重新上电或特殊命令，才能解除休眠），进一步由读写器对被隔离（睡眠）的标签发出唤醒命令，唤醒一批（或全部）被隔离的标签，使其进入活动状态，再进一步隔离，选出一个标签通信。如此重复，读写器可读出阅读区域内的多个射频标签信息，也可以实现对多个标签分别写入指定的数据。

现实中也有采用标签先讲的方式来实现多标签读取的应用。多标签读写问题是 RFID 技术及应用中面临的一个较为复杂的问题，目前，已有多种实用方法来解决这一问题。解决方案的评价依据，一般考虑以下三个因素：

1）多标签读取时待读标签的数目。

2）单位时间内识别标签数目的概率分布。

3）标签数目与单位时间内识读标签数目概率分布的联合评估。

理论分析表明，现有的方法都有一定的适用范围，需要根据具体的应用情况，结合上述三点因素对多标签读取方案给出合理评价，选出适合具体应用的方案。多标签读取方案涉及射频标签与读写器之间的协议配合，一旦选定，不易更改。

对于无多标签识读功能的 RFID 系统来说，当读写器的读写区域内同时出现多个标签时，由于多标签同时响应读写器发出的询问指令，会造成读写器接收信息相互冲突而无从读取标签信息，典型的情况是一个标签信息也读不出来。

3. 数据传输

RFID系统中的数据交换包含以下两个方面的含义。

（1）从读写器向射频标签方向的数据交换

读写器向射频标签方向的数据交换主要有两种方式，即接触写入方式（也称有线写入方式）和非接触写入方式（也称无线写入方式）。具体采用何种方式，需结合应用系统的需求、代价、技术实现的难易程度等因素来确定。

在接触写入方式下，读写器的作用是向射频标签中的存储单元写入数据信息。此时，读写器更多地被称为编程器。根据射频标签存储单元及编程写入控制电路的设计情况，写入可以是一次性写入不能修改，也可以是允许多次改写。

在绝大多数通用RFID系统应用中，每个射频标签要求具有唯一的标识，这个唯一的标识被称为射频标签的ID号。ID号的固化过程可以在射频标签芯片生产过程中完成，也可以在射频标签应用指定后的初始化过程中完成。通常情况下在标签出厂时，ID号已被固化在射频标签内，用户无法修改。对于声表面波（SAW）射频标签以及其他无芯片射频标签来说，一般均在标签制造过程中将标签ID号固化到标签记忆体中。

非接触写入方式是RFID系统中读写器向射频标签方向数据交换的另外一种情况。根据RFID系统实现技术方面的一些原因，一般情况下应尽可能地不要采用非接触写入方式，尤其是在RFID系统的工作过程中。主要原因有以下几点。

1）非接触写入功能的RFID系统属于相对复杂的系统。能够采用简单系统解决应用问题是一般的工程设计原理，其背后隐含着简单系统较复杂、系统成本更低、可靠性更高、培训、维护成本更低等优势。

2）采用集成电路芯片的射频标签写入信息要求的能量比读出信息要求的能量要大得多，这个数据可以以10倍的量级进行估算，这就会造成射频标签非接触写入过程花费的时间要比从中读取等量数据信息花费的时间要长许多。写入后，一般均应对写入结果进行检验，检验的过程是一个读取过程，从而造成写入过程所需时间进一步增加。

3）写入过程花费时间的增加非常不利于RFID技术在鉴别高速移动物体方面的应用。这很容易理解，读写器与射频标签之间经空间传输通道交换数据的过程中，数据是一位一位排队串行进行的，其排队行进的速度是RFID系统设计时就决定的。将射频标签看作数据信息的载体，数据信息总是以一定长度的数据位组成，因此，读取或写入这些数据信息位要花费一定的时间。移动物体运动的速度越高，通过阅读区域所花费的时间就越少。当有非接触写入要求时，必然将限制物体的运动速度，以保证有足够的时间用于写入信息。

4）非接触写入过程中面临着射频标签信息的安全隐患。由于写入通道处于空间暴露状态，这给蓄意攻击者提供了改写标签内容的机会。如果将注意力放在读写器向射频标签是否发送命令方面，可以分为两种情况，即射频标签只接受能量激励和既接受能量激励也接受读写器代码命令。射频标签只接受能量激励的系统属于较简单的射频识别系统，这种射频识别系统一般不具备多标签识别能力。射频标签在其工作频带内的射频能量激励下，被唤醒或上电，同时将标签内存储的信息反射出来。目前在用的铁路车号识别系统即采用这种方式工作。而同时接受能量激励和读写器代码命令的系统属于复杂RFID系统。射频标签接受读写器的指令无外乎是为了做两件事，即无线写入和多标签读取。

（2）从射频标签向读写器方向的数据交换

射频标签的工作使命是实现由标签向读写器方向的数据交换，其工作方式包括：①射频标签收到读写器发送的射频能量时即被唤醒，并向读写器反射标签内存储的数据信息；②射频标签收到读写器发送的射频能量被激励后，根据接收到的读写器的指令情况，转入“发送数据”状态或“睡眠/休眠”状态。

2.3.1 RFID 标签

射频标签又称为电子标签、应答器、数据载体等。与其他数据载体相比，射频标签具有以下特性。

1）数据存储：容量更大，数据可随时更新，可读写。

2）读写速度：读写速度更快，可多目标识别、运动识别。

3）使用方便：体积小，容易封装，可以嵌入产品内。

4）安全：专用芯片、序列号唯一、很难复制。

5）耐用：无机械故障、寿命长、抗恶劣环境。

1. RFID 标签结构

RFID 标签是射频识别系统的数据载体，样式虽然多种多样，但其内部结构基本一致，通常由标签天线和标签专用芯片组成。射频标签的内部结构，如图 2-10 所示。

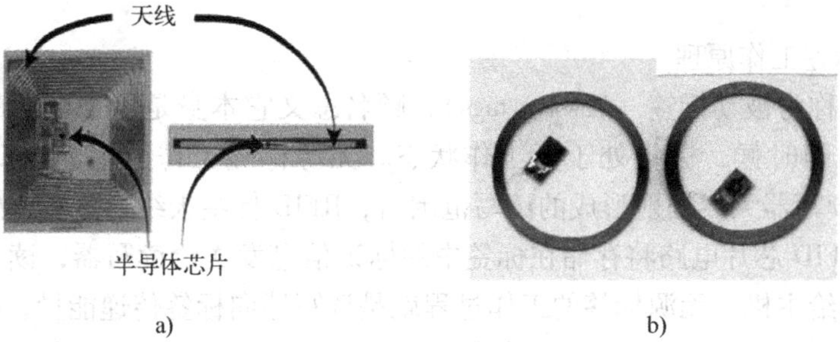

图 2-10 射频标签内部结构

a）蚀刻式天线 b）绕线式天线

射频标签电路构成如图 2-11 所示，主要组成部分包括控制模块，射频模块和标签天线。对于有源标签还包括电源。

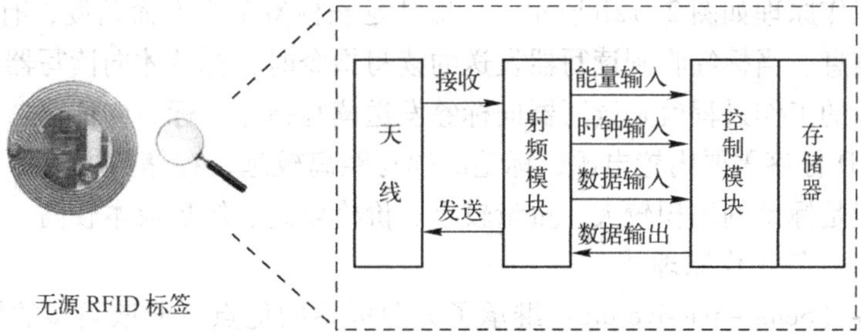

图 2-11 RFID 标签电路构成

射频标签控制部分主要由编解码电路、微处理器（CPU）和 EEPROM 存储器等组成。

编解码电路工作在前向链路时，将电子标签接收电路传来的数字基带信号进行解码后，传给微处理器；工作在反向链路时，将微处理器传来的处理好的数字基带信号进行编码后，送到电子标签发送电路端。

微处理器用于控制相关协议、指令及处理功能。

EEPROM 存储器用于存储电子标签的相关信息和数据，存储时间可以长达几十年，并且在没有供电的情况下，其中存储的数据信息也不会丢失。

射频模块将外接天线和内部数字控制电路、EEPROM 数据存储体联系起来，主要包括能量产生、数据解调调制、时钟提取，以及模数接口四部分。主要实现的功能为：

1）从天线耦合得到的电磁场能量中获得标签内部各部分电路工作时所需要的直流电源，这是通过电源产生电路和稳压调节电路完成的。

2）将调制在载波上的指令和数据解调出来送往数字部分处理，以及将待发送的数据进行调制，这由解调和调制电路来实现。

3）从载波中提取电路正常工作所需要的时钟，这部分由时钟提取电路实现。

4）对提取的时钟进行分频，并同步解调出数据，然后送往数字控制单元和 EEPROM 进行处理，该部分由模数接口来实现。

2. RFID 标签工作原理

由于无源 RFID 标签与有源 RFID 标签的工作方式不同，因此 RFID 标签工作原理简单分为三种情况说明。

（1）无源标签工作原理

无源标签也称为被动标签（Passive tags），顾名思义它本身是不带电源的，当不与读写器进行数据传输的时候，标签处于不工作状态。无源标签工作原理如图 2-12a 所示。当 RFID 标签进入读写器天线辐射形成的读写范围后，RFID 标签天线通过电磁感应产生感应电流，从而驱动 RFID 芯片电路将存储在标签中的标识信息发送给读写器，读写器再将接收到的标识信息发送给主机。无源标签的工作过程就是读写器向标签传递能量，标签向读写器发送标识信息的过程。读写器与标签之间能够通信的距离称为“可读范围”或“作用范围”。无源 RFID 标签具有体积小、重量轻、价格低、使用寿命长等优点，但是读写距离短、存储数据较少，工作过程易受到周围电磁场的干扰。

（2）有源标签工作原理

有源标签也称为主动标签（Active tags），这种标签工作所需的能量完全来自于自身的电源模块。其工作原理如图 2-12b 所示。一般从延长标签工作寿命角度，有源 RFID 标签可以不主动发送信息。当标签收到读写器发送的读写指令时，标签才向读写器发送存储的标识信息。有源标签的工作过程就是读写器向标签发送读写指令，标签向读写器发送标识信息的过程。有源 RFID 标签需要内置电源，标签的读写距离较远，存储数据较多，受到周围电磁场干扰较少，但是标签的体积较大、重量较重、价格较高、维护成本较高。

（3）半无源标签工作原理

半无源标签（Semi-passive tag）继承了无源标签的优点，但该类型的标签内部带有电源模块，只是自带的电源仅仅是起辅助作用，该电源单元的作用多为维持存储器内部的数据状态和对标签与读写器的信息交互起辅助作用，也可以增加标签的读写距离，提高通信的可靠性。与读写器进行传输时，射频通信所需的能量由读写器来提供，在没有信息交互过程时，半有源标签处于休眠状态，当受读写器射频磁场的激励作用时，才会使标签进入正常的工作状态。

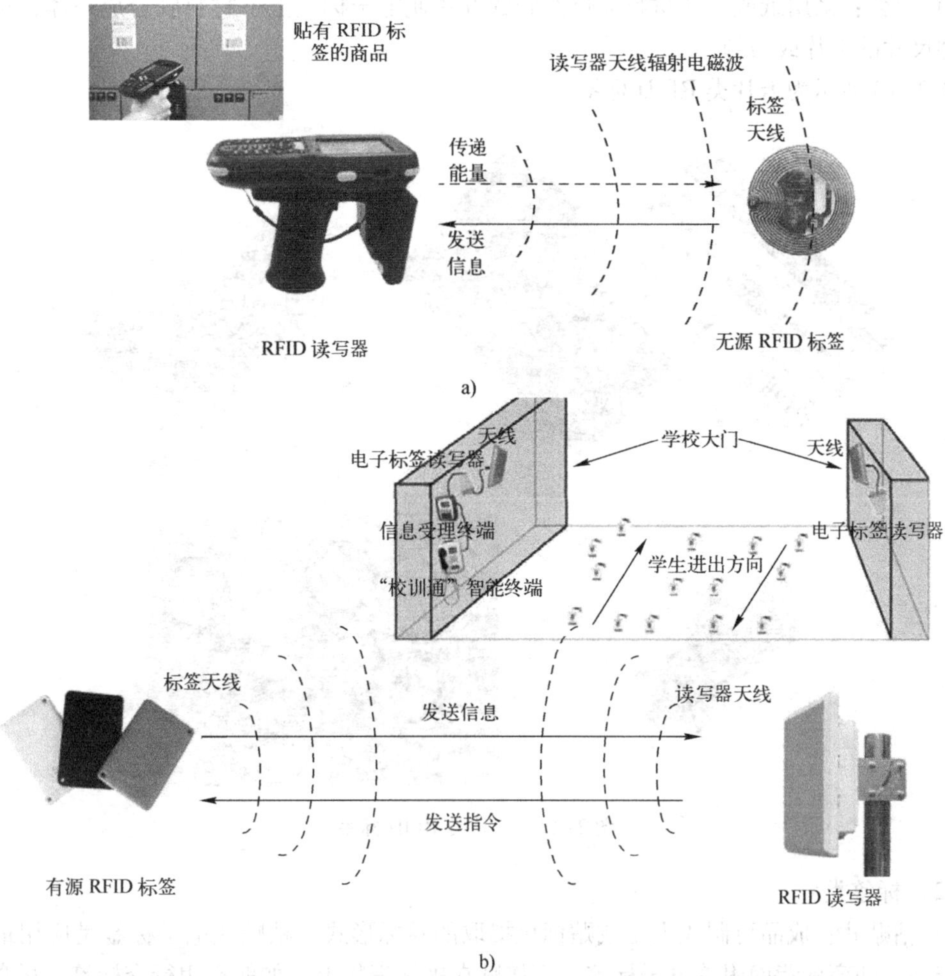

图 2-12　RFID 标签工作原理

a）无源 RFID 标签　b）有源 RFID 标签

3. RFID 标签常见形式与分类

从应用案例看，电子标签的封装形式根据实际应用需要，设计出各种外形与结构的 RFID 标签，它不受标准形状和尺寸的限制。电子标签所标识的对象可以是人、动物和物品，在实际使用时还应综合考虑应用场合、成本与环境等因素的影响。总之，在根据实际要求来设计电子标签时要发挥想象力和创造力，灵活地采用切合实际的方案。同时，实践证明，电子标签的构成是保证应用成功的重要因素之一。主要的电子标签形式如下所述。

（1）卡片类（PVC、纸、其他）

1）层压：有熔压和封压两种。熔压是由中心层的 INLAY 片材和上下两片 PVC 材加温加压制作而成。PVC 材料与 INLAY 熔合后，经冲切成 ISO7816 标准所规定的尺寸大小。当芯片采用传输邦时，芯片凸起在天线平面上（天线厚 0.01～0.03 mm）。也可以采用另一种层压方式——封压，此时，基材通常为 PET 或纸，芯片厚度通常为 0.20～0.38 mm，制卡封装时仅将 PVC 在天线周边封合，而不是熔合，芯片部位又不受挤压，可以避免芯片被压碎的情况出现。

2）胶合：采用纸或其他材料通过冷胶的方式使电子标签上下材料胶合成一体，再模切成各种尺寸的卡片或吊牌。

图 2-13 所示为卡片类 RFID 标签。

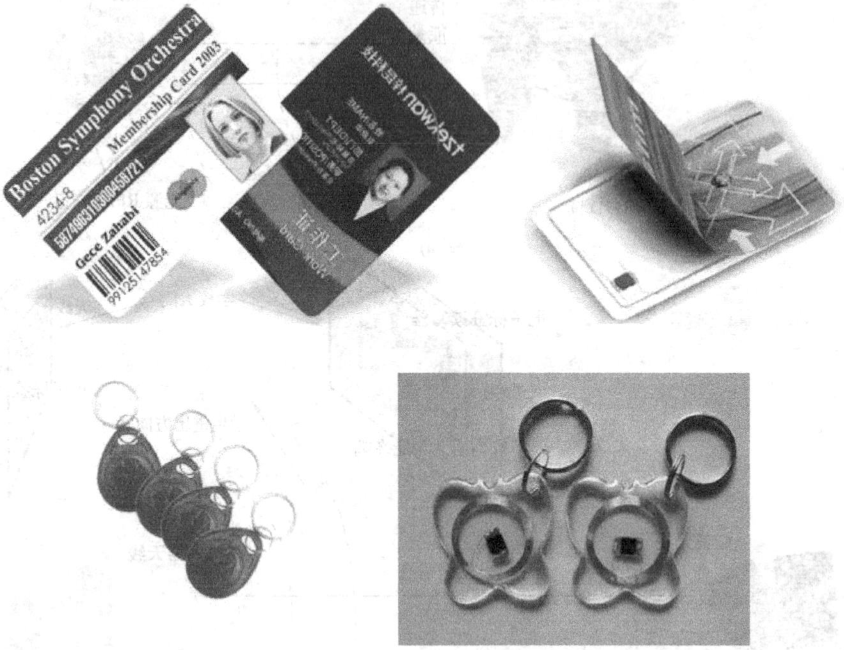

图 2-13　卡片类 RFID 标签

（2）标签类

1）粘贴式：成品可制成人工或贴标机揭取的卷标形式，粘贴式电子标签是应用最多的主流产品，即商标背面附着电子标签，直接贴在被标识物上。如航空用行李标签、托盘用标签等。

2）吊牌类：对应于服装、物品等被标识物一般采用吊牌类产品，其特点是尺寸紧凑，可以打印，也可以回收。

图 2-14 所示为粘贴、吊牌类标签。

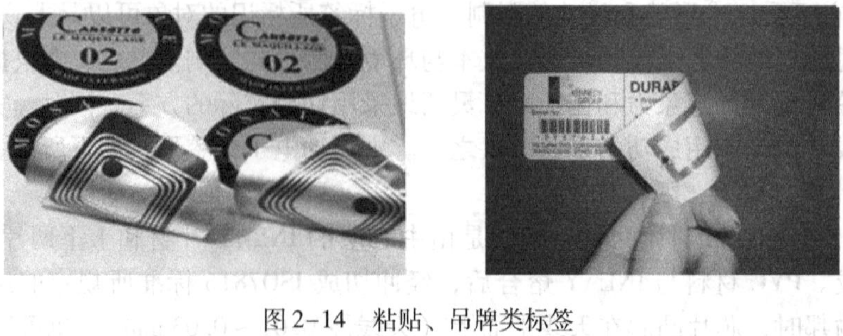

图 2-14　粘贴、吊牌类标签

图 2-14　粘贴、吊牌类标签（续）

（3）异形类

1）金属表面设置型：大多数电子标签不同程度地会受到接触的（甚至附近的）金属的影响而不能正常工作。这类标签经过特殊处理，可以设置在金属上，并可以读写。所谓的特殊处理指的是需要增大安装空隙、设置屏蔽金属影响的材料等。产品封装可以采用注塑式或滴塑式。多应用于压力容器、锅炉、消防器材等各类金属件的表面。

2）腕带型：可以一次性（如医用）或重复使用（如游乐场、海滩浴场等）。

3）动物、植物使用型：封装形式可以是注射式玻璃管、悬挂式耳标、套扣式脚环、嵌入式识别钉等多种形式。

图 2-15 所示为异形类标签。

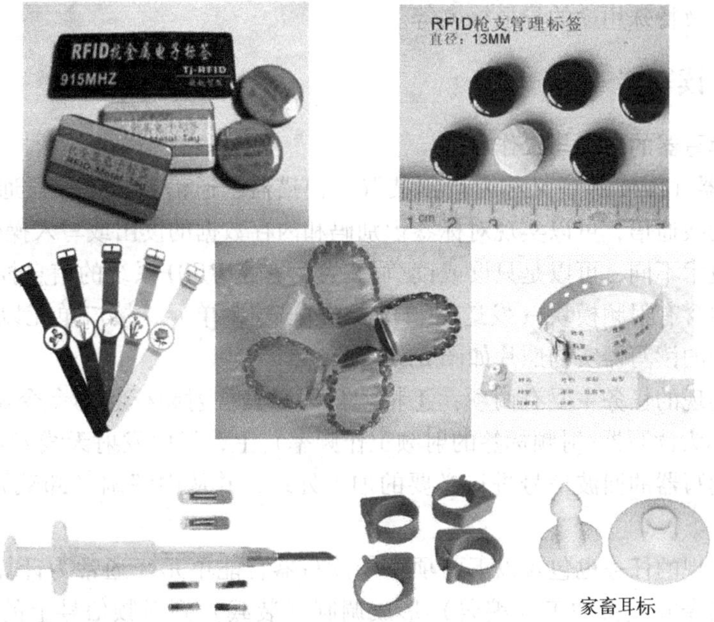

图 2-15　异形类标签

总的来说，RFID 标签的分类方法有多种，这里仅简单列举一下。

1）依据电子标签供电方式的不同，可分为有源电子标签、无源电子标签和半无源电子标签。

2）依据电子标签工作频率的不同，可分为低频电子标签、高频电子标签、超高频电子标签和微波电子标签。见表 2–1。

表 2–1　不同频段 RFID 的应用特点

RFID 主要频段标准及特性					
	低频	高频	超高频	微波	
工作频率	125 ~ 133 kHz	13. 56 MHz	JM13. 56 MHz	868 ~ 915 MHz	2. 45 ~ 5. 8 GHz
市场占有率	73%	17%	1%	6%	3%
读取距离	1. 2 m	1. 2 m	1. 2 m	4 m（美国）	15 m（美国）
速度	慢	中等	很快	快	很快
潮湿环境	无影响	无影响	无影响	影响较大	影响较大
方向性	无	无	无	部分	有
全球适用频率	是	是	是	部分（欧盟、美国）	部分（非欧盟国家）
现有 ISO 标准	11784/85，14223	18000 – 3. 1/14443	18000 – 3/2 15693，A，B、C	EPC　C0，C1，C2，G2	18000 – 4
主要应用范围	进出管理、固定设备、天然气、洗衣店	图书馆、产品跟踪、货架、运输	空运、邮局、医药、烟草	货架、卡车、拖车跟踪	收费站、集装箱

3）依据电子标签封装形式的不同，可分为信用卡标签、线形标签、纸状标签、玻璃管标签、圆形标签及特殊用途的异形标签等。

2. 3. 2　RFID 读写器

1. RFID 读写器的结构与工作原理

RFID 读写器（阅读器）又称为读出装置，扫描器、通信器。读写器通过天线与 RFID 电子标签进行无线通信，可以实现对标签识别码和内存数据的读出或写入操作。读写器根据使用的结构和技术不同，可以是只读或读/写装置，它是 RFID 系统的信息控制和处理中心。典型的读写器包含有射频模块（发送器和接收器）、控制单元、接口单元以及读写器天线。内部结构与典型的读写器实物照片如图 2–16 所示。

射频模块实现的任务主要有两项：①将读写器欲发往射频标签的命令调制（装载）到射频信号（也称为读写器/射频标签的射频工作频率）上，经由发射天线发送出去。②将射频标签返回到读写器的回波信号进行必要的加工处理，并从中解调（卸载）提取出射频标签回送的数据。

控制模块实现的任务也包含以下两项：①读写器智能单元（通常为计算机单元 CPU 或 MPU）发出的命令并进行加工（编码）形成调制（装载）到射频信号上的编码调制信号。②对经过射频模块解调处理的标签回送数据信号进行必要的处理（包含解码），并将处理后的结果送入到读写器智能单元。

一般情况下，智能单元是读写器的控制核心，从实现角度来说，通常采用嵌入式 MPU，并通过编制相应的 MPU 控制程序，对收发信号实现智能处理以及与后端应用程序之间的接口——API（Application Program Interface）。

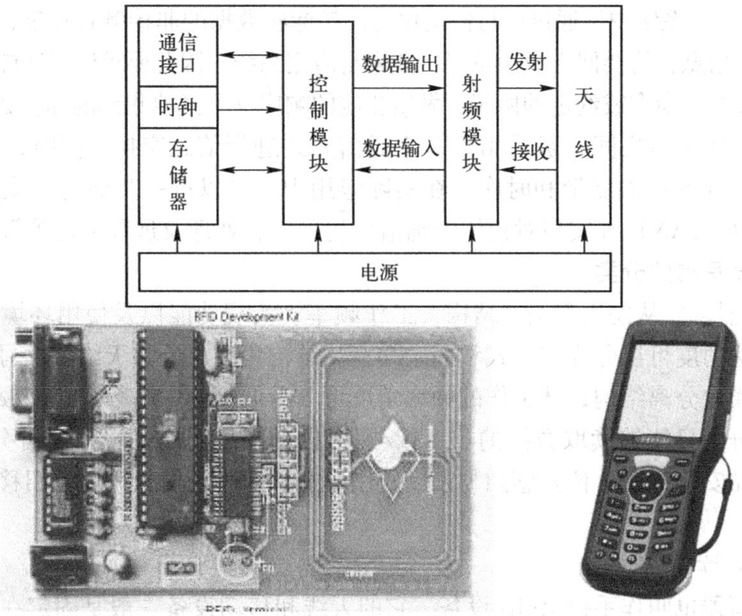

图 2-16　读写器内部结构与典型实物

射频模块与控制模块的接口为调制（装载）/解调（卸载），在系统实现中，通常射频模块包括调制/解调部分，并且也包括解调之后对回波小信号的必要加工处理（如放大、整形）等。射频模块的收发分离是采用单天线系统时射频模块必须处理好的一个关键问题。

射频读写器的工作过程如图 2-17 所示。

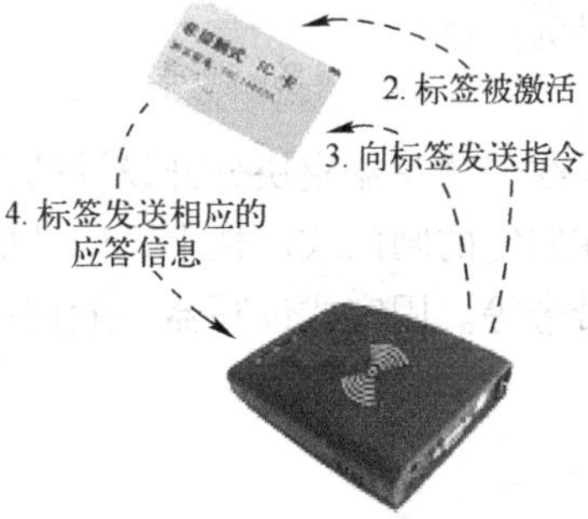

图 2-17　射频读写器的工作过程

具体过程描述如下：

1）读写器通过发射天线发送一定频率的射频信号，当射频卡进入发射天线的工作区域时，产生感应电流，射频卡获得能量被激活。

2）射频卡将自身编码等信息通过卡内置的发送天线发送出去。

3）读写器的接收天线接收到从射频卡发送来的载波信号，经天线调节器传送到读写器，由读写器对接收到的信号进行解调和解码，然后送到后台主系统进行相关处理。

4）处理器根据逻辑运算来判断该卡的合法性，针对不同的设定，做出相应的处理和控制，发出指令信号，控制执行机构的运作。

此外，在 RFID 系统中，通过读写器实现对射频标签数据的非接触式收集，或由读写器向射频标签中写入信息，均要回送应用系统中或来自应用系统。因此要求读写器能接收来自应用系统的命令，并根据命令或约定的协议，做出相应的响应（回送收集到的标签数据等）。

读写器和射频标签之间一般采用半双工通信方式进行信息交换，同时，读写器通过耦合，给无源射频标签提供能量和时序。在实际应用中，可以进一步通过以太网（Ethernet）或无线局域网（WLAN）等实现对物体识别信息的采集、处理及远程传送等管理功能。

2. RFID 读写器的分类

RFID 读写器可以从使用方法、结构、工作频率、实现功能以及使用环境等角度进行分类。从使用方法角度可以分为移动式和固定式；从结构角度可分为天线与读写模块集成结构与天线与读写模块分离结构；从工作的频率角度可分为低频、中高频、超高频与微波；从实现功能角度可分为只能够读取数据的与可读/写数据的；从使用环境角度可分为商业零售、身份认证、食品安全溯源、位置感知与家庭应用等等。这里我们只简要介绍移动式与固定式读写器。

（1）移动式读写器

移动式读写器也叫作手持 RFID 设备。它的天线和移动设备一般是固定在一起的。移动式读写器适用于仓库盘点、现场货物清查、图书馆书架清点、动物识别、超市购货付款、医疗保健等应用场合。从外观上看，移动式读写器一般带有液晶显示屏，配置有键盘来进行操作和数据输入，可以通过各种有线或无线接口，与高层计算机实现通信。移动式读写器是一种嵌入式系统，它将天线与读写模块集成在一个手持设备中，操作系统可采用 WinCE、Linux 或专用的嵌入式操作系统。移动式读写器一般使用在低频、中高频、超高频段，是否是只读式或读/ 写式，以及内存的大小需要根据应用的需求来确定。在现有成熟的 RFID 应用中，使用移动式读写器应用最为广泛。

（2）固定式读写器

固定式读写器一般采取将天线与读写器模块分开设计的方法。天线通过电缆与读写器模块连接。天线可以方便地安装在固定的闸门式门柱上、门禁的门框上、不停车收费通道的顶端、仓库进出口、生产线传送带旁等。固定式读写器一般使用超高频与微波段，作用距离相对比较远。

2.3.3 RFID 天线

1. 天线的基础知识

天线是一种以电磁波形式把前端射频信号功率接收或辐射出去的装置，是电路与空间的界面器件，用来实现导行波与自由空间波能量的转化。在 RFID 系统中，天线分为电子标签天线和读写器天线两大类，分别承担接收能量和发射能量的作用。当前的 RFID 系统主要集中在 LF、HF（13.56 MHz）、UHF（860 ~ 960 MHz）和微波频段，不同工作频段的 RFID 系统天线的原理和设计有着根本上的不同。RFID 天线的增益和阻抗特性会对 RFID 系统的作用距离产生影响，RFID 系统的工作频段反过来对天线尺寸以及辐射损耗有一定要求。所以 RFID 天线设计的好坏关系到整个 RFID 系统的成功与否。

天线品种繁多，以供不同频率、不同用途、不同场合、不同要求等不同情况下使用。按用途分类，可分为通信天线、电视天线、雷达天线等；按工作频率分类，可分为短波天线、超短波天线、微波天线等；按方向分类，可分为全向天线、定向天线等；按外形分类，可分为线状天线、面状天线等。

天线的主要参数有以下几个。

（1）天线方向性

天线的作用是将发射机的输出功率有效地转换成在自由空间传播的电磁波功率或将自由空间传播的电磁波功率有效地转换为接收输入端的功率。一个天线在所有方向上均辐射功率，但在各个方向上的辐射功率不一定相等，在离天线一定距离处，辐射场的相对场强（归一化模值）随方向变化的图形称为天线方向图，它是描述天线特性的重要特征之一，也称为天线的辐射模式（Radiation Pattern），通常采用通过天线最大辐射方向上的两个相互垂直的平面方向图来表示。三个主平面方向如图 2-18 所示。

图 2-18 显示的是全向天线的方向，利用反射板可以把辐射能控制到天线的单侧方向，在平板的一侧形成一个扇形区的天线方向，如图 2-19 带平板反射的天线方向图所示。反射面把电磁功率反射到了单侧方向，提高了增益。如果把反射板做成抛物反射面，那能使天线的辐射像光学中的探照灯那样，把能量集中到一个小立体角内，从而获得更高的增益。

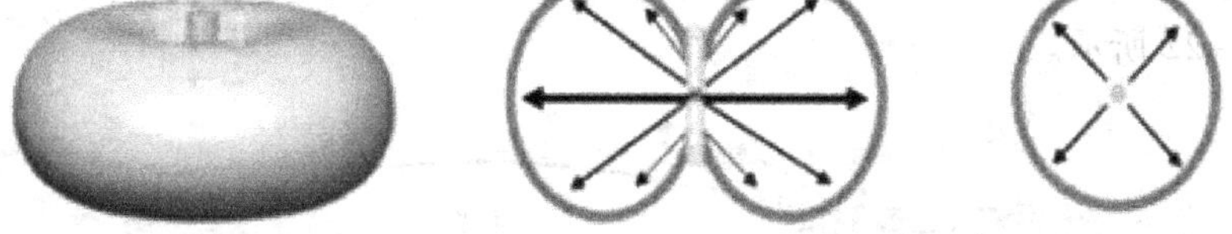

a)　　b)　　c)

图 2-18　天线的三个主平面方向

a）立体方向　b）垂直面方向　c）水平面方向

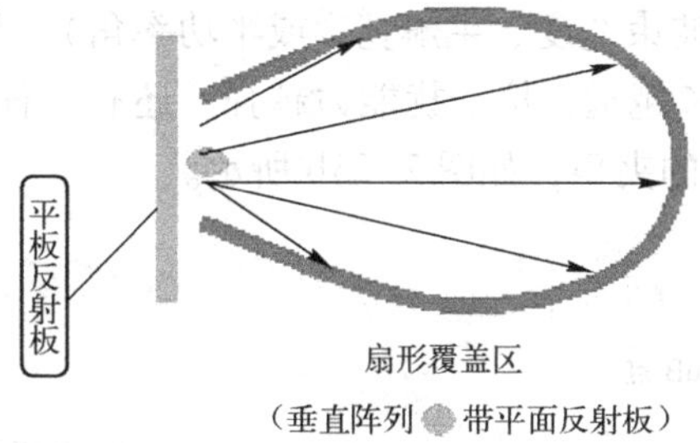

图 2-19　带平板反射的天线方向

根据电磁辐射的方向，天线可分为全向天线和定向天线，一般形状如图 2-20 和图 2-21 所示。

（2）天线的增益

增益是指在输入功率相等的条件下，实际天线与理想的辐射单元在空间同一点处所产生的信号的功率密度之比。它定量地描述了一个天线把输入功率集中辐射的程度。我们可以这样理解增益的物理含义，即在一定的距离上的某点处产生一定大小的信号，如果用理想的无方向性点源作为发射天线，需要 100 W 的输入功率，而用增益为 G = 13 dB = 20 的某定向天线作为发射天线时，输入功率只需 100 W/20 = 5 W。换言之，某天线的增益就其最大辐射方向上的辐射效果来说，与无方向性的理想点源相比，是把输入功率放大的倍数。

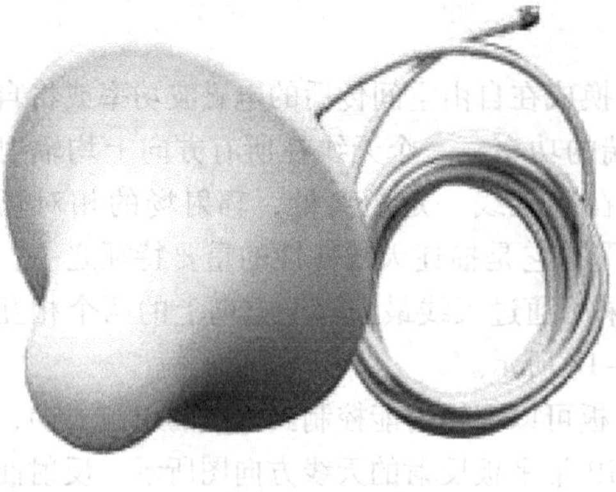

图 2-20　全向天线

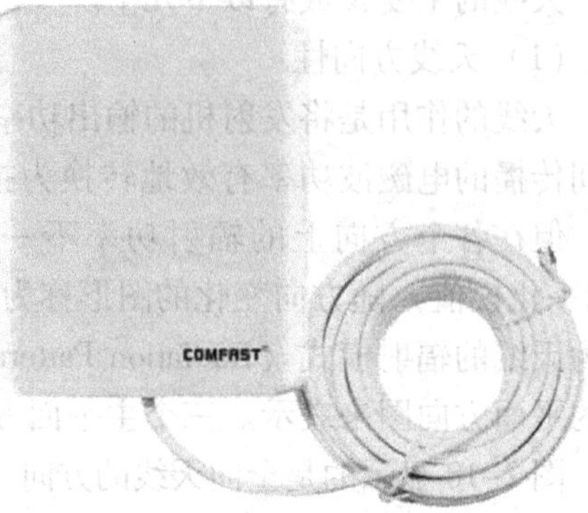

图 2-21　平板式定向天线

(3) 主瓣宽度

方向图通常都有两个或多个瓣，其中辐射强度最大的瓣称为主瓣，其余的瓣称为副瓣或旁瓣，如图 2-22 所示。

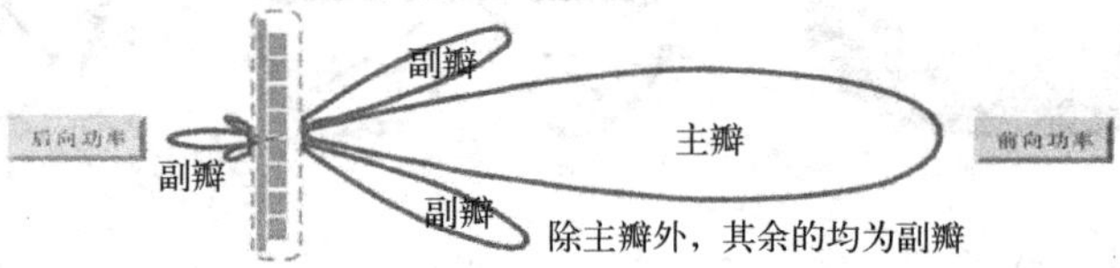

图 2-22　天线的波瓣

在主瓣最大辐射方向的两侧，辐射强度降低 3 dB（功率密度降低一半）的两点间的夹角定义为波瓣宽度（又称为波束宽度、主瓣宽度或半功率角），如图 2-23a 所示。波瓣宽度越窄，方向性越好，作用距离越远，抗干扰能力越强。还有一种波瓣宽度，即 10 dB（功率密度降至 1/10）的两个点间的夹角，如图 2-23b 所示。

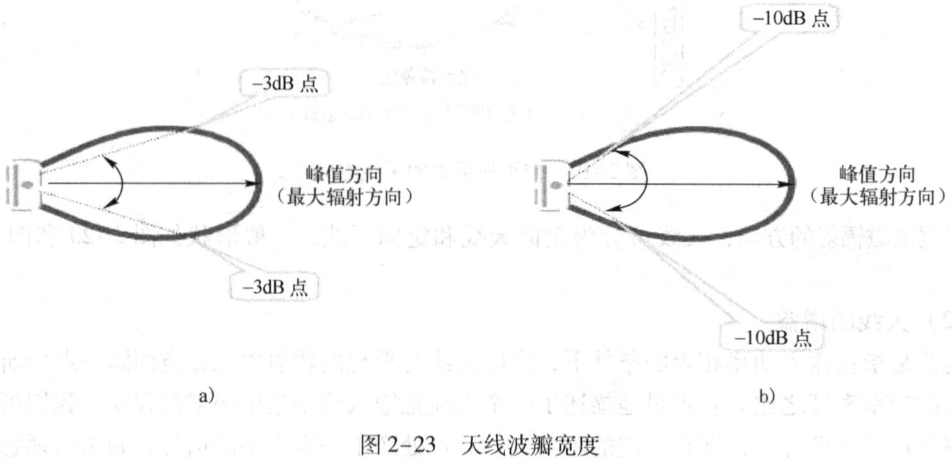

图 2-23　天线波瓣宽度

a）3 dB 波瓣宽度　b）10 dB 波瓣宽度

(4) 天线的极化

天线向周围空间辐射电磁波，而电磁波由电场和磁场构成，当电场强度方向垂直于地面时，此电波就称为垂直极化波；当电场强度方向平行于地面时，此电波就称为水平极化波；电场的方向就是天线极化方向，所以天线也分为水平极化和垂直极化。由于电波的特性，决定了水平极化传播的信号在贴近地面时会在大地表面产生极化电流，极化电流因受大地阻抗影响产生热能而使电场信号迅速衰减，而垂直极化方式则不易产生极化电流，从而避免了能量的大幅衰减，保证了信号的有效传播。因此，在移动通信系统中，一般均采用垂直极化的传播方式。另外，还有 +45°和 -45°极化方向，随着新技术的发展，大量采用双极化天线。就其设计思路而言，一般分为垂直与水平极化和 ±45°极化两种方式，性能上一般后者优于前者，因此大部分采用的是 ±45°极化方式。双极化天线组合了 +45°和 -45°两副极化方向相互正交的天线，并同时工作在收发双工模式下，大大节省了天线数量。如图 2-24 所示为四种基本的天线单极化方式。

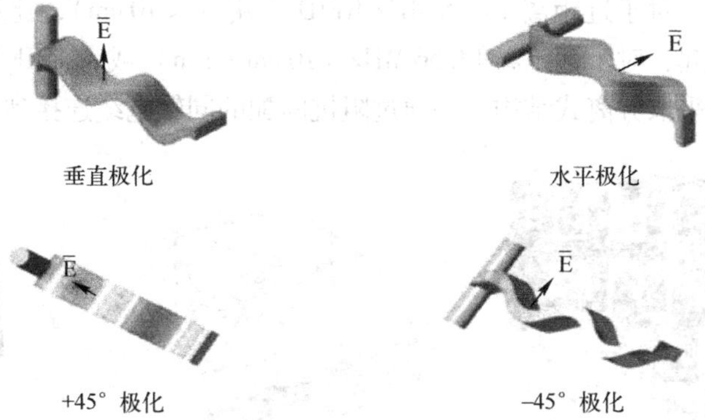

图 2-24　四种基本的天线单极化方式

(5) 极化损失

垂直极化波要用具有垂直极化特性的天线来接收，水平极化波要用具有水平极化特性的天线来接收。当来波的极化方向与接收天线的极化方向不一致时，接收到的信号都会变小，也就是说，发生了极化损失。当接收天线的极化方向与来波的极化方向完全正交时，天线就完全接收不到来波的能量，这种情况下极化损失为最大，称为极化完全隔离。

(6) 天线的输入阻抗 (Zin)

天线输入端信号电压与信号电流之比，称为天线的输入阻抗。输入阻抗具有电阻分量 Rin 和电抗同分量 Xin，即 Zin = Rin + jXin。电抗分量的存在会减少天线从馈线对信号功率的提取，因此，必须使电抗分量尽可能为零，也就是应尽可能使天线的输入阻抗为纯电阻。事实上，即使是设计、调试得很好的天线，其输入阻抗中总还含有一个小的电抗分量值。输入阻抗与天线的结构、尺寸以及工作波长有关。严格地说，纯电阻的天线输入阻抗只是对点频而言的。

2. RFID 的天线

RFID 的天线可分为近场天线、远场天线等。

对于 LF 和 HF 频段，系统采用电感耦合方式工作，电子标签所需的工作能量通过电感耦合方式由读写器的耦合线圈辐射近场获得，一般为无源系统，工作距离较小，不大于1 m。在读写器的近场实际上不涉及电磁波传播的问题，天线设计比较简单，一般采用工艺简单、成本低廉的线圈型天线。

对于UHF和微波频段，电子标签工作时一般位于读写器天线的远场，工作距离较远。读写器的天线为电子标签提供工作能量或唤醒有源电子标签，UHF频段多为无源被动工作系统，微波频段（2.45 GHz和5.8 GHz）则以半主动工作方式为主。UHF和微波频段电子标签天线一般采用微带天线形式。微带贴片天线通常是金属贴片贴在接地平面上的一片薄层，如图2-25所示。微带贴片天线质量轻、体积小、剖面薄，馈线和匹配网络可以和天线同时制作，与通信系统的印制电路集成在一起，贴片又可采用光刻工艺制造，成本低、易于大量生产。

读写器天线一般要求使用定向天线，可以分为合装和分装两类，如图2-26所示。合装是指天线与芯片集成在一起，分装则是天线与芯片通过同轴线相连。一般而言，读写器天线设计要求比标签天线要低。对于近距离13.56 MHz RFID应用（ <10 cm），比如门禁系统，天线一般和读写器集成在一起，对于远距离13.56 MHz（10 cm ~ 1 m）或者UHF频段(<3 m)的RFID系统，天线和读写器采取分离式结构，并通过阻抗匹配的同轴电缆连接到一起。

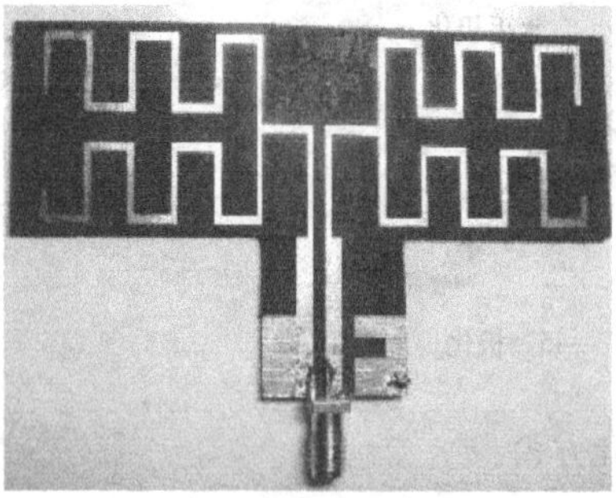

图2-25　微带贴片天线

a)　　　b)

图2-26　读写器天线

a）合装天线　b）分装天线

2.4　RFID系统典型应用

2.4.1　RFID典型的应用领域

目前，RFID技术的应用已趋成熟，在北美、欧洲、大洋洲、亚太地区以及非洲南部，都得到了相当广泛的应用。典型的应用领域如下所述。

1）物流。物流仓储是RFID最有潜力的应用领域之一，UPS、DHL、Fedex等国际物流巨头都在积极试验RFID技术，以期在将来大规模应用提升其物流能力。可应用的过程包括：物流过程中的货物追踪、信息自动采集、仓储管理应用、港口应用、邮政包裹、快递等，如图2-27a所示。

2）零售。由沃尔玛、麦德隆等大超市一手推动的RFID应用，可以为零售业带来包括降低劳动力成本、商品的可视度提高、降低因商品断货造成的损失、减少商品偷窃现象等好处。可应用的过程包括：商品的销售数据实时统计、补货、防盗等，如图 2-27b 所示。

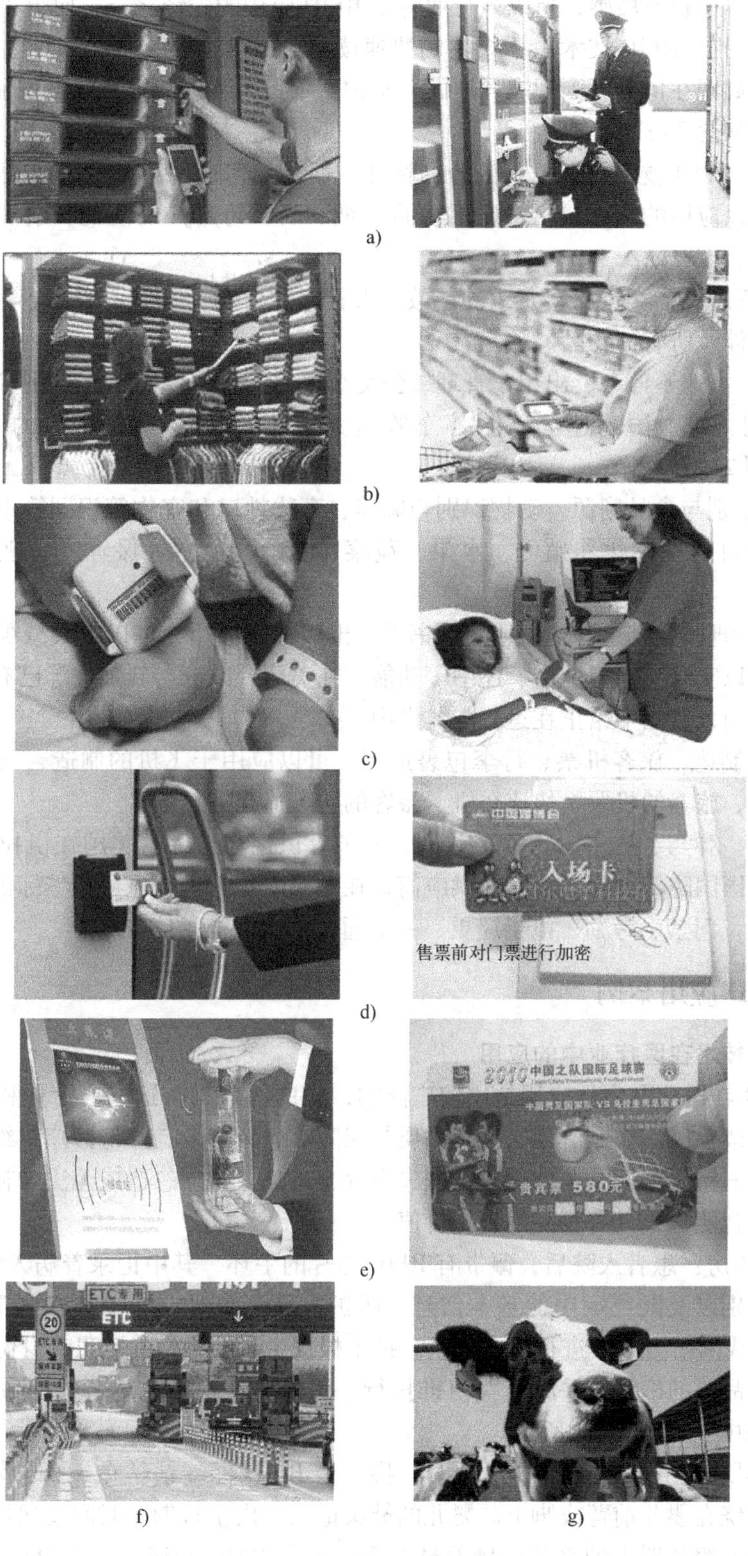

a) b) c) d) e) f) g)

图 2-27 典型的 RFID 应用领域

3）医疗。可以应用于医院的医疗器械管理、病人身份识别、婴儿防盗等领域。医疗行业对标签的成本比较不敏感，所以该行业将是 RFID 应用的先锋之一，如图 2-27c 所示。

4）身份识别。RFID 技术由于天生的快速读取与难伪造性，而被广泛应用于个人的身份识别证件。如现在世界各国现在开展的电子护照项目，我国的第二代身份证、学生证等各种电子证件，如图 2-27d 所示。

5）防伪。RFID 技术具有很难伪造的特性，但是如何应用于防伪还需要政府和企业的积极推广。可以应用的领域包括：贵重物品（烟、酒、药品）的防伪、票证的防伪等，如图 2-27e 所示。

6）资产管理。各类资产（贵重的或数量大相似性高的或危险品等）随着标签价格的降低，几乎可以涉及所有的物品。

7）交通。高速不停车、出租车管理、公交车枢纽管理、铁路机车识别等，已有不少较为成功的案例、如中国高速公路不停车收费系统（ETC）、铁路车号的自动识别管理（ATIS），如图 2-27f 所示。

8）动物识别与食品溯源。动物识别与驯养、畜牧牲口和宠物等识别管理、动物的疾病追踪、畜牧牲口的个性化养殖等，水果、蔬菜、生鲜、食品等保鲜度管理，如图 2-27g 所示。

9）图书管理与文档追踪。书店、图书馆、出版社等应用，可以大大减少书籍的盘点和管理时间，可以实现自动租、借、还书等功能。在美国、欧洲、新加坡等已有图书馆应用成功案例。在国内也有图书馆正在运行与建设中。

10）航空制造、旅客机票、行李包裹追踪。可以应用于飞机的制造、飞机零部件的保养及质量追踪、旅客的机票、快速登机、旅客的包裹追踪等。

11）军事。弹药、枪支、物资、人员、卡车等识别与追踪，美国在伊拉克战争中已有大量使用。美国国防部已与其上万的供应商正在对军事物资进行电子标签标识与识别。

12）其他。门禁、考勤、电子巡更、一卡通、消费、电子停车场等。

2.4.2 RFID 应用案例

1. RFID 技术在医疗业中的应用

RFID 技术在医疗业中的应用是比较广泛的，它的优势与普通的医疗业相比也越来越明显，它可以改善医疗作业流程、医疗品质与保障病患者安全，降低医疗纠纷，减少医护人员的错误诊断、错误用药及医疗作业管理失当等，避免人为疏忽造成无法弥补的伤害，提高了医院管理的智能化，具有较高的应用价值。

1）移动查房：患者入院后，佩带有 RFID 芯片的手环，其中记录着病人的编号、姓名、出生日期、性别以及既往病史等基本信息。医护人员巡房时，携带具有 RFID 阅读功能的 PDA，通过无线网络与 HIS 进行信息交换。护士根据患者的标签确定患者身份，同时在执行医嘱时实现药品等的确认，并将医嘱由谁执行、医嘱何时执行和患者体征数据等通过 PDA 录入到 HIS 当中。如图 2-28 所示。

2）新生儿安全管理：当婴儿出生时，将一个 RFID 标签粘贴在一个柔软的纤维带上，通过固定器缠绕在婴儿前臂或脚上。婴儿的健康记录、出生日期、时间及父母姓名等信息被输入安装在中心服务器上的系统，接着员工采用一台 RFID 阅读器读取分配给该婴儿的 ID

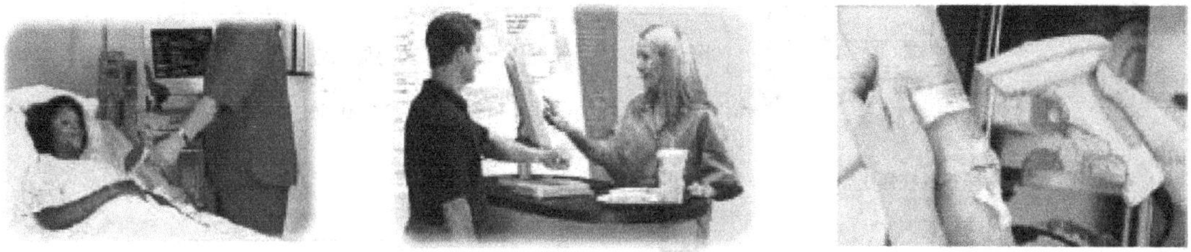

图 2-28　RFID 病人管理系统

码，将 ID 码与存储在软件里的数据相对应。如果有婴儿靠近出口或有人企图移去婴儿安全带时，系统会发送警报。如图 2-29 所示。

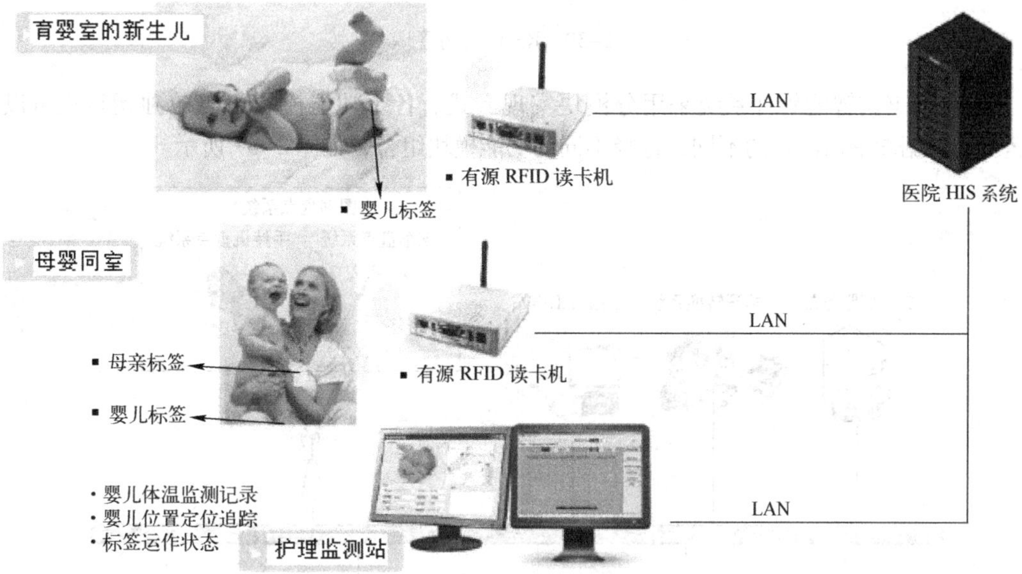

图 2-29　RFID 新生儿管理

3）药品管理，用药安全：医院一直以来都要以最严谨的态度面对用药安全，为防止药品错发，要求必须做到“三读五对”，应用 RFID 电子标签贴于药瓶上，领药时借助手持式 RFID 读取器，识别领药人员身份，调取药品信息、辨识领取药品正确性，保障用药安全。如图 2-30 所示。

2. 智慧图书馆

RFID 图书馆智能管理系统就是以新兴的电子标签技术为基础，对读者、图书、文献、书库书架的一体化标识构架起计算机信息和馆藏文献、读者服务之间的更为方便、高效、便捷的管理与服务体系。该系统以全新的读者服务理念和文献管理模式为先导，以图书馆服务工作和文献管理的实际需要以及存在的问题为目标，全面实现图书馆文献管理的智能化、高效化。RFID 图书馆智能管理系统拓展了图书馆的业务，提高了图书馆馆员的工作效率，并能为读者提供更加便利快捷的图书借还、查询等服务，同时做到对读者信息和借阅图书的双重记录，实现了电子防盗 EAS 和记录借阅信息流程的统一。

（1）系统架构

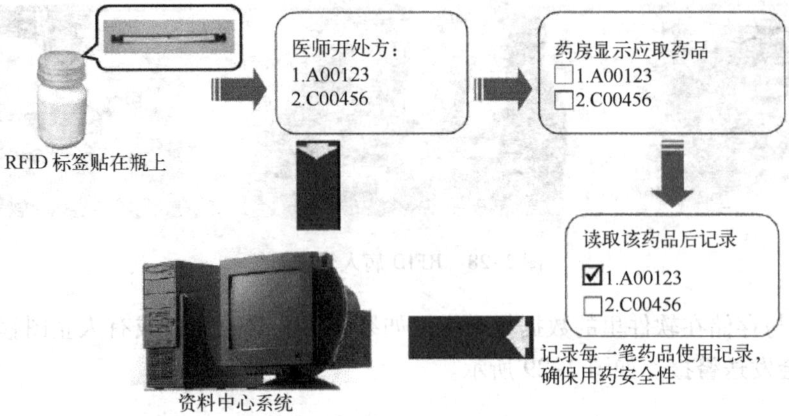

图 2-30　RFID 用药管理

RFID 图书馆智能管理系统采用分模块实现方式。各个功能模块可以单独运行也可以组网运行。根据图书馆需求的不同，选择不同的功能模块组合，如图 2-31 所示。

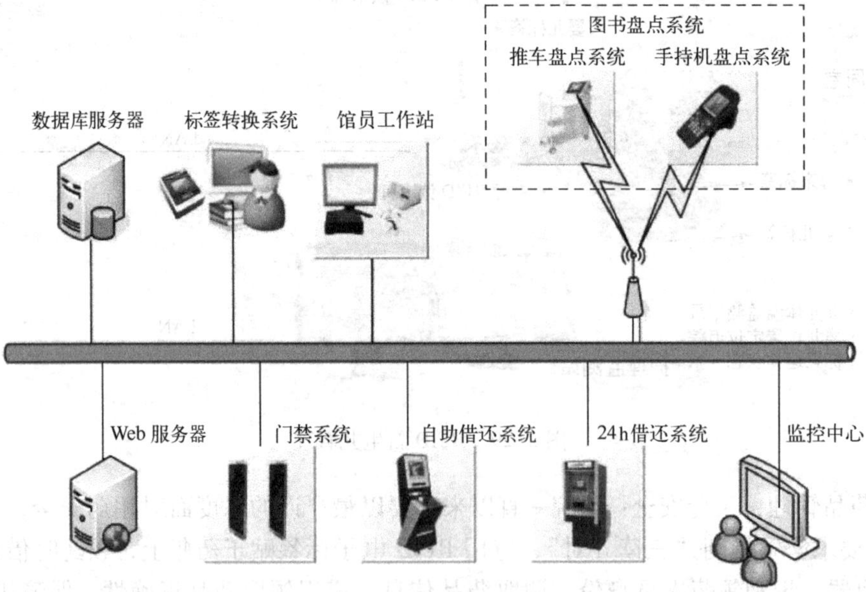

图 2-31　RFID 图书馆系统架构

（2）系统描述

RFID 图书馆智能管理系统就是依托先进的 RFID 技术将众多 RFID 设备以及管理软件融合为一体，为便捷、人性化的图书管理和服务提供整套解决方案和产品。RFID 馆员工作站打造的一体化的图书管理系统替代了简单重复性工作，极大地减轻了工作人员在藏书管理和流通服务上的劳动强度，使管理人员将更多精力集中在服务上。

- 标签转换系统提供图书、层位标签的注册及管理。
- 自助借书、还书系统提供自助借书、还书服务，减轻管理人员的劳动强度。
- 24 小时还书系统提供全天候 7 ×24 h 自助还书、无人值守提高图书馆图书的流通率。
- RFID 馆员工作站打造一体化的图书管理系统替代简单重复性工作，极大地减轻了工作人员在藏书管理和流通服务上的劳动强度。

- 推车式盘点系统提供快速盘点、顺架等功能。
- 便携式盘点系统就是一个简约版的推车盘点系统，便携式手持机具有随身携带，操作灵活，图书信息便捷采集，一次可读取多册图书，支持无线网络连接等优点。
- 安全门系统实现了门禁无障碍通过，安全可靠，监测距离可调最远达 2.5 m，实现声光报警提示。
- 图书自动分拣系统提供归还图书准确分类。
- 监控中心实现了对图书馆所有设备的监控。监控人员通过主动观察中心监控数据或被动接收监控中心系统自动发出的报警信息就能及时排除设备故障保证图书馆的对外服务质量和服务水平。
- Web 服务提供了网上浏览信息的功能。

图书馆智能管理系统功能如图 2-32 所示。

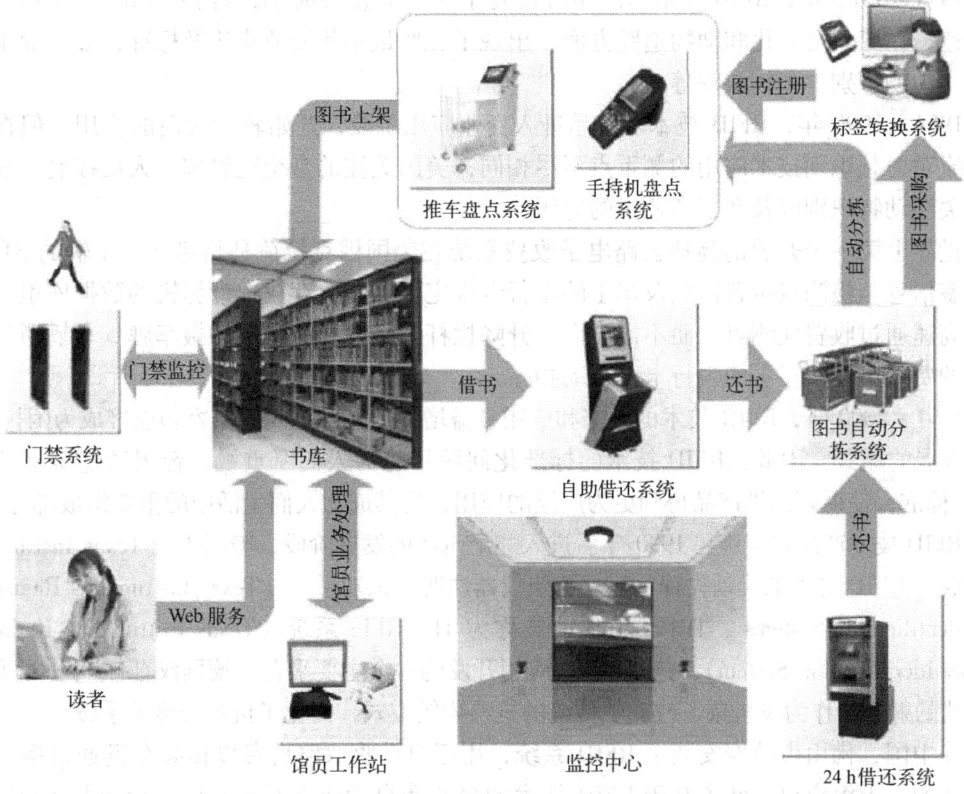

图 2-32　图书馆智能管理系统功能

2.5　RFID 的发展与标准

大多数人可能认为 RFID 是一项最近几年才诞生的新型技术，实际上 RFID 的历史可以追溯到第二次世界大战。英国展开了一项秘密项目，开发出能够识别敌我双方飞机的敌我识别器（IFF），IFF 技术可以看作是 RFID 技术的萌芽，其系统组件昂贵而庞大，只能优先应用在军事和实验室等领域。随着大规模集成电路、可编程存储器、微处理器以及软件技术和编程语言的发展，RFID 技术才开始逐渐推广和部署在民用领域。RFID 技术的发展可按 10 年为一个阶段，划分如下。

1941 ~ 1950 年，雷达的改进和应用催生了 RFID 技术，目前已发展为自动识别与数据采集（Auto Identification and Data Collection，AIDC）技术。其中，1948 年，哈里·斯托克曼发表的《利用反射功率的通信》，奠定了 RFID 技术的理论基础。

1951 ~ 1960 年，早期 RFID 技术的探索阶段，主要处于实验室研究状态。

1961 ~ 1970 年，RFID 技术的理论得到发展，开始了一些应用尝试。例如 Sensormatic、Checkpoint Systems，Knogo 等公司开发出用于电子物品监控（Electronic Article Surveillance，EAS）的应用，来对付商场里的窃贼，该防盗器使用存储量只有 1bit 的电子标签来表示商品是否已售出，这种电子标签的价格不仅便宜，而且能有效地防止偷窃行为，是首个 RFID 技术在世界范围内的商用示例。

1971 ~ 1980 年，RFID 技术与产品研发处于一个大发展时期，各种 RFID 技术和测试得到加速，在工业自动化和动物追踪方面，出现了一些最早的商业应用及标准，如工业生产自动化、动物识别、车辆跟踪等。

1981 ~ 1990 年，RFID 技术及产品进入商业应用阶段，开始较大规模的应用，但在不同的国家对射频识别技术应用的侧重点不尽相同，美国关注的是交通管理、人员控制，欧洲则主要关注动物识别以及在工商业中的应用。

世界上第一个开放的高速公路电子收费系统在美国俄克拉荷马州建立。车辆的 RFID 电子标签信息与检测点位置信息及车主的银行卡绑定在一起，存放在计算机的数据库里，汽车可以高速通过收费检测点，而不需要设置升降栏杆阻挡以及照相机拍摄车牌。车辆通过高速公路的费用可以从车主的银行卡中自动扣除。

1991 ~ 2000 年，RFID 技术的厂家和应用日益增多，相互之间的兼容和连接成为困扰 RFID 技术发展的瓶颈，因此，RFID 技术的标准化问题日趋为人们所重视，希望通过全球统一的 RFID 标准，使射频识别产品得到更为广泛的应用，使其成为人们生活中的重要组成部分。

RFID 技术产品和应用在 1990 年后进入一个飞速的发展阶段，美国 TI（Texas Instruments）开始成为 RFID 方面的推动先锋，建立德州仪器注册和识别系统（Texas Instruments Registration and Identification Systems，TIRIS)，目前被称为 TI－RFIS 系统（Texas Instruments Radio Frequency Identification System)，这是 RFID 应用开发的一个主要平台。德国汉莎航空公司采用非接触式的射频卡作为飞机票，改变了传统的机票购销方式，简化了机场安检的手续。

在中国，佛山市政府安装了 RFID 系统，用于自动收取路桥费以提高车辆通过率，缓解公路瓶颈。上海市也安装了基于 RFID 技术的养路费自动收费系统。广州市也将 RFID 系统应用于开放的高速公路上，对正在高速行驶的车辆进行自动收费。

2001 年至今，RFID 技术的理论得到丰富和完善，RFID 产品的种类更加丰富，有源电子标签、无源电子标签及半无源电子标签均得到发展，单芯片电子标签、多电子标签识读、无线可读可写、无源电子标签的远距离识别、适应高速移动物体的射频识别技术与产品正在成为现实并走向应用。

进入 21 世纪以来，RFID 标签和识读设备成本不断降低，使其在全球的应用也更加广泛，应用行业的规模也随之扩大，甚至有人称之为条码的终结者。几家大型零售商和一些政府机构强行要求其供应商在物流配送中心运送产品时，产品的包装盒和货盘上必须贴有 RFID 标签。除上述提到的应用外，诸如医疗、电子票务、门禁管理等方面，也都用到了 RFID 技术。

RFID 技术和应用在我国也发展迅速。2006 年 6 月，由国家科技部、工信部（原信息产业部）等十多个部委共同编写的《中国射频识别（RFID）技术政策白皮书》公布。这份白皮书，给出了中国标准制定的大致时间表：在培育期（2006 ~ 2008），按照国家 RFID 标准体系框架，制定相应的技术标准与应用标准；在成长期（2007 ~ 2012），基本形成中国 RFID 标准体系。

在 RFID 技术研究及产品开发方面，国内已具有了自主开发低频、高频与微波 RFID 电子标签与读写器的技术能力以及系统集成能力。与国外 RFID 先进技术之间的差距主要体现在 RFID 芯片技术方面。尽管如此，在标签芯片设计及开发方面，国内已有多个成功的低频 RFID 系统标签芯片面市。

RFID 技术的蓬勃发展也带来了 RFID 技术的标准化的纷争，并促使出现了多个全球性技术标准和技术联盟，其中主要有 EPC global、AIM global、ISO/IEC、UID、IP – X 等。这些组织主要在标签技术、频率、数据标准、传输和接口协议、网络运营和管理、行业应用等方面，试图达成全球统一的平台。目前，我国 RFID 技术标准主要参考 EPC global 的标准。

值得一提的是，1999 年，美国麻省理工学院 Auto – ID 中心正式提出产品电子代码（Electronic Product Code，EPC）的概念。主要贡献有如下几方面。

① 提出产品电子代码概念及其格式规划。为简化电子标签芯片功能设计，降低电子标签成本，扩大 RFID 应用领域奠定了基础。

② 提出了实物互联网的概念及构架，为 EPC 进入互联网搭建了桥梁。

③ 建立了开放性的国际自动识别技术应用公用技术研究平台，为推动低成本的 RFID 标签和读写器的标准化研究开创了条件。

EPC 的概念、RFID 技术与互联网技术相结合，将构筑出无所不在的“物联网”。

目前，可供射频卡使用的几种标准有 ISO10536、ISO14443、ISO15693 和 ISO/IEC18000。其中应用最多的是 ISO 14443 和 ISO 15693，这两个标准都是由物理特性、射频功率和信号接口、初始化和防冲撞以及传输协议四部分组成。ISO/IEC 18000 标准体系是基于物品管理的射频识别的通用国际标准，按工作频率的不同，可分为以下 7 部分。

① 全球公认的普通空中接口参数；

② 频率低于 135 kHz 的空中接口；

③ 频率为 13.56 MHz 的空中接口；

④ 频率为 2.45 GHz 的空中接口；

⑤ 频率为 5.8 GHz（注：规格化终止）的空口接口；

⑥ 频率为 860 ~ 930 MHz 的空中接口；

⑦ 频率为 433.92 MHz 的空中接口。

2.6 基于 EPC（产品电子代码）标准的 RFID 体系结构

物联网的目标是实现地球上所有的物体在任何时候、任何地点的互联。RFID 在本质上是物品标识的一种手段，在 RFID 应用系统中，要使每一件物体的信息在生产加工、市场流通、客户购买和售后服务过程中，都能够被准确地记录下来，并且通过物联网基础设施在世界范围内快速地传输，使得世界各地的生产企业、流通渠道、销售商店、服务机构每时每刻都能准确地掌握所需要的信息，依然需要形成一个全球统一的、标准的、唯一准确标识各个产品的电子编码标准，这也是 RFID 技术广泛应用的基础。

2.6.1 EPC 的概念

前文提及的美国麻省理工学院的自动识别研究中心（Auto - ID Center）开发的 EPC 技术是当前解决这一问题的最佳方案。2003 年 11 月 1 日，国际物品编码协会（EAN - UCC）正式接管了 EPC 在全球的推广应用工作，成立了电子产品代码全球推广中心（EPC Global）。EPC 的核心思想主要表述为：

1）为每一个产品，不是每一类产品，分配一个唯一的电子标识符——EPC 码。

2）EPC 码存储在 RFID 标签的芯片中。

3）通过无线数据传输技术，RFID 读写器可以通过非接触的方式自动采集到 EPC 码。

4）连接在互联网中的服务器可以完成对 EPC 码所涵盖的内容的解析。

这样，通过互联网平台，利用射频识别（RFID）、无线数据通信等技术，就构造成一个实现全球物品信息实时共享的“物联网（Internet of Things）”。

EPC 系统是集编码技术、射频识别技术和网络技术为一体的新兴技术，其主要的研究内容与体系结构如图 2-33 所示。

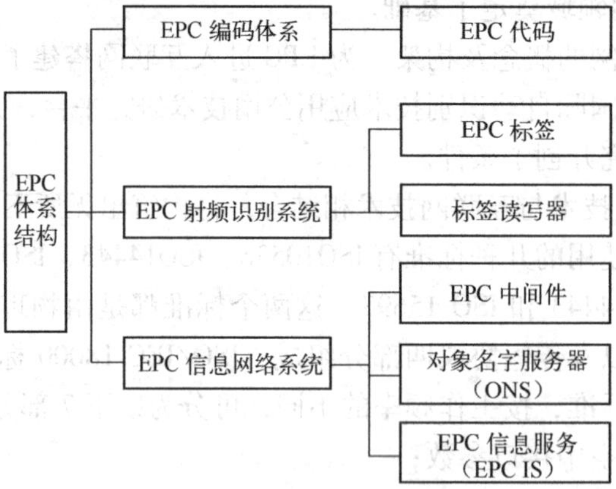

图 2-33　EPC 研究内容与体系结构示意图

2.6.2 EPC 编码

EPC 编码体系是与现行的全球贸易项目代码 GTIN 兼容的编码标准，它是全球统一标识系统的拓展和延伸，是全球统一标识系统的重要组成部分。EPC 编码具有以下几个特性。

1）科学性：结构明确，易于使用、维护。

2）兼容性：兼容了其他贸易流程的标识代码。

3）全面性：可在贸易结算、单品跟踪等各环节全面应用。

4）合理性：由 EPC global、各国 EPC 管理机构（中国的管理机构称为 EPC global China）、标识物品的管理者分段管理、共同维护、统一应用，具有合理性。

5）国际性：不以具体国家、企业为核心，编码标准全球协商一致，具有国际性。

6）无歧视性：编码采用全数字形式，不受地方色彩、语言、经济水平、政治观点的限制，是无歧视性的编码。

EPC代码是由一个版本号加上域名管理者、对象分类、序列号三段数据组成的一组数字。其中版本号标识EPC的版本号，它使得EPC随后的码段可以有不同的长度；域名管理是描述与此EPC相关的生产厂商的信息，例如“可口可乐公司”；对象分类记录产品精确类型的信息，例如：“美国生产的330ml罐装减肥可乐（可口可乐的一种新产品）”；序列号唯一标识货品，它会精确地告诉我们所说的究竟是哪一罐330ml罐装减肥可乐。对于具体的编码标准已经推出有：EPC－64Ⅰ型、Ⅱ型、Ⅲ型，EPC－96Ⅰ型，EPC－256Ⅰ型、Ⅱ型、Ⅲ型等编码方案。具体结构如表2–2所示。为了保证所有物品都有一个EPC编码，并使其载体（标签）的成本尽可能降低，建议采用96位。这样其数目可以为2.68亿个公司提供唯一标识，每个生产商可以有1600万个对象种类，并且每个对象种类可以有680亿个序列号，这对将来的世界所有产品来说是够用的。

表2–2　EPC不同标准的编码规则

EPC版本	类　型	版 本 号	域名管理	对象分类	序 列 号
EPC－64	TYPEⅠ	2	21	17	24
	TYPEⅡ	2	15	13	34
	TYPEⅢ	2	26	13	23
EPC－96	TYPEⅠ	8	28	24	36
EPC－256	TYPEⅠ	8	32	56	160
	TYPEⅡ	8	64	56	128
	TYPEⅢ	8	128	56	64

当前，出于成本考虑，参与EPC测试所使用的编码标准采用的是64位数据结构，未来将采用96位的编码结构。根据表2–2所示，EPC－64Ⅰ型编码提供的占有两个数字位的版本号编码，21位被分配给了具体的EPC域名管理编码，17位被用于标识产品具体的分类信息，最后的24位序列具体地标识了具体的产品的个体。如图2–34所示。

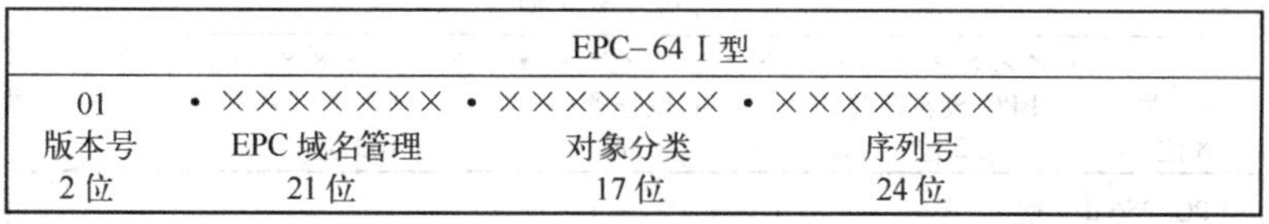

图2–34　EPC－64Ⅰ型编码

该64位EPC代码包含最小的标识码。21位的域名管理分区就会允许200万个商品生产者使用该EPC－64Ⅰ型编码。对象分类区可以容纳131072个商品种类，可以满足绝大多数公司的需求。24位的产品序列号可以为每种商品提供1600万个商品个体。当某个厂家某种商品的个体超过1600万个时，可采用EPC－64Ⅱ型，它采用34位产品序列号，最多可以标识17179869184件商品个体，如果再与13位对象分类区结合，即每个工厂可以生产8192种商品，每一个工厂可以为超过140万亿不同的商品进行编号，这个数字远远超过了世界上最大的消费品生产商的生产能力。

64 位编码版本作为一种世界通用的标识方案也许不足以长期使用，更长的 EPC 编码规则如 96 位、256 位等应运而生得以满足未来无法准确地预测使用 EPC 编码的应用需求。EPC－96 Ⅰ型的设计目的是成为一个公开的物品标识代码。它的应用类似于目前的统一产品代码，具体字段含义如图 2-35 所示。

EPC-96 Ⅰ型			
1	• ×××××××	• ×××××××	• ×××××××
版本号 8 位	EPC 域名管理 28 位	对象分类 24 位	序列号 36 位

图 2-35　EPC－96 Ⅰ型编码具体的字段含义

EPC－96 Ⅰ型也有三个数据段。其中版本号占 2 位数据位。域名管理的区域占据 28 个数据位，允许大约 2.68 亿家制造商。EPC 域名管理数据段标识的每一个管理者，负责维护随后的编码，负责在自己的范围内维护对象分类代码和序列号。对象分类字段占 24 位，对象分类主要指产品包装或最小存货单位（SKU），这也需要许多位数据。对象分类记录产品精确类型的信息。因为每个管理者都允许拥有 1600 万个对象分类，这个字段能容纳当前所有的 UPC 库存单元的编码。序列号字段则是单一货品识别的编码。EPC－96 Ⅰ型序列号对所有的同类对象提供 36 位的唯一辨识号，其容量为 $2^{36}=68719476736$。与产品相结合，该字段的编码超出了当前所有已标识产品的总量。

EPC 的 64 位编码和 96 位编码版本的不断发展使得 EPC 代码作为一种世界通用的标识方案已经不足以长期使用。更长的 EPC 编码规则一直以来就广受期待并酝酿已久。EPC 的 256 位编码标准就是在这种情况下应运而生的。256 位 EPC 编码是为满足未来使用 EPC 编码的应用需求而设计的。如图 2-36 所示为 256 位 EPC 编码的三种类型。因为未来应用的具体要求目前还无法准确地预测，所以 256 位的 EPC 编码版本必须可以扩展以便其不限制未来的实际应用。多个版本就提供了这种可扩展性。256 编码又分为类型Ⅰ、类型Ⅱ、类型Ⅲ。EPC 的 256 位编码中，对于分配中的域名管理、对象分类、序列号等分类都有所加工，以应对将来不同的具体应用要求。

EPC-256 Ⅰ型			
1	• ×××××××	• ×××××××	• ×××××××
版本号 8 位	EPC 域名管理 32 位	对象分类 56 位	序列号 160 位
EPC-256 Ⅱ　型			
2	• ×××××××	• ×××××××	• ×××××××
版本号 8 位	EPC 域名管理 64 位	对象分类 56 位	序列号 128 位
EPC-256 Ⅲ　型			
3	• ×××××××	• ×××××××	• ×××××××
版本号 8 位	EPC 域名管理 128 位	对象分类 56 位	序列号 64 位

图 2-36　256 位的 EPC 编码的三种类型

2.6.3 EPC 系统工作原理

EPC 码为全球每一件物品赋予一个唯一的标识，并存储在 RFID 标签中，RFID 标签随着物品在世界上流通并被自动识别出来。但 EPC 码也仅仅是识别物品的 ID 号，它标识的信息量还是有限的，关于物品的原材料、生产、加工、仓储与运输过程的大量信息还是不能够从 EPC 码上反映出来。关于物品大量相关的信息还需要存储在物联网上，当有服务需要的时候，物联网可以提供进一步的信息服务。如图 2-37 给出了基于 EPC 的物联网应用系统原理结构图。

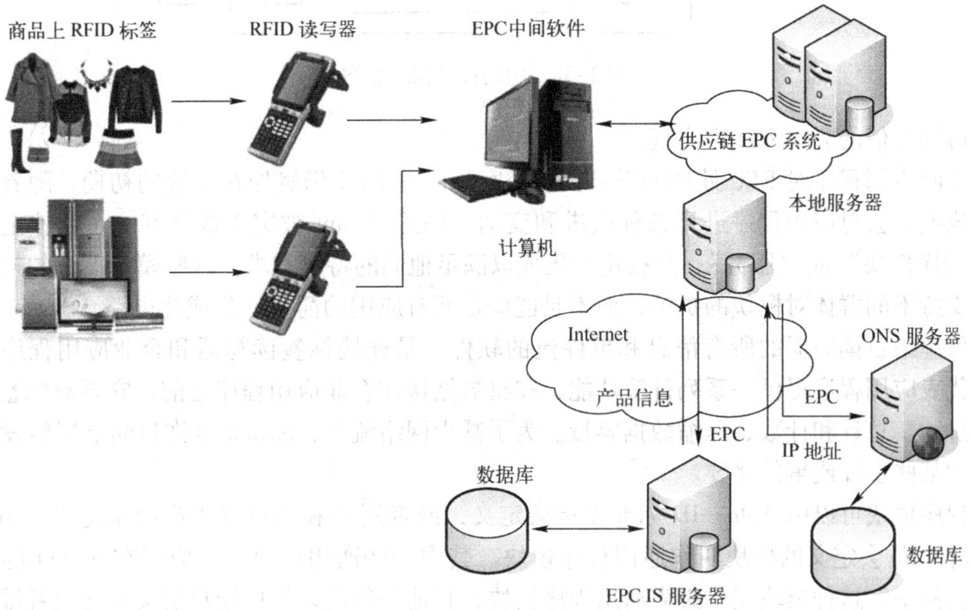

图 2-37　基于 EPC 的物联网应用系统原理结构图

构建基于 EPC 的物联网应用系统是建立在互联网的基础之上的，但是需要增加必要的物联网基础设施，包括 EPC 中间件、对象名字服务器（Object Naming Servicer，ONS）与服务器体系、EPC 信息服务器与服务器体系。

1. EPC 中间件

EPC 中间件，以前被称为 Savant，其核心功能是屏蔽不同厂家的 RFID 读写器等硬件设备、应用软件以及数据传输格式之间的异构性，从而实现不同的硬件（阅读器等）与不同的应用软件系统间的无缝对接与实时动态集成。中间件由读写器接口、程序模块、应用程序接口三部分组成。图 2-38 描述 EPC 中间件组件与其他应用程序通信。

在 ECP 网络构架中，用户层面主要是对 Savant 系统进行开发。Savant 是程序模块的集成器，程序模块通过两个接口与外界交互，即读写器接口和应用程序接口。其中读写器接口提供与标签读写器，尤其是 RFID 读写器的连接方法。应用程序接口使 Savant 与外部应用程序连接，这些应用程序通常是现有的企业在用应用程序，也可能有新的具体 EPC 应用程序甚至其他 Savant。应用程序接口被用作程序模块与外部应用的通用接口。如果有必要，应用程序接口能够采用 Savant 服务器本地协议与以前的扩展服务通信。应用程序接口采用与读

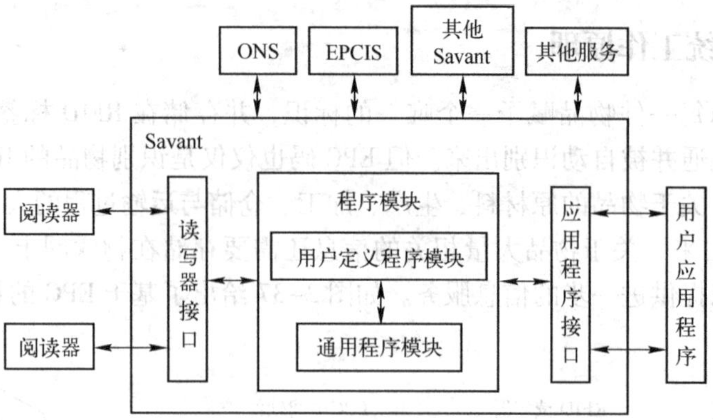

图2-38　中间件结构示意图

写器协议类似的分层方法来实现。

不同应用程序对EPC处理的需求大相径庭。而且EPC仍然处在发展的初期，随着它的不断成熟，会对应用程序进行各种改进和变动。因此Savant被定义成具有一系列特定属性的“程序模块”或“服务”，并被用户集成以满足他们的特定需求。这些模块设计的初衷是能够支持不同群体对模块的扩展，而不是能满足所有应用的简单的集成化电路。Savant是加工和处理来自读写器的所有信息和事件流的软件，是连接标签读写器和企业应用程序的纽带，代表应用程序提供一系列计算功能，在将数据送往企业应用程序之前，它要对标签数据进行过滤、总计和计数，压缩数据容量。为了减少网络流量，Savant也许只向上层转发它感兴趣的某些事件或事件摘要。

程序模块可以由Auto—ID标准委员会定义，或者用户和第三方生产商来定义。Auto—ID标准委员会定义的模块叫作通用程序模块。其中一些通用模块需要应用在Savant的所有应用实例中，这种模块叫作必需通用程序模块；其他一些可以根据用户定义包含或者排除于一些具体实例中，这些就叫作用户定义程序模块。

EPC中间件Savant与大多数的企业管理软件不同，它不是一个拱形结构的应用程序。而是利用了一个分布式的结构，以层次化进行组织、管理数据流。Savant将被利用在商店、分销中心、地区办公室、工厂，甚至有可能在卡车或货运飞机上应用。每一个层次上的Savant系统将收集、存储和处理信息，并与其他的Savant系统进行交流。例如，一个运行在商店里的Savant系统可能要通知分销中心还需要更多的产品，在分销中心运行的Savant系统可能会通知商店的Savant系统一批货物已于一个具体的时间出货了。Savant系统需要完成的主要任务是数据校对、解读器协调、数据传送、数据存储和任务管理。

1）数据校对：处在网络边缘的Savant系统，直接与解读器进行信息交流，它们会进行数据校对。并非每个标签每次都会被读到，而且有时一个标签的信息可能被误读，Savant系统能够利用算法校正这些错误。

2）解读器协调：如果从两个有重叠区域的解读器读取信号，它们可能读取了同一个标签的信息，产生了相同且多余的产品电子码。Savant的一个任务就是分析已读取的信息并且删掉这些冗余的产品编码。

3）数据传送：在每一层次上，Savant系统必须要决定什么样的信息需要在供应链上向上传递或向下传递。例如，在冷藏工厂的Savant系统可能只需要传送它所储存的商品的温度信息就可以了。

4）数据存储：现有的数据库不具备在一秒钟内处理超过几百条事务的能力，因此Savant系统的另一个任务就是维护实时存储事件数据库（RIED）。本质上来讲，系统取得实时产生的产品电子码并且智能地将数据存储，以便其他企业管理的应用程序有权访问这些信息，并保证数据库不会超负荷运转。

5）任务管理：无论Savant系统在层次结构中所处的等级是什么，所有的Savant系统都有一套独具特色的任务管理系统（TMS），这个系统使得他们可以实现用户自定义的任务来进行数据管理和数据监控。例如，一个商店中的Savant系统可以通过编写程序实现一些功能，当货架上的产品降低到一定水平时，会给储藏室管理员发出警报。

2. 对象名称解析服务（ONS）

对于EPC系统这样一个全球开放的、可追逐物品生命周期轨迹的网络系统，需要一些技术工具，将物品生命周期不同阶段的信息与物品已有的信息实时动态整合。帮助EPC系统动态地解析物品信息管理中心的任务就由对象名称解析服务（ONS）实现的。

在EPC系统中，需要将EPC编码与相应的商品信息相匹配，而相应的商品信息存储在对应的EPC IS服务器中，ONS服务提供与EPC编码对应的EPC IS服务器的地址。对象名称解析服务（ONS）是一个自动的网络服务系统，类似于域名解析服务（Domain Name System，DNS），其负责有意义的网名字母与IP地址数字间的转换。例如，当我们登录百度网进行信息搜索时，往往最容易记住的是www. baidu. com，而不是百度IP地址211. 94. 144. 100。在计算机浏览器软件中的URL中输入“www. baidu. com”并回车后，计算机会向DNS发送请求以得到IP地址信息，DNS接到请求后，在自己的数据库中查找www. baidu. com所对应的IP地址并将其返回，然后计算机再去访问IP地址为211. 94. 144. 100的服务器，并得到所要浏览的网页信息），并利用DNS体系去查询存储EPC信息的服务器的IP地址。因此ONS设计与架构都以Internet域名解析服务DNS为基础，从而使整个EPC网络以Internet为依托，迅速架构并顺利延伸到世界各地。ONS实现架构主要包括以下两个组成部分。

1）ONS服务器网络：分层管理ONS记录，同时，负责对提出的ONS记录查询请求进行响应。

2）ONS解析器：完成电子产品码到DNS域名格式的转换，以及解析DNS NAPTR记录，获取相关的产品信息访问通道。

因此ONS在EPC系统中的作用可以简单表述为：读写器将读到的EPC编码通过本地局域网上传至本地服务器，由本地服务器所带Savant软件对这些信息进行集中处理，然后由本地服务器通过查找本地ONS服务或通过路由器到达远程ONS服务器查找所需EPC编码对应的EPC IS服务器地址，本地服务器就可以和找到的EPC IS服务器进行通信了。

3. EPC IS信息服务

EPC IS信息服务提供了一个数据和服务的接口，使得物品的EPC信息可以在企业之间共享。在这个系统中，EPC码被用作数据库的查询指针，EPC IS提供信息查询接口与已有的数据库、应用程序及信息系统相连。其内部结构示意图如图2-39所示。

EPC信息服务有两种运行模式：数据存储模式和数据查询模式。

数据存储模式是将读写器发送的EPC码存储在数据库中，以备查询。EPC存储的数据类型包括：

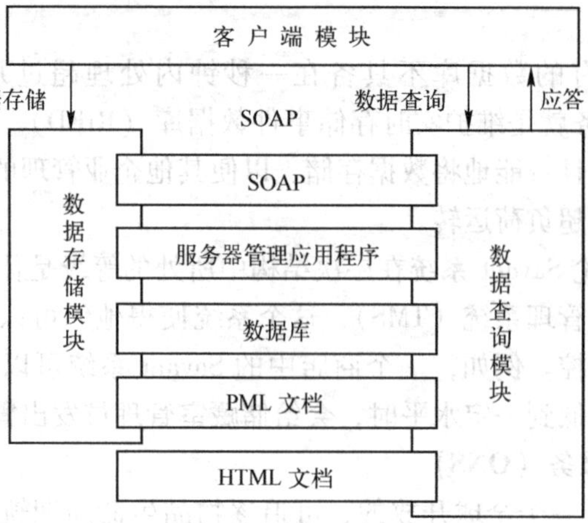

图 2-39　EPC IS 结构示意图

1）静态属性数据：

- 制造日期、有效期等系列数据。
- 颜色、重量、尺寸等产品类型数据。

2）带有时间戳的历史数据：

- RFID 读出数据。
- 传感器的测量数据。
- 读写器的位置数据。

EPC IS 存储的信息可以被应用程序直接查询和应用。从存储的数据看，查询的数据包括静态信息，也包括动态数据以及在供应链中的位置信息。

EPC 系统中描述物品信息以及读写器、中间件、应用程序、ONS 与 EPC IS 之间的交互使用的是实体标记语言（Physical Markup Language，PML）。PML 由互联网中可扩展标记语言（XML）发展而来，它规定了 EPC IS 系统交互过程中数据交互和通信的数据格式。PML 文档存放的是 EPC 标签、读写器、中间件、ONS、EPC IS 之间的交互信息，HTML 文档存放 Web 网页。EPC IS 的工作流程如下：

1）客户端完成 RFID 标签信息向指定 EPC IS 服务器的传输。

2）数据存储模块将数据存储于数据库中，在产品信息初始化的过程中，调用通用数据生成针对每一个产品的 EPC 信息，并将其存入 PML 物理标示语言文档中。

3）数据查询模块根据客户端的查询要求和权限访问相应的 PML 文档，生成 HTML 超文本标记语言文档，再返回客户端。

4. EPC 工作过程

在由 EPC 标签、读写器、EPC 中间件、Internet、ONS 服务器、EPC 信息服务（EPC IS）以及众多数据库组成的物联网中，读写器读出的 EPC 只是一个信息参考（指针），由这个信息参考通过 Internet 找到 IP 地址并获取该地址中存放的相关的物品信息，并采用分布式的 EPC 中间件处理由读写器读取的一连串 EPC 信息。由于在标签上只有一个 EPC 代码，计算机需要知道与该 EPC 匹配的其他信息，这就需要 ONS 来提供一种自动化的网络数据库服务，EPC 中间件将 EPC 码传给 ONS，ONS 指示 EPC 中间件到一个保存着产品文件的服务器

(EPC IS) 查找，该文件可由 EPC 中间件复制，因而文件中的产品信息就能传到供应链上。图 2-40 描述了如何基于 EPC 电子产品码搜索其产品信息的参考实现。

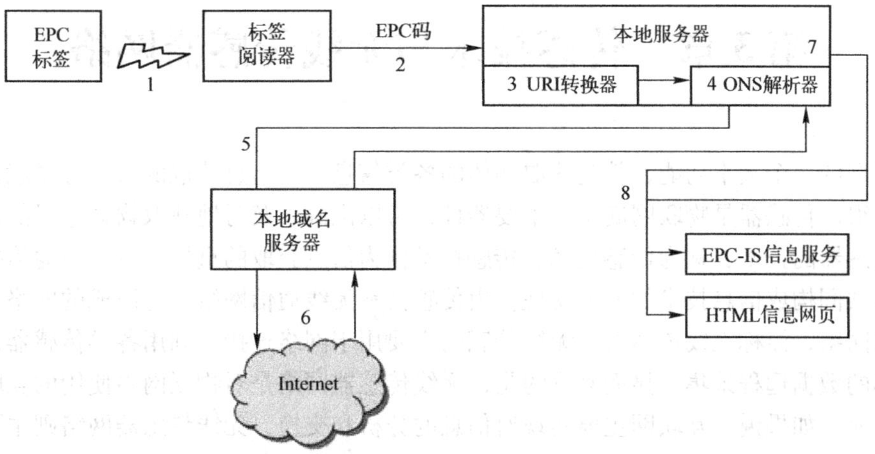

图 2-40　基于 EPC 电子产品码搜索其产品信息的参考实现

其查询过程如下：

1）RFID 阅读器从一个 EPC 标签上读取一个电子产品码。

2）RFID 阅读器将这个电子产品码送到本地服务器。

3）本地服务器对电子产品码进行相应的 URI 格式转换，发送到本地的 ONS 解析器。

4）本地 ONS 解析器把 URI 转换成 DNS 域名格式。

5）本地 ONS 解析器基于 DNS 域名访问本地的 ONS 服务器（缓存 ONS 记录信息），如发现其相关 ONS 记录，直接返回 DNS NAPTR 记录；否则转发给上级 ONS 服务器（DNS 服务基础架构）。

6）DNS 服务基础架构基于 DNS 域名返回给本地 ONS 解析器一条或多条对应的 DNS NAPTR 记录。

7）本地 ONS 解析器基于这些 ONS 记录，解析获得相关的产品信息访问通道。

8）本地服务器基于这些访问通道访问相应的 EPC IS 服务器或产品信息网页。

习题与思考题

2-1　RFID 系统基本组成部分有哪些？

2-2　电子标签分为哪几种？简述每种标签的工作原理。

2-3　什么是 EPC？请简要地叙述 EPC 系统的组成，以及各个部分的英文简写。

2-4　简要叙述基于 EPC 的 RFID 系统工作过程。

第3章　传感技术与无线传感器网络

物联网的一个基本功能，就是获取物体的各类信息。而信息获取的重要方式就是采用传感器来获得。传感器是物联网底层的主要器件，可以准确、及时地获取物理世界的信息。用来研发传感器的技术，称为传感技术。传感技术作为信息获取的重要手段，与通信技术、计算机技术共同构成信息技术的三大支柱。由传感器和无线通信网络结合而成的网络，称为无线传感器网络，简称无线传感网。无线传感网主要用于网络连接，利用各类传感器，实现对大量物体的数据远程采集。显而易见的是，无线传感器网络是对物联网中使用的互联网在功能上的扩充。如果说，互联网主要实现对信息的分析和交换，无线传感器网络则主要实现对信息的采集和汇总。本章将系统介绍传感器的原理和技术，并比较全面地引入智能传感器和无线传感器网络的相关知识。

传感技术是物联网的基础技术之一，一直以来都与现代化生产科学技术密切相关。传感器不仅是信息获取的重要工具，而且也是组成无线传感网的基础单元。本章的第3.1～3.2节主要介绍一些常用的传感器，着重介绍传感器的作用、特点、类型。随着科技的进步，未来的传感器会朝着智能化和微型化的方向发展，特别是微电子机械系统（Micro Electro Mechanical Systems，MEMS）以及超大规模集成电路（Very Large Scale Integrated circuits，VLSI）的发展，可使智能传感器快速加入物联网的应用系统。所以，第3.3～3.4节还将介绍智能传感器、MEMS传感器的概念、特点和应用。第3.5节则主要介绍无线传感器网络的概念、特点、技术标准以及应用领域等相关内容。

3.1　传感器与传感技术

3.1.1　传感器的由来及发展历史

在人类历史发展的很长一段时间里，人类是通过眼睛（视觉）、耳朵（听觉）、鼻子（嗅觉）、手指（触觉）等方式来感知周边环境的，这是人类认知世界的基本方式。我们通过手接触物体来得知物体是冷是热；用眼睛观察外面是白天还是黑夜；用鼻子闻到各种气体。然而，依靠这种本能感知能力已远远不能满足信息科技时代的发展要求。例如，眼睛无法看到数千公里外的场景，也不能看到极微小的尘埃；手指不能接触极高温的物体，更不能直接感觉出温度的具体数值等。

随着人类对世界的改造和对未知领域的拓展，人类需要的信息来源、数量、种类、精度都不断增加，对信息获取的手段提出了更高的要求。因此，基于传感技术的传感器应运而生。传感器是满足人类对各类信息感知获取的主要工具。17世纪初，人们就开始利用温度计进行测量，而真正把温度变成电信号的传感器是1821年由德国物理学家赛贝发明的，这就是后来的热电偶传感器。在半导体得到充分发展以后，相继开发了半导体热电偶传感器、

PN 结温度传感器和集成温度传感器。与之相对应，根据波与物质的相互作用规律，相继开发了声学温度传感器、红外传感器和微波传感器。

传感器主要负责把一系列可被测量的物理量（热量、大小、长度等）按一定的规律转换为电子量，使得这些信息能够被计算机等电子设备处理。传感器的出现，是信息化时代加速到来的关键因素之一。现在，传感器已经渗透到了当今人们日常生活的每一个角落中。如果对我们的生活环境多加留意，就会发现日常生活中的各类传感器。例如空调中装有温度传感器（用于探测房间温度），路灯上装有光照度传感器（用于获取光照度值以便控制路灯的开关），智能手机装有六轴感应器（用于感知手机的水平垂直方向），自动门装有人体红外传感器（如图 3-1 自动门与人体红外传感器所示，当人走过自动门时，门上方的传感器探测到人体散发出的红外热能从而控制大门开启）等。事实上，传感器已经广泛应用到了工业、农业、军事国防、医疗、环境卫生等各大领域，极大地提高了人类感知世界的能力。

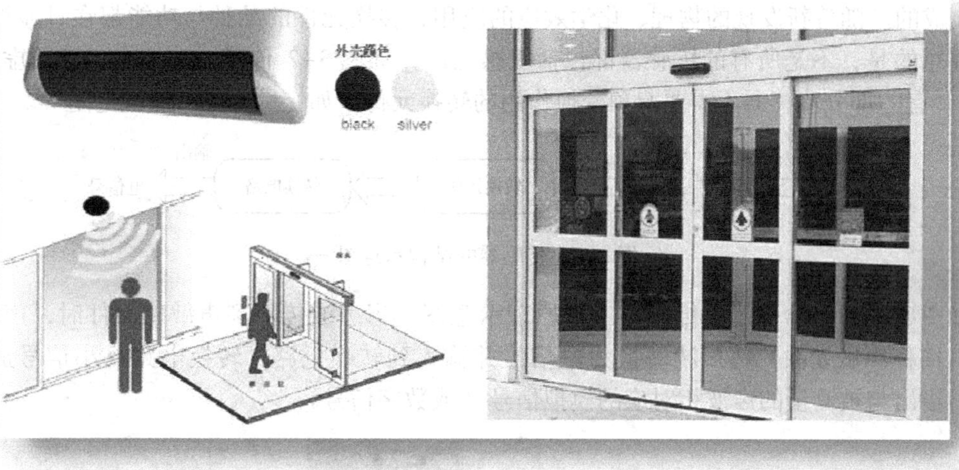

图 3-1　自动门与人体红外传感器

我国的传感器发展已经经历了 50 多个春秋。20 世纪 80 年代，改革开放给传感器行业带来了生机与活力。90 年代，在党和国家关于“大力加强传感器的开发和在国民经济中普遍应用”的决策指引下，传感器行业进入了新的发展时期。目前来看，传感器的应用已经遍及到工业生产、海洋探测、环境保护、医学诊断、生物工程等多方面的领域，几乎所有的现代化的项目都离不开传感器的应用。在我国的传感器市场中，国外的厂商占据了较大的份额，虽然国内厂商也有了较快的发展，但仍然无法跟上国际传感器技术的步伐。近年来，由于国家的大力支持，我国建立了传感器技术国家重点实验室、微米/纳米国家重点实验室、机器人国家重点试验室等研发基地，初步建立了敏感元件和传感器产业，目前我国已有1688 家从事传感器的生产和研发的企业，其中从事 MEMS 研发的有 50 多家。在经济全球化趋势下，随着我国的投资环境的改善以及对传感器技术的大力支持，各国传感器厂商纷纷涌进我国的传感器市场，使得国内的传感器领域的竞争日趋激烈。与此同时，强烈的技术竞争必然会导致技术的飞速发展，促进我国传感器技术的快速进步。

未来的传感器会向着小型化、多功能化、智能化、集成化、系统化的方向发展，由微传感器、微执行器及信号和数据处理器总装集成的系统越来越引起人们的关注。

3.1.2 传感器的定义和组成

传感器（Sensor）是一种能感受规定的被测量，并按照一定的规律转换成可用输出信号的器件或装置。被测量一般为非电量，如温度、光照度、气压等。常用传感器的输出信号一般为电信号，如电压、电流等，这样可以满足感知信息的传输、处理、存储、显示、记录和控制的要求。所以更简单地讲，传感器是将非电量转换成电量的器件或装置。

传感器由两个基本元件组成：敏感元件和转换元件。这两种元件配上必要的测量转换电路，就实现了传感器的基本功能。如图 3-2 所示给出了传感器的结构示意图。在非电量到电学物理量的变换过程中，一般是把非电量先转换为一种易于变换成电学物理量的中间量（如位移、应变等），然后再通过适当的方法转换成电学物理量。通常我们把完成第一步变换的元件称为敏感元件，如称重的弹簧、弹性板等。把完成第二步变换的元件称为转换元件，如压电晶体、热电偶等。转换元件是传感器的核心部分，是利用物理、化学、生物学等原理制成的。随着新发现的物理、化学效应的应用，转换元件的品种与功能都在日益增多。值得注意的是，不是所有的传感器都包括敏感元件（如图 3-2 传感器的结构示意图虚线框所示），有一部分传感器不需要起预变换作用的转换元件，如光敏元件、热敏电阻等。

图 3-2　传感器的结构示意图

如图 3-3 所示给出了声传感器工作原理示意图。当声波传播到声敏感元件时，声敏感元件（简称声敏元件）将声波转换为电信号并输入到转换电路，转换电路将小信号放大、整形，输出与被测量的声波相对应的模拟信号（或数字信号）。

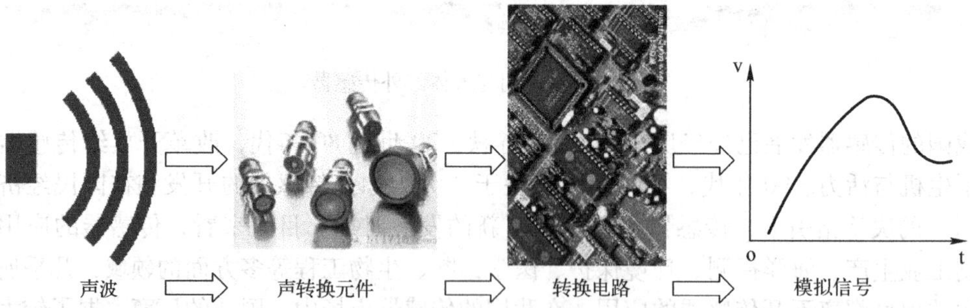

图 3-3　声传感器工作原理示意图

3.1.3 传感器的分类

随着科技的发展，传感器的种类和功能日益增多。根据不同的使用特点，传感器有许多分类方法，主要为按工作原理分类、按被测量分类、按能量关系分类和按输出信号分类等。其中，最常用的是按工作原理来分的传感器，可分为物理传感器、化学传感器和生物传感器三大类。其中常见的传感器有：温度传感器、湿度传感器、压力传感器、电流传感器、磁场强度传感器、力传感器、气体传感器、血流传感器等，如表 3-1 所示。

表 3-1　按工作原理不同的传感器分类表

物理传感器	力传感器	压力传感器、力传感器、流量传感器、硬度传感器、位移传感器、加速度传感器
	热传感器	温度传感器、热流传感器、热导率传感器
	光传感器	可见光传感器、红外光传感器、色度传感器、照度传感器
	磁传感器	定向传感器、磁感应传感器、位置传感器
	电传感器	电流传感器、电压传感器
	射线传感器	X 射线传感器、辐射剂量传感器、射线传感器
化学传感器		离子传感器、气体传感器、湿度传感器
生物传感器		按输出电信号、分子识别元件、信号转换元件（不同分类详见表 3-2）

3.2　常用的传感器介绍

由于传感器的种类很多，不同的传感器的结构和特性也不尽相同，因此下面将按照分类表 3-1 的描述，依次介绍一些常用传感器的基本知识及其工作原理。

3.2.1　物理传感器

物理传感器的原理是利用力、热、光、磁、电、射线等物理效应，将被测信号量的变化转换成电信号。根据传感器检测的物理参数类型的不同，物理传感器可以进一步分为力传感器、热传感器、光传感器、磁传感器、电传感器和射线传感器等类别。

1. 力传感器

力传感器是将各种力学量转换为电信号的器件，力学量可分为几何学量、运动学量及力学量三部分，其中几何学量指的是位移、形变、尺寸等，运动学量是指几何学量的时间函数，如速度、加速度等，力学量包括质量、力、力矩、压力、应力等。力学传感器的种类繁多，如电阻应变片压力传感器、半导体应变片压力传感器、压阻式压力传感器、电感式压力传感器、电容式压力传感器、谐振式压力传感器及电容式加速度传感器等。应用最为广泛的是压阻式压力传感器，它具有极低的价格和较高的精度以及较好的线性特性。如图 3-4 所示给出了用金属应变丝作为敏感元件的压力传感器的工作原理示意图以及各种封装的压力传感器。

在了解压阻式压力传感器前，我们首先认识一下电阻应变片这种元件。电阻应变片是一种将被测件上的应变变化转换成为一种电信号的敏感器件。它是压阻式应变传感器的主要组成部分之一。电阻应变片应用最多的是金属电阻应变片和半导体应变片两种。金属电阻应变片又有丝状应变片和金属箔状应变片两种。通常是将应变片通过特殊的黏合剂紧密地黏合在产生力学应变基体上，当基体受力发生应力变化时，电阻应变片也一起产生形变，使应变片的阻值发生改变，从而使加在电阻上的电压发生变化。这种应变片在受力时产生的阻值变化通常较小，一般这种应变片都组成应变电桥，并通过后续的仪表放大器进行放大，再传输给处理电路计算出物体所受的力。

根据测量的物理量不同，力传感器可分为压力传感器、力传感器、流量传感器、硬度传感器、位移传感器、加速度传感器等。如图 3-5 所示给出了几种封装方式、结构和用途不同的力传感器的外形图片。

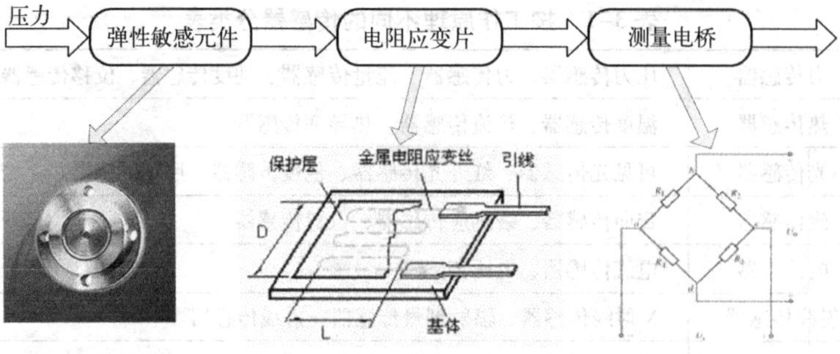

a)

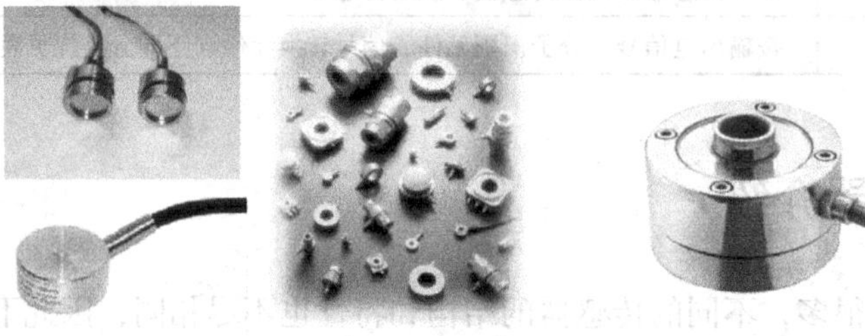

b)

图 3-4　压力传感器

a）金属应变丝作为敏感元件的压力传感器的工作原理示意图　b）各种封装的压力传感器

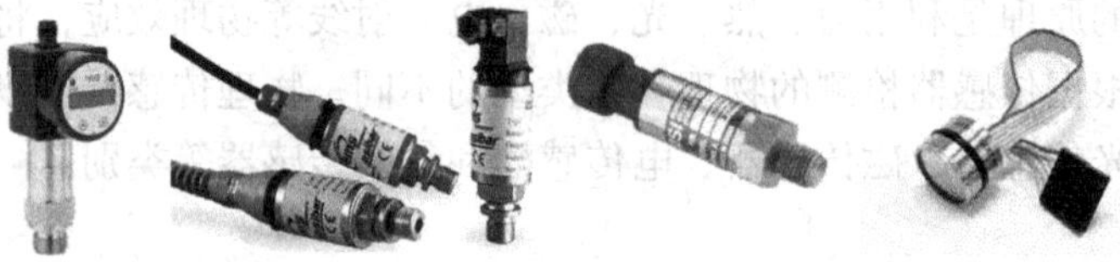

a)

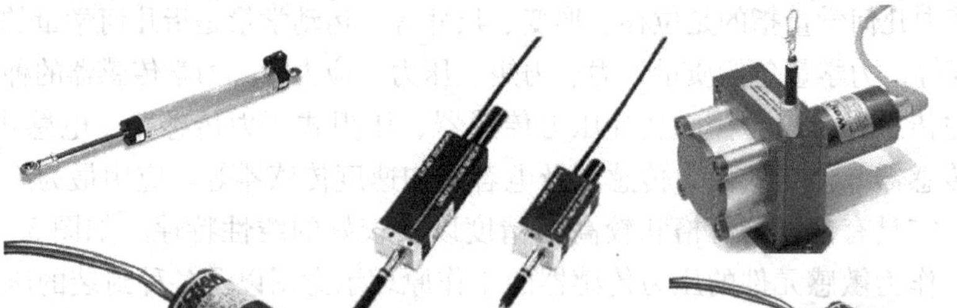

b)

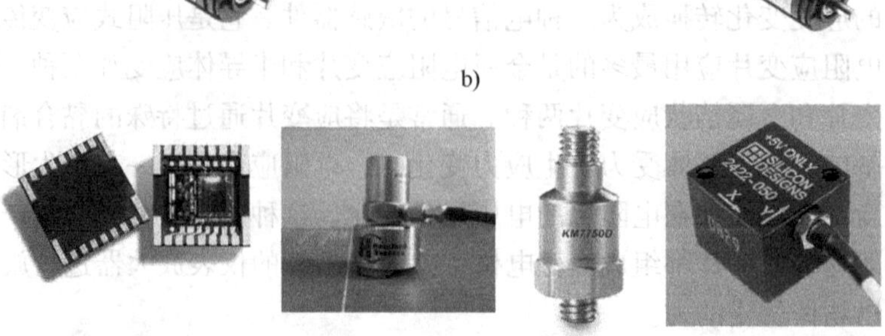

c)

图 3-5　不同用途的力传感器

a）压力传感器　b）位移传感器　c）加速度传感器

2. 热传感器

在工农业生产中，温度与热量是最重要的测量和控制的参数之一。能够感受到温度和热量并转换成输出信号的传感器叫作热传感器。热传感器可分为温度传感器、热流传感器、热导率传感器。其中，最常用的热传感器是温度传感器。在人类社会的生产、工作、生活中，经常会用到温度传感器，如空调测得的室温、机床加热的温度值、电磁炉设定的温度（如图 3-6 所示）都是温度传感器的功劳。因此，温度的测量有着非常重要的意义。温度传感器是利用物质的各种物理性质随温度变化的规律把温度转换为电量的传感器。

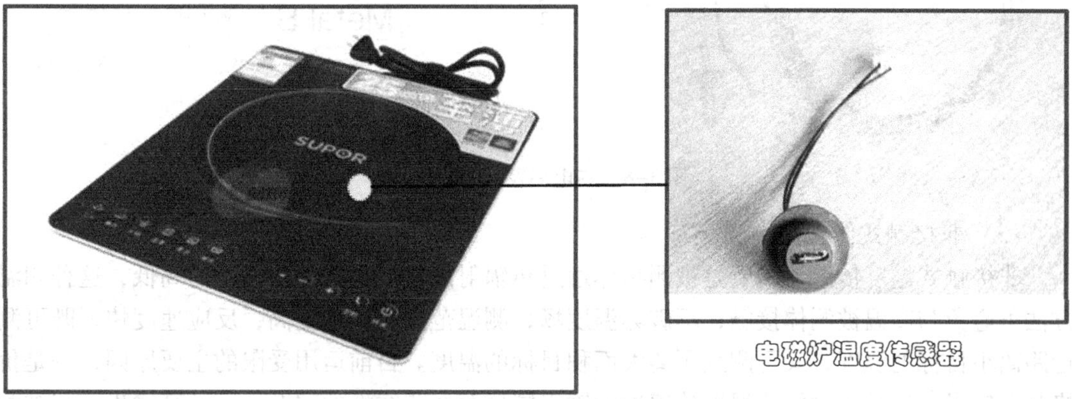

图 3-6　电磁炉中的温度传感器

温度传感器从使用的角度大致可分为接触式和非接触式两大类，前者是让温度传感器直接与待测物体接触，而后者是使温度传感器与待测物体离开一定的距离，检测从待测物体放射出的红外线，达到测温的目的。在接触式和非接触式两大类温度传感器中，相比运用多的是接触式传感器，非接触式传感器一般在比较特殊的场合才使用。在选择温度传感器时，应考虑到诸多因素，如被测对象的温度范围、灵敏度、精度、响应速度、使用环境、价格等。下面主要对接触式和非接触式传感器进行介绍。

（1）接触式传感器

接触式传感器通过接触来主动测量被测物体的温度。目前得到广泛使用的接触式温度传感器主要有热电式传感器。热电式传感器共有两种：热电阻传感器和热电偶传感器。

将温度变化转换为电阻变化的称为热电阻传感器（thermal resistor）。热电阻大都由纯金属材料制成，目前应用最多的是铂丝。如图 3-7 所示给出了铂热电阻的示意图。

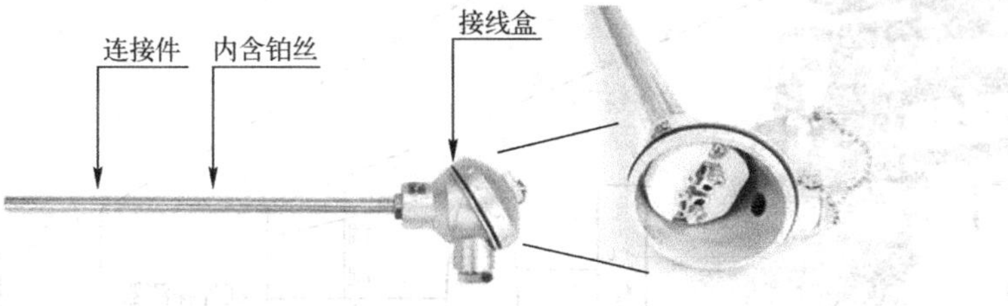

图 3-7　铂热电阻

另一类热电式传感器称为热电偶传感器（thermocouple），通常简称为热电偶。热电偶是将温度变化转换为热电势变化的传感器。热电偶由在一端连接的两条不同的金属线构成。其工作原理是：当热电偶一端受热时，热电偶电路中就有了电势差，即可用测量的电势差来计算温度，如图 3-8 所示。

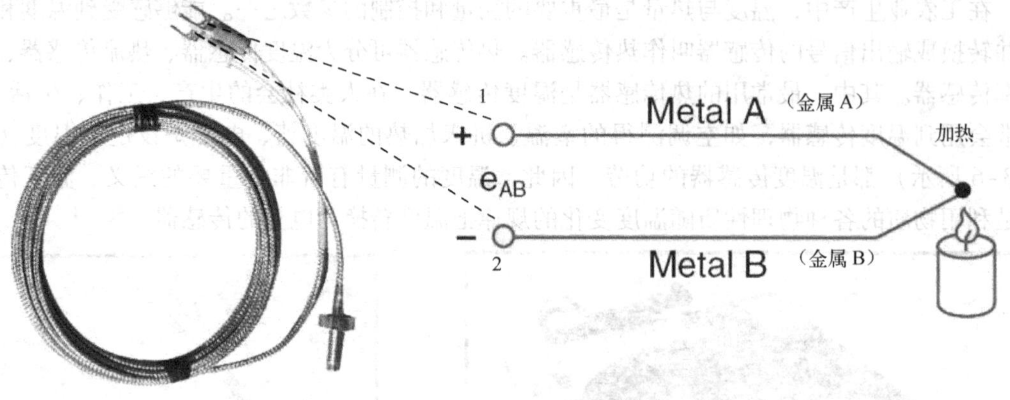

图 3-8　热电偶及其工作原理

（2）非接触式传感器

非接触式温度传感器主要是被测物体通过热辐射能量来反映物体温度的高低，这种测温方法可避免与高温被测体接触，不破坏温度场，测温范围宽，精度高，反应速度快，既可测近距离小目标的温度，又可测远距离大面积目标的温度。目前运用受限的主要原因，一是价格相对较贵，二是非接触式温度传感器的输出同样存在非线性的问题，而且其输出受与被测量物体的距离、环境温度等多种因素的影响。

一般而言，物体高于绝对零度时，就会不断地向四周辐射各种波长的电磁波，其中包含了 0.75 ~100μm 的红外线。红外辐射测温就是采用了这一原理，这种测温仪称为红外测温仪，如图 3-9 所示。红外测温仪是根据物体的红外辐射特性，依靠其内部光学系统将物体

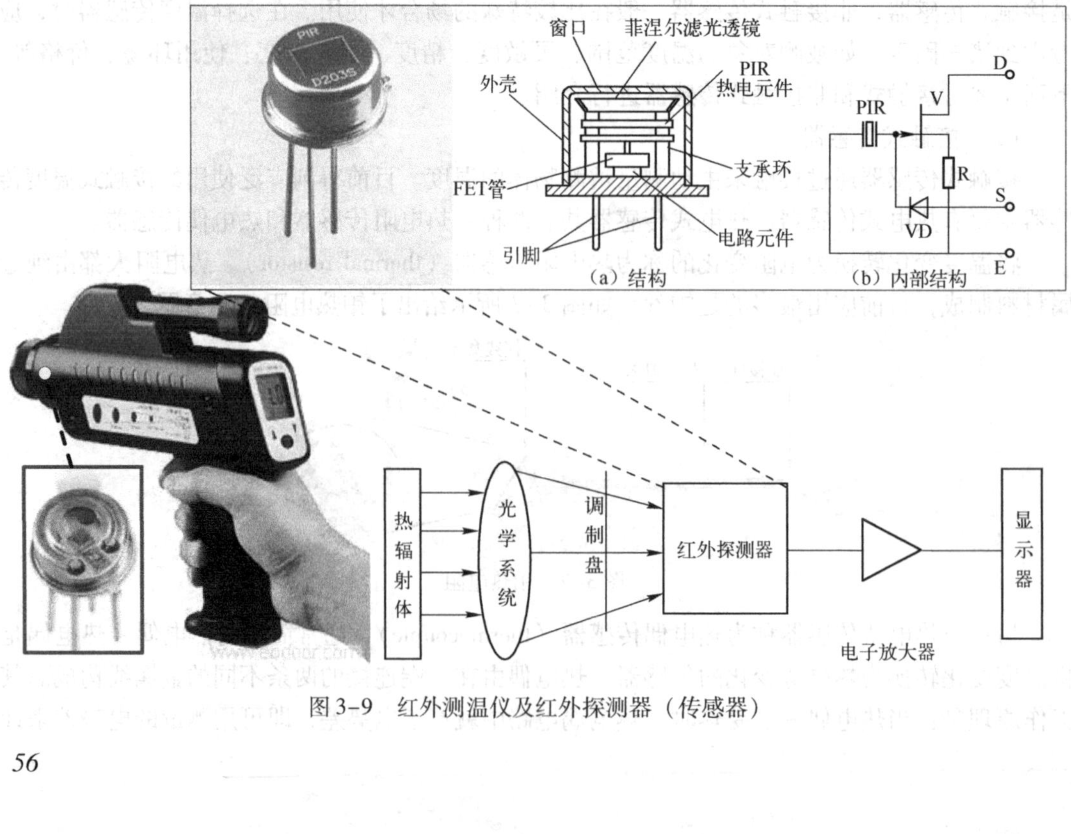

图 3-9　红外测温仪及红外探测器（传感器）

的红外辐射能量汇聚到探测器（传感器），并转换成电信号，再通过放大电路、补偿电路以及线性处理后，在显示终端显示被测物体的温度。系统由光学系统、光电探测器、信号放大器以及信号处理、显示输出等部分组成，其核心是红外探测器，将入射辐射能量转换成可测量的电信号。红外测温仪的特点是测量范围广，响应速度快，灵敏度高。但由于受被测对象的发射率影响，几乎不可能测到被测对象的真实温度，测量到的是表面温度。

3. 光传感器

当今，设计者在消费类产品、汽车、医疗和工业应用中使用了比以往更多的光传感器，使得光传感器成了当前传感器技术研究中最活跃的领域之一。例如条形码阅读器、激光打印机和自动聚焦显微镜利用光学探测的反射光来对位置进行感应；还有如数码相机、手机和笔记本电脑等便携电子产品则利用光传感器来测量环境光量。

光传感器的核心是光敏元件，即光电转换元件，它是把光信号（红外、可见及紫外光辐射）转变成电信号的器件。光敏元件主要包括光敏电阻、光电晶体管或光电二极管等几种。采用任意一种光电转换元件所构成的传感器都是光传感器，从功能上分类主要包括：可见光传感器、红外光传感器、色度传感器、照度传感器等。目前最常用的光传感器是可见光传感器。如图 3-10 所示给出了手持设备中的可见光传感器以及一些光传感器芯片。

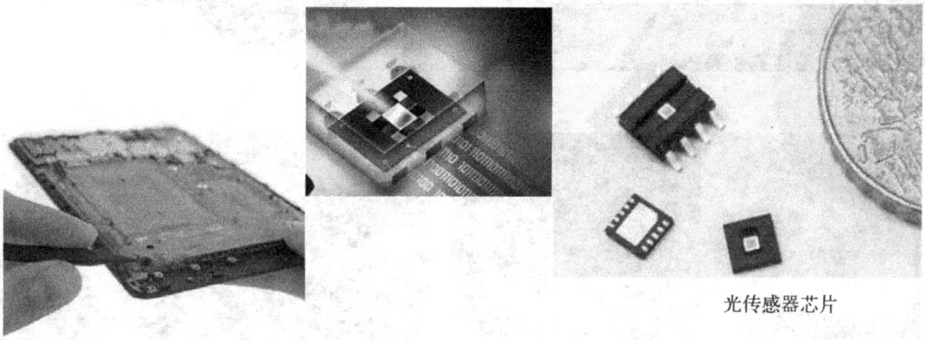

图 3-10　手持设备中的可见光传感器

可见光传感器可以感知周围的光线情况，并告知处理芯片自动调节显示器背光亮度，降低产品的功耗。例如，在手机、笔记本，GPS 等移动手持设备应用中，显示器消耗的电量高达电池总电量的 30%，采用可见光传感器可以最大限度地延长电池的工作时间。同时可见光传感器有助于显示器提供柔和的画面。当环境亮度较高时，使用可见光传感器的液晶显示器会自动调成高亮度。当外界环境较暗时，显示器就会调成低亮度。

4. 磁传感器

磁传感器是把磁场、电流、应力应变、温度、光等外界因素引起敏感元件磁性能的变化转换成电信号，以这种方式来检测相应物理量的器件。磁传感器用于检测磁场的存在，测量磁场的大小，确定磁场的方向和测定磁场的大小或方向是否有改变。磁传感器分为三类：定向传感器、磁感应传感器和位置传感器。指南针就是最古老的一种定向传感器，它可以将地球磁场的两个水平分量用来计算相对于磁北的角度。磁感应传感器可以用在家用电器、智能电网、电动车、风力发电等场合，如将载流线产生的磁场用于监控电路中的过负荷状态或蓄电池的状态。

位置传感器主要有两种：线性和转动传感器。一个磁体和磁传感器相互之间有位置变化，这个位置变化如果是线性的就是线性传感器，如果是转动的就是转动传感器。线性传感器可以将由铁磁物体产生的对地球磁场的干扰用来检测这些物体是否存在，一旦表现出有相同的干扰，就能用来识别该物体的类型。线性传感器可用于检测静止或运动的汽车、卡车或火车等运动的铁磁物体；也可以检测一个物体的位置，如键盘上的按键。转动传感器是把传感器与磁铁和齿轮组合在一起使用。齿轮的齿或凹槽对磁铁产生的磁场有不同的干扰，就可将齿轮齿与凹槽辨认开来。这个数据可用于测量齿轮的转速，如发动机中轴的旋转速度；也可以检测门或闩锁的打开或关闭，如飞机货舱门。如图 3-11 所示给出了磁传感器示意图。

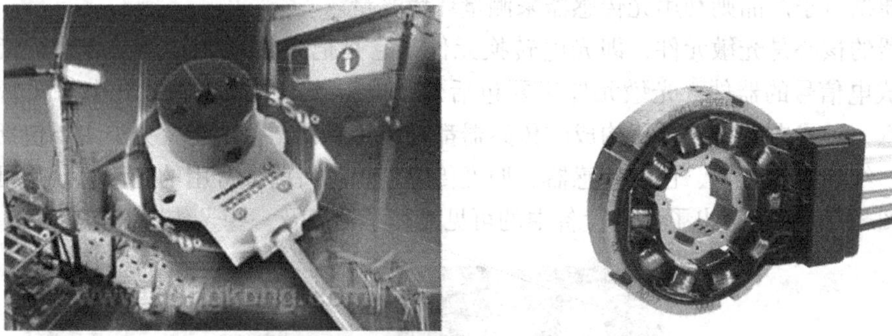

a)

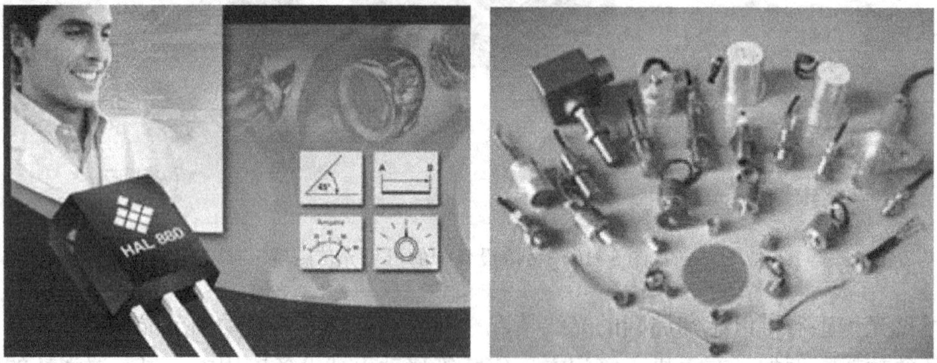

b)

图 3-11　磁传感器

a）磁转动传感器　b）各种不同的磁传感器

5. 电传感器

电传感器是最常用的一种传感器。从测量的物理量角度分类，电传感器可以分为电流、电压传感器，以及由电压、电流衍生的功率因数传感器等。

电流传感器主要分为两大类：直流电流传感器和交流电流传感器。不管是哪种电流传感器，其所依据的工作原理主要都是霍尔效应。当导线经过电流传感器时，电流会产生磁场，磁场集中在磁芯周围，内置在磁芯气隙中的霍尔电极就可产生和磁场成正比的大小仅几毫伏的电压，电子电路可把这个微小的信号转变成电流。采用测量磁感应的方式制作而成的电流传感器实际上就是磁感应传感器。如图 3-12 所示给出了不同类型的电流传感器。

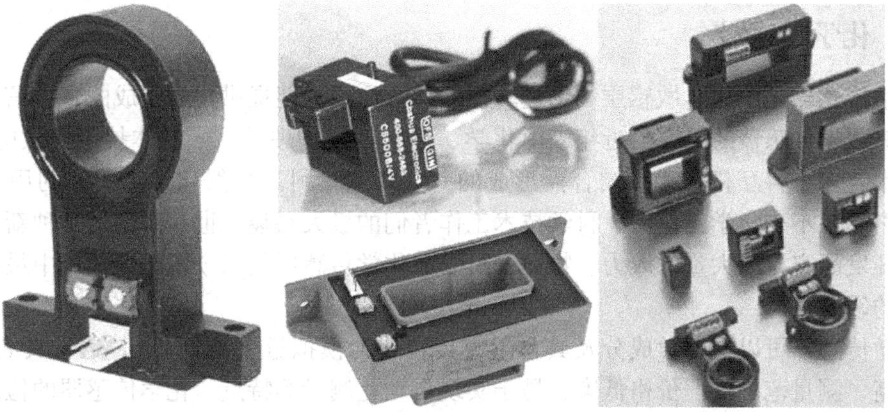

图 3-12　电流传感器

电压传感器分直流电压传感器和交流电压传感器，交流电压传感器是一种能将被测交流电压转换成按线性比例输出直流电压或直流电流的仪器，广泛应用于电力、邮电、石油、煤炭、冶金、铁道、市政等部门的电气装置、自动控制以及调度系统。交流电压传感器具有单路、三路组合结构形式。直流电压传感器是一种能将被测直流电压转换成按线性比例输出直流电压或直流电流的仪器，也广泛应用在电力、远程监控、仪器仪表、医疗设备、工业自控等各个需要电量隔离测控的行业。如图 3-13 所示给出了不同类型的电压传感器。

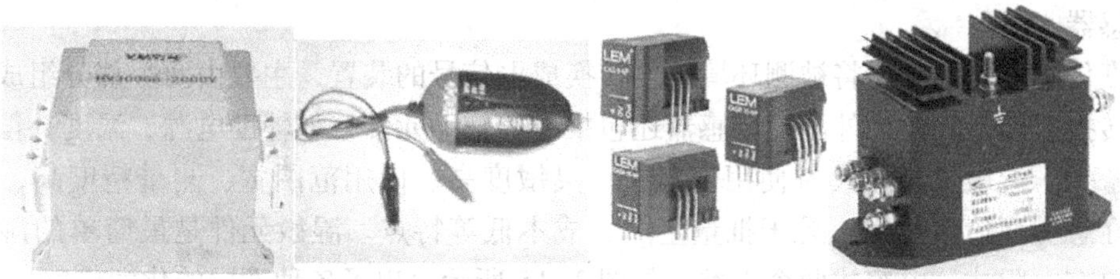

图 3-13　电压传感器

6. 射线传感器

射线传感器也称核辐检测装置，它是将射线强度转换为可输出电信号的传感器。射线传感器可以分为 X 射线传感器和辐射剂量传感器。射线传感器的研究已经有很长的历史了，目前射线传感器已经在环境保护、医疗卫生、科学研究和安全保护领域得到了广泛使用。如图 3-14 所示给出了 X 射线传感器的应用。

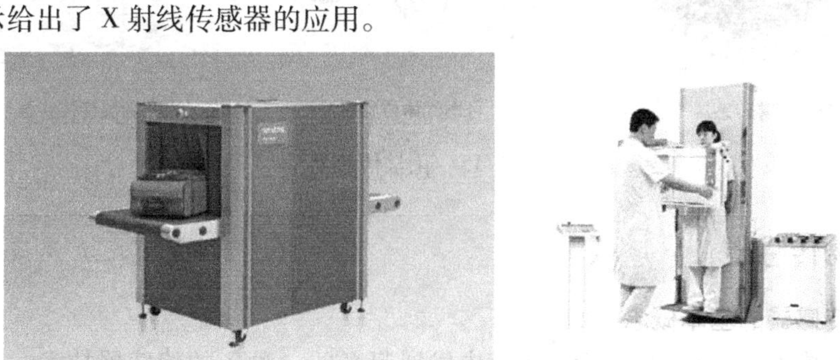

图 3-14　X 射线传感器的应用

3.2.2 化学传感器

化学传感器是由化学敏感层和物理转换器结合而成，能提供化学组成的直接信息的传感器件。对化学传感器的研究是近年来由化学、生物学、物理学、半导体技术、微电子技术、薄膜技术等多学科互相渗透和结合而形成的一门新兴学科。虽然化学传感器的历史并不太长，却引起了不少化学工作者、科学技术工作者们的极大兴趣。世界各国对这种新型化学传感器的开发研究投以大量的人力、物力和财力。化学传感器是当今传感器领域中最活跃、最有成效的领域。

化学传感器可以把化学成分及其含量直接转化为模拟量（电信号），通常具有体积小、灵敏度高、测量范围宽、价格低廉、易于实现自动化测量等特点。化学传感器的检测对象为化学物质，若按化学传感器的监测对象不同可分类为以 PH 传感器为代表的各种离子传感器、检测气体的气体传感器、检测湿度的湿度传感器等。

离子传感器是一种对离子具有选择敏感作用的场效应晶体管。离子传感器可以用来测量溶液（或体液）中离子浓度的微型固态电化学敏感器件。因此，它在生物医学领域中具有很强的生命力。此外，在环境保护、化工、矿山、地质、水文以及家庭生活等各方面都有其应用。

气体传感器是一种将某种气体体积分数转化成对应电信号的转换器。气体传感器可以将气体种类及其浓度有关的信息转换成电信号，根据这些电信号的强弱便可获得与待测气体在环境中存在情况有关的信息。气体传感器分为半导体、固体电解质、接触燃烧式和电化学式气体传感器。

湿度传感器是一种能将被测环境湿度转换成电信号的装置，主要由两个部分组成：湿敏元件和转换电路。除此之外湿度传感器还包括一些辅助元件，如辅助电源、温度补偿、输出显示设备等。湿敏传感器具有使用寿命长、灵敏度高、使用范围宽、测量精度高、响应迅速、能在恶劣环境中使用，易于批量生产、成本低等特点。湿敏元件是最简单的湿度传感器，主要有电阻式、电容式两个大类。如图 3-15 所示给出了各种不同的化学传感器。

离子烟雾传感器　　可燃气体传感器　　叶面湿度传感器

图 3-15　化学传感器

3.2.3 生物传感器

1. 生物传感器的基本概念

生物传感器（Biosensor）是近几十年内发展起来的一种新的传感器技术。有人把 21 世纪称为生命科学的世纪，也有人把 21 世纪称为信息科学的世纪。生物传感器正是在生命科学和信息科学之间发展起来的一个交叉学科。

生物传感器是一类特殊形式的传感器，是一种对生物物质敏感并将其待测物质转换为声、光、电等信号进行检测的仪器。它是由固定化的生物敏感材料作识别元件（包括酶、抗体、抗原、微生物、细胞、组织、核酸等生物活性物质），与适当的理化换能器（如氧电极、光敏管、场效应管、压电晶体等）以及信号放大装置构成的分析工具。例如，对于光敏感的生物元件能够将它感受到的光强度转化为与之成比例的电信号；对于热敏感的生物元件能够将它感受到的热量转化为与之成比例的电信号；对于声敏感的生物元件能够将它感受到的声强度转化为与之成比例的电信号。

生物传感器应用的是生物机理，是一类特殊的化学传感器。与传统的化学传感器相比具有无可比拟的优势，这些优势表现在高选择性、高灵敏度，能够在复杂环境中进行在线、快速、连续的监测。

2. 生物传感器的类型

目前，人们研究的传感器可以从三种不同的角度来分类。生物传感器按所用分子识别元件的不同，可分为酶传感器、微生物传感器、组织传感器、细胞器传感器、免疫传感器等；按信号转换元件的不同，可分为电化学生物传感器、半导体生物传感器、测热型生物传感器、测光型生物传感器、测声型生物传感器等；按对输出电信号的不同测量方式，又可分为电位型生物传感器、电流型生物传感器和伏安型生物传感器。如表 3-2 所示。

表 3-2 生物传感器的分类

分类依据	生物传感器类型
分子识别元件	酶传感器、微生物传感器、组织传感器、细胞器传感器、免疫传感器
信号转换元件	电化学生物传感器、半导体生物传感器、测热型生物传感器、测光型生物传感器、测声型生物传感器
输出电信号	电位型生物传感器、电流型生物传感器和伏安型生物传感器

3. 生物传感器的应用

（1）食品工业

过量地使用食品添加剂往往会对人体产生危害。例如，亚硝酸盐是肉类制品的发色剂，可导致婴儿高铁血红蛋白血症，并且具有潜在的致癌性。目前研究人员利用光学生物传感器对亚硝酸盐进行检测，其特点是检测限量低，大大低于欧盟所要求的最大限量。它的原理是将一种亚硝酸盐还原酶固定在光纤一端的可控微孔玻璃珠上，当亚硝酸盐与酶发生接触反应时，会发生一系列分光变化，且这种光学变化与亚硝酸盐的浓度在一定范围内呈线性关系。通过检测这些光学变化即可对亚硝酸盐进行定量分析。

（2）发酵工业

发酵工业中迫切需要建立各种快速分析的方法，而传统的分析方法以化学法为主，常常包括一系列烦琐的操作过程，周期较长，远不能适应实际需要，于是生物传感器成为了一种新的选择。生物传感器被誉为发酵工厂的眼睛，是近十年来这个行业不可缺少的新工具。在发酵工业中的应用也就成为了生物传感器非常重要的应用领域之一。

（3）健康应用

几年前，运动手环还仅仅是一个简单的计步器，但现在它们已经完全不同，可以监测心率等人体健康指数。光学心率传感器是目前运动监测设备逐渐流行的配置，它是使用 LED 发光照射皮肤、血液吸收光线产生的波动来判断心率水平，实现更精准的运动水平分析。皮电反应传感器是一种更高级的生物传感器，通常配备在一些智能设备上。皮电反应传感器可以检测出汗水率，配合加速度计以及先进的软件算法，有利于更准确地监测用户的运动水平。图 3-16 给出了运动手环与各种生物传感器。

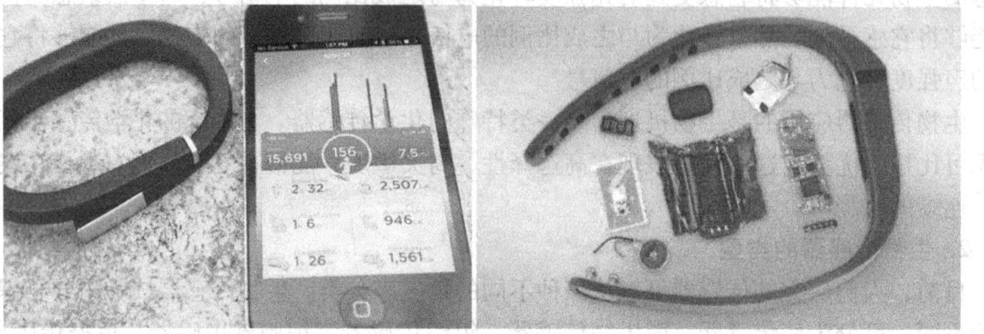

图 3-16　运动手环与生物传感器

3.2.4　传感器的性能指标

传感器的技术指标包括静态特性与动态特性两类。

1. 静态特性

静态特性，是指对静态的输入信号，传感器的输出量与输入量之间所具有的相互关系。表征传感器静态特性的主要参数有线性度、重复性、灵敏度、分辨力、稳定性和漂移等。

（1）线性度

在实际工作中，为使仪表具有均匀刻度的读数，常用一条拟合直线近似地代表实际的特性曲线。线性度（非线性误差）就是这个近似程度的一个性能指标。传感器的线性度将影响传感器的测量精度。

（2）重复性

传感器在同一工作条件下，输入量按同一方向作全量程连续多次测量时，所得特性曲线间的一致程度。

（3）灵敏度

灵敏度是传感器静态特性的一个重要指标，其定义为输出量的增量与引起该增量的相应输入量增量之比。它表示单位输入量的变化所引起传感器输出量的变化。灵敏度越大，表示传感器越灵敏。

（4）分辨力

传感器能检测到输入量最小变化量的能力称为分辨力。对于某些传感器，如电位器式传感器，当输入量连续变化时，输出量只做阶梯变化，则分辨力就是输出量的每个“阶梯”所代表的输入量的大小。对于数字式仪表，分辨力就是仪表指示值的最后一位数字所代表的值。当被测量的变化量小于分辨力时，数字式仪表的最后一位数不变，仍指示原值。当分辨力以满量程输出的百分数表示时则称为分辨率。

（5）稳定性

传感器在室温条件下，经过规定的时间间隔后，其输出与起始标定时的输出之间的差异。理想的情况是不论什么时候，传感器的特性参数都不随时间变化。但实际上，随着时间的推移，大多数传感器的特性会发生改变。这是因为敏感元件或构成传感器的部件，其特性会随时间发生变化，从而影响了传感器的稳定性。

（6）漂移

在一定时间间隔内，传感器在外界干扰下，输出量发生与输入量无关的、不需要的变化。漂移包括零点漂移和灵敏度漂移。

2. 动态特性

由于传感器所测量的非电量有不随时间变化或变化很缓慢的，也有随时间变化较快的，所以传感器的性能指标除上面介绍的静态特性所包含的各项指标外，还有动态特性。动态特性是指传感器在输入随时间变化的输出特性。在实际工作中，传感器的动态特性常用它对某些标准输入信号的响应来表示。这是因为传感器对标准输入信号的响应容易用实验方法求得，并且它对标准输入信号的响应与它对任意输入信号的响应之间存在一定的关系，往往知道了前者就能推定后者。一个动态特性好的传感器，它的输出型号对应输入量的响应特性不随时间变化，它反映出传感器的测量精度、重复性与可靠性较高。

3.3 智能传感器

3.3.1 智能传感器的概念

智能传感器（Intelligent Sensor 或 Smart Sensor）最初是由美国宇航局在1978 年开发出来的产品。宇宙飞船上需要大量的传感器不断向地面发送温度、位置、速度和姿态等数据信息，用一台大型计算机很难同时处理如此庞杂的数据，要想不丢失数据，并降低成本，必须有能实现传感器与计算机一体化的灵巧传感器。智能传感器是指具有信息检测、信息处理、信息记忆、逻辑思维和判断功能的传感器。它不仅具有传统传感器的各种功能，而且还具有数据处理、故障诊断、非线性处理、自校正、自调整以及人机通信等多种功能。它是微电子技术、微型电子计算机技术与检测技术相结合的产物。

早期的智能传感器是将传感器的输出信号经处理和转化后由接口送到微处理机部分进行运算处理。20 世纪 80 年代智能传感器主要以微处理器为核心，把传感器信号调节电路、微电子计算机存储器以及接口电路集成到一块芯片上，使传感器具有一定的人工智能。90 年代智能化测量技术有了进一步的提高，从而使传感器实现了微型化、结构一体化、阵列式、数字式，使用方便和操作简单、具有自诊断功能、记忆与信息处理功能、数据存储功能、多参量测量功能、联网通信功能、逻辑思维以及判断功能。智能化传感器是传感器技术未来发展的主要方向。在今后的发展中，智能化传感器无疑会进一步扩展到化学、电磁、光学和核物理等研究领域。

智能传感器是测量技术、半导体技术、计算机技术、信息处理技术、微电子学、材料科学等综合密集型技术的结合，主要由传感器、微处理器（或微计算机）及相关电路组成。微处理器是智能传感器的核心，它不但可以对传感器测量数据进行计算、存储、数据处理，还可以通过反馈回路对传感器进行调节。微处理器能充分发挥各种软件的功能，可以完成硬件难以完成的任务，从而大大降低传感器制造的难度，提高传感器的性能，降低成本。

3.3.2 智能传感器的特点

智能传感器的“智能”主要体现在强大的信息处理功能上。智能传感器与传统的传感器相比，具有以下几个显著的特点。

1. 集成化

集成智能传感器是利用集成电路工艺和微机械技术将传感器敏感元件与功能强大的电子线路集成在一个芯片上（或二次集成在同一外壳内），通常具有信号提取、信号处理、逻辑判断、双向通信等功能。和传统传感器相比，集成化使得智能传感器具有体积小、成本低、功耗小、速度快、可靠性高、精度高以及功能强大等优点。

2. 软件化

传感器与微处理器相结合的智能传感器，利用计算机软件编程的优势，实现对测量数据的信息处理功能主要包括以下几方面：运用软件计算实现非线性校正、自补偿、自校准等，从而提高传感器的精度、重复性等；运用软件实现信号滤波，如快速傅里叶变换、短时傅里叶变换、小波变换等技术，得以简化硬件、提高信噪比、改善传感器的动态特性；运用人工智能、神经网络、模糊理论等，使传感器具有更高智能即分析、判断、自学习的功能。

3. 网络化

独立的智能传感器虽然能够做到快速准确地检测环境信息，但随着测量和控制范围的不断扩大，单节点、被动的信息获取方式已经不能满足人们对分布式测控的要求，智能传感器与通信网络技术相结合，形成网络化智能传感器。网络化智能传感器使传感器由单一功能、单一检测向多功能和多点检测发展；从被动检测向主动进行信息处理方向发展；从就地测量向远距离实时在线测控发展。传感器可以就近接入网络，传感器与测控设备间无需点对点连接，大大简化了连接线路，节省投资，也方便了系统的维护和扩充。

4. 信息融合

单个传感器在某一采样时刻只能获取一组数据，由于数据量少，经过处理得到的信息只能用来描述环境的局部特征，且存在着交叉敏感度的问题。多传感器系统通过多个传感器获得更多种类和数量的传感数据，经过处理得到多种信息能够对环境进行更加全面和准确的描述。

3.3.3 智能传感器的实现与应用

1. 智能传感器的实现

就目前而言，智能传感器的实现是沿着传感器技术发展的三条途径进行的。

（1）非集成化实现

非集成化智能传感器是将传统的基本传感器、信号调理电路、带数字总线接口的微处理器组合为一个整体而构成的智能传感器系统，其组成框图如图 3-17 所示。这种非集成化智能传感器是在现场总线控制系统发展形势的推动下迅速发展起来的。自动化仪表生产厂家原有的一套生产工艺设备基本不变，附加一块带数字总线接口的微处理器插板组装而成，并配备能进行通信、控制、自校正、自补偿、自诊断等智能化软件，从而实现智能传感器功能。

这是一种最经济、最快速建立智能传感器的途径。

图 3-17　非集成式智能传感器框图

（2）集成化实现

这种智能传感器系统是采用微机械加工技术和大规模集成电路工艺技术，利用硅作为基本材料来制作敏感元件、信号调理电路以及微处理器单元，并把它们集成在一块芯片上构成的，如图 3-18 所示给出了集成智能传感器的外形和应用形式。集成化的实现使智能传感器达到了微型化、结构一体化，从而提高了精度和稳定性。敏感元件构成阵列后，配合相应图像处理软件，可以实现图形成像且构成多维图像传感器，这时的智能传感器就达到了它的最高级形式。

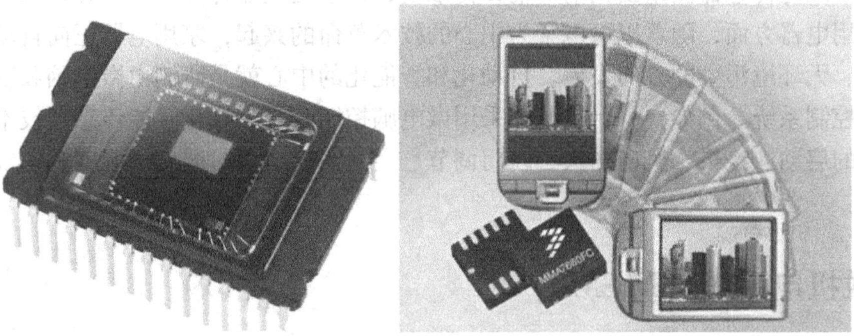

图 3-18　集成智能传感器外形及应用形式

（3）混合实现

要在一块芯片上实现智能传感器系统还存在着许多棘手的难题。根据需要与可能，可将系统各个集成化环节（如敏感单元、信号调理电路、微处理器单元、数字总线接口）以不同的组合方式集成在两块或三块芯片上，并封装在一块电路板上。如图 3-19 所示给出了一种可能的组合方式。

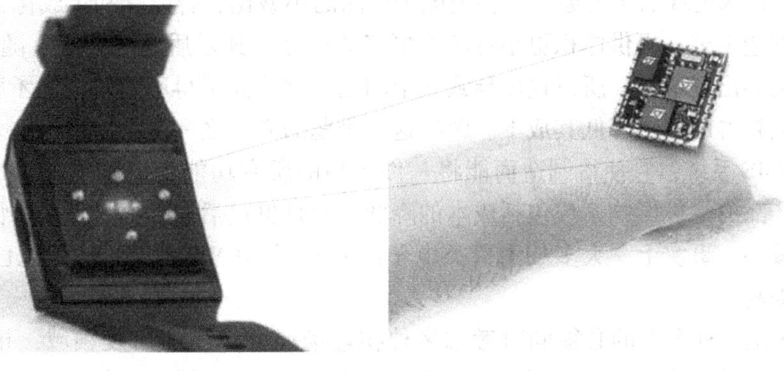

图 3-19　在一个封装中可能的混合实现方式

集成化敏感单元包括弹性敏感元件及变换器。信号调理电路包括多路开关、信号放大器、模数转换器（ADC）等。微处理器单元包括数字存储器、I/O 接口、微处理器、数模转换器（DAC）等。

2. 智能传感器的应用

与传统的传感器相比，智能传感器提高了检测的准确度，具有可设置灵活的检测窗口、快捷方便的按钮编程等优点，使传统传感器的适用范围得到延伸。同时，智能传感器可检测不能直接测量的参数，以及不便直接测量的参数。

在工业生产中，利用传统的传感器无法对某些产品质量指标（如黏度、硬度、表面光洁度、成分、颜色及味道等）进行快速直接测量并在线控制。而利用智能传感器可直接测量与产品质量指标有函数关系的生产过程中的某些量（如温度、压力、流量等），利用神经网络或专家系统技术建立的数学模型进行计算，可推断出产品的质量。

在医学领域中，糖尿病患者需要随时掌握血糖水平，以便调整饮食和注射胰岛素，防止其他并发症。美国 Cygnus 公司生产了一种“葡萄糖手表”，其外观像普通手表一样，戴上它就能实现无痛、无血、连续的血糖测试。当它与皮肤接触时，葡萄糖分子被吸附到垫子上，利用电化学反应传感器测量出当前的葡萄糖浓度，传给处理器计算出数值并显示。

在家用电器方面，随着以微电子为中心的技术革命的兴起，家用电器正向自动化、智能化、节能、无环境污染的方向发展。自动化和智能化的中心就是研制由微电脑和智能传感器所组成的控制系统。例如，一台空调器采用微电脑控制配合集成化智能传感器技术，可以实现压缩机的启动、停机、风扇摇头、风门调节、换气等，从而对温度、湿度和空气浊度实现同步控制。

3.4 微机电系统（MEMS）

3.4.1 微机电系统的基本概念

MEMS（Micro - Electro - Mechanical Systems）是微机电系统的缩写。MEMS 是美国的叫法，在日本被称为微机械，在欧洲被称为微系统，目前 MEMS 加工技术又被广泛应用于微流控芯片与合成生物学等领域，从而进行生物化学等实验室技术流程的芯片集成化。作为纳米科技的一个分支，MEMS 被称为电子产品设计中的“明星”。

MEMS 技术出现的主要原因是各类电子产品的小型化、智能化和集成化，这导致制造商不断完善制造工艺，提供体积更小且功能更多的产品。其矛盾之处在于，随着技术的改进，价格往往也会出现飙升，所以这就导致一个问题：制造商不得不面对相互矛盾的要求——在让产品功能超群的同时降低其成本。解决这一难题的方法之一是采用微机电系统，更流行的说法是 MEMS 系统，它使得制造商能将一件产品的所有功能集成到单个芯片上。MEMS 对消费电子产品的终极影响不仅包括成本的降低，而且也包括在不牺牲性能的情况下实现尺寸和重量的减小。事实上，大多数消费类电子产品所用 MEMS 元件的性能比已经出现的同类技术大有提高。

MEMS 是一种全新的必须同时考虑多种物理场混合作用的研发领域，相对于传统的机械，它们的尺寸更小，最大的不超过一厘米，甚至仅仅为几微米，其厚度就更加微小。采用以硅为主的材料，电气性能优良，硅材料的强度、硬度和杨氏模量与铁相当，密度与铝类似，热传导率接近钼和钨。采用与集成电路（IC）类似的生成技术，可大量利用 IC 生产中的成熟技术、工艺，进行大批量、低成本生产，使性价比相对于传统“机械”制造技术大幅度提高。

完整的 MEMS 是由微传感器、微执行器、信号处理和控制电路、通信接口和电源等部件组成的一体化的微型器件系统。其目标是把信息的获取、处理和执行集成在一起，组成具有多功能的微型系统，集成于大尺寸系统中，从而大幅度地提高系统的自动化、智能化和可靠性水平。如图 3-20 所示给出了 MEMS 传感器的内部结构。

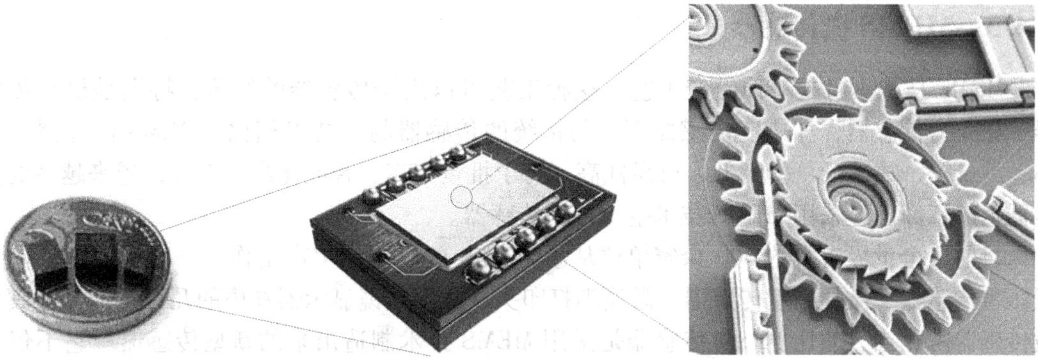

图 3-20　MEMS 传感器的内部结构

MEMS 技术的发展开辟了一个全新的技术领域和产业，采用 MEMS 技术制作的微传感器、微执行器、微型构件、微机械光学器件、真空微电子器件、电力电子器件等在航空、航天、汽车、生物医学、环境监控、军事以及几乎人们所能接触到的所有领域中都有着十分广阔的应用前景。MEMS 技术正发展成为一个巨大的产业，就像近 20 年来微电子产业和计算机产业给人类带来的巨大变化一样，MEMS 也正在孕育一场深刻的技术变革并将对人类社会产生新一轮的影响。目前 MEMS 市场的主导产品为压力传感器、加速度计、微陀螺仪、墨水喷嘴和硬盘驱动头等。大多数工业观察家预测，未来 5 年 MEMS 器件的销售额将呈迅速增长之势，年平均增加率约为 18%。因此对机械电子工程、精密机械及仪器、半导体物理等学科的发展提供了极好的机遇和严峻的挑战。

3.4.2　MEMS 技术的发展历史

MEMS 技术的第一轮商业化浪潮始于 20 世纪 70 年代末 80 年代初，当时用大型蚀刻硅片结构和背蚀刻膜片制作压力传感器。由于薄硅片振动膜在压力下变形，会影响其表面的压敏电阻走线，这种变化可以把压力转换成电信号。所以后来的电路增加了电容感应移动质量加速计，用于触发汽车安全气囊和定位陀螺仪。

第二轮商业化出现于 20 世纪 90 年代，主要围绕着 PC 和信息技术的兴起。TI 公司根据静电驱动斜微镜阵列推出了投影仪，热式喷墨打印头直至现在仍然大行其道。

第三轮商业化可以说出现于世纪之交，微光学器件通过全光开关及相关器件而成为光纤通信的补充。尽管该市场现在萧条，但微光学器件从长期看来将是 MEMS 一个增长强劲的领域。

目前 MEMS 产业呈现的新趋势是产品应用的扩展，其开始向工业、医疗、测试仪器等新领域扩张。推动第四轮商业化的其他应用包括一些面向射频无源元件、在硅片上制作的音频、生物和神经元探针，以及所谓的“片上实验室”生化药品开发系统和微型药品输送系统的静态和移动器件。

MEMS 的应用在不断扩大，它的主要应用市场是消费电子市场。人们看到手持媒体播放器和手机自 2009 年起都已开始应用 MEMS，而到 2012 年几乎每个消费电子产品都至少配置 1 个 MEMS 芯片。特别是基于 MEMS 的加速度计，在以 iPhone 为代表的智能手机中都必然会应用。平板显示器等为了降低功耗和提高亮度和彩色精确度也采用了 MEMS 传感器。

3.4.3 MEMS 微传感器

MEMS 技术本身是一种生产工艺。这种工艺可以用于传感器的制造，特别是机械传感器，如压力传感器，加速度传感器等。与传统的传感器制造技术相比，MEMS 传感器体积小、重量轻、成本低、能耗低、可靠性高、易于批量生产、智能化高。因此，越来越多的传感器生产厂商已经采用 MEMS 技术生产各类传感器。

目前，全世界有大约 600 余家单位从事 MEMS 的研制和生产工作，已研制出包括微机械压力传感器、微加速度传感器、微喷墨打印头、数字微镜显示器在内的几百种产品，其中微传感器占相当大的比例。微传感器是采用 MEMS 技术制造出来的新型传感器。它不仅具有传统制造技术所生产的传感器的特点，而且微米量级的特征尺寸使得它可以完成某些传统机械传感器所不能实现的功能。下面介绍几种常见的 MEMS 微传感器。

1. 微机械压力传感器

微机械压力传感器是最早开始研制的微机械产品，也是微机械技术中最成熟、最早开始产业化的产品。从信号检测方式来看，微机械压力传感器分为压阻式和电容式两类，分别以微机械加工技术和牺牲层技术为基础制造。从敏感膜结构来看，有圆形、方形、矩形、E 形等多种结构。现阶段微机械压力传感器的主要发展方向有以下几个方面：

1）将敏感元件与信号处理、校准、补偿、微控制器等进行单片集成，研制智能化的压力传感器。

2）进一步提高压力传感器的灵敏度，实现低量程的微压传感器。

3）提高工作温度，研制高低温压力传感器。

4）开发谐振式压力传感器。微机械谐振式压力传感器除了具有普通微传感器的优点外，还具有准数字信号输出，抗干扰能力强，分辨力和测量精度高的优点。

2. 微加速度传感器

微加速度传感器是继微压力传感器之后第二个进入市场的微机械传感器。其主要类型有压阻式、电容式、力平衡式和谐振式。在这些类型中，最具有吸引力的是力平衡加速度计，这种传感器在汽车的防撞气袋控制等领域有广泛的用途，成本在 15 美元以下。

国内在微加速度传感器的研制方面也做了大量的工作，如西安电子科技大学研制的压阻式微加速度传感器和清华大学微电子所开发的谐振式微加速度传感器。这些传感器都有良好的性能表现。

3. 微机械陀螺仪

角速度一般是用陀螺仪来进行测量的。传统的陀螺仪是利用高速转动的物体具有保持其角动量的特性来测量角速度的。这种陀螺仪的精度很高，但它的结构复杂，使用寿命短，成本高，一般仅用于导航方面，难以在一般的运动控制系统中应用。但实际上，如果不是受成本限制，角速度传感器可在诸如汽车牵引控制系统、摄像机的稳定系统、医用仪器、军事仪器、运动机械、计算机惯性鼠标、军事等领域有广泛的应用前景。因此，近年来人们把目光投向微机械加工技术，希望研制出低成本、可批量生产的固态陀螺。目前常见的微机械角速度传感器有双平衡环结构，悬臂梁结构、音叉结构、振动环结构等。目前实现的微机械陀螺的精度较低，离惯性导航系统所需还相差尚远。

4. 微流量传感器

微流量传感器不仅外形尺寸小，能达到很低的测量量级，而且死区容量小，响应时间短，适合于微流体的精密测量和控制。目前国内外研究的微流量传感器依据工作原理可分为热式（包括热传导式和热飞行时间式）、机械式和谐振式三种。

5. 微气敏传感器

根据制作材料的不同，微气敏传感器分为硅基气敏传感器和硅微气敏传感器。其中前者以硅为衬底，敏感层为非硅材料，是当前微气敏传感器的主流。微气体传感器可满足人们对气敏传感器集成化、智能化、多功能化等要求。例如许多气敏传感器的敏感性能和工作温度密切相关，因而要同时制作加热元件和温度探测元件，用以监测和控制温度。MEMS 技术很容易将气敏元件和温度探测元件制作在一起，从而保证气体传感器优良性能的发挥。

如图 3-21 所示给出了 MEMS 技术制造的几种典型的微型传感器的图片。

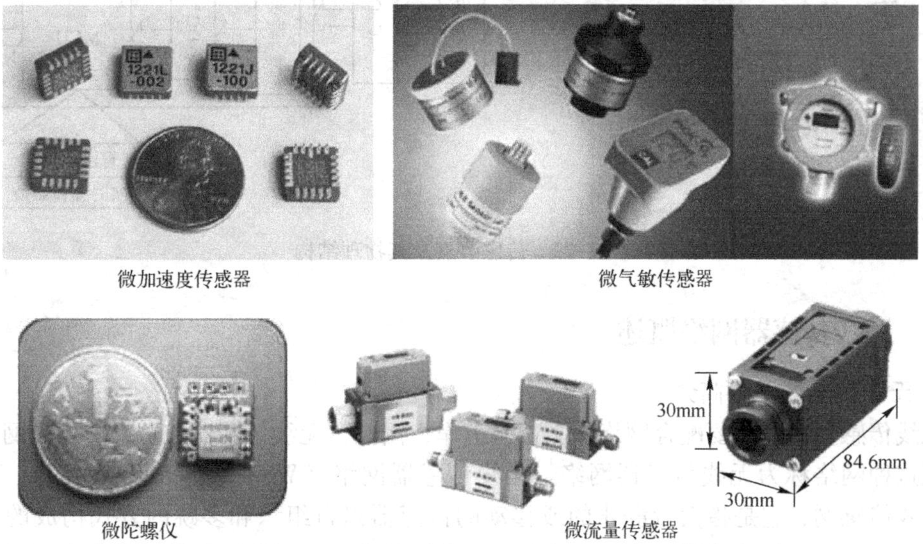

图 3-21　MEMS 微型传感器

3.5　无线传感器网络

3.5.1　无线传感器的概念

在智能传感器的讨论中，我们介绍了智能传感器的一个发展方向：网络化。无线传感器就是智能传感器网络化的一个实例，它主要研究开发传感器的网络功能，使得传感器具备无线通信的能力，从而大大延长了传感器的感知触角，降低了传感器的工程实施成本。事实上，无线传感器在军事战场的应用已经有几十年的历史了。

最早的无线传感器网络军事应用研究可追溯到1978年美国国防部高级研究计划署（DARPA）在宾夕法尼亚州匹兹堡市的卡内基大学设立的分布式传感器网络工作组。该工作组重点研究应用于军用监视系统的无线传感器的通信与计算能力间的均衡问题。20世纪90年代初到90年代中期，DARPA开始广泛开展无线传感器技术在军事领域中的应用研究。无线传感器可以协助实现有效的战场态势感知，满足作战力量“知己知彼”的要求。典型设想是用飞行器将大量无线传感器节点散布在战场的广阔地域，这些节点自组成网，将战场信息边收集、边传输、边融合，为各参战单位提供“各取所需”的情报服务。

无线传感器的基本组成和功能包括如下几个单元：电源、传感部件（传感器）、处理部件（MCU）、通信部件（无线收发电路）和软件（算法和协议）等。此外，还可以选择其他的功能单元，如定位系统、移动系统以及电源自供电系统等，传感节点的物理结构如图3-22所示。传感器负责被监测对象原始数据的采集，采集到的原始数据经过处理部件MCU的处理之后，通过无线收发电路将数据发送出去。

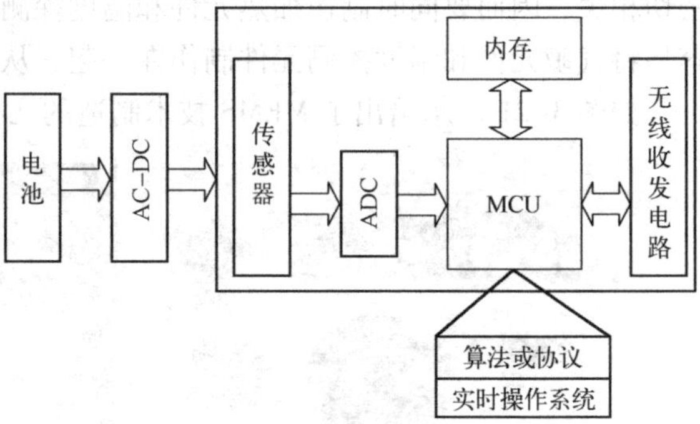

图3-22　传感节点及其物理结构

3.5.2　无线传感器网络概述

1. 无线传感器网络简介

无线传感器一般都要配合网络才能正常工作，因此，无线传感器的研究重点是网络。一般，把这种网络称为无线传感器网络。无线传感器网络（Wireless Sensor Network，WSN），简称无线传感网，它是指大量静止的或移动的传感器以自组织和多跳的方式构成的无线网络。一般而言，无线传感器网络是由部署在监测区域内的大量的微型传感器节点通过无线电通信形成的一个网络系统，其目的是协作地感知、采集和处理网络覆盖区域内被监测对象的信息，并发送给观察者。由于微型传感器的体积小、重量轻，有的甚至可以像灰尘一样在空气中浮动，因此，人们又称无线传感器网络为“智能尘埃”，将它散布于四周以实时感知物理世界的变化。

在过去的80多年里，随着微电子技术、计算技术和无线通信等技术的进步，无线网络技术取得了突飞猛进的发展。从人工操作的无线电报网络到使用扩频技术的自动化无线局域、个域网络，无线网络的应用领域随着技术的进步不断地扩展，迄今为止，主流的无线网络技术，如 IEEE 802.11、蓝牙，都是为了数据传输而设计的，我们称之为无线数据网络。目前，无线数据网络研究的热点问题是无线自组网络技术。作为因特网在无线和移动范围的扩展和延伸，无线自组网络可以实现不取决于任何基础设施的移动节点在短时间内的互联。

无线传感器网络涉及传感器技术、网络通信技术、无线传输技术、嵌入式技术、分布式信息处理技术、微电子制造技术、软件编程技术等，是一个多学科高度交叉、新兴、前沿的热点研究领域。它是继因特网之后，将对 21 世纪人类生活方式产生重大影响的 IT 技术之一。如果说因特网构成了逻辑上的信息世界，改变了人与人之间的沟通方式，那么，无线传感器网络就是将逻辑上的信息世界与客观上的物理世界融合在一起，改变人与自然界的交互方式。未来的人们将通过遍布在四周的传感器网络直接感知客观世界，从而极大地扩展网络的功能和人类认识世界的能力。

无线传感器网络是一种无中心节点的全分布系统。通过随机投放的方式，众多传感器节点被密集部署于监控区域。这些传感器节点集成有传感器、数据处理单元和通信模块，它们通过无线通道相连，自组织地构成网络系统。传感器节点借助于其内置的形式多样的传感器，测量所在周边环境中的热、红外、声呐、雷达和地震波信号，也包括温度、湿度、噪声、光强度、压力、土壤成分、移动物体的大小、速度和方向等众多人们感兴趣的物理现象，传感器节点间具有良好的协作能力，可通过局部的数据交换来完成全局任务。由于传感器网络的节点特点的要求，多跳、对等的通信方式较之传统的单跳、主从通信方式更适合于无线传感器网络，同时还可有效避免在长距离无线信号传播过程中遇到的信号衰落和干扰等问题。通过网关，传感器网络还可以连接到现有的网络基础设施上，从而将采集到的信息回传给远程的终端客户使用。

无线传感器网络典型工作方式如下：使用飞行器将大量传感器节点（数量从几百到几千个）抛撒到感兴趣区域，节点通过自组织快速形成一个无线网络。节点既是信息的采集和发出者，也充当信息的路由者，采集的数据通过多跳路由到达汇聚节点。汇聚节点（一些文献也称为 sink node）是一个特殊的节点，可以通过 Internet、移动通信网络、卫星等与监控中心通信。也可以利用无人机飞越网络上空，通过汇聚节点采集数据。

2. 无线传感器网络的发展

无线传感器网络的基本思想起源于 20 世纪 70 年代。1978 年，DARPA 在卡耐基－梅隆大学成立了分布式传感器网络工作组；1980 年 DARPA 的分布式传感器网络项目开启了传感器网络的研究先河；20 世纪 80 年代至 90 年代，无线传感网的研究主要应用于军事领域，并成为网络中心战的关键技术，拉开了无线传感器网络研究的序幕；20 世纪 90 年代中后期，WSN 引起了学术界、军界和工业界的广泛关注，开启了现代意义的无线传感器网络技术。最早的代表性论述出现在 1999 年，题为“传感器走向无线时代”。随后在美国的移动计算和网络国际会议上，提出了无线传感器网络是下一个世纪面临的发展机遇。2003 年，美国《技术评论》杂志论述未来新兴十大技术时，无线传感器网络被列为第一项未来新兴技术。同年，美国《商业周刊》未来技术专版，论述四大新技术时，无线传感器网络也列入其中。美国《今日防务》杂志更认为无线传感器网络的应用和发展，将引起一场划时代的军事技术革命和未来战争的变革。2004 年 IEEE Spectrum 杂志发表一期专集：传感器的国度，论述无线传感器网络的发展和可能的广泛应用。可以预计，无线传感器网络的发展和广泛应用，将对人们的社会生活和产业变革带来极大的影响和产生巨大的推动。

传感器网络的发展规划分为四个阶段。第一代传感器网络出现在20世纪70年代。使用具有简单信息信号获取能力的传统传感器，采用点对点传输、连接传感控制器构成传感器网络；第二代传感器网络，具有获取多种信息信号的综合能力，采用串，并接口（如RS-232、RS-485）与传感控制器相连，构成有综合多种信息的传感器网络；第三代传感器网络出现在20世纪90年代后期和本世纪初，用具有智能获取多种信息信号的传感器，采用现场总线连接传感控制器，构成局域网络，成为智能化传感器网络；第四代传感器网络正在研究开发，目前成形并大量投入使用的成熟应用还没有出现，但是已经出现了小范围的、试用型的网络原型。新型传感网用大量的具有多功能多信息信号获取能力的传感器，采用自组织无线接入网络，与传感器网络控制器连接，构成无线传感器网络。

（1）国外无线传感器网络的研究现状

美国军方最先开始无线传感器网络技术的研究，开展了CEC、REMBASS、TRSS、SensorIT、WINS、SmartDust、SeaWeb、μAMPS、NEST等研究项目。美国国防部远景计划研究局已投资几千万美元，帮助大学进行无线传感器网络技术的研发。

美国国家自然基金委员会（NSF）也开设了大量与其相关的项目，NSF于2003年制定WSN研究计划，每年拨款3400万美元支持相关研究项目，并在加州大学洛杉矶分校成立了传感器网络研究中心。2005年对网络技术和系统的研究计划中，主要研究下一代高可靠、安全的可扩展的网络，可编程的无线网络及传感器系统的网络特性，资助金额达到4000万美元。2010年又增加资助至5000万美元。此外，美国交通部、能源部、美国国家航空航天局也相继启动了相关的研究项目。至2014年，累计资助已达5亿美元。

美国所有著名院校几乎都有研究小组在从事WSN相关技术的研究，加拿大、英国、德国、芬兰、日本和意大利等国家的研究机构也加入了WSN的研究。加州大学洛杉矶分校、加州大学伯克利分校、麻省理工学院、康奈尔大学、哈佛大学、卡耐基-梅隆大学等在WSN研究领域成绩较为突出。例如，加州大学伯克利分校于2007年开发完成了基于WSN的协议栈TinyOS，2012年推出了TinyOS的V2.1.2版本，并在2013年上线到Github，供全球的参与者下载。

美国的Texas Instruments、Crossbow、DustNetwork、Ember、Chips、Marvell、Intel、Freescale等公司也积极开展WSN的研究工作。这些公司不仅研制并推出了符合WSN标准的芯片，而且给出具体产品应用的解决方案，同时提供相关开发软件以及WSN协议栈给其他公司和开发者，引导了整个行业的发展。从2013年至今，整合无线的单芯片MCU、集成MCU和无线功能的模块、整合嵌入式处理器和无线的单芯SOC等产品和方案全线开花。目前得到广泛使用的产品主要有Texas Instruments公司推出的CC2530无线收发芯片，Crossbow公司的Cricket Mote平台以及Marvell公司的MZ100ZigBee微控制器。

除了美国，加拿大、英国、德国、芬兰、日本和意大利等国家的研究机构也加入了WSN的研究。欧盟第6个框架计划将“信息社会技术”作为优先发展领域之一。其中多处涉及对WSN的研究。日本总务省很早就成立了“泛在传感器网络”调查研究会。韩国信息通信部也制订了信息技术“839”战略，其中“3”是指IT产业的三大基础设施，即宽带融合网络、泛在传感器网络、下一代互联网协议。

（2）国内无线传感器网络的研究现状

无线传感器网络的研究历史不长，但发展很快。从国外的研究现状来看，整体的研究成果处于原型和小、中规模实验阶段，已经出现了小规模的实际应用。对我国而言，无线传感器网络的研究也已经处于发展阶段。国内首次正式启动无线传感网的研究出现于1999年中国科学院《知识创新工程点领域方向研究》的“信息与自动化领域研究报告”中，WSN被确定为该领域的五大重点项目之一。2001年中国科学院依托上海微系统所成立微系统研究与发展中心，旨在引领中科院WSN的相关工作。2004年国家自然科学基金将一项无线传感器网络项目（面上传感器网络的分布自治系统关键技术及协调控制理论）列为重点研究项目。2006年《国家中长期科学与技术发展规划纲要》为信息技术定义了三个前言方向，其中两个与WSN的研究直接相关，即智能感知技术和自组织网络技术。无线传感器网络已成为中国科技领域少数位于世界前列的方向之一。近几年，中国已经把无线传感器网络的发展提高到了国家战略高度，将其列入了《国家中长期科学与技术发展规划纲要（2006－2020）》、《信息产业科技发展“十一五”计划和2020年中长期规划（纲要）》等重大专项研究之中。

据中国报告大厅发布的《2013－2017年中国传感器行业竞争格局分析及发展趋势研究报告》指出，无线传感器网络的逐渐普及，促进了信息家电、网络技术的快速发展，家庭网络的主要设备已由单一机向多种家电设备扩展，基于无线传感器网络的智能家居网络控制节点为家庭内、外部网络的连接及内部网络之间信息家电和设备的连接提供了一个基础平台。

3. 无线传感器网络的基本结构

（1）无线传感器网络的构成要素

无线传感器网络由传感器节点、汇聚节点和数据管理中心三个基本要素构成。大量传感器节点随机部署在监测区域内部，这些节点通过自组织方式构成网络。传感器节点通过多跳中继方式将监测数据传送到汇聚节点，汇聚节点将接收到的数据进行融合以及压缩后，最后通过Internet或其他网络通信方式将监测信息传送到数据管理中心。如图3-23所示给出了一个无线传感器网络的结构。

1）传感器节点。传感器节点主要负责数据采集和小型电子设备的控制。数据采集主要有土壤湿度、空气质量、有害气体、环境温度等。小型电子设备主要有电子开关、继电器开关、灯光亮度调节器等。同时，传感器节点还担负着无线传感网网络功能的实现。

2）汇聚节点。汇聚节点主要负责接收来自传感器节点的数据，经过初级数据处理后发送到互联网（Internet）上。由于互联网网络和传感器节点网络采用不同的通信协议，在数据传输时需要进行转换，这份工作就由汇聚节点完成。汇聚节点是一种充当转换重任的计算机系统或设备。汇聚节点类似于网关，不仅要对不同的通信协议、数据格式进行转换和翻译，还要将收到的数据重新打包，以适应目的系统的需求。

3）数据管理中心。传感器节点的数据被转发到互联网上之后，最终到达数据管理中心。它主要负责对数据的分析、筛选和处理，最终得到有用的信息。利用这些信息就可以实现智能化管理。例如，监控土壤湿度的传感节点采集到的数据显示土壤水分含量降低，数据管理中心则可以发布反馈命令到该区域的传感节点，让它（们）控制洒水装置启动。当水分含量符合标准，再次发布停止洒水命令。同样的，拥有者和管理者等用户也可以通过数据管理中心进行命令的发布，通知传感器节点收集指定区域的监测信息。当今很红火的“云服务”则可以认为是一类更加智能化的数据管理中心。

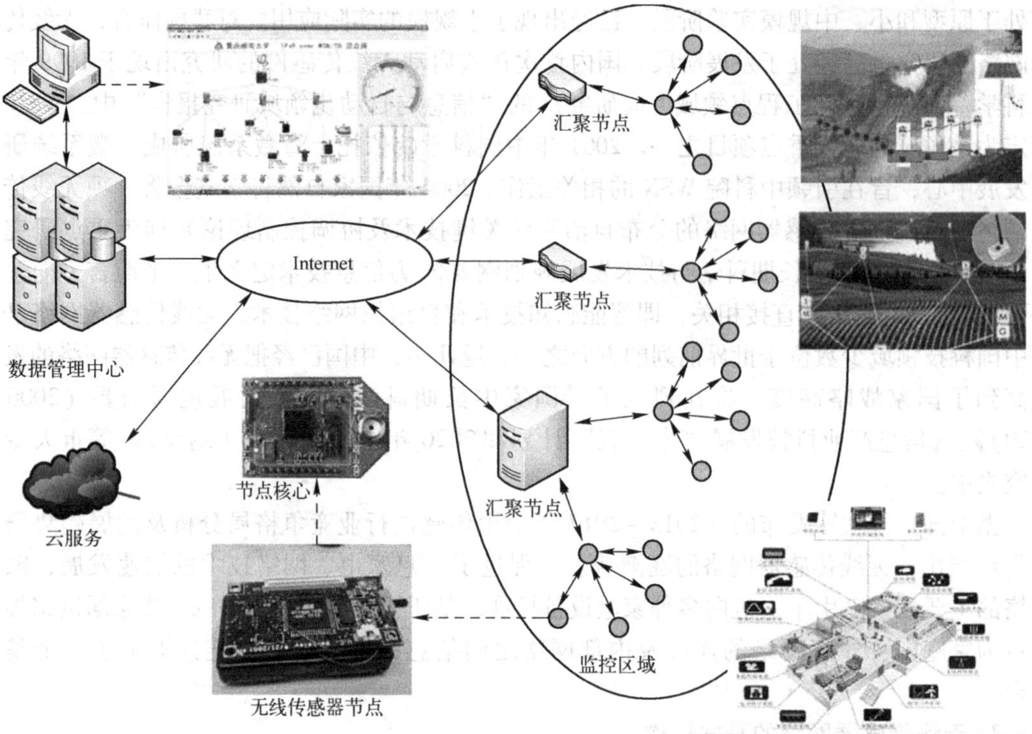

图 3-23　无线传感器网络的结构示意图

（2）传感器节点的功能需求

无线传感网的传感器网络相对于传统网络，其最明显的特色可以用六个字来概括，即“自组织，自愈合”。自组织是指在无线传感网中不像传统网络需要人为指定拓扑结构，其各个节点在部署之后可以自动探测邻居节点并形成网状的最终汇聚到网关节点的多跳路由，整个过程不需人为干预。同时整个网络具有动态鲁棒性，在任何节点损坏，或加入新节点时，网络都可以自动调节路由随时适应物理网络的变化。这就是所谓的自愈合特性。传感节点是完成上述功能的核心。如图 3-24 所示给出了传感节点的功能展示。

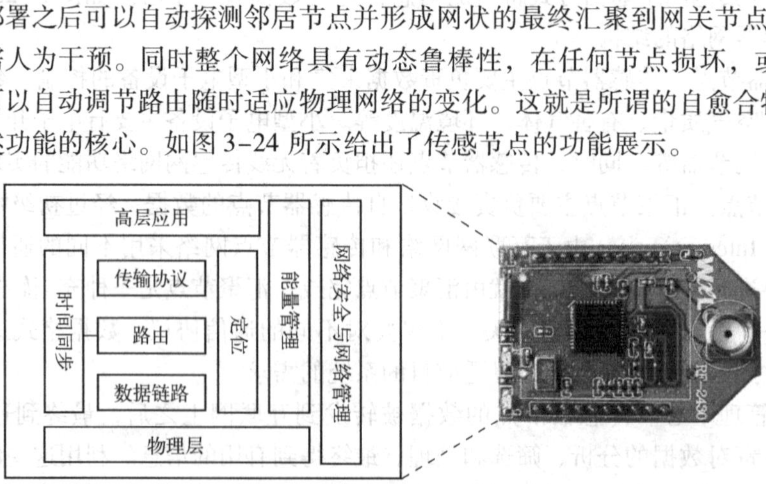

图 3-24　基于功能的无线传感器节点

我们可以看出，设计无线传感器节点必须具备以下几个主要的功能：

1）物理层信号发送与接收功能。

2）数据链路层的无线信道访问控制功能。

3）网络拓扑控制与路由选择功能。

4）应用层的高层应用功能。

5）网络中各节点之间的时间同步功能。

6）确定感知信息位置的定位功能。

7）控制节点电能供应的能量管理功能。

8）网络安全与网络管理功能。

当然，要求无线传感器网络所有的节点都具备完善的功能是不现实的。在实际应用中，设计者需要根据应用需求，以低成本、低功耗、高性能为原则，将无线传感器网络节点分成不同的类型，按照承担不同服务功能的实际需要来选择节点配置。

（3）传感器网络的体系结构

传感器网络体系结构具有二维结构，即横向的通信协议层和纵向的传感器网络管理面。通信协议层可以划分为物理层、MAC层、网络层、传输层、应用层，而网络管理面则可以划分为能耗管理面、移动性管理面以及任务管理面。如图3-25所示为符合开放式系统互连模式（OSI）无线传感网典型协议模型。

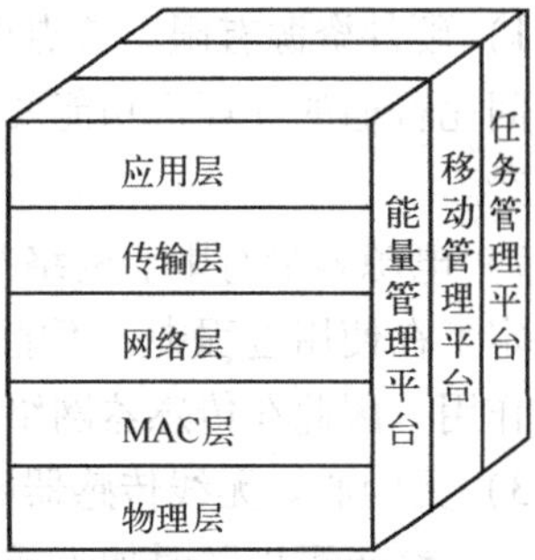

图3-25　无线传感网OSI模型

下面对各层协议和平台分别作介绍。

1）物理层（PHY）。它着眼于信号的调制，发送与接收。物理层的主要工作是负责频段的选择，信号的调制以及数据的加密等等。对于距离较远的无线通信来说，从实现的复杂性和能量的消耗来考虑，代价都是很高的。

2）MAC层（MAC）。它用于解决信道的多路传输问题。MAC层的工作集中在数据流的多路技术，数据帧的监测，介质的访问和错误控制，它保证了无线传感网中点到点或一点到多点的可靠连接。

3）网络层（NWK）。它关心的是对传输层提供的数据进行路由。大量的传感器节点散布在监测区域中，需要设计一套路由协议来供采集数据的传感器节点和基站节点之间的通信使用。

4）传输层（TSL）。它用于维护传感器网络中的数据流，是保证通信服务质量的重要部分。结合无线传感网协议栈图，当传感器网络需要与其他类型的网络连接时，例如基站节点与任务管理节点之间的连接就可以采用传统的TCP或者UDP协议。但是在传感器网络的内部是不能采用这些传统协议的，这是因为传感器节点的能源和内存资源都非常有限，它需要一套代价较小的协议。

5）应用层（APL）。根据应用的具体要求的不同，不同的应用程序可以添加到应用层中，它包括一系列基于监测任务的应用软件。

管理平台包括能量管理平台、移动管理平台和任务管理平台。这些管理平台用来监控传感器网络中能量的利用、节点的移动和任务的管理。它们可以帮助传感器节点在较低能耗的前提下协作完成某些监测的任务。管理平台可以管理一个节点怎样使用它的能量。例如一个节点接收到它的一个邻近节点发送过来的消息之后，它就把它的接收器关闭，避免收到重复的数据。同样，一个节点的能量太低时，它会向周围节点发送一条广播消息，以表示自己已经没有足够的能量来帮它们转发数据，这样它就可以不再接收邻居发送过来的需要转发的消息，进而把剩余能量留给自身消息的发送。

移动管理平台能够记录节点的移动。任务管理平台用来平衡和规划某个监测区域的感知任务，因为并不是所有节点都要参与到监测活动中，在有些情况下，剩余能量较高的节点要承担多一点的感知任务，这时需要任务管理平台负责分配与协调各个节点的任务量的大小，有了这些管理平台的帮助，节点可以以较低的能耗进行工作，可以利用移动的节点来转发数据，可以在节点之间共享资源。

4. 无线传感器网络的特征

目前常见的无线网络包括移动通信网、无线局域网、蓝牙网络、Ad hoc 网络等，与这些网络相比，无线传感器网络具有以下特点。

1）硬件资源有限。节点由于受价格、体积和功耗的限制，其计算能力、程序空间和内存空间比普通的计算机功能要弱很多。这一点决定了在节点操作系统设计中，协议层次不能太复杂。

2）电源容量有限。网络节点由电池供电，电池的容量一般不是很大。其特殊的应用领域决定了在使用过程中，不能给电池充电或更换电池，一旦电池能量用完，这个节点也就失去了作用。因此在传感器网络设计过程中，任何技术和协议的使用都要以节能为前提。

3）无中心。无线传感器网络中没有严格的控制中心，所有结点地位平等，是一个对等式网络。结点可以随时加入或离开网络，任何结点的故障不会影响整个网络的运行，具有很强的抗毁性。

4）自组织。网络的布设和展开无需依赖于任何预设的网络设施，节点通过分层协议和分布式算法协调各自的行为，节点开机后就可以快速、自动地组成一个独立的网络。

5）多跳路由。网络中节点通信距离有限，一般在几百米范围内，节点只能与它的邻居直接通信。如果希望与其射频覆盖范围之外的节点进行通信，则需要通过中间节点进行路由。固定网络的多跳路由使用网关和路由器来实现，而无线传感器网络中的多跳路由是由普通网络节点完成的，没有专门的路由设备。这样每个节点既可以是信息的发起者，也是信息的转发者。

6）动态拓扑。无线传感器网络是一个动态的网络，节点可以随处移动；一个节点可能会因为电池能量耗尽或其他故障，退出网络运行；一个节点也可能由于工作的需要而被添加到网络中。这些都会使网络的拓扑结构随时发生变化，因此网络应该具有动态拓扑组织功能。

7）节点数量众多，分布密集。为了对一个区域执行监测任务，往往有成千上万传感器节点空投到该区域。传感器节点分布非常密集，利用节点之间网状连接来保证系统的容错性和抗毁性。

3.5.3 无线传感器网络的通信技术

无线传感器网络的应用，一般不需要很高的带宽，但对功耗要求却很严格，大部分时间必须保持低功耗。传感器节点的处理能力较低，存储容量不大，对协议栈的大小也有严格的限制。无线传感器网络的特殊性对通信协议提出了较高的要求，目前使用最广泛的协议主要有基于 IEEE 802.15.4 的 Zigbee 技术和 6LoWPAN 技术。

1. Zigbee 技术

(1) Zigbee 技术简介

Zigbee 是一种近距离低功耗低速率无线网络，使用免费的 2.4GHz 频段，主要用于无线传感器网络、智能家居等方面。Zigbee 技术是一种应用于短距离范围内，低传输数据速率下的各种电子设备之间的无线通信技术。Zigbee 名字来源于蜂群使用的赖以生存和发展的通信方式，蜜蜂通过跳 ZigZag 形状的舞蹈来通知发现的新食物源的位置、距离和方向等信息，以此作为新一代无线通信技术的名称。Zigbee 过去又称为"HomeRF Lite""RF - EasyLink"或"FireFly"无线电技术，目前统一称为 Zigbee 技术。

Zigbee 是 IEEE 802.15.4 技术的商业名称。该技术的核心协议由 2000 年 12 月成立的 IEEE 802.15.4 工作组制定，高层应用、互联互通测试和市场推广由 2002 年 8 月组建的 Zigbee 联盟负责。Zigbee 联盟由英国 Invensys 公司、日本三菱电气公司、美国摩托罗拉公司以及荷兰飞利浦半导体公司等组成，已经吸引了上百家芯片公司、无线设备开发商和制造商的加入。同时 IEEE 802.15.4 标准也受到了其他标准化组织的注意，例如 IEEE1451 工作组正在考虑在 IEEE 802.15.4 标准的基础上实现传感器网络。

有别于 GSM、GPRS 等广域无线通信技术和 IEEE 802.11a、IEEE 802.11b 等无线局域网技术，Zigbee 的有效通信距离在几米到几十米之间，属于个人区域网络（Personal Area Network，PAN）的范畴。IEEE.802 委员会制定了三种无线 PAN 技术，分别为：适合多媒体应用的高速标准 IEEE 802.15.3；基于蓝牙技术，适合话音和中等速率数据通信的 IEEE 802.15.1；适合无线控制和自动化应用的较低速率的 IEEE 802.15.4，也就是 Zigbee 技术。得益于较低的通信速率以及成熟的无线芯片技术，Zigbee 设备的复杂度、功耗和成本等均较低，适于嵌入到各种电子设备中，服务于无线控制和低速率数据传输等业务。

(2) Zigbee 发展现状

为了推动 Zigbee 技术的发展，Chipcon（已被 Texas Instruments 收购）与 Ember、Freescale、Honeywell、Mistubishi、Motorola、Philips 和 Samsung 等公司共同成立了 Zigbee 联盟（Zigbee Alliance），目前该联盟已经包含 130 多家会员。该联盟主席 Robert F. Haile 曾于 2004 年 11 月亲自造访中国，以免专利费的方式吸引中国本地企业加入。据市场研究机构统计，低功耗、低成本的 Zigbee 技术在一开始就得到了快速增长，2005 年全球 Zigbee 器件的出货量达到 100 万个，2006 年底超过 8000 万个，2008 年已超过 1.5 亿个。在标准林立的短距离无线通信领域，Zigbee 的快速发展可以说是有些令人始料不及的，从 2004 年底标准确立，到 2005 年底相关芯片及终端设备总共卖出 1500 亿美元，应该说比被业界"炒"了多年的蓝牙、Wi - Fi 进展都要快。如图 3 - 26 所示给出了由 TI 公司生产的 Zigbee 芯片，型号为 CC2530。

Zigbee 技术在 Zigbee 联盟和 IEEE 802.15.4 的推动下，结合其他无线技术，可以实现无所不在的网络。它不仅在工业、农业、军事、环境、医疗等传统领域具有巨大的运用价值，在未来其应用可以涉及人类日常生活和社会生产活动的所有领域。由于各方面的制约，Zigbee 技术的大规模商业应用还有待时日，但已经展示出了非凡的应用价值，相信随着相关技术的发展和推进，一定会得到更大的应用。但是，我们还应该清楚地认识到，基于 Zigbee 技术的无线网络才刚刚开始发展，它的技术、应用都还远谈不上成熟，国内企业应该抓住商机，加大投入力度，进而推动整个行业的发展。

图 3-26　CC2530 Zigbee 芯片展示

（3）Zigbee 技术的特点

自从无线电发明以来，无线通信技术一直向着不断提高数据速率和传输距离的方向发展。例如，广域网范围内的第三代移动通信网络（3G）目的在于提供多媒体无线服务，局域网范围内的标准从 IEEE 802.11 的 1Mbit/s 到 IEEE 802.11g 的 54Mbit/s 的数据速率。而当前得到广泛研究的 Zigbee 技术则致力于提供一种廉价的固定、便携或者移动设备使用的极低复杂度、成本和功耗的低速率无线通信技术。这种无线通信技术特别适合无线传感器网络，其特点如下。

1）功耗低。工作模式情况下，Zigbee 技术传输速率低，传输数据量很小，因此信号的收发时间很短，其次在非工作模式时，Zigbee 节点处于休眠模式。设备搜索时延一般为 30 ms，休眠激活时延为 15 ms，活动设备信道接入时延为 15 ms。由于工作时间较短、收发信息功耗较低且采用了休眠模式，使得 Zigbee 节点非常省电，Zigbee 节点的电池工作时间可以长达 6 个月到 2 年左右。同时，由于电池的工作时间取决于很多因素，例如，电池种类、容量和应用场合，故 Zigbee 技术在协议上对电池使用也作了优化。对于典型应用，碱性电池可以使用数年，对于某些工作时间和总时间（工作时间 + 休眠时间）之比小于 1% 的情况，电池的寿命甚至可以超过 10 年。

2）数据传输可靠。Zigbee 的媒体接入控制层（MAC 层）采用 talk - when - ready 的碰撞避免机制。在这种完全确认的数据传输机制下，当有数据传送需求时则立刻传送，发送的每个数据包都必须等待接收方的确认信息，并进行确认信息回复，若没有得到确认信息的回复就表示发生了碰撞，将再传一次，采用这种方法可以提高系统信息传输的可靠性。Zigbee 为需要固定带宽的通信业务预留了专用时隙，避免了发送数据时的竞争和冲突。同时 Zigbee 针对时延敏感的应用做了优化，通信时延和休眠状态激活的时延都非常短。

3）网络容量大。Zigbee 低速率、低功耗和短距离传输的特点使它非常适宜支持简单器件。Zigbee 定义了两种器件：全功能器件（FFD）和简化功能器件（RFD）。对全功能器件，要求它支持所有的 49 个基本参数。而对简化功能器件，在最小配置时只要求它支持 38 个基本参数。一个全功能器件可以与简化功能器件和其他全功能器件通话，可以按 3 种方式工作，分别为个域网协调器、协调器和器件。而简化功能器件只能与全功能器件通话，仅用于非常简单的应用。一个 Zigbee 的网络最多包括有 255 个 Zigbee 网路节点，其中一个是主控（Master）设备，其余则是从属（Slave）设备。若是通过协调器（Coordinator），整个网络最多可以支持超过 64000 个 Zigbee 网路节点，再加上各个网络协调器可互相连接，整个 Zigbee

网络节点的数目将十分可观。

4）安全性。Zigbee 提供了数据完整性检查和鉴权功能，在数据传输中提供了三级安全性。第一级实际是无安全方式，对于某种应用，如果安全并不重要或者上层已经提供了足够的安全保护，器件就可以选择这种方式来转移数据。对于第二级安全级别，器件可以使用接入控制清单（ACL）来防止非法器件获取数据，在这一级不采取加密措施。第三级安全级别是在数据转移中采用属于高级加密标准（AES）的对称密码。AES 可以用来保护数据净荷和防止攻击者冒充合法器件。

5）实现成本低。模块的初始成本估计在 6 美元左右，很快就能降到 1.5～2.5 美元，且 Zigbee 协议免专利费用。目前低速低功率的 UWB 芯片组的价格至少为 20 美元，而 Zigbee 的价格目标仅为几美分。

表 3-3 描述了 Zigbee 技术的主要特征。

表 3-3　Zigbee 技术的主要特征

特　性	取　值
数据速率	868 MHz：20 kbit/s；915 MHz：40 kbit/s；2.4 GHz：250 kbit/s
通信范围	10～20 m
通信时延	≥15 ms
信道数	868/915 MHz：11；2.4 GHz：16
频段	868/915 MHz；2.4 GHz
寻址方式	64 bit IEEE 地址，8 bit 网络地址
信道接入	非时隙 CSMA－CA；有时隙 CSMA－CA
温度	－40～85℃

（4）Zigbee 技术的体系架构

典型无线传感器网络 Zigbee 协议栈结构是基于无线传感网 OSI 模型的。该协议由 IEEE 802.15.4 工作组和 Zigbee 联盟共同制定。Zigbee 协议栈框架如图 3－27 所示。IEEE 802.15.4－2003 标准定义了两个较低层，物理层（PHY）和媒体访问控制子层（MAC）。Zigbee 联盟在此基础上建立了网络层（NWK）和应用层构架。应用层构架由应用支持子层（APS）、Zigbee 设备对象（ZDO）和制造商定义的应用对象（APO）组成。

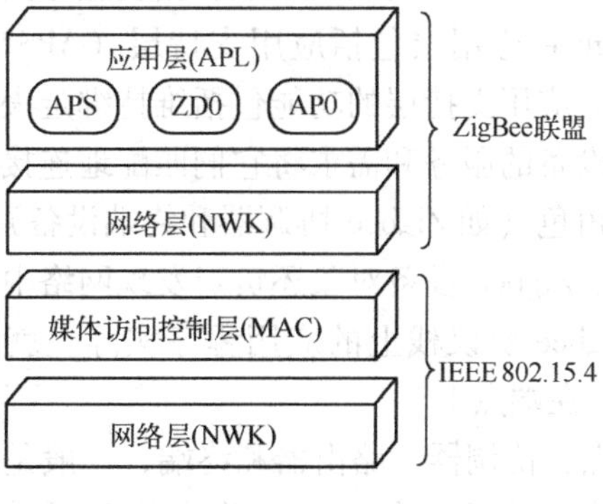

图 3–27　Zigbee 协议栈框架体系

1）物理层（PHY）。物理层主要定义了Zigbee的通信频率和规范。Zigbee根据不同的国家、地区，为其提供了不同的工作频率范围，分别为2.4 GHz和868/915 MHz。两个物理层都基于直接序列展频（Direct Sequence Spread Spectrum，DSSS）技术。其中，868/915 MHz频段只能在欧美使用，国内仅支持2.4 GHz的频段使用，另外两种频段暂未开放。

2）媒体访问控制层（MAC）。MAC层需要处理接入到物理无线信道等事务，信道接入采用CSMA－CA接入机制，即载波侦听多点接入/冲突检测。简而言之，无线信号在发送之前，MAC层会先查看信道是否空闲，如果信道忙碌，信号就会延迟发送。通过随机的时间等待，使信号冲突发生的概率减到最小，当信道被侦听到空闲时，则会发送信号。

3）网络层（NWK）。Zigbee网络层支持星形、树形和网状网络拓扑，如图3-28所示。在星形拓扑中，网络由一个叫作Zigbee协调器的设备控制。Zigbee协调器负责发起和维护网络中的设备，以及所有其他设备，包括路由器和终端设备，直接与Zigbee协调器通信。在网状和树形拓扑中，Zigbee协调器负责启动网络，选择某些关键的网络参数，网络可以通过使用Zigbee路由器进行扩展，终端设备则只负责加入网络以及数据的收发。

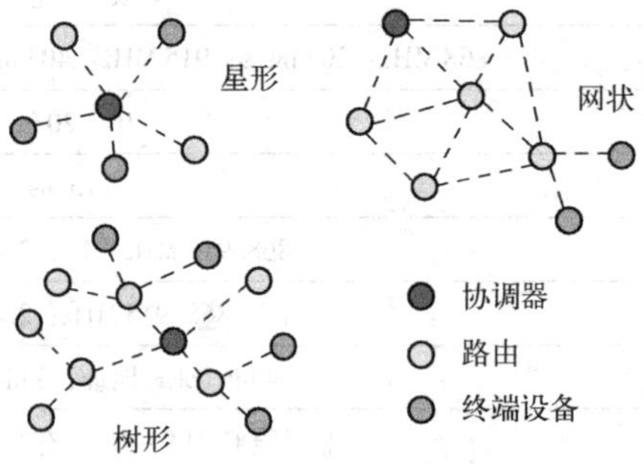

图3-28　Zigbee网络拓扑

在这三种拓扑中，星形拓扑是以协调器为中间转发装置，其余设备均和协调器相连。树形拓扑中以协调器为始，开始由路由向下生长，可以到路由设备结束也可以是到终端设备结束。网状拓扑中一个设备可以和多个设备相连，当然除了终端设备，终端设备只能和一个路由或者一个协调器相连。三种拓扑中网状应用最为广泛，因为当其中任何一个设备出现问题均不影响这个网络的其余设备之间的通信。而星形拓扑当其中一旦协调器出现问题这个网络就会崩溃。树形网络中当父节点出现问题那么整个子节点分枝都无法接入网络。所以一般推荐使用网状拓扑结构，另外两种在网络规模较小或者实验室里测试时才会用到。

4）应用层（APL）。Zigbee应用层包括应用支持层（APS）、Zigbee设备对象（ZDO）和制造商所定义的应用对象。应用支持层的功能包括维持绑定表、在绑定的设备之间传送消息。所谓绑定就是基于两台设备的服务和需求将它们匹配地连接起来。Zigbee设备对象的功能包括定义设备在网络中的角色（如Zigbee协调器和终端设备），发起和响应绑定请求，在网络设备之间建立安全机制。Zigbee设备对象还负责发现网络中的设备，并且决定向他们提供何种应用服务。运行在Zigbee协议栈上的应用程序实际上就是厂商自定义的应用对象，并且遵循规范（profile）运行在端点上。

Zigbee传感器网络的节点，协调器、路由器和终端，一般是由一个单片机和一个Zigbee兼容无线收发器构成的硬件，或者一个Zigbee兼容的无线单片机（例如前文所介绍的

CC2530）为基础，再加上内部运行一套软件（Zigbee 协议栈）来实现。这套软件一般由 C 语言代码写成，大约有数万行。常见的 Zigbee 协议栈有德州仪器公司的 Z - Stack，飞思卡尔公司的 BeeStack 以及 Freaklabs 实验室的 Freakz 等。相对于常见的无线通信标准，Zigbee 协议栈紧凑而简单，其具体实现的要求很低。8 位处理器（如 80C51、CC2530，配上 256 KB ROM 和 64 KB RAM）就可以满足其最低需要，从而大大降低了节点的生产制作成本。

2. 6LoWPAN 技术

（1）6LoWPAN 技术简介

6LoWPAN 是 IPv6 over Low power Wireless Personal Area Network 的简写，即基于 IPv6 的低速无线个域网。IETF 组织于 2004 年 11 月正式成立了 IPv6 over LR_WPAN（6LoWPAN）工作组，着手制定基于 IPv6 的低速无线个域网标准，旨在将 IPv6 引入无线个域网。

将 IP 协议引入无线通信网络，尤其是低速率的无线传感器网络，一直被认为是不现实的，当然也不是完全不可能。迄今为止，无线传感网只采用专用协议，因为开发商认为，IP 对内存和带宽要求较高，要降低它的运行环境要求以适应微控制器以及低功率无线连接是比较难办的事。基于 IEEE 802. 15. 4 标准实现 IPv6 通信的 IETF 6LoWPAN 技术的发布有望改变这一局面。6LoWPAN 所具有的低功率运行的潜力使它很适合应用在低性能设备中，这也是 6LoWPAN 技术相对其他适用于无线传感网技术（包括前文介绍的 Zigbee 技术）的突出优点。

（2）6LoWPAN 技术的实现

IETF 6LoWPAN 工作组的任务是定义在如何利用 IEEE 802. 15. 4 链路支持基于 IP 的通信的同时，遵守开放标准以及保证与其他 IP 设备的互操作性。这样做将消除对多种复杂网关（每种网关对应一种本地 802. 15. 4 协议）以及专用适配器和网关专有安全与管理程序的需要。然而，利用 IP 并不是件容易的事情，IP 的地址和包头很大，传送的数据可能过于庞大而无法容纳在很小的 IEEE 802. 15. 4 数据包中。6LoWPAN 工作组面临的技术挑战是发明一种将 IP 包头压缩到只传送必要内容的小数据包中的方法。他们的答案是“Pay as you go”（现用现付）式的包头压缩方法。这些方法去除 IP 包头中的冗余或不必要的网络级信息。IP 包头在接收时从链路级 802. 15. 4 包头的相关域中得到这些网络级信息。

随着通信任务变得更加复杂，6LoWPAN 也相应调整。为了与嵌入式网络之外的设备通信，6LoWPAN 增加了更大的 IP 地址。当交换的数据量小到可以放到基本包中时，可以在没有开销的情况下打包传送。对于大型传输，6LoWPAN 增加分段包头来跟踪信息如何被拆分到不同段中。如果单一跳 802. 15. 4 就可以将包传送到目的地，数据包可以在不增加开销的情况下传送。

IETF 6LoWPAN 取得的突破是得到一种非常紧凑、高效的 IP 实现，消除了以前造成各种专门标准和专有协议的因素，这在工业协议（通用工业协议和监控与数据采集）领域具有特别的价值。

（3）6LoWPAN 技术的未来

随着 IPv4 地址的耗尽，IPv6 是大势所趋。物联网技术的发展，将进一步推动 IPv6 的部署与应用。IETF 6LoWPAN 技术具有无线低功耗、自组织网络的特点，是物联网感知层、无线传感器网络的重要技术，Zigbee 新一代智能电网标准中已经采用 6LoWPAN 技术。随着美国智能电网的部署，6LoWPAN 将成为事实标准，全面替代 Zigbee 标准。

6LoWPAN 技术得到学术界和产业界的广泛关注，如美国加州大学伯克利分校（Berkely）、瑞士计算机科学院（Swedish Institute of Computer Science）、思科（Cisco）、Honeywell 等知名企业，并推出了相应的产品。6LoWPAN 协议已经在许多开源软件上实现。最著名的是 Contiki、Tinyos，分别实现了 6LoWPAN 的完整协议栈，并得到广泛测试和应用。

尽管 6LoWPAN 技术存在许多优势，但仍然需要解决许多问题，如 IP 连接、网络拓扑、报文长度限制、组播限制以及安全特性，以实现低速率个域网与 IPv6 网络的无缝连接。但是我们相信随着技术的发展以及广泛的市场应用前景，6LoWPAN 将成为无线传感网的技术标准之一。

3.5.4 无线传感器网络的定位技术

无线传感器网络的节点定位技术是无线传感器网络应用的基本技术也是关键技术之一。我们在应用无线传感器网络进行环境监测从而获取相关信息的过程中，往往需要知道所获得数据的来源。例如在森林防火的应用场景中，我们可以从传感器网络获取到温度异常的信息，但更重要的是要获知究竟是哪个地方的温度异常，这样才能让用户准确地知道发生火情的具体位置，从而才能迅速、有效地展开灭火救援等相关工作；又比如在军事战场探测的应用中，部署在战场上的无线传感器网络只获取“发生了什么敌情”这一信息是不够的，只有在获取到“在什么地方发生了什么敌情”这样包含位置信息的消息时才能让我军做好相应的部署。因此，定位技术是无线传感器网络的一项重要技术也是一项必需的技术。

1. 定位技术概述

在传感器网络节点定位技术中，根据节点是否已知自身的位置，把传感器节点分为信标节点（beacon node）和未知节点（unknown node）。信标节点在网络节点中所占的比例很小，可以通过携带 GPS 定位设备等手段获得自身的精确位置。信标节点是未知节点定位的参考点。除了信标节点外，其他传感器节点就是未知节点，它们通过信标节点的位置信息来确定自身位置。在如图 3-29 所示的传感网络中，M 代表信标节点，S 代表未知节点。S 节点通过与邻近 M 节点或已经得到位置信息的 S 节点之间的通信，根据一定的定位算法计算出自身的位置。

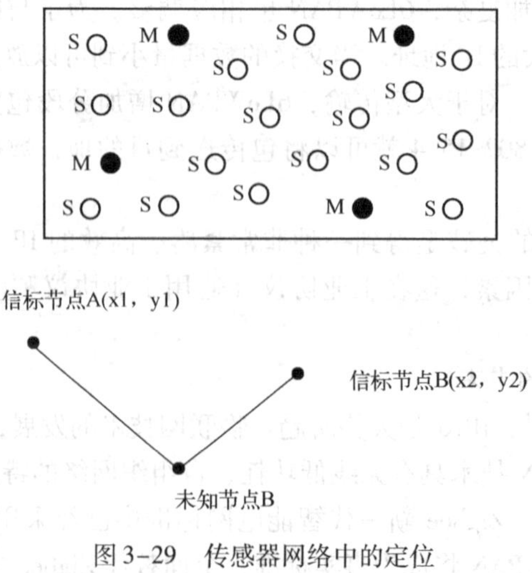

图 3-29　传感器网络中的定位

2. 定位算法分类

在无线传感器网络中，根据定位过程中是否测量实际节点间的距离，把定位算法分为基于距离的（range－based）定位算法和与距离无关的（range－free）定位算法，前者需要测量相邻节点间的绝对距离或方位，并利用节点间的实际距离来计算未知节点的位置；后者无需测量节点间的绝对距离或方位，而是利用节点间估计的距离计算节点位置。

基于距离的定位机制（range－based）是通过测量相邻节点间的实际距离或方位进行定位。具体过程通常分为三个阶段：第一个阶段是测距阶段，未知节点首先测量到邻居节点的距离或角度，然后进一步计算到邻近信标节点的距离或方位，在计算到邻近信标节点的距离时，可以计算未知节点到信标节点的直线距离，也可以用二者之间的挑断距离作为直线距离的近似；第二个阶段是定位阶段，未知节点再计算出到达三个或三个以上信标节点的距离或角度后，利用三边测量法、三角测量法或极大似然估计法计算未知节点的坐标；第三个阶段是修正阶段，对求得的节点的坐标进行求精，提高定位精度，减少误差。

尽管基于距离的定位能够实现精确定位，但是对于无线传感器节点的硬件要求很高，因而会使得硬件的成本增加，能耗高。基于这些，人们提出了距离无关（range－free）的定位技术。距离无关的定位技术无需测量节点间的绝对距离或方位，降低了对节点硬件的要求，但定位的误差也相应有所增加。

目前提出了两类主要的距离无关的定位方法：一类方法是先对未知节点和信标节点之间的距离进行估计，然后利用三边测量法或极大似然估计法进行定位；另一类方法是通过邻居节点和信标节点确定包含未知节点的区域，然后把这个区域的质心作为未知节点的坐标。距离无关的定位方法精度低，但能满足大多数应用的要求。

3.5.5 无线传感器网络的应用领域

由于无线传感器网络的特殊性，其应用领域与普通通信网络有着显著的区别，主要包括以下几类。

1. 紧急和临时场合

在发生了地震、水灾、强热带风暴或遭受其他灾难打击后，固定的通信网络设施（如有线通信网络、蜂窝移动通信网络的基站等网络设施、卫星通信地球站以及微波接力站等）可能被全部摧毁或无法正常工作，对于抢险救灾来说，这时就需要无线传感器网络这种不依赖任何固定网络设施、能快速布设的自组织网络技术。边远或偏僻野外地区、植被不能破坏的自然保护区，无法采用固定或预设的网络设施进行通信，也可以采用无线传感器网络来进行信号采集与处理。无线传感器网络的快速展开和自组织特点，是这些场合通信的最佳选择。

2. 智能交通领域

在交通领域，无线传感器网络主要可用于对车辆和交通状况的监测、对路灯、信号灯的监控和对交通环境的监测。

1）对车辆和交通状况的监测。遍布于公路两侧的无线传感网络监测结点可以对车辆状况进行监测，例如监测汽车的速度、车流量等参数，并把监测结果实时的返回给交通指挥中心等相关部门，便于对交通违法行为和交通环境进行实时管理与控制，可以在一定程度上减缓城市交通拥堵状况。如图 3-30a 所示，安装于道路附近的传感器结点探测到当前路面的交通状况，能够把车流量、平均车速等信息及时发送到相关部门，再由相关部门发布车辆行驶缓慢的通告，便于其他车辆避开此路段，达到了缓解交通堵塞的目的，并节省了人工监测的成本。

a)　　b)　　c)

图 3-30　传感网在交通中的应用

2）利用无线传感器网络的无线传输和实时监测特性可以将路灯、信号灯等其他交通标志组成一个网络，对交通情况进行实时的监测和控制。如图 3-30b 所示，在路灯上安装无线传感网络系统，由传感器感知光线强弱的变化，根据光强度控制路灯的开和关，有效避免路灯在天色昏暗的时候不亮或者清晨阳光充足时不熄的现象，能够极大地节约能源。同时，无线传感网络还可以将路灯的状况及时反馈给监管人员，便于对发生故障的路灯进行定位和及时修理。

3）利用安装在道路两侧的无线传感网络系统，可以实时监测路面状况、积水状况以及公路的噪声、粉尘、气体等参数，达到了道路保护、环境保护和行人健康保护的目的。如图 3-30c 所示，道路两侧的传感器结点可以实时监测道路破损、路面不平等情况，在暴雨时可以监测路面积水情况，并将这些数据通过无线传感网络实时的发送到相关部门，便于相关部门对道路进行检修或者发布道路积水警报以及进行险情排除等工作。

3. 个人健康领域

健康领域的应用热点目前主要体现在可穿戴健康检测传感设备。在个人身上穿戴用于检测身体机能的传感设备，这些信息汇总后，传送给医生，进行及时处理，为远程医疗创造条件。例如日本 WIN Human Recorder 公司最近上市的一种可穿戴式健康检测无线传感器，它可以获取心电图、体表温度等信息，并通过无线方式将数据传输到手机或计算机，供健康顾问或家人远程访问。如图 3-31 所示为该公司的可穿戴设备。研究表明，在未来几年里，类似超轻便的可穿戴健康检测设备，将有强大的市场需求，这个领域已经成为国外医疗设备制造商的研发热门。

图 3-31　HRS－I 可穿戴健康设备

4. 数字家庭领域

无线传感器网络可应用于家庭的照明、温度、安全、控制等。传感节点可安装在电视、灯泡、遥控器、儿童玩具、游戏机、门禁系统、空调系统和其他家电产品等，例如在灯泡中装置 Zigbee 模块，人们要开灯，就不需要走到墙壁开关处，直接通过遥控便可开灯；当打开电视机时，灯光会自动减弱；当电话铃响起时或拿起话机准备打电话时，电视机会自动静音。通过传感节点可以收集家庭各种信息，传送到中央控制设备，或是通过遥控达到远程控制的目的，得以使家居生活自动化、网络化与智能化。已有平板电脑生产商生产智能家居平板，该平板将可通过无线的方式将家中或是办公室内的 PC、家用设备和电动开关连接起来，能够使手机用户在短距离内远程操纵电动开关和控制其他电子设备。如图 3-32 所示给出了数字家庭领域的应用场景。

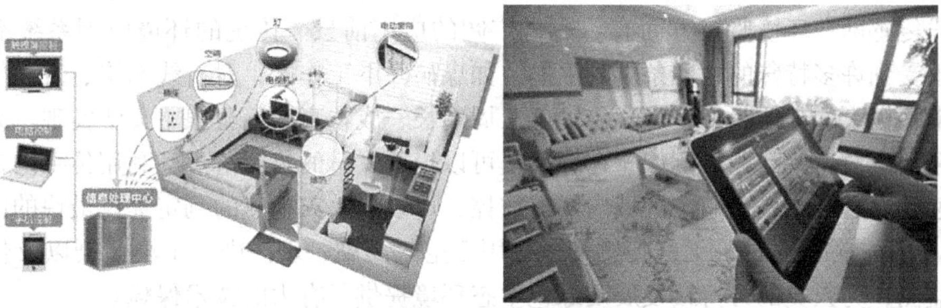

图 3-32　无线传感器网络应用于数字家庭领域

5. 农业生产

2002 年，英特尔公司在俄勒冈建立了世界上第一个无线葡萄园，将无线传感器节点人工分布在葡萄园中，对园中土壤的温度以及养分含量等作物生长条件进行实时监控，这是最早的无线传感器网络的农业应用。随着物联网产业的发展，国内也越来越多地利用无线传感器来辅助农业生产。

如图 3-33 所示为新疆伊宁市的一个智能农业信息化平台的可视化操作界面，该平台利用了 WSN 技术实现对农田的温度、湿度、光照等信息的监测，它将温室作为一个监控区，使用 WSN 技术对温度、PH 值、含水量、光照强度等进行测量，根据实际需要，对温室条件进行调整，以达到农作物生长的最佳条件，增加作物产量。在大规模部署传感器节点时可以通过飞机播撒、人工设置、火箭弹射等方式部署在预设区域。无线传感器网络具有的实时性监测，无线通信的特点使其在农业生产上有很大发展前景。如图 3-34 所示为农业土壤含水量检测示意图。

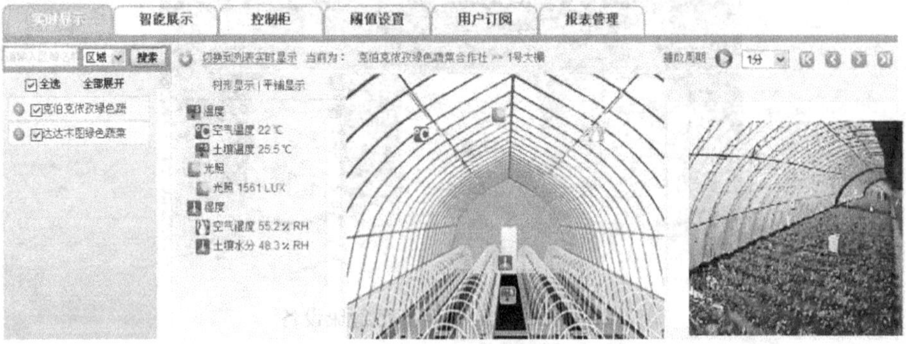

图 3-33　智能农业信息化管理平台

土壤含水传感器

图 3-34　土壤含水量检测

6. 环境监控

无线传感网在环境监控方面有着非常广阔的应用前景。传统的环境监测系统都是有线的，由于受到许多特殊的地理条件的限制，如煤矿井下工作区，对有线网络、有线传输的布线工程带来极大的不便，采用有线传输施工周期长、成本高，甚至根本无法实现。无线传感网可以轻松应对这些问题。例如，在森林里可以投放大量的传感节点，利用传感网自组织的特性迅速建立起网络，对一定区域内实时监控，可以对火灾地点的判定提供最快的讯息，如图 3-35 所示。除此之外，无线传感网还可用于空气污染、水污染、土壤污染以及化学污染方面的监测，为人类的可持续发展及绿色生态环境提供了有力的技术保障。

图 3-35　无线传感网在森林火灾预防的应用

3.5.6 无线传感器网络所面临的挑战和发展趋势

1. 无线传感器网络所面临的挑战

无线传感器网络不同于传统数据网络的特点对无线传感器网络的设计与实现提出了新的挑战，主要体现在以下5个方面。

1）低能耗。传感器节点通常由电池供电，电池的容量一般不会很大。由于长期工作在无人值守的环境中，通常无法给传感器节点充电或者更换电池，一旦电池用完，节点也就失去了作用。这要求在无线传感器网络运行的过程中，每个节点都要最小化自身的能量消耗，获得最长的工作时间，因此无线传感器网络中的各项技术和协议的使用一般都以节能为前提。

2）实时性。无线传感器网络应用大多有实时性的要求。例如，目标在进入监测区域之后，网络系统需要在一个很短的时间内对这一事件作出响应。其反应时间越短，系统的性能就越好。又如，车载监控系统需要每10 ms读一次加速度仪的测量值，否则无法正确估计速度，导致交通事故。这些应用都对无线传感器网络的实时性设计提出了很大的挑战。

3）低成本。组成无线传感器网络的节点数量众多，单个节点的价格会极大程度地影响系统的成本。为了达到降低单个节点成本的目的，需要设计对计算、通信和存储能力均要求较低的简单网络系统和通信协议。此外，还可以通过减少系统管理与维护的开销来降低系统的成本，这需要无线传感器网络系统具有自配置和自修复的能力。

4）安全和抗干扰。无线传感器网络系统具有严格的资源限制，需要设计低开销的通信协议，同时也会带来严重的安全问题。如何使用较少的能量完成数据加密、身份认证、入侵检测以及在破坏或受干扰的情况下可靠地完成任务，也是无线传感器网络研究与设计面临的一个重要挑战。

5）协作。单个的传感器节点往往不能完成对目标的测量、跟踪和识别，而需要多个传感器节点采用一定的算法通过交换信息，对所获得的数据进行加工、汇总和过滤，并以事件的形式得到最终结果。数据的传递协作涉及网络协议的设计和能量的消耗，也是目前研究的热点之一。

2. 无线传感器网络的发展趋势

由以上这些挑战，根据无线传感器网络的研究现状，我们可以展望到无线传感器网络技术的发展趋势。从技术的层面上来看主要有以下3个方面。

1）灵活、自适应的网络协议体系。

无线传感器网络广泛地应用于军事、环境、医疗、家庭、工业等领域。其网络协议、算法的设计和实现与具体的应用场景有着紧密的关联。在环境监测中需要使用静止、低速的无线传感器网络；军事应用中需要使用移动的、实时性强的无线传感器网络；智能交通里还需要将RFID技术和无线传感器网络技术融合起来使用。这些面向不同应用背景的无线传感器网络所使用的路由机制、数据传输模式、实时性要求以及组网机制等都有着很大的差异，因而网络性能各有不同。目前无线传感器网络研究中所提出的各种网络协议都是基于某种特定的应用而提出的，这给无线传感器网络的通用化设计和使用带来了巨大的困难。如何设计功能可裁减、自主灵活、可重构和适应于不同应用需求的无线传感器网络协议体系结构，将是未来无线传感器网络发展的一个重要方向。

2）跨层设计。

无线传感器网络有着分层的体系结构，因此在设计时也大都是分层进行的。各层的设计相互独立且具有一定局限性，因而各层的优化设计并不能保证整个网络的设计最优。针对此问题，一些研究者提出了跨层设计的概念。跨层设计的目标就是实现逻辑上并不相邻的协议层之间的设计联动与性能平衡。对无线传感器网络，能量管理机制、低功耗设计等在各层设计中都有所体现；但要使整个网络的节能效果达到最优，还应采用跨层设计的思想。

将 MAC 与路由相结合进行跨层设计可以有效节省能量，延长网络的寿命。同样，传感器网络的能量管理和低功耗设计也必须结合实际跨层进行。此外，在时间同步和节点定位方面，采用跨层优化设计的方式，能够使节点直接获取物理层的信息，有效避免本地处理带来的误差，获得较为准确的相关信息。

3）与其他网络的融合。

无线传感器网络和现有网络的融合将带来新的应用。例如，无线传感器网络与互联网、移动通信网的融合，一方面使无线传感器网络得以借助这两种传统网络传递信息，另一方面这两种网络可以利用传感信息实现应用的创新。此外，将无线传感器网络作为传感与信息采集的基础设施融合进网格体系，构建一种全新的基于无线传感器网络的网格体系——无线传感器网络。传感器网络专注于探测和收集环境信息，复杂的数据处理和存储等服务则交给网格来完成，将能够为大型的军事应用、科研、工业生产和商业交易等应用领域提供一个集数据感知、密集处理和海量存储于一体的强大的操作平台。

本章小结

本章首先介绍了传感器的基础知识，包括传感器的组成和分类，然后分别介绍了几类常用的传感器，首先是物理传感器，然后是化学传感器，最后是生物传感器，并且选取一些典型的产品介绍了它们的概念、特点及工作原理。接下来，为了结合物联网的发展特点，本章对智能传感器也做了相应介绍，主要是智能传感器的概念、特点以及应用的相关内容。同时还引出了 MEMS 技术及 MEMS 传感器，以及 MEMS 传感器的特点和应用，并介绍了一些常见的 MEMS 微传感器，同时还提到了 MEMS 微传感器对传统传感器的推动作用。

本章重点介绍了无线传感器和无线传感器网络，并详细描述了无线传感网的概念、发展历史、结构和特点。同时，对 Zigbee 技术和 6LoWPAN 技术也作了比较全面的介绍，并且对两种技术作出了对比。定位技术作为无线传感器网络的一大特色，在文中也加入了有关概念和算法的介绍。最后，以应用为出发点，给出了六大无线传感器网络的应用领域，同时总结并展望无线传感器网络的挑战和发展趋势。无线传感器网络是物联网的核心技术之一，了解无线传感网就可以了解物联网感知层的重要通信方式。

习题与思考题

3-1　传感器的定义是什么？他们是如何分类的？

3-2　传感器的主要特性有哪些？

3-3　有哪些常用的热传感器？它们的特点如何？

3-4　什么是智能传感器？智能传感器有哪些实现方式？
3-5　温度传感器是怎么分类的？
3-6　MEMS 的英文名全称是什么？定义是什么？
3-7　无线传感器网络的特征有哪些？请简要描述。
3-8　无线传感器网络的应用领域有哪些？
3-9　简述无线传感器网络协议各层的功能。
3-10　简述 Zigbee 技术的特点。
3-11　Zigbee 技术的网络拓扑有哪几种？它们各有什么特点？
3-12　无线传感器网络的定位算法有哪两类？说明这两类算法的概念。
3-13　无线传感器网络的发展趋势如何？请简要说明。

第4章 物联网网络技术

近年来，物联网技术的应用已进入我们的日常生活，例如快递、物流各环节的跟踪，天气气象的信息查询，智能手环、视频网络盒子的普及应用等。这些物联网技术应用的出现方便了我们的生活、提高了生活的信息化程度，同时也为创新、创业提供了一片热土。

看着手机上天气 APP 应用，我们可查看到各地的天气情况，有时我们不禁会问这些数据是从何而来？通过什么传输？如何传输到手机上的？了解这些其实也就是探知物联网网络结构的过程，本章从天气 APP 应用入手，介绍物联网的网络组成、信息在网络中的传输过程以及计算机网络在物联网中的作用。

4.1 概述

在 Internet 未普及之前我们主要通过是报纸、电视、广播来查看天气气象信息，现在我们可以通过网络，使用手机上的天气 APP，例如“最美天气”“墨迹天气”“即时天气”等更便捷、更快速地获知天气情况。天气气象信息是由气象站的各种设备采集而来，这些信息是如何通过网络传输到手机上的呢？如图 4-1 所示天气应用结构，要回答这个问题，我们需要知道物联网的核心在于“网”，这张“网”的主干是 Internet，而要了解 Internet，就需要了解其涉及的各种计算机网络通信技术的概念、特点及相互之间的互通互连，涉及的网络通信技术从传输介质可分为无线和有线两类。无线通信技术包括蓝牙、红外、Zigbee、WiFi、2G/3G/4G 通信等，有线通信技术包括串行、以太网、光纤通信技术等；从传输距离近远又可分为近场通信、近程通信、远程通信。蓝牙、红外属于近场通信，Zigbee、WiFi、串行、以太网属于近程通信，2G/3G/4G、光纤属于远程通信。下面按照传输距离近远分别介绍各种通信技术的工作原理、组网方式及在物联网中的应用。在学习过程中我们需要融会贯通，通信的本质是一致的，基本上都是由发送方、传输介质、接收方三个部分组成，通信的架构与计算机网络的 OSI/RM 模型类似，如图 4-2 所示为 OSI/RM 模型。

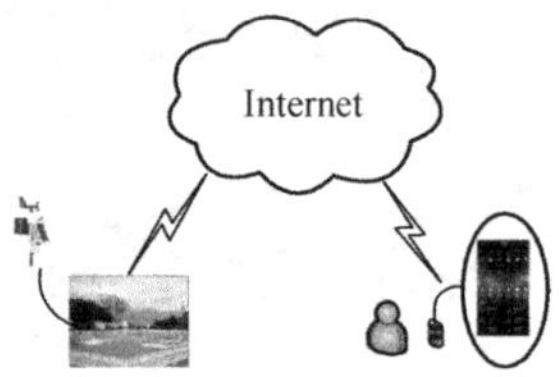

图 4-1 天气应用结构

4.2 近场通信

近场通信一般特指 10 cm 以内的 NFC（Near Field Communication，短距离通信），在本书中用于表示媒介传输有效距离 10 cm 以内的短距离通信，包括蓝牙、红外通信技术，在计算机网络中一般采用 PAN（Personal Area Network）统称，其特点是传输距离近、易受干扰。近场通信在智能家居、电子支付等领域应用较为广泛，主要适用于家用电器的遥控、智能穿戴设备的信息传输，例如电视遥控器、空调遥控器采用红外通信，蓝牙耳机、智能手环采用

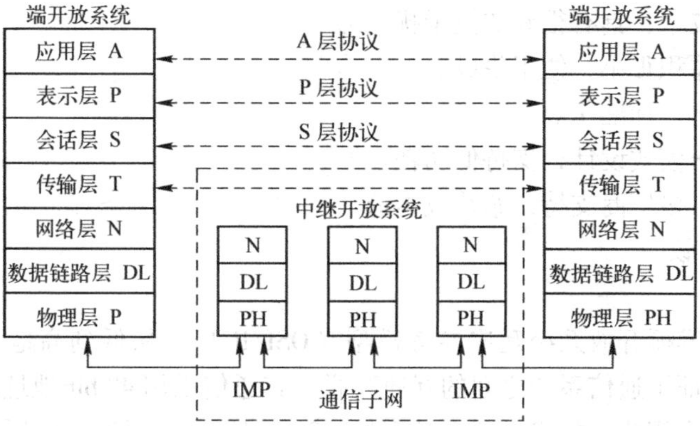

图 4-2　OSI/RM 模型

蓝牙通信；前面章节介绍的部分 RFID 技术也属于近场通信，应用于物品标识和电子支付。天气气象信息传输过程中不涉及上述通信技术，其信息传输主要借助于近程通信和远程通信技术。

4.2.1　蓝牙通信技术

1. Bluetooth 概述

Bluetooth 是 1998 年 5 月由爱立信、诺基亚、东芝、IBM 和英特尔五家著名厂商提出的一种支持设备短距离通信（一般 10 m 内）的无线电通信技术，能在包括移动电话、PDA、无线耳机、笔记本电脑、相关外设等之间进行无线信息交换。利用“蓝牙”技术，能够有效地简化移动通信终端设备之间的通信，在个人网络领域应用广泛，如日常生活中常见的蓝牙耳机、蓝牙手环、蓝牙健康仪等。如图 4-3 所示为常见蓝牙设备。

图 4-3　常见蓝牙设备

蓝牙规范由 Bluetooth SIG（Bluetooth Special Interest Group，蓝牙技术联盟）负责制定和推广，其工作在全球通用的 2.4 GHz ISM（即工业、科学、医学）频段，数据速率为 1 Mbit/s，采用时分双工传输方案实现全双工传输，支持 433.9 kbit/s 的对称全双工通信和 723.2、57.6 kbit/s 的非对称双工通信，使用 IEEE802.15 协议。蓝牙的发展经历了 1.1、1.2、2.0、2.1、3.0、4.0、4.1、4.2 共 8 各版本，现在使用较多的是 2.0 版本，该版本推出于 2004 年。2014 年 12 月 4 日颁布了最新的 4.2 标准，具有如下特点。

1）2.4 GHz 频段全球范围适用。

2）采用电路交换和分组交换，支持语音和数据传输。

3）可以建立临时性的对等连接（Ad－hoc Connection）。

4）采用跳频技术，具有很好的抗干扰能力。

5）蓝牙模块体积很小、便于集成。

6）接口开放化、标准化。

7）独特的工作模式设计，支持低功耗。

8）应用广泛，多厂商支持，芯片成本低。

2. Bluetooth 协议

（1）工作原理

蓝牙协议规范遵循开放系统互连参考模型（OSI/RM），从低到高地定义了蓝牙协议堆栈的各个层次，保证了通信系统之间的互通互联，其通信采用 48 bit 地址码作为设备的唯一标识和通信地址，采用跳频技术排除同频干扰。2.4 GHz ISM 频带是对所有无线电系统都开放的频带，因此该频段容易受到同频干扰。为此蓝牙设计了跳频、快速确认以确保链路稳定。跳频技术是把频带分成若干个跳频信道（hop channel），在一次连接中，无线电收发器按一定的码序列不断地从一个信道"跳"到另一个信道，只有收发双方是按照约定的规律进行通信，而其他的干扰源不可能按相同的规律进行通信，与其他工作在相同频段的系统相比，蓝牙跳频更快，数据包更短，这使蓝牙比其他系统都更稳定。

蓝牙设备的最大发射功率可分为 3 级：100 mW（20 dB/m）、2.5 mW（4 dB/m）、1 mW（0 dB/m）。当蓝牙设备功率为 1 mW 时，其传输距离一般为 0.1 ~ 10 m。当发射源接近或是远离而使蓝牙设备接收到的电波强度改变时，蓝牙设备会自动地调整发射功率。当发射功率提高到 10 mW 时，其传输距离可以扩大到 100 m。

（2）组网方式

蓝牙支持点对点和点对多点的通信方式，蓝牙技术规定每一对设备之间进行蓝牙通信时，必须一个为主设备，另一为从设备，提出通信请求的设备称为主设备（Master），被动进行通信的设备称为从设备（Slave）。一个主设备单元最多与 7 个从设备单元交互，主设备单元负责提供时钟同步信号和跳频序列，从设备单元一般是受控同步的设备单元，接受主设备单元的控制。通信时，必须由主设备进行查找，发起配对，建链成功后，双方即可收发数据。在非对称连接时，主设备到从设备的传输速率为 723.2 kbit/s，从设备到主设备的传输速率为 57.6 kbit/s；对称连接时，主从设备之间的传输速率各为 432.6 kbit/s。蓝牙标准中规定了在连接状态下有保持模式（Hold Mode）、呼吸模式（Sniff Mode）和休眠模式（Park Mode）3 种电源节能模式，再加上正常的活动模式（Active Mode），一个使用电源管理的蓝牙设备可以处于这 4 种状态并进行切换，按照电能损耗由高到低的排列顺序为：活动模式、呼吸模式、保持模式、休眠模式，其中，休眠模式节能效率最高。蓝牙技术的出现，为各种移动设备和外围设备之间的低功耗、低成本、短距离的无线连接提供了有效途径。

一个具备蓝牙通信功能的设备，可以在两个角色间切换，平时工作在从模式，等待其他主设备来连接，需要时，转换为主模式，向其他设备发起呼叫。一个蓝牙设备以主模式发起呼叫时，需要知道对方的蓝牙地址，配对密码等信息，配对完成后，可直接发起呼叫，在蓝牙的两种组网方式中点对点较简单，只有两个设备参与通信，而点对多点相对复杂，参与交互较多，需要额外的控制机制对整个通信过程进行管理，蓝牙的组网及交互过程如图 4-4 所示。

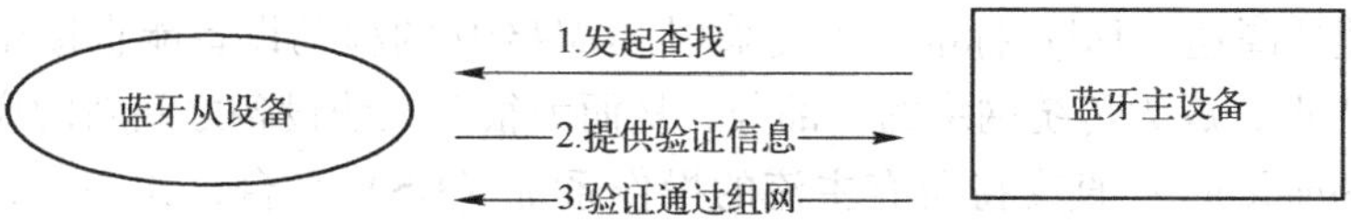

图 4-4　蓝牙交互过程

（3）数据结构

蓝牙底层数据包大体上由三部分构成，如图 4-5 所示，包括 Access Code（访问码）总长 72 bits，用于数据同步、DC 偏移补偿和数据包的标识；Header（报头）总长 54 bits，包含了链路控制（LC）信息；Payload（数据）属可变长数据，变化范围为 0 ~ 2745 bits，携带上层的用户数据和校验码。

ACCESS CODE[72]	HEADER[54]	PAYLOAD[0-2745]

图 4-5　蓝牙数据格式

3. 常见蓝牙芯片

蓝牙设备的使用较为简单，适合于个人网络的数据传输，如果要开始一款自己的蓝牙产品，我们需要了解一些主流蓝牙芯片。蓝牙芯片基本上由国外厂商提供，比较著名的公司有 CSR（英国 Cambridge Silicon Radio，已被美国高通收购）、Broadcom（美国博通公司）、Ti（美国德州仪器）等，其中 CSR 公司占有 50% 的蓝牙芯片市场。其芯品产品如图 4-6 所示。

图 4-6　蓝牙芯片产品

（1）CSR101X

CSR 发表针对超低功耗连接装置需求所设计的首款单模单芯片蓝牙低功耗平台 CSR1010 和 CSR1011 。新 CSR uEnergy 平台在一颗单芯片上提供所有必要技术，以协助开发蓝牙低功耗产品，包括射频、基频、微控制器、通过认证的 BluteTooth v4.0 堆栈以及使用者自订应用。CSR uEnergy 蓝牙低功耗平台将让以往受限于功率消耗、尺寸和其他无线标准等复杂应用实现了超低功耗连接性。CSR uEnergy 平台已实施最佳化设计，专门使用于支持蓝牙低功耗功能，协助开发小型、成本效益且能源效率的产品。CSR 芯片只需要一颗单一纽扣型电池就可以使用多年，而且能够被建置到简单的传感器中，例如计步器、心律监测器或者车钥匙链，以及较复杂的低功耗装置，例如可控制和显示行动电话信息的手表。该平台提供单模芯片，能够与 CSR 的双模芯片相辅相成，进而构成完整的蓝牙低功耗方案。

（2）Broadcom BCM4330

Broadcom BCM4330 是业界第一款经过蓝牙 4.0 标准认证的组合芯片解决方案，集成了蓝牙低功耗（BLE）标准。该标准使蓝牙技术能以超低功耗运行，因此 BCM4330 非常适用于需要很长电池寿命的系统，如无线传感器、医疗和健身监控设备等。BCM4330 还支持 Wi

-Fi Direct 和蓝牙高速（HS）标准，因此采用 BCM4330 的移动设备能直接相互通信，而不必先连接到接入点、成为传统网络的一部分，从而为很多无线设备之间新的应用和使用模式创造了机会。Broadcom 一直支持所有主流的操作系统（OS）平台，如 Microsoft Windows 和 Windows Phone、Google Chrome、Android 等等，而且不仅是 BCM4330，所有蓝牙、WLAN 和 GPS 芯片组都提供这样的支持。BCM4330 是 Broadcom 第三代组合芯片，具有最高的集成度，面向移动或手持式无线系统，包括 IEEE 802.11a/b/g 和单码流 802.11n（媒体访问控制器（MAC）/基带/射频）、蓝牙 4.0 + HS 以及 FM 无线接收和发射功能。该芯片还集成了电源管理单元（PMU）、功率放大器（PA）和低噪声放大器（LNA），以满足需要最低功耗和最小尺寸的移动设备的需求。BCM4330 可组成外形尺寸很小的解决方案，所需外部组件最少，批量生产时可保持低成本，另外该芯片还允许灵活设计产品的尺寸、外形和功能。BCM4330 极高的集成度使得功耗显著降低，与之前的版本相比，该芯片可使产品的总体解决方案尺寸减小超过 40%。

（3）高通 CC2540T

CC2540T 是真正的单芯片蓝牙低能耗（BLE）解决方案，其既能够运行应用，也能够运行 BLE 协议栈，并且包括可连接各类传感器等元件的外设，是一款真正经济高效的低功耗无线 MCU，适用于低能耗应用。该器件可在低廉的总物料成本前提下构建耐用的 BLE 主控或受控节点，并且工作温度最高可达 125°C。CC2540T 将一款性能出色的 RF 收发器和一个业界标准的增强型 8051 MCU、系统内置可编程闪存存储器、8KB RAM 和很多其他功能强大的支持特性及外设组合在一起。CC2540T 适用于要求超低功耗的系统，提供有超低功耗睡眠模式。运行模式间的切换时间短，有助于实现更低功耗。

4.2.2 红外通信技术

1. 红外通信简介

红外通信是一种利用 950 nm 近红外波段来传输信号的通信方式，一个完整的红外通信包括发送端和接收端两个组成部分，发送端采用脉时调制（PPM）方式，将二进制数字信号调制成某一频率的脉冲序列，并驱动红外发射管以光脉冲的形式发送出去；接收端将接收到的光脉转换成电信号，再经过放大、滤波等处理后送给解调电路进行解调，还原为二进制数字信号后输出。采用红外通信系统可传输语言、文字、数据、图像等信息，但传输角度有一定限制，且红外线波长范围为 0.70 μm ~ 1 mm，大气环境会对红外线通信造成一定的影响，主要是会吸收和散射红外电磁波，一般传输有效距离 1 m 左右，但在光通信中，红外传输有效距离可以达数千米。由于其具有容量大，保密性强，抗电磁干扰性能好等特点，1993 年成立了红外数据协会（Infared Data Association，IrDA）以建立统一的红外数据通信标准并推动其应用，红外通信协议栈同样类似 OSI/RM 分层模型，在物联网技术应用中，红外常用于智能家居设备控制。

2. IrDA 标准

IrDA 于 1994 年发表了 IrDA 1.0，简称为 SIR（Serial InfraRed），是一种非同步、半双工红外通信方式。SIR 的实现基于 UART，是在计算机的 UART 上扩展红外线编译码器和红外收发器构成的。SIR 的传输速率最高为 115.2 kbit/s，发射接收角度为 30°。在 SIR 之后，IrDA 于 1996 年发布了 IrDA 1.1，即 FIR（Fast InfraRed），FIR 不再基于 UART，而是直接连接计算机总线，它的性能也就不受制于 UART 的性能了。FIR 的数据传输速率最高为 4 Mbit/s。FIR 仍然支持 SIR 的传输模式，与 SIR 向下兼容，当 FIR 设备与 SIR 设备通信时，使用 SIR 的速率和调制模式。只有通信双方都支持 FIR 的 4Mbit/s 速率时，才将通信速率设定在 4 Mbit/s。2001 年 IrDA 发布了最高通信速率为 16 Mbit/s 的 VFIR（Very Fast InfraRed）标准。VFIR 设备兼容 SIR 和 FIR 设备。AIR（Advanced InfraRed）是 IrDA 针对蓝牙技术的竞争发布的一个多点连接红外线规范，它的优点是其传输距离和发射接收角度的改进。在 4 Mbit/s 通信速率下其传输距离可以达到4 m，在更低速率下传输距离可以达到8 m。AIR 规范的发射接收角度为 120°。更重要的是它支持多点连接，其他的 IrDA 规范都只支持点对点连接。

由于红外接口主要使用在便携设备，这类设备通常对功耗要求很高，为了降低设备的功耗，IrDA 发布了低功耗的 IrDA1.2 和 IrDA1.3，但同时缩短了传输距离，传输距离为 0.2 ~ 0.3 m。这两个标准分别是 SIR 和 FIR 的低功耗版本，IrDA 标准各规范的对比如表 4-1 所示。IrDA 标准主要分为两种类型，即“IrDA Data”和“IrDA Control”。其中 IrDAData 主要用于与其他设备交换数据，传输距离为 0.2 ~ 1 m，传输速度为 9600 bit/s ~ 16 Mbit/s。而 IrDA Control 则主要用于与人机接口设备（HID）通信，如键盘、鼠标器等，传输距离为8 m，传输速度为 75 kbit/s。

表 4-1　IrDA 规范的对比表

名称性能	SIR（IrDA1.0）	FIR（IrDA1.1）	AIR	IrDA1.2	IrDA1.3	VFIR（IrDA1.4）
最高速率/（kbit/s）	115.2	4000	4000/250	115.2	4000	16000
通信距离/m	1	1	4/8	0.2/0.3（低功耗、标准）		1
发送角度	±15°	±15°	±120°	±15°	±15°	±15°
连接方式	点对点 2 个	点对点 2 个	多点连接	点对点 2 个	点对点 2 个	点对点 2 个

IrDA 标准包括三个基本的规范和协议：红外物理层连接规范 IrPHY（Infrared Physical LayerLink Specification）、红外连接访问协议 IrLAP（Infrared Link Access Protocol）和红外连接管理协议 IrLMP（Infrared Link Management Protocol）。IrPHY 规范制订了红外通信硬件设计上的目标和要求；IrLAP 和 IrLMP 为两个软件层，负责对连接进行设置、管理和维护。在 IrLAP 和 IrLMP 基础上，针对一些特定的红外通信应用领域，IrDA 还陆续发布了一些更高级别的红外协议，如 TinyTP、IrOBEX、IrCOMM、IrLAN、IrTran－P 和 IrBus 等等。

（1）组网方式

红外通信系统中红外线的传输方式主要有两种：一种是点对点方式，另一种是广播。

红外传输最常用的形式是点对点传输，其使用高度聚焦的红外线光束发送信息或控制远距离信息的红外传输，例如光纤中的红外通信。点对点红外线通信系统使用红外光谱中频率最低的部分，安装时须保证收发器对齐成一直线，且在使用高功率激光时一定要特别小心，易伤害或烧伤眼睛；其通信容量数据级别在 100 kbit/s ~ 16 Mbit/s 之间变化；衰减的总量由发射光的强度和纯净程度决定，也和周围的气候条件与信号障碍有关，其通信系统易受强光干扰。

红外广播系统向一个广大的区域传送信号，并且允许多个接收器同时接收信号，与蓝牙的点对多点组网较类似，部分公共场所广播、景点讲解都是采用基于红外通信的广播系统。

（2）数据结构

红外协议栈数据整体上可分为底层、高层应用数据，高层应用数据主要为用户传输内容，用户根据需要自行定义，底层数据可认为有4个部分组成：1个字节的BOF（Begin of field，开始区域）部分，用于描述数据传输的开始；不定长度的Playload（负载，用户应用数据）部分，用于存放上层应用协议数据；2个字节的FCS（Frame Check Sequence，校验序列）部分，它用来存放循环冗余校验数据是否完整；1个字节的EOF（End of field，结束区域）部分，用于描述数据传输的结束，如图4-7所示。

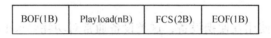

BOF(1B)	Playload(nB)	FCS(2B)	EOF(1B)

图4-7　红外数据结构

（3）红外接口器件

红外通信在家居、安防中应用较为广泛，如红外遥控器、红外体温计、周界报警中红外对射器等，如图4-8所示。红外接口芯片实现红外接口硬件部分，主要分为红外编码器和红外收发器两类。目前的大多数笔记本和掌上电脑都配有红外线接口，但在台式计算机上使用红外接口大多都需要扩展红外线接口。在台式计算机上扩展红外接口的最简单方法是使用USB接口红外适配器。现在主流的操作系统都支持红外协议，通过红外适配器可以方便地与红外设备实现连接。如图4-8所示从左到右依次是红外遥控器、红外光栅、红外体温计。

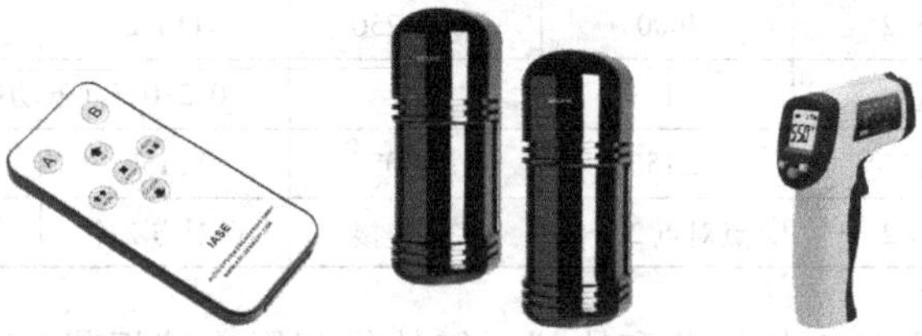

图4-8　红外设备

红外线接口器件主要包括以下4个部分：红外编解码器、红外收发器、红外协议处理器、红外桥器件。

红外编解码器：一般连接计算机系统的UART，实现异步串行信号和红外调制信号之间的转换，这一类器件大多是SIR标准。主要的产品有HP公司的HSDL-7001、Microchip公司的MCP2120、TI公司的TIR1000等。

红外收发器：用于发送和接收红外线信号的器件，主要是集成了红外发射二极管和红外接收二极管。主要的产品有安捷伦（Agilent Technologies）公司的HSDL-1001和HSDL-3201等。

红外协议处理器：包括红外编解码器和红外协议软件的器件，如Microchip公司的MCP 2150/2155，它的硬件接口和红外编解码器件类似，且具备IrDA的协议控制。

红外桥器件：用于实现IrDA接口与其他接口的变换。如SigmaTel公司的USB-IrDA桥STIr4200，实现IrDA与USB的接口信号和协议转换。

4.3 近程通信

为了区分短距离通信中传输距离的远近，本书中采用近程通信来表示媒介传输有效距离100 m 以内的短距离通信，其特点是传输距离相对较远，有线传输方式技术成熟应用非常广泛。近程通信包括 Zigbee、WiFi、串行、以太网通信，一般适用于家庭、办公区域、园区等下范围的组网通信，例如计算机局域网组建、RFID 读卡器数据的传输、工业现场总线构建、无线传感网组建。本节主要介绍 WiFi、串行、以太网 3 种通信，Zigbee 通信见相应章节。天气气象信息经气象站传感节点采集后，可通过上述方式把信息传入计算机或计算机网络，采用何种方式，要看具体的应用环境及需求。如图 4-9 所示采用以太网形式的气象站连接示意图。

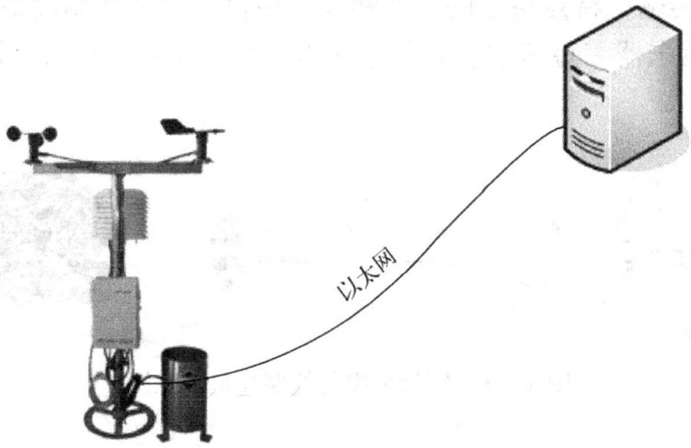

图 4-9 气象站连接示意图

4.3.1 串行通信技术

1. 串行通信简介

串行通信按位（bit）发送和接收字节，一般用于计算机与外设间，只需两根线路即可实现简单的串行通信，其传输速率较慢，最长通信距离可达 1200 m。一个完整的串行通信硬件上由收发双方的串行接口和串行线路构成。串行线路连接好，要能实现信息的正常收发，还需要指定收发双发串口的波特率、数据位、停止位和奇偶校验，且要求通信双方参数值保持一致，串口参数设置好后，即可使用串行方式发送用户数据，PC 串口可通过 Windows 操作系统自带的“超级终端”进行设置，设置界面如图 4-10 所示，图中各参数参考下文说明，图中所列参数为 PC 连接 6410 开发板时 PC 端串口的参数设置，对串口进行程序开发最基本的也是对串口设备的检测、打开、参数设置及读写、关闭等操作，串行通信中一般采用 ASCII 码对数据进行

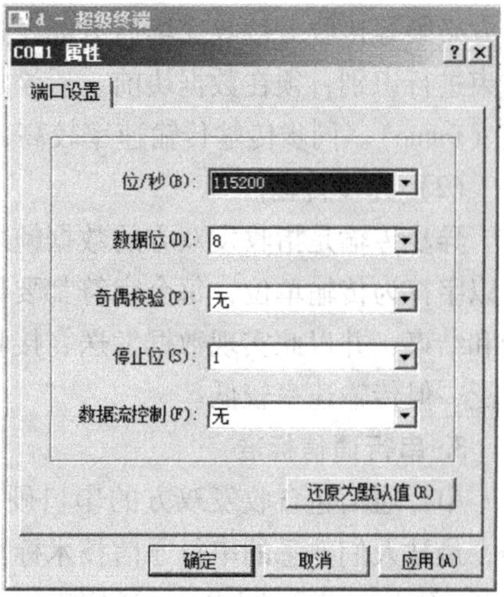

图 4-10 超级终端串口参数设置

编码。

1）位/秒（比特率）：用于衡量通信速度，表示每秒钟传送的 bit 的个数，用 bit/s 表示。

2）数据位：用于表示通信中的数据位，可选值一般有 5、6、7 和 8 位。

3）停止位：用于表示一次数据传输的结束，可选值一般有 1、1.5 和 2 位，同时停止位还提供校正时钟同步的功能。

4）奇偶校验：串口通信中一种简单的检错方式，用于判断通信是否同步或存在干扰。检错方式有 4 种：偶、奇、高和低。也可不设置校验位。

串行通信是一种很重要的通信方式，应用较广泛，常见的 PC、数字机顶盒、条码扫描仪等设备上都带有串口，工业上几乎所有的现场总线都是串行通信方式，这主要是由其通信成本低、支持长距离传输等特点决定的，在物联网项目中很多终端设备的数据都是通过串口传输的，例如 RFID 读卡器、短信猫、智能电表等，如图 4-11 所示的短信猫串行线路连接示意图。

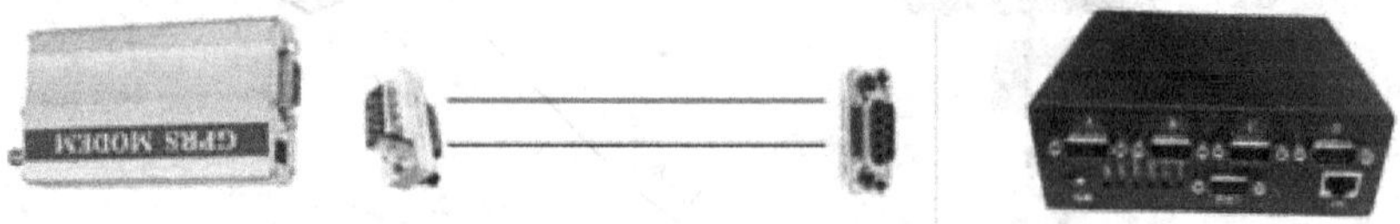

图 4-11　短信猫串行线路连接示意图

2. 串行通信方式

串行通信根据收发双方时钟是否一致，可分为同步通信和异步通信，应用以异步通信方式居多；根据通信根据数据收发是否能同时进行，又分为单工、半双工、全双工，串行通信采用全双工方式。

（1）同步传输

同步传输收发双方以数据块为单位进行传输，双方数据收发时间间隔须保持一致，即发送方必须等接收方接收完毕后方能发送下一次的数据，属于阻塞通信；为了对数据的起始、结束进行识别，须在数据块前、后添加同步比特序列，我们把同步比特序列和数据块称为一帧（frame）。同步传输传输速率较高，对时钟同步要求也高。

（2）异步传输

异步传输是指收发双方的数据帧之间不要求同步，也不必同步，属于非阻塞通信；传输是以字符为传输单位，每个字符都要附加 1 位起始位和 1 位停止位，以标记一个字符的开始和结束，并以此实现数据发送、接收保持一致，异步传输实现较同步简单，因此应用相对广泛，但传输速率较低。

3. 串行通信标准

串行通信包含收发双方的串口硬件和双方的交互控制方式，在应用中形成了规范、标准，最被人们熟悉的串行通信技术标准是 EIA RS-232、EIA RS-422 和 EIA RS-485 以及 USB（Universal Serial Bus，通用串行总线）。EIA（Electronic Industry Association）是美国电子工业协会的简称，S（Recommended Standard）的意思是“推荐标准”，后面的数字是不同标准的标识号码。EIA RS -422 使用较少，可用 EIA RS-485 替代，而 USB 使用相对简单，所以下面主要介绍 EIA RS-232 和 EIA RS-485。

（1）EIA RS-232C

EIA RS-232 是由美国电子工业协会（Electronic Industry Association，EIA）在 1969 年颁布的一种目前使用最广泛的串行物理接口标准，主要用于点对点通信，后缀“C”则表示该推荐标准已被修改的次数，RS-232C 提供了通过调制解调器将远程设备连接起来的技术规范，RS-232C 标准接口也可用于直接连接两台近地设备，连接双方须符合 RS-232C 标准接口要求，这根连接电缆称为零调制解制器（Null Modem）。

1）机械特性。

RS-232C 形的机械特性规定使用一个 25 芯的标准连接器，并对该连接器的尺寸及针、孔芯数的排列位置等都做了详细说明。实际使用时，不一定要用到 RS-232C 的标准全集，而是只要用其中的一部分，为此，许多厂家为 RS-232C 标准的机械特性作了修改，使用一个 9 芯标准连接器，将不常用的信号线舍去，9 芯接口如图 4-12 所示，引脚功能如图中表格内容所示。在对串口编程开发过程，可以直接把 2、3 引脚连接起来，测试是否能正常收发数据，且不需要连接对端设备，用以提高调试效率。

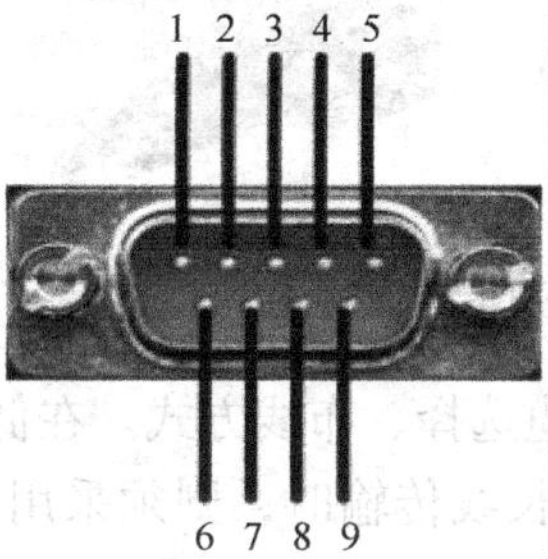

引脚编号	功能
1	载波检测 DCD
2	接收数据 RXD
3	发送数据 TXD
4	数据终端准备好 DTR
5	信号地 SG
6	数据准备好 DSR
7	请求发送 RTS
8	清除发送 CTS
9	振铃提示 RI

图 4-12　串口引脚编号及对应功能

RS-232 9 芯接口分为公口和母口，相应的串口线缆也分为交叉线缆和直通线缆。串口交叉线缆是指线缆两头都使用同种接口类型，直通线缆指线缆两头接口类型不一样，如图 4-13 所示。在使用中应根据连接设备双方的接口类型选择线缆类型。

图 4-13　公母串口直通线

2）电气特性。

RS-232C 的电气特性规定逻辑“1”的电平为 -15 ~ -5 V，逻辑“0”的电平为 +5 ~ +15 V，即 RS-232C 采用 ±15 V 的负逻辑电平，±5 V 之间为过渡区域不做定义。

（2）EIA RS-485

RS-232 只适用于点对点连接，无法进行多个设备的组网，1983 年 EIA 推出了 RS-485 标准，它的出现解决了串行通信多点组网的问题，所以 RS-485 同时支持点对点和点对多点两种连接方式。使用 RS-485 进行多点组网时，设备分为主设备（Master）和从设备（Slave），设备间信息须通过主设备进行中转交互，且网络中只允许存在一个主设备，其余全部是“从（Slave）”设备。RS-485接口到负载其数据信号传输所允许的最大电缆长度与信号传输的波特率成反比，这个长度数据主要是受信号失真及噪声等影响，最大的通信距离约为1219 m，最大传输速率为10M bit/s，采用半双工通信方式，传输速率与传输距离成反比，在100 kbit/s的传输速率下，才可以达到最大的通信距离，如果需传输更长的距离，需要加485中继器。RS-485总线一般最大支持32个节点，如果使用特制的485芯片，可以达到128个或者256个节点，最大的可以支持到400个节点。

1）机械特性。

RS-485同样只提供接口硬件及连接设备间交互的规范，传输的数据由用户自行定义，使用较广的数据协议有Modbus、Profibus等。RS-485接口规范相对较简单，有4引脚和2引脚两种形式，4引脚接口用于实现点对点通信，2引脚接口用于实现多点组网，市场上销售的产品大多提供4引脚，如图4-14所示，用户可以根据自己的需求选择使用4个或2个引脚。

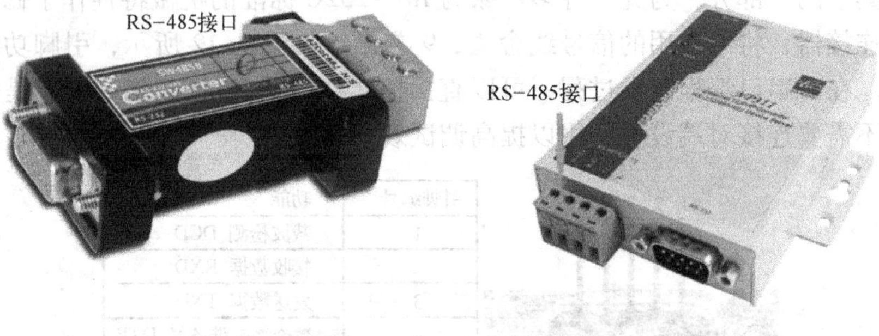

图4-14 RS-485通信转换器

RS-485组网时除了注意接口外还须注意线缆选择、布线方式。在低速、短距离、无干扰的场合可以采用普通的双绞线，反之在高速、长线传输时，则须采用120 Ω阻抗的RS-485专用电缆；布线时一般采用总线型结构，采用一条双绞线电缆作总线，将各个节点串接起来，从总线到每个节点的引出线长度应尽量短，以便使引出线中的反射信号对总线信号的影响最低，同时应注意总线特性阻抗的连续性，阻抗不连续时会发生信号的反射，从而对通信造成干扰。

2）电气特性。

RS-485采用差分信号负逻辑，逻辑“1”以两线间的电压差为+(2~6)V表示；逻辑“0”以两线间的电压差为-(2~6)V表示。接口信号电平比RS-232-C降低了，不易损坏接口电路的芯片，且该电平与TTL电平兼容，可方便与TTL电路连接。

4.3.2 以太网技术

1. 以太网起源

以太网最早来源于Xerox公司著名的PARC（Palo Alto Research Center）研究中心于1973年建造的第一个2.94 Mbit/s的CSMA/CD系统，该系统可以在140 m的电缆上连接100多个个人工作站，后来DEC和Intel公司参与了该项目于1980年联合起草了以太网标准，并于1982年发表了第2版本的以太网标准。1985年，IEEE802委员会吸收以太网为IEEE802.3标准，并对其进行了修改使其成为一个公共标准。以太网是目前使用最为广泛的局域网，传输速率由10 Mbit/s逐渐增长至100 Mbit/s、1000 Mbit/s、10 Gbit/s，并先后出台了相应的标准 802. 3、802. 3u、802. 3ab（802. 3z）、802. 3ae，以太网传输距离由传输介质和组网设备决定，例如 5 类双绞线有效传输距离为 100 m，经交换机中转后传输距离可达 700 m，主干采用光纤作为传输介质，传输覆盖范围可达 10 km。

2. 以太网的标准

严格意义上讲“以太网”即指标准以太网，相应标准为 802. 3。802. 3u 对应百兆以太网，802. 3ab（802. 3z）对应千兆以太网，802. 3ae 对应万兆以太网，每种标准都制定了所用物理接口规范、线缆及相关特性、交互机制及对应帧结构。本节主要介绍标准以太网，其他以太网标准都是在此标准基础上发展变化而来的。

（1）网络拓扑

网络拓扑结构是指网络的通信链路和结点的几何排列。在局域网中常见的有总线型、环形和星形，如图 4–15 所示。还有由上述拓扑结构复合形成的，例如树形是由星形复合而成。标准以太网是基于总线型构建，是一种广播式网络。

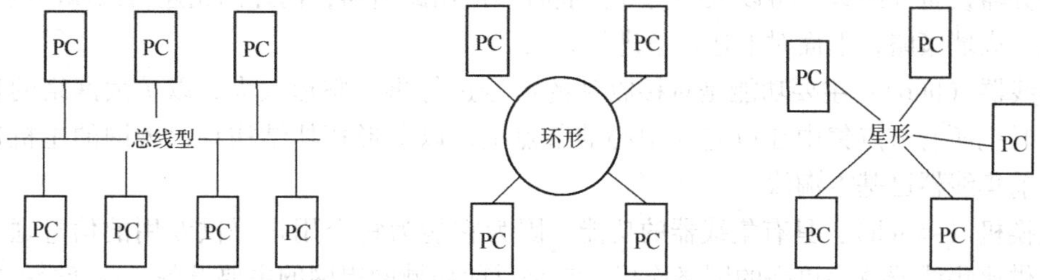

图 4–15　网络拓扑

（2）网络设备及传输介质

标准以太网是一种总线型的网络，最初的以太网以同轴电缆为总线，把各个终端设备连接到总线的形式，经改进后变为了以集线器为总线，通过 3 类双绞线把各个终端设备连接到集线器的形式，因标准以太网传输速率较低，现在构建局域网时一般采用百兆或千兆以太网技术，下面对以太网组网涉及的传输介质和设备进行介绍。

1）传输介质。

同轴电缆分粗缆和细缆两种，采用金属铜作为主要材料传输电信号，传输速率是 10 Mbit/s，粗缆采用 AUI 接口，细缆采用 BNC 接口，如图 4–16a 所示，最大传输距离 500 m（粗缆）或 185 m（细缆），主要用于标准以太网，目前同轴电缆已基本淘汰。

双绞线是局域网的主要传输介质，采用金属铜作为主要材料传输电信号，传输速率是 10 Mbit/s、100 Mbit/s、以及 1 Gbit/s，双绞线采用 RJ45 接头，如图 4–16b 所示，最大传输距离 100 m，是百兆、千兆以太网组网的主要介质。在使用时根据两端设备的性质，双绞线连接线缆同样也分为直通线和交叉线两种规格，选择何种线缆取决于两端的接口类型，一般情况下同种设备相连使用交叉线，不同设备相连使用直通线。

光纤一般作为以太网的主干传输线路，采用玻璃纤维为主要材料传输光信号，适宜于长距离传输（达几十千米），传输速率可达 100 Mbit/s、1Gbit/s 甚至 10Gbit/s，光纤传输需要光纤收发器作为信号变换设备，一般采用 SC、ST 光纤连接器，如图 4–16c 所示。

无线介质就是电磁波，根据其波长的不同，用于无线传输的电磁波可分为红外线、微波、无线电。无线电是指频率在 10 kHz 至 3 GHz 之间的电磁波称为无线电，其用途包括无线

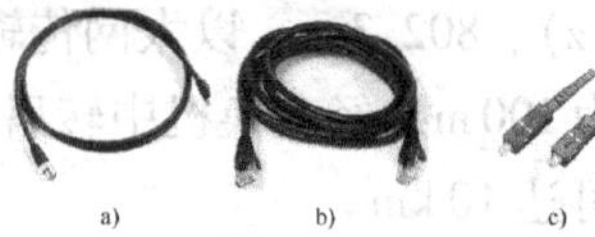

图 4-16　常见线缆与接头

a）同轴电缆　b）双绞线　c）光纤

电广播、电视广播、手机通信、蓝牙通信等。用于网络传输最常用的是 2.4 GHz 频段，它可以穿透普通的障碍物，本书中介绍的 Zigbee、WiFi 都采用 2.4 GHz 频段。

2）组网设备。

对于标准以太网，IEEE 802.3 根据传输介质的不同，有四种组网规范，即 10BASE－5（粗缆以太网）、10BASE－2（细缆以太网）、10BASE－T（双绞线以太网）和 10BASE－F（光纤以太网）。以太网主要的组网设备是以太网交换机，在以太网中提供网路服务时需要使用服务器设备并配置，将以太网向外扩展时须使用路由器，内外网相连为保障内网安全需要使用防火墙策略，下面对上述设备进行介绍。

集线器（hub）：主要功能是对接收到的信号进行再生整形放大，以扩大网络的传输距离，同时把所有节点集中在以它为中心的节点上，以星形拓扑结构将以太网的主机连接起来，目前集线器已基本淘汰。

交换机（switch）：具有集线器的功能，因为它能为每个用户提供专用的信息通道，从而能提供比集线器效率更高的网络连接，它是目前局域网组网的主要设备，选择交换机时主要看端口密度、端口速率、吞吐容量等参数，以太网交换机上端口以 RJ45 接口为主，如图 4-17a 所示。使用交换机组件局域网时一般采用分层形式，主要包括接入层、汇聚层、核心层。接入层负责终端设备的接入；汇聚层负责接入层数据的汇总并转发给核心层；核心层是网络的主干负责与外网的连接。由交换机构建的局域网如图 4-18a 所示，示意图中 4 台接入层交换机负责接入用户 PC，每台接入层交换机连接了两个用户 PC，两个用户组成一个网络；之后把用户数据传输至中间的汇聚层交换机，每台汇聚层交换机连接两台接入层交换机，汇聚后每 4 个用户组成了一个小型的网络；汇聚层交换机再与核心交换机相连，最终 8 个用户连接在一起组成一个本地网络。

图 4-17　交换机与路由器

a）交换机　b）路由器

路由器（router）：将局域网向外扩展接入其他网络，例如 Internet 时都需要路由器，它是一种连接多个网络或网段的网络设备，路由器具有判断网络地址和选择路由（路径）的功能，可使数据以合适的路由从信源传输到目的地，可提供 RJ45 接口、光接口、串口等，如图 4-17b 所示。路由器主要用于局域网的向外扩展连接，如图 4-18b 所示，本地网络核心交换机经路由器连接至运营商（ISP）网络实现本地网络向外通信扩展。现在有一种家庭用“无线路由器”产品，它与路由器是两种不同类型的产品，严格意义上讲它是交换机功能和无线功能的融合体，称为“无线交换机”比较贴切，主要用于家庭 WiFi 组网，在学习时应注意区分这两种产品。

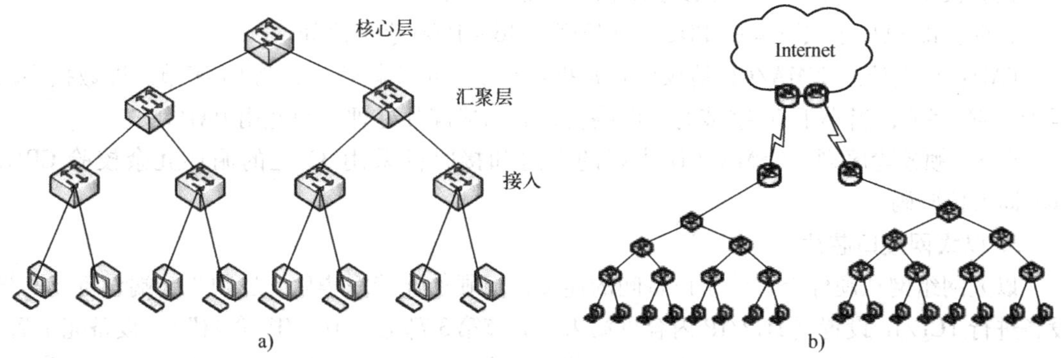

图 4-18　计算机网络组网示意图

a）由交换机构建的局域网　b）路由器用于局域网向外扩展连接

防火墙：用于隔离内部网络和外部网络，是一种安全策略，有软件产品也有硬件产品。

（3）标准以太网控制机制

使用以太网构建局域网时也可构建点对点、点对多点两种形式，点对点传输、控制都比较简单，点对多点较复杂，在标准以太网中采用带冲突检测的载波侦听多路访问（CSMA/CD）方式对节点间的交互进行管理控制。

1）CSMA/CD 工作原理。

CSMA/CD 用于对总线型标准以太网的广播式交互进行管理，主要是为降低广播冲突，提供网络通信质量，其过程包含以下步骤。

- 一个站要发送数据时，首先监听信道；
- 若信道忙，则等待一定时间间隔后重试；
- 若信道空闲，则发送；
- 在发送期间，继续监听信道，若发现冲突，则立即停止发送，并发一个 32 bit 的阻塞信号，以使所有各站都知道已经发生了冲突；
- 发出阻塞信号后，等待一段随机时间，再重复第一步。

2）CSMA/CD 帧格式。

所谓帧，也就是节点间底层交互的数据格式，CSMA/CD 帧由八部分组成：前导符、起始符、目的地址、源地址、长度、数据、PAD 和 CRC 校验码。其发送顺序是从前导符开始发送，每个字节从最低开始发送。其格式如图 4-19 所示。

前导码	SFD	DA	SA	数据长	数据	PDA	FCS

图 4-19　以太网帧结构

前导码：7 个字节的 10101010，其作用是使电路稳定以及收发两端同步。

SFD：帧起始定界符，一个字节的 10101011，它紧跟在前导码后，表示一帧开始。

DA：目的地址字段。标识该帧的接收站地址。长度为2~6字节。

SA：源地址字段。标识发送该帧的站地址，长度为2~6字节。

数据长度L：一个字节，用以表示帧中数据字段的长度。

数据：即LLC子层下来的PDU。其长度在46~1500字节之间。

PAD：填充位。CSMA/CD协议的正常操作需要的最小帧长度，为64字节。即数据字段至少为46字节，当小于46字节时，网络会将其当成碎片处理，因此用PAD填充。

FCS：帧校验序列。CSMA/CD协议的发送和接收都采用32位的循环冗余校验CRC，FCS即为校验码。

3. 以太网接口芯片

以太网组网从硬件上看就是设备间的连接，但硬件连接完毕后，还须为终端设备、网络设备进行TCP/IP设置（TCP/IP内容见第4.5.2节第3部分“TCP/IP介绍”），设备完毕后，网络才能为用户提供服务。在开发具有以太网功能（简称网络功能）的设备，我们不但要了解网络如何组建还需了解一些常见的网络芯片，本节主要介绍在嵌入式系统中应用较多的三种芯片：CS8900、W5100、DM9000，产品外形如图4-20所示。

图4-20　以太网芯片外形

（1）CS8900

CS8900A是CIRRUS LOGIC（美国凌云逻辑）公司生产的低功耗、性能优越的16位以太网控制器，功能强大，功能模块包括介质访问控制，支持全双工操作，可动态调整物理层接口、数据传输模式和工作模式，支持10Base-T。它遵循802.3标准负责处理以太网数据帧的发送和接收，并处理冲突检测、帧头的产生与检测，CRC校验码的生成与验证，主要为嵌入式应用系统、便携式产品和某些适配卡等提供一种切实可行的以太网解决方案，通过直接ISA-总线接口与嵌入式系统相连。

（2）W5100

W5100是WIZNet（韩国）公司生产的一款多功能的单片网络接口芯片，内部集成有10/100 Mbit/s以太网控制器和16 KB存储器，兼容IEEE 802.3 10BASE-T和802.3u 100BASE-TX，主要应用于高集成、高稳定、高性能和低成本的嵌入式系统中。W5100内部集成了全硬件的TCP/IP协议栈，其中包括TCP、UDP、IPv4、ICMP、ARP、IGMP和PPPoE。接口上，W5100提供直接并行总线、间接并行总线和SPI总线与嵌入式系统相连。

（3）DM9000

DM9000是DIVACOM（中国台湾联杰国际）公司生产一款低功耗、单芯片快速以太网MAC控制器。它有一个一般处理接口，一个10/100 Mbit/s自适应的PHY和4K DWORD值的SRAM，并提供介质无关接口，自适应连接设备；支持8位，16位和32位接口访问内部存储器，支持不同的处理器；支持IEEE 802.3x全双工流量控制，兼容3.3 V和5.0 V输入输出电压，可通过 ISA 总线与嵌入式系统相连。

4.3.3 WLAN 技术

1. WLAN 简介

以太网技术提供有线形式的局域网组网方式，组网中需要预先配设线缆，使用不方便。无线局域网（WLAN）提供了无线的连接方式，省去了布线的麻烦，在家庭、园区、城市组网中应用广泛，其标准是由 IEEE 与 ITU-R（国际电信联盟-无线电部门）、WiFi 联盟共同制定，采用免授权的 ISM 频段的射频（RF）作为无线链路，ITU-R 负责 RF 频段的分配，IEEE 负责开发和维护标准，WiFi 联盟进行 WLAN 技术的推广应用，所有厂商生成的 WLAN 设备都须 WiFi 联盟进行 WiFi 认证。很多家居物联网设备例如小米视频盒子、智能插座、智能家居网关都是采用 WLAN 技术，如图 4-21 所示，这主要是因为 WLAN 具有传输距离较远、带宽高、使用简单等特点。

图 4-21　WiFi 产品

WLAN 发布第一版 802.11 时，采用的是 2.4～2.4835 GHz 频段，传输速率最高只能达到 2 Mbit/s，由于传输速率较低，后来又相继提出了传输速率更高的无线局域网标准：802.11a、802.11b、802.11b+、802.11g、增强型 802.11g、802.11n、802.11ac，WLAN 标准有了长足的改进。

2. WLAN 标准

WiFi 是现在比较热的一个名词，提供 WiFi 接入已成为公共场所一项基本措施，其实 WiFi 是 WLAN 标准 IEEE 802.11b 的代称，而现在使用的 WiFi 是一个泛称，包含了 802.11a、802.11b、802.11g、802.11n 和 802.11ac 等 WLAN 标准，WLAN 标准的对比表如表 4-2 所示，表中依照标准制定先后顺序列出了名称、频段和最大传输速度，下面对标准进行简要介绍。

表 4-2　WLAN 标准对比列表

标　准	使用的频段	最大传输速率
802.11	2.4 GHz	2 Mbit/s
802.11a	5 GHz	54 Mbit/s
802.11b	2.4 GHz	11 Mbit/s
802.11b+	2.4 GHz	22 Mbit/s
802.11g	2.4 GHz	54 Mbit/s
增强型 802.11g	2.4 GHz	108 Mbit/s
802.11n	2.4 GHz/5 GHz	600 Mbit/s
802.11ac	5 GHz	1000 Mbit/s

IEEE 802.11a：该标准的工作频段在 5.15～5.825 GHz，数据传输速率达到 54 Mbit/s。该标准由于使用了与 IEEE 802.11 标准不同的 5.15～5.825 GHz 无线电频段，因此与 IEEE 802.11 标准不兼容。并且使用该无线电频段需要事先申领执照，这也限制了它的应用。

IEEE 802.11b：也称为 WiFi，该标准的工作频段在 2.4～2.4835 GHz，数据传输速率达到 11 Mbit/s。该标准在数据传输速率方面可以根据实际情况在 11 Mbit/s、5.5 Mbit/s、2 Mbit/s、1 Mbit/s 的不同速率间自动切换，而且在 2 Mbit/s、1 Mbit/s 速率时与 802.11 兼容。802.11b 与工作在 5 GHz 频率上的 802.11a 标准不兼容。

IEEE 802.11g：该标准速率达到 54 Mbit/s，也是工作在 2.4～2.4835 GHz 频段，因此 802.11g 与 802.11b 兼容，目前大部分 WiFi 都支持该标准。

IEEE 802.11n：该标准速率达到 600 Mbit/s，可工作在 2.4～2.4835 GHz 和 5.15～5.825 GHz 两个频段，因此 802.11n 与 802.11b、802.11g 兼容。这也是目前使用最为广泛的无线局域网标准。

IEEE 802.11ac：该标准速率达到 1000 Mbit/s，工作在 5.15～5.825 GHz 频段，802.11ac 还将向后兼容 802.11 全系列现有和即将发布的所有标准和规范，这是目前使用最为广泛的无线局域网标准。

无线网的速率与传输距离有直接的关系，距离越大，实现的传输速率越低。

（1） WLAN 组网

1）组网设备。

WLAN 组网设备包括无线网卡、无线接入点或无线路由器，如图 4-22 所示从左到右依次是 PCI 无线网卡、USB 无线网卡、无线路由器。无线网卡为终端设备提供网络接口，无线接入点是基础组网模式的核心，终端设备通过无线接入点进行通信，无线路由器可以作为接入点，是以太网交换机和路由器的集合。

图 4-22　WLAN 组网设备

2）组网模式。

802.11 标准将无线局域网划分为两种模式：对等模式（Ad－Hoc）和基础模式（Infrastructure），如图 4-23 所示。对等模式无线局域网（也称为 Peer－to－Peer 模式或 Computer－to－Computer 模式）由一组有无线网络接口卡的计算机组成，这些计算机以相同的网络名（Service Set ID，SSID）和密码以对等的方式相互直接连接，在 WLAN 的覆盖范围之内，进行点对点与点对多点之间的通信，最多可连接 256 个节点。在这个模式中，所有计算机的地位是平等的，没有无线接入点（AP）的存在，数据通信是在收发节点间直接进行的。该模式适用于快速组建无线网，共享软硬件资源，具有操作方便、费用低廉的优点。

基础模式无线局域网以一个或多个无线接入点（Access Point，AP）为中心，与一组有无线网络接口卡的计算机连接，接入点负责频段管理以及漫游等指挥工作，一个接入点最多

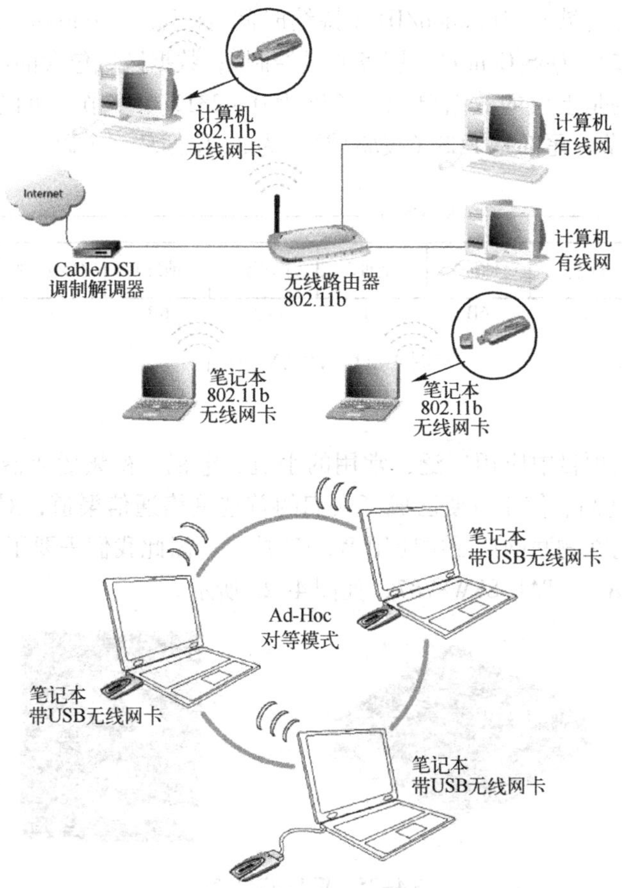

图 4-23　WLAN 组网模式

可连接 1024 个节点。接入点还可以作为无线网和有线网之间的桥梁，将无线网和有线网连接起来，组建复杂的无线有线混合局域网，实现无线移动办公的接入。这些计算机以相同的网络名（SSID）和密码等同接入点连接，该模式适用于无线网接入到有线网，并可组建较大规模的无线局域网，通过有线网连接多个接入点可以组建复杂的混合型局域网，并实现移动节点的无缝漫游。

（2）WLAN 工作原理

WALN 与以太网相比，不仅传输介质不同，其控制方式也不相同，在基础模式组网中，终端设备都需要利用射频（RF）信道进行通信，终端对于射频是一种竞争关系，在以太网中采用 CSMA/CD 机制进行信道的冲突检测，而在 WALN 采用的是 CSMA/CA（载波监听多路访问/冲突避免）机制，其基本原理是：WLAN 设备能感应介质的能量电平（在能量超过某个阀值时即会激发射频），等检测到介质空闲时开始发送信号，接入点收到数据后须发送确认消息表示已接受该数据。

802.11 与以太网 MAC 帧结构类似，同样也是不定长帧，结构如图 4-24 所示。这主要是因为帧类型不同，MAC 地址数目会导致不一样；其次帧携带的数据长度也不一样；应用加密方式也多种多样，有 Wep（有线等效保密）、Wpa（WiFi 访问保护）、Wpa-2 等，加密方式的不同也会导致帧长度不同。总体 802.11 帧分为头部、数据区域及尾部，头部包括

Frame Control（帧控制域），Duration/ID（持续时间/标识），Address（地址域），Sequence Control（序列控制域）、QoS Control（服务质量控制）；数据区域包含的信息根据帧的类型有所不同，主要封装的是上层的数据单元，长度为 0 ~ 2312 个字节，可以推出，802.11 帧最大长度为 2346 个字节；尾部是 FCS（校验域），为 32 位循环冗余码。

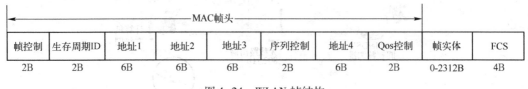

MAC帧头									
帧控制	生存周期ID	地址1	地址2	地址3	序列控制	地址4	Qos控制	帧实体	FCS
2B	2B	6B	6B	6B	2B	6B	2B	0-2312B	4B

图 4-24　WLAN 帧结构

3. WiFi 芯片

WLAN 在物联网项目中应用广泛，常用的手机、电视、视频播放器等设备都支持 WiFi 功能，WiFi 因其带宽高、使用方便已成了人们的首选网络通信渠道，对于物联网技术的学习，我们更关注如何在物联网产品中应用 WLAN 技术，因此我们需要了解一些常见 WiFi 芯片：WL1807MOD、AVASTAR 88W8787，如图 4-25 所示。

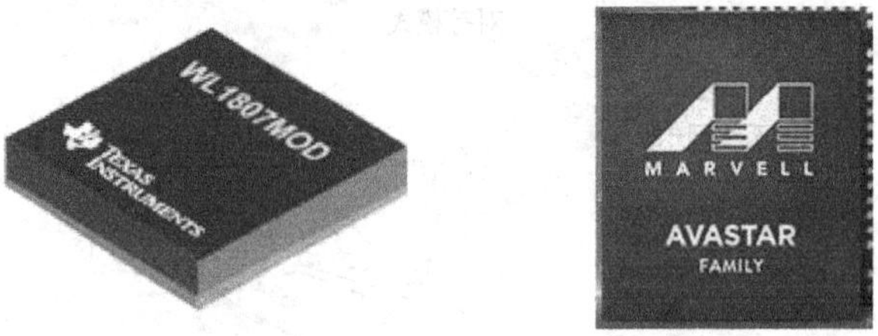

图 4-25　WiFi 芯片产品

WL1807MOD 是 TI（美国德州仪器中国官网）公司生产的一套支持 WiFi 双频带 2.4 GHz 和 5 GHz 模块的解决方案，配有两根支持工业温度级的天线。该器件经 FCC、IC、ETSI/CE 和 TELEC 认证，适用于接入点（AP）（支持 DFS）和客户端。TI 公司为其提供了 Linux、Android、WinCE 和 RTOS 等高级操作系统的驱动程序，工作温度在 -40°C 至 85°C 之间，支持 IEEE 标准 802.11a、802.11b、802.11g 和 802.11n 等规范。

AVASTAR 88W8787 是 Marvell（美国美满电子科技）公司生产的一款低成本、低功耗、高集成度的支持 IEEE 802.11a/g/b/n。标准蓝牙基带/射频系统级芯片（SoC），该器件支持 12、13、19.2、24、26、38.4 和 52 MHz 晶体时钟，提供自动频率检测，使用外部 32.768 kHz CMOS 级别休眠时钟提供电源管理，支持外部休眠时钟，用于调频 Tx/Rx 工作休眠和备用模式以实现低功耗，且支持蓝牙 3.0 + 高速（HS）。

4.4　远程通信

远程通信用于远距离的信息传输，本书中用于表示媒介传输有效距离 35 km 以内的通信，包括有线的光纤通信和无线的 2G\3G\4G 通信，光纤通信用于以太网主干通信、以太网向外扩展通信、Internet 主干洲际网络通信，主要用于构建计算机网络主干；2G\3G\4G 通信主要用于语音通信，在物联网兴起后，成为了移动终端的一种主要数据传输方式，尤其适合于传输数量小、布线不方便的应用场所，例如手持 GPRS POS 机便于移动消费、GPRS 智能电表便于远程抄表、GPRS 农业大棚智能网关便于数据采集，如图 4-26 所示。2G\3G\4G 数据通信与 WiFi 相对，其优势在于现有的 2G\3G\4G 无线网络覆盖较广，只要有 2G\3G\4G 基站的地方都可以进行数据传输。

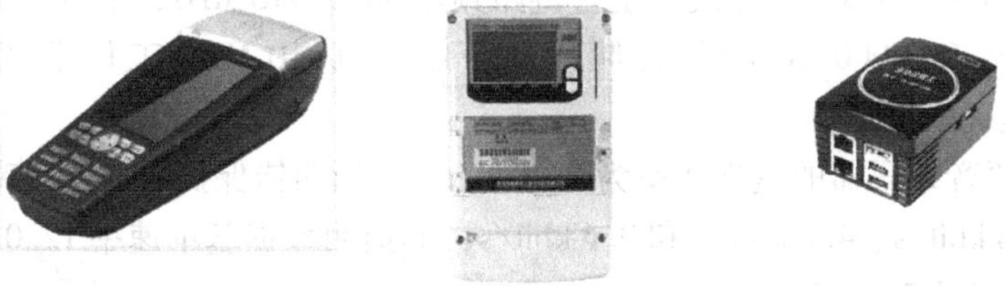

图 4-26　GPRS 设备

4.4.1　2G 移动通信系统

1. GSM 概述

GSM 数字移动通信系统源于欧洲，1982 年北欧国家向 CEPT（欧洲邮电行政大会）提交了一份建议书，要求制定 900 MHz 频段的公共欧洲电信业务规范。在这次大会上就成立了一个在欧洲电信标准协会（ETSI）技术委员会下的"移动特别小组（Group Special Mobile）"简称 GSM，来制定有关的标准和建议书。1990 年完成了 GSM900 的规范，1991 年欧洲开通了第一个系统，同时将 GSM 更名为"全球移动通信系统"（Global System for Mobile Communications）。从此蜂窝移动通信跨入了第二代数字蜂窝移动通信系统。同年，移动特别小组还完成了制定 1800 MHz 频段的公共欧洲电信业务的规范，命名为 DCS1800 系统。该系统与 GSM900 具有同样的基本功能特性，因而该规范只占 GSM 建议的很小一部分，仅将 GSM900 和 DCS1800 之间的差别加以描述，二者绝大部分是通用的，两个系统可通称为 GSM 系统。1993 年欧洲第一个 DCS1800 系统投入运营。

（1）GSM 技术标准

GSM 标准中，未对硬件做出规定，只对系统功能、接口等作了详细规定，以便不同公司的产品可以互连互通。GSM 标准共有 12 项内容，如表 4-3 所示。

表 4-3　GSM 标准技术规范

序　号	内　容	序　号	内　容
01	概述	07	MS 的终端适配器
02	业务	08	BS - MSC 接口
03	网络	09	网络互通
04	MS - BS 接口与协议	10	业务互通
03	无线链路的物理层	11	设备型号认可规范
06	语音编码规范	12	操作和维护

这些系列规范都是由 ETSI 组建的不同工作组和专家组编写而成的。为保证 GSM 网络内现有和将来的业务开展，在制定标准时必须考虑兼容性的要求。

（2）GSM 系统的主要性能

工作频率：GSM900 系统，上行链路频率 890～913 MHz，下行链路频率 933～960 MHz，双工间隔为 43 MHz，工作带宽为 23 MHz，载频间隔 200 kHz；GSM1800 系统，上行链路频率 1710～1783 MHz，下行链路频率 1803～1880 MHz，双工间隔为 93 MHz，工作带宽为 73 MHz，载频间隔为 200 kHz；EGSM900 系统，上行链路频率 880～913 MHz，下行链路频率 923～960 MHz。EGSM900 比 GSM900 在上/下行频段向下扩展了 10 MHz 工作带宽，以解决目前 GSM900 系统频道拥挤问题。

业务信道：语音编码器的基本速率为 13.0 kbit/s，加纠错保护后的总速率为 22.8 kbit/s；透明数据速率 2.4 kbit/s、4.8 kbit/s 和 9.6 kbit/s；非透明数据基本速率 12.0 kbit/s。

2. GSM 移动通信系统组成

GSM 系统主要由移动台（MS）、网络子系统（NSS）、基站子系统（BSS）和操作支持子系统（OSS）四部分组成。其系统结构如图 4-27 所示。

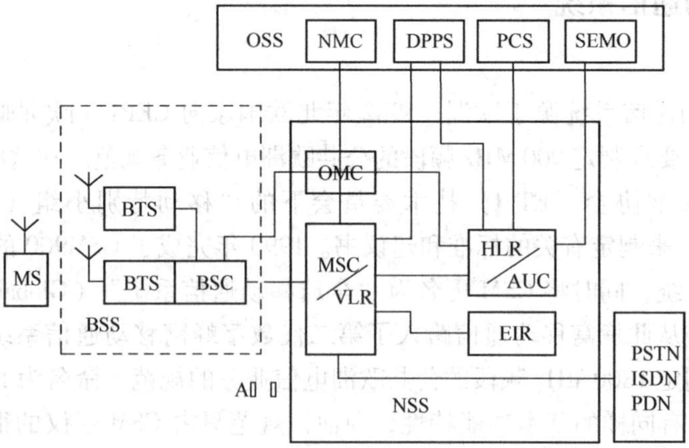

OSS——操作支持子系统；BSS——基站子系统；NSS——交换网络子系统；
NMC——网络管理中心；DPPS——数据后处理系统；SFMC——安全性管理中心；
PCS——用户识别卡个人化中心；OMC——操作维护中心；MSC——移动业务交换中心；
VLR——拜访客户位置寄存器；HLR——归属用户位置寄存器；AUC——鉴权中心；
EIR——移动设备识别寄存器；BSC——基站控制器；BTS——基站收发信台；
PDN——公用数据网；PSTN——公用电话交换网；ISDN——综合业务数字网；
MS——移动台

图 4-27　GSM 的系统结构

其中，基站子系统 BSS 是 GSM 系统中形成无线蜂窝覆盖的基本网元，它通过无线接口与移动台相连，负责无线信号的发送接收和无线资源的管理。

网络子系统 NSS 是整个系统的核心，它对 GSM 移动用户之间及移动用户与其他通信网用户之间的通信起着交换、连接与管理的功能，主要负责完成呼叫处理、通信管理、移动管理、部分无线资源管理、安全性管理、用户数据和设备管理、计费记录处理、信令处理和本地运行维护等功能。

操作支持子系统是操作人员与系统设备之间的中介，它实现系统的集中操作与维护，完成包括移动用户管理，移动设备管理及网络操作维护等功能。

GSM 网络具体的组成如图 4-28 所示。

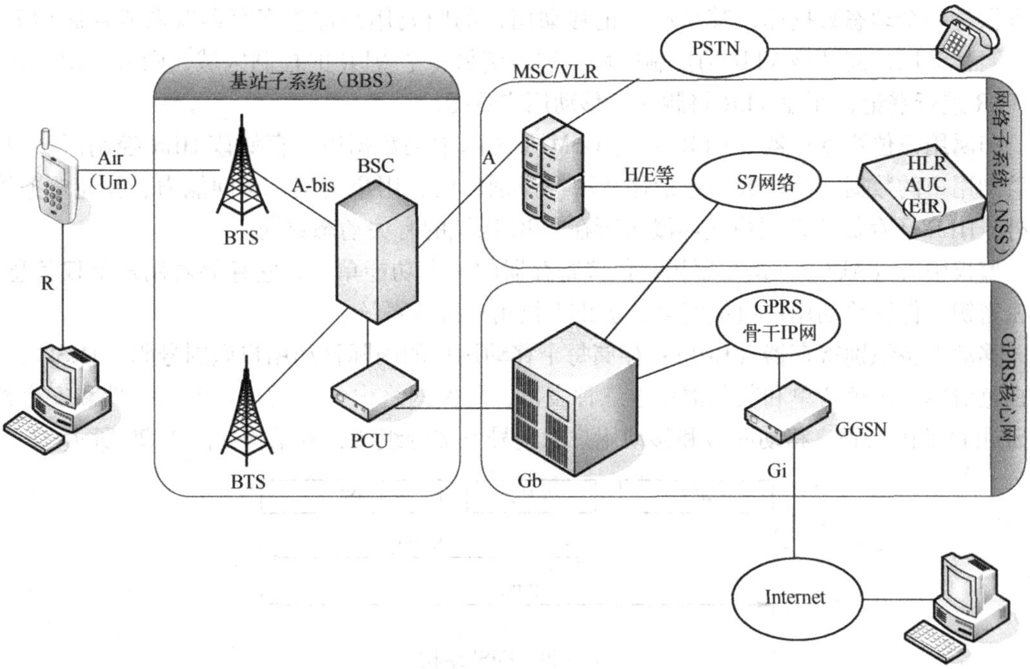

MSC：移动交换中心	HLR：归属位置寄存器	AUC：鉴权中心
VLR：访问位置寄存器	BSC：基站控制器	BTS：基站
MS：移动台	EIR：设备识别寄存器	SMC：短消息中心
VM：语音信箱	OMC：操作维护中心	

图 4-28　GSM 网络的系统组成

（1）移动台（MS）

移动台是 GSM 系统中直接由用户使用的设备，可分为车载型、便携型和手持型三种，由移动终端（MT）和客户识别卡（SIM）两部分组成。移动终端就是“手机”，它可完成话音编码、信道编码、信息加密、信息的调制和解调、信息发射和接收。SIM 卡是一种存储装置，存储着用户的所有信息，包括国际移动用户识别码 IMSI 等。每个移动台的 IMSI 都是唯一的，网络对 IMSI 进行检查，可以保证移动台的合法性。GSM 系统中的任何一个移动台都可以利用 SIM 卡来识别移动用户，有网络来进行相关认证，确保使用移动网的是合法用户。

（2）网络子系统（NSS）

网络子系统主要由移动业务交换中心（MSC）、访问用户位置寄存器（VLR）、归属用户位置寄存器（HLR）、移动设备识别寄存器（EIR）和鉴权中心（AUC）等组成。网络子系统通过 GSM 规范的 7 号信令实现内部各功能块与基站子系统的连接，承担 GSM 系统的交换功能和提供用户管理和数据库。

移动业务交换中心（MSC）：是网络的核心，它提供基站子系统、归属用户位置寄存器、移动设备识别寄存器、鉴权中心、操作维护中心（OMC）、面向固定网络的接口等的交换。把移动用户之间或移动用户和固定网络用户之间相互连接起来。MSC 为移动用户提供电信业务、承载业务和补充业务，同时还支持位置登记、越区切换、自动漫游等其他网络功能。

访问用户位置寄存器（VLR）：是为其控制区域内的移动用户服务的。对其控制区域内的移动用户进行登记，并为已登记的移动用户提供建立呼叫接续的必要条件。访问用户位置寄存器是一个动态数据库，其从已登记移动用户的归属用户位置寄存器获取或存储相关数据。当移动用户离开该 VLR 的控制区域，进入到另一个 VLR 的控制区域，则移动用户在新的 VLR 进行登记，而原 VLR 将删除该移动用户数据。

归属用户位置寄存器（HLR）：是 GSM 系统的中央数据库，存储该 HLR 控制区域内所有移动用户的数据。这些数据包括移动用户识别号码、用户类型、访问能力、补充业务等。另外，HLR 还存储移动用户实际漫游所在 MSC 区域的有关动态数据。

鉴权中心（AUC）：是归属用户位置寄存器的一个功能单元，它存储着用户鉴权信息和加密密钥，保证移动用户通信安全，防止无权用户接入系统。

移动设备识别寄存器（EIR）：存储每个移动用户的国际移动用户识别号码（IMSI），通过白色清单、黑色清单和灰色清单这三种表格，确保网络内各移动用户的唯一性和安全性。IMSI 由移动国家码、移动网号和移动用户识别号三部分组成，其结构如图 4-29 所示。

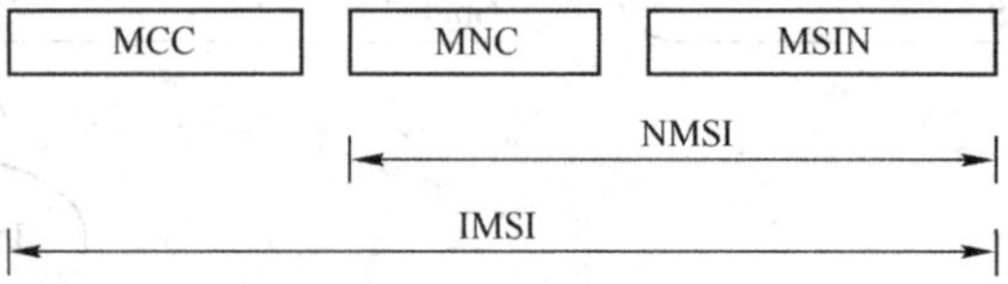

图 4-29　IMSI 结构

移动国家码（MCC）由三位数字组成，唯一的识别移动用户所属的国家；移动网号（MNC）最多由两位数字组成，用来识别移动用户归属的 GSM 移动通信网；移动用户识别号（MSIN）唯一的识别某个 GSM 网中的移动用户。IMSI 总长度不超过 13 位十进制数，MNC 和 MSIN 合起来构成国内移动用户标识。

（3）基站子系统（BSS）

基站子系统（BSS）在一定的无线覆盖区中由 MSC 控制，与 MS 进行通信的系统，它主要负责完成无线发送接收和无线资源管理等功能。功能实体可分为基站控制器（BSC）和基站收发信台（BTS）。BSS 是无线蜂窝网络关系最直接的基本组成部分。在整个移动网络中基站主要起中继作用。基站与基站之间采用无线信道连接，而主基站与移动交换中心（MSC）之间常采用有线信道连接，实现移动用户之间或移动用户与固定用户之间的通信连接。

BSC 具有对一个或多个 BTS 进行控制的功能，它主要负责无线网络资蛹的管理、小区配置数据管理、功率控制、定位和切换等，是个很强的业务控制点。

BTS 无线接口设备，它完全由 BSC 控制，主要负责无线传输，完成无线与有线的转换、无线分集、无线信道加密、跳频等功能。

（4）操作支持子系统（OSS）

操作支持子系统（OSS）需要完成许多任务，包括移动用户管理、移动设备管理以及网路操作和维护。移动用户管理包括用户数据管理和呼叫计费。移动设备管理是由移动设备识别寄存器（EIR）来完成的，EIR 与 NSS 的功能实体之间是通过 7 号信令网路的接口互连，为此，EIR 也归入 NSS 的组成部分之一。网路操作与维护是完成对 GSM 系统的 BSS 和 NSS 进行操作与维护的管理任务，完成网路操作与维护管理的设施称为操作与维护中心（OMC）。

3. GPRS 通用分组无线业务

通用分组无线业务（General Packet Radio Service，GPRS）是在现有的 GSM 移动通信系

统基础上发展起来的一种移动分组数据业务。GPRS 是 GSM 向 3G 的过渡技术，1993 年由英国 BT Cellnet 公司提出。作为 GSM Phase2 + （1997 年）规范实现的内容之一，GPRS 是一种基于 GSM 的移动分组数据业务，能面向用户提供移动分组的 IP 或 X. 23 连接。GSM 系统加上 GPRS，被称为第 2. 3 代移动通信（2. 3G）。它既考虑了 GSM 向 3G 的过渡，同时又兼顾现有的 2G 系统。GSM 系统通过增设 GPRS，再由 GPRS 平滑地过渡到 3G，可以充分利用现有的移动通信设备。可以看出 GPRS 是对 GSM 网络的升级，也延长了 GSM 的生存周期。

GPRS 引入分组交换和分组传输概念，使 GSM 网络对数据业务的支持从网络体系上得到了加强。GPRS 网络作为叠加在 GSM 网络上的网络，增加了服务支持节点（SGSN）、网关支持节点（CGSN）等功能实体。其系统原理如图 4-30 所示。由此可以看出，GPRS 是 GSM 移动网和 IP 网的结合。

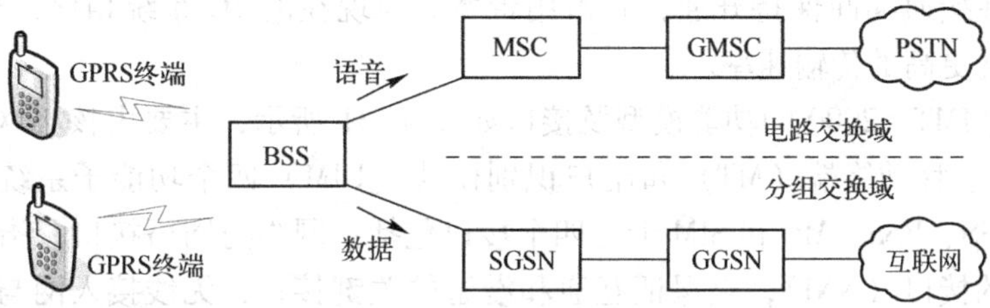

图 4-30　GPRS 系统原理图

GPRS 作为 GSM 网络的升级，其主要特点包括：采用开放式结构，向 GSM 反相兼容，并向 3G 过渡，具有双向兼容性；资源利用率高，连接费用相对低廉；相对 GSM，传输速率较高，可以为每个用户提供 9. 03 ~ 171. 2kbit/s 的传输速率；接入速度快，并可永久性连接；具有丰富的数据业务。同时，GPRS 也存在较多的局限性：GPRS 会发生丢包现象；实际速率比理论值低，并且存在传输延时等。

GPRS 主要存在以下几种应用。

1）信息业务。传输给移动电话用户的信息内容广泛，如股票价格、体育新闻、天气预报、航班信息、新闻标题、娱乐、交通信息，等等。

2）交谈。互联网聊天组是网络非常流行的应用，有共同兴趣、爱好的人使用非话音移动业务进行交谈和讨论。由于 GPRS 与互联网的协同作用，GPRS 允许移动用户参与互联网聊天组，不需要建立属于移动用户自己的讨论组。因此，GPRS 在这方面很有优势。

3）网页浏览。移动用户使用电路交换数据进行网页浏览无法获得持久的应用。由于电路交换传输速率较低，数据从互联网服务器到浏览器需要的时间较长。因此，GPRS 更适合于互联网浏览。

4）文件共享及协同性工作。移动数据使文件共享和远程协同性工作变得更加便利。这就可以使在不同地方工作的人同时使用相同的文件工作。

4. 4. 2　3G 移动通信系统

1. 3G 概述与系统组成

第三代（3rd Generation，3G）移动通信系统，国际电联称之为 IMT - 2000（International Mobile Telecommunications in the year 2000)，欧洲的电信业巨头们则称其为 UMTS（通用移动通信系统），包括 WCDMA（Wideband Code Division Multiple Access）、TD - SCDMA（Time Division - Synchronous Code Division Multiple Access）和 CDMA2000（Code Division Multiple Access 2000）三大标准。ITU 于 1983 年提出 3G 的概念；1996 年更名为 IMT - 2000，意即该系统工作在 2000 MHz 频段，最高业务速率 2 Mbit/s；2000 年开始商用。

与 1G、2G 系统相比，3G 的主要特征是可提供移动多媒体业务，设计目标是为了提供比 2G 更大的系统容量、更好的通信质量。在全球范围内更好地实现无缝漫游，以及为用户提供包括话音、数据、多媒体等在内的多种业务，同时考虑与 2G 良好的兼容性。因此，3G 系统与现有的 2G 系统有根本的不同。3G 系统采用 CDMA 技术和分组交换技术，而不是 2G 系统通常采用的 TDMA 技术和电路交换技术。在电路交换的传输模式下，无论通话双方是否说话，线路在接通期间保持开通，并占用带宽。与现在的 2G 系统相比，3G 将支持更多的用户，可实现更高的传输速率。

ITU 定义的 IMT - 2000 的功能模型及接口如图 4-31 所示，主要由核心网（CN）、无线接入网（RAN）、移动终端（MT）和用户识别模块（UIM）四个功能子系统构成，分别对应于 GSM 的 NSS、BSS、MS 和 SIM 卡。四个接口包括：网络与网络接口，指 IMT - 2000 家族核心网之间的接口（NNI），是保证互通和漫游的关键接口；无线接入网与核心网之间的接口（RAN - CN），对应于 GSM 系统的 A 接口；移动终端与无线接入网之间的无线接口；用户识别模块和移动终端之间的接口（UIM - MT）。其中，核心网和无线接入网是 3G 系统的重要方面，也是 3G 通信标准制订中最困难的技术内容。

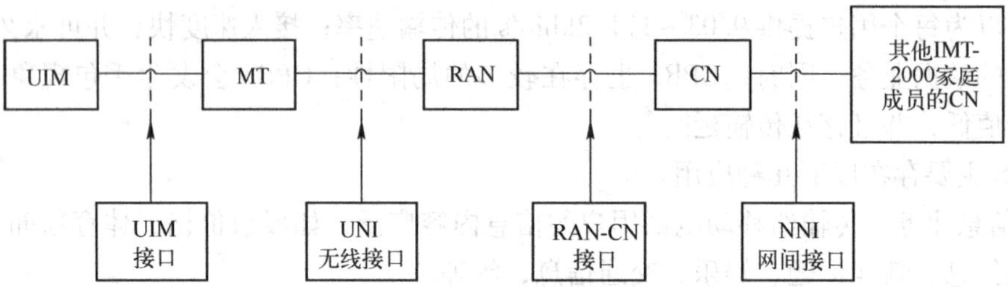

图 4-31　IMT - 2000 功能模型及接口图

具体来讲，IMT - 2000 由移动台（MS）、一系列基站收发信台（BTS - A、BTS - B 等）、基站控制与移动交换综合仿真设备（MCC - SIM）构成，如图 4-32 所示。移动终端 MS 提供语音业务和外部高速数据接口；基站收发信台（BTS）实现 IMT - 2000 的无线接口功能；综合 BSC 和 MSC 功能的仿真设备 MCC - SIM 提供无线链路控制、交换控制、呼叫控制和外部接口等功能，以及 HLR、VLR、AUC 的功能。

2. 3G 的特征及业务

3G 综合了蜂窝、无绳、寻呼、集群、无线扩频、无线接入、移动数据、移动卫星、个人通信等移动通信功能，提供了与固定电信网络兼容的高质量业务，支持低速率语音和数据业务，以及不对称数据传输。可以实现移动性、交互性、分布式三大业务，是通过微微小区，到微小区，到宏小区，直到“随时随地”连接的全球性移动通信网络。为多个用户提供传输速率可变的无线接入是 3G 标准的核心要求。

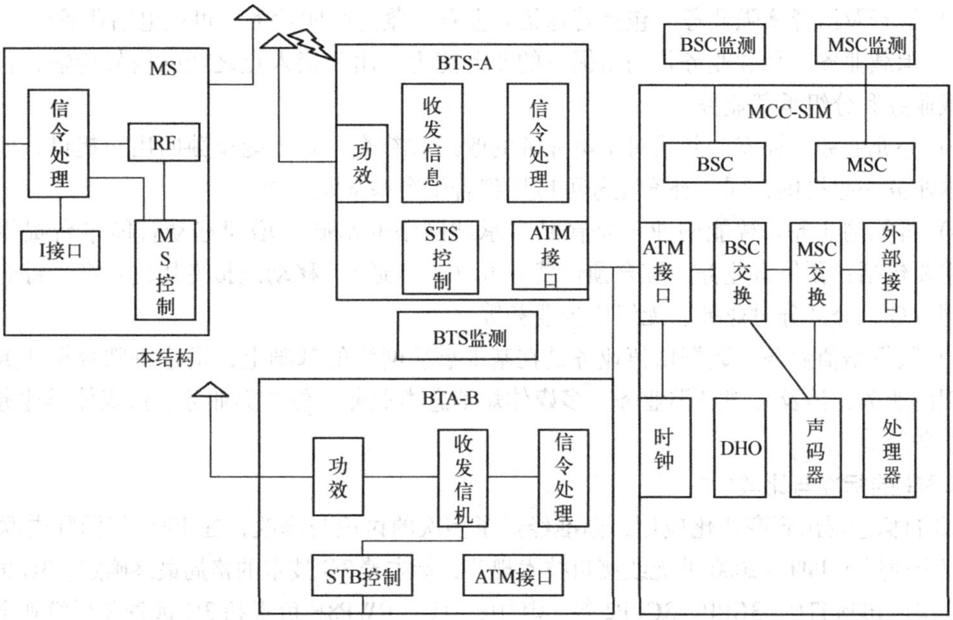

图 4-32　IMT-2000 基本构成图

（1）3G 系统的主要特征

1）第二代移动通信系统一般为区域或国家标准，而第三代移动通信系统是一个在全球范围内覆盖和使用的系统。它使用共同的频段，全球统一标准或兼容标准，实现全球无缝漫游。

2）具有支持多媒体业务的能力，特别是支持 Internet 业务。现有的移动通信系统主要以提供话音业务为主，随着发展一般也仅能提供 100～200 kbit/s 的数据业务，GSM 演进到最高阶段的速率能力为 384 kbit/s。而第三代移动通信的业务能力将比第二代有明显的改进。

它能支持从话音、分组数据到多媒体业务；能根据需要提供带宽。ITU 规定的第三代移动通信无线传输技术的最低要求中，必须满足以下三个环境的三种要求。即：

◇ 快速移动环境，最高速率达 144 kbit/s；

◇ 室外到室内或步行环境，最高速率达 384 kbit/s；

◇ 室内环境，最高速率达 2 Mbit/s。

3）便于过渡、演进。由于第三代移动通信引入时，第二代网络已具有相当规模，所以第三代的网络一定要能在第二代网络的基础上逐渐灵活演进而成，并与固定网兼容。

4）支持非对称传输模式。由于新的数据业务，比如 WWW 浏览等具有非对称特性，上行传输速率往往只需要几千位每秒，而下行传输速率可能需要几十万位每秒，甚至上兆位每秒才能满足需要。

5）更高的频谱效率。通过相干检测、Rake 接收、软切换、智能天线、快速精确的功率控制等新技术的应用，有效地提高系统的频谱效率和高服务质量。

（2）3G 系统的主要业务

3G 的业务呈现更加复杂和丰富多彩的特点，因而其业务分类也有多种不同的划分方法。3GPP 对 3G 业务的分类仍然与 2G 业务分类相似，主要包括以下五大类。

1）语音及语音增强业务。包括普通语音业务、紧急呼叫业务、可视电话业务。

2）承载业务。承载业务是网络提供的业务能力，用于接入点之间的信号传输，包括电路承载业务和分组承载业务。

3）补充业务。补充业务是对基本业务的改进和补充，它不能单独向用户提供，而必须与基本业务一起提供，同一补充业务可应用到若干个基本业务中。

4）智能网业务。智能网业务是在基本承载网络的基础上增建移动智能平台提供的业务，主要包括：预付费业务、综合预付费业务（一卡通）、移动虚拟专用网业务、综合虚拟专用网业务、分区分时业务、无线广告业务等。

5）数据增值业务。数据增值业务是在基本承载网络的基础上，增建特殊数据业务引擎来实现的业务，涉及短消息类业务、多媒体短消息类业务、位置类业务、流媒体类业务、下载类业务等。

3. 3G 的标准与比较

3G 自概念提出到商业化应用，标准经过了多次的讨论与修改，在 1999 年国际电联第 18 次会议上通过了 IMT－2000 的无线接口技术规范，标志着 3G 技术的格局最终确定。3G 的主要标准化组织包括 ITU、3GPP、3GPP2 等。其中，ITU－RWP8F 负责超 3G 远景及后续业务、频谱和技术等相关研究，进行频谱的规划等；ITU－TSSG 负责超 3G 核心网远景和 IP 核心网融合等；3GPP 负责制定基于 GSM/GPRS 核心网、全 IP 核心网，及 WCDMA、CDMA TDD 等的技术规范；3GPP2 负责制定基于 ANSI－41 核心网、全 IP 核心网、CDMA2000 的技术规范等。

目前，3G 的标准主要有欧洲和日本提出的宽带码分多址（WCDMA）、美国和韩国提出的 CDMA2000（CDMA multi－carrier）、中国大陆提出的时分－同步码分多址（TDSCDMA）。其中，WCDMA 主要考虑 GSM 的演进问题，标准化工作主要是由 3GPP 负责；CDMA2000 主要考虑 IS93 的演进问题，标准化工作主要是由 3GPP2 负责。它们的技术参数比较如表 4-4 所示。可以看出，TD－SCDMA 方案完全满足 ITU 对 3G 系统的基本要求，缩短运营商从 2G 过渡到 3G 的时间，技术优势明显。

表 4-4　WCDMA、CDMA2000 及 TD－SCDMA 技术参数比较

规 范 参 数	WCDMA	CDMA2000	TD－SCDMA
复用方式	FDD	FDD/TDD	TDD
基本带宽/MHz	3	1. 23 或 3. 73	1. 6
码片速率/（Mc/s）	3. 84	1. 2281 或 3. 686 4	1. 28
无线帧长/ms	10	10/3	10
信道编码	卷积编码，Turbo 码等	卷积编码、Turbo 码等	卷积编码，Turbo 码等
数据调制	QPSK（下行链路） HPSK（上行链路）	QPSK（下行链路） B/SK（上行链路）	QPSK 和 B/SK（高速率）
功率控制	开环十闭环功率控制，控制步长 1 dB、2 dB 或 3 dB	开环十闭环功率控制，控制步长 1 dB，可选 0. 3 dB 或 0. 23 dB	开环十闭环功率控制，控制步长 1 dB、2 dB 或 3 dB
扩频方式	QPSK	QPSK	QPSK
功率控制速率/（次/s）	1 600	800	200
智能天线			基站端 8 个天线组成天线阵

（续）

规范参数	WCDMA	CDMA2000	TD-SCDMA
基站间同步关系	同步或非同步	需要 GPS 同步	同步
多址方式	DS-CDMA	MC-CDMA	TD-SCDMA
支持的核心嘲	GSM-MAP	ASNI-41	GSM-MAP
上行信道	相干解调	相干解调	相干解调
切换方式	硬切换十软切换	硬切换十软切换	硬切换十接力切换

4.4.3 4G 移动通信系统

1.4G 概述

随着物联网技术的兴起以及人们对移动通信的各种需求与日俱增，尽管与 2G 系统相比，3G 很多方面都有相当的改进与提高，但也存在一些局限性，主要有：难以达到较高的通信速率；难以提供动态范围多速率业务；难以实现不同频段的不同业务环境间的无缝漫游。3G 已经不能满足日益增长的高速多媒体业务的需求，ITU 制定了 4G 移动通信标准，更好的解决兼容性、高速率等问题，提供更多业务。

2000 年 3 月，ITU - RWP8F 组在日内瓦正式成立，开始考虑 IMT2000 的未来发展和后续演进问题（QUESTION ITU - R 229 - 1/8），随后开始了相关的工作。这些工作分为两部分：对 IMT2000 的未来发展（Future Development of IMT2000）及 IMT - 2000 后续系统（System Beyond IMT - 2000）的研究。在 2003 年 10 月在赫尔辛基举行的第 17 次会议上，正式将 System Beyond IMT - 2000 命名为 IMT - Advanced，即通常所说的第四代移动通信系统。2007 年 11 月，世界无线电大会（WRC - 07）为 IMT - Advanced 分配了频谱，进一步加快了 IMT - Advanced 技术的研究进程。

2008 年 3 月 ITU 发出征集 IMT - Advanced 标准的通知函，开始征集无线接入技术（RIT）标准。各国、各标准化组织、各公司和研究机构，基于 IMT - Advanced 的要求纷纷提出了自己的技术方案。截止到 2009 年 10 月，ITU 认定 6 个技术方案为有效候选提案，见表 4-5。

表 4-5 第四代移动通信系统的候选方案

编号	提交组织	技术方案	技术基础
1	IEEE	FDD 和 TDD，UL/DL based on OFDMA	基于 IEEE 802.16m
2	日本	FDD 和 TDD，UL/DL based on OFDMA	基于 IEEE 802.16m
3	韩国	FDD 和 TDD，UL/DL based on OFDMA	基于 IEEE 802.16m
4	3GPP	FDD 和 TDD，UL based on SC - FDMA（DFT - spread OFDM），DL based on OFDMA	基于 3GPP LTE Release 10 & beyond（LTE - Advanced）
3	日本	FDD 和 TDD. UL based on SC - FDMA（DFT - spread OFDM），DL based on OFDMA	基于 3GPP I_TE Release 10 & beyond（LTE - Advanced）
6	中国	TDD，TD - LTE - ADVANCED，UL based on SC - FDMA（DFT - spread OFDM），DL based on OFDMA	基于 3GPP LTE Release 10 & beyond（LTE - Advanced）

2011 年 10 月，ITU 会议研究讨论了 6 个 4G 标准提案，并最终确定 LTE - Advanced（包括 FDD - LTE - A 和 TD - LTE - A）和 802.16m 为第四代移动通信国际标准。

LTE - Advanced 是在 LTE 技术基础上演进而来的。LTE 为 GSM（2G）、WCDMA（3G）标准家族的最新成员。2004 年年底，3GPP 开始进行 LTE 的标准化工作。与 3G 以 CDMA 技术为基础不同，根据无线通信向宽带化方向发展的趋势，LTE 采用了 OFDM 技术为基础，结合多天线和快速分组调度等设计理念，形成了新的面向下一代移动通信系统的空中接口技术，称为长期演进系统（Long Term Evolution），简称 LTE。2008 年年初，3GPP 完成了 LTE 技术规范的第一个版本，即 Release8。在此之后，3GPP 继续进行 LTE 技术的完善与增强，Release10 以及之后的技术版本称为 LTE - Advanced。

LTE - Advanced 包括 FDD 和 TDD 两种制式，其中 TD - LTE - Advanced（LTE - Advanced TDD 制式）是中国具有自主知识产权的新一代移动通信技术。它吸纳了 TD - SCDMA 的主要技术元素，体现了我国通信产业界在宽带无线移动通信领域的最新自主创新成果。2004 年，中国在标准化组织 3GPP 提出了第三代移动通信 TD - SCDMA 的后续演进技术 TD - LTE，主导完成了相关技术标准。2007 年，按照"新一代宽带无线移动通信网"重大专项的要求，中国政府面向国内组织开展了 4G 技术方案征集遴选。国内企事业单位积极响应，累计提交相关技术提案近 600 篇。经过两年多的攻关研究，对多种技术方案进行分析评估和试验验证，最终中国产业界达成共识，在 TD - LTE 基础上形成了 TD - LTE - Advanced 技术方案。TD - LTE - Advanced 获得了欧洲标准化组织 3GPP 和亚太地区通信企业的广泛认可和支持，并与 FDD - LTE - Advanced 一起作为 LTE - Advanced 技术中的一种制式成为 4G 标准。

802.16m 标准是由 IEEE（Institute of Electrical and Electronics Engineers，美国电气和电子工程师协会）制订的。802.16 系列标准在 IEEE 被称为 WirelessMAN，IEEE 802.16m 称为 WirelessMAN - Advanced，可以看作 WiMAX 的升级版。802.16m 最高可以提供 1 Gbit/s 无线传输速率。

3GPP2 也曾经计划提出一个 4G 候选标准，即 UMB。高通（Qualcomm）为 UMB 的主要推动者，摩托罗拉（Motorola）、阿尔卡特朗讯（Alcatel - Lucent）、Verizon Wireless 等企业也加入 UMB 技术阵营。但是，2008 年 11 月，美国高通宣布放弃 UMB 开发计划。

2. 4G 的主要特点

4G 是支持高速数据率连接的理想模式，具有超过 2 Mbit/s 的非对称数据传输能力。作为多功能集成的宽带移动通信系统，4G 的业务、功能、频带都与 3G 不同，能在不同的网络运行中提供无线服务，比 3G 更接近于个人通信。系统以 OFDM、智能天线、SDMA、无线链路增强技术、SDR、高效的调制/解调技术、高性能的收/发信机和多用户检测等突破性技术为基础，通常，4G 移动通信系统具备下列主要特点。

1）高速率。对大范围高速移动用户（230km/h），数据速率 2 Mbit/s；对中速移动用户（60 km/h），数据速率 20 Mbit/s；对低速移动用户（室内或步行者），数据速率 100 Mbit/s。

2）以数字宽带技术为主。4G 的信号以毫米波为主要传输波段，蜂窝小区也会相应小很多，能在很大程度上提高用户容量，但同时也会引起系列技术上的难题。

3）良好的兼容性。4G 实现了全球统一的标准，让所有移动通信运营商的用户享受共同的 4G 服务，真正实现一部手机在全球的任何地点都能进行通信。

4）较强的灵活性。4G 采用智能技术，能自适应地进行资源分配，对通信过程中不断变化的业务流大小进行相应处理以满足通信要求；采用智能信号处理技术对信道条件不同的各种复杂环境进行信号的正常发送与接收，有很强的智能性、适应性和灵活性。

5）多类型用户共存。4G 能根据动态的网络和变化的信道条件进行自适应处理，使低速与高速的用户以及各种各样的用户设备能共存与互通，满足系统多类型用户的需求。

6）多种业务的融合。4G 支持更丰富的移动业务，包括高清晰度图像业务、会议电视、虚拟现实业务等，使用户在任何地方都可以获得任何所需的信息服务。将个人通信、信息系统、广播和娱乐等行业结合成一个整体，更加安全、方便地向用户提供更广泛的服务与应用。

7）高度的自组织、自适应网络。4G 是完全自治、自适应的网络，拥有对结构的自我管理能力，以满足用户业务、容量方面不断变化的需求。

可以看出，4G 与 3G 相比具有通信速度更快、网络频谱更宽、通信更加灵活、智能性能更高、兼容性能更平滑等优点。两者的主要参数比较如表 4-6 所示。

表 4-6　3G 与 4G 主要参数比较

特　征	3G 系统	4G 系统
业务特征	优先考虑语音、数据业务	融合数据和网络电话
网络结构	蜂窝小区	混合结构：包括 WiFi/蓝牙等
频率范围	1.6 - 2.3 GHz	2 ~ 8 GHz，800 MHz 低频
带宽/MHz	3 ~ 20	100 +
速率	383 ~ 2 Mbit/s	20 ~ 100 Mbit/s
接入方式	WCDMA/CDMA2000/TD - SCDMA	MC - CDMA 或 OFDM
交换方式	电路交换/包交换	包交换
移动性能/（km/h）	200	200
IP 性能	多版本	全 IP（IPv6）

3. 3GPP 的长期演进（LTE）

LTE 技术是 3G 的演进，基于 Ericsson、Nokia、中国华为等公司开发的技术，始于 2004 年 3GPP 的加拿大魁北克会议，随之启动 LTE 技术的标准化工作。其主要目的是：保持 3GPP 在移动通信领域的技术及标准优势；填补 3G 系统和 4G 系统间的技术差距；使用已分配给 3G 系统的频谱，保持无线频谱资源的优势；解决 3G 系统存在的专利过分集中问题。LTE 的研究内容包括移动通信系统等待时间的减少、更高的用户数据速率、系统容量和覆盖范围的改善、运营成本的降低等。拥有高速率、低时延、全 IP 等技术特性使 LTE 成为目前所有移动通信系统的演进方向。作为 3G 系统向 4G 系统演进的主流技术，LTE 通常称为“3.9G”全球标准。其演进路线：GSM（9.6 kbit/s）——GPRS（171.2 kbit/s）——EDGE（384 kbit/s）——WCDMA（384kbit/s - 2 Mbit/s）——HSPA（14.4 Mbit/s）——HSPA +（42 Mbit/s）——LTE（300 Mbit/s），主要技术特性如表 4-7 所示。

表4-7 LTE的主要技术特性

峰值数据率（下行/上行）	20 MHz 带宽下，100 Mbit/s / 30 Mbit/s
移动性能	可达300 km/h
系统容量	每小区 >200 个用户（3 MHz）
小区半径	3 ~ 100 km
频谱带宽	1.23、2.3、3、10、20 MHz

LTE 在技术上改进并增强了3G的空中接口技术，采用 OFDM 和 MIMO 作为无线网络演进的唯一标准。在网络结构上采用由 Node B 构成的单层结构，这种网络结构更为扁平化，只包括基站和核心网。其去掉了 RNC，由若干个 eNodeB（evolved Node B，eNB）组成，简化网络并减少时延。多个 eNodeB 通过 X2 接口相互连接，eNodeB 通过 S1 接口连接到演进型分组核心 EPC（Evolved PocketCore）。如图4-33所示。名义上 LTE 是对3G的演进，但事实上它对3GPP的整个体系架构作了革命性的改变，逐步趋近于典型的IP宽带网结构。

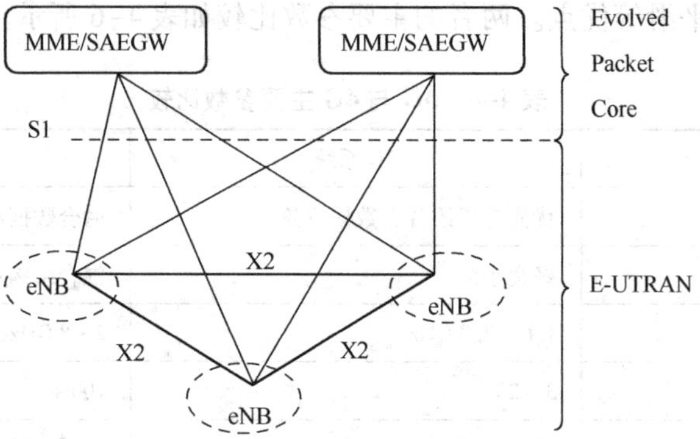

图4-33 LTE系统的网络结构

图中，S1 - MME 接口连接到移动性管理实体 MME（Mobile Management Entity），S1 - U 接口连接到 SAE 网关，其中 S1 接口支持 eNodeB 和 MME/SAE 网关之间多对多链接。eNodeB 主要功能包括无线资源管理、无线承载控制、无线接纳控制、连接移动性控制和动态资源分配。

LTE 系统同时定义了频分双工（FDD）和时分双工（TDD）两种方式。LTE - FDD 通常称为 LTE，LTE - TDD 称之为 TD - LTE，也就是由我国拥有自主知识产权的 TD - SCDMA 演进而得。FDD 是在分离的两个对称频率信道上进行接收和发送，用保护频段来分离接收和发送信道。TDD 用时间来分离接收和发送信道。由于无线技术的差异、使用频段的不同以及各个厂家的利益等因素，LTE - FDD 支持阵营更加强大，标准化与产业发展都领先于 LTE - TDD。同时 TD - LTE 在主要技术层面和 FDDLTE 有高度的相似性，这为 TD - LTE 和 FDD - LTE 未来的网络融合和终端共模创造了条件。

4.4.4 光纤通信

光纤通信是利用光导纤维传送光脉冲信号进行通信。光缆由一组光导纤维（光纤）组成，光纤是一种细小而柔韧的传输光信号的介质。光纤自内向外分别由纤芯、包层以及护套组成，纤芯由光导玻璃或塑料构成。光纤的优点是电磁绝缘性能好、信号衰减小、频带宽、传输速度快、传输距离大。光纤主要用于传输距离较长、传输速度快、布线条件特殊的主干网连接。

1. 光纤通信简介

1966 年 7 月，英籍、华裔学者高锟博士（K. C. Kao）在 PIEE 杂志上发表了一篇十分著名的文章《用于光频的光纤表面波导》，该文从理论上分析证明了用光纤作为传输媒体以实现光通信的可能性，并设计了通信用光纤的波导结（即阶跃光纤）。更重要的是科学地预言了制造通信用的超低耗光纤的可能性，即加强原材料提纯，加入适当的掺杂剂，可以把光纤的衰耗系数降低到 20 dB/km 以下。而当时世界上只能制造用于工业、医学方面的光纤，其衰耗在 1000 dB/km 以上。对于制造衰耗在 20 dB/km 以下的光纤，被认为是可望不可即的。以后的事实发展雄辩地证明了高锟博士文章的理论性和科学大胆预言的正确性，所以该文被誉为光纤通信的里程碑。

1970 年美国康宁玻璃公司根据高锟文章的设想，用改进型化学相沉积法（MCVD 法）制造出当时世界上第一根超低耗光纤，成为使光纤通信爆炸性竞相发展的导火索。虽然当时康宁玻璃公司制造出的光纤只有几米长，衰耗约 20 dB/km，而且几个小时之后便损坏了。但它毕竟证明了用当时的科学技术与工艺方法制造通信用的超低耗光纤是完全有可能的，也就是说找到了实现低衰耗传输光波的理想传输媒体，是光通信研究的重大实质性突破。

2. 光纤通信组成

数字光纤通信系统基本上由光发送机、光纤与光接收机组成。发送端的电端机把信息（如话音）进行模/数转换，用转换后的数字信号去调制发送机中的光源器件（LED），则 LED 就会发出携带信息的光波。即当数字信号为“1”时，光源器件发送一个“传号”光脉冲；当数字信号为“0”时，光源器件发送一个“空号”（不发光）。光波经光纤传输后到达接收端。在接收端，光接收机把数字信号从光波中检测出来送给电端机，而电端机再进行数/模转换，恢复成原来的信息。就这样完成了一次通信的全过程。在传输过程中有两种物理信号的参与，发送端将电信号转换为光信号，而在接收端由光检测器还原成电信号。在搭建光通信系统时使用到的主要设备材料有光纤收发器、光纤线缆、连接器、耦合器，辅材有光纤终端盒（或光纤配线架），如图 4-34 所示。辅材用于保护光纤线缆，光纤终端盒的一边与光缆固定，另一边固定着光纤耦合器，光纤耦合器使盒内光纤跳线的光纤连接器与盒外光纤跳线的光纤连接器连接。

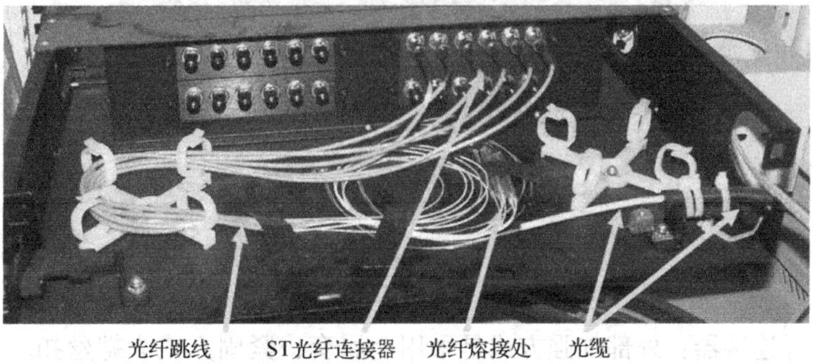

图 4-34　光纤配线架

(1) 光纤

光纤是光信号的传输通道，是光纤通信的关键材料，如图4-35a 所示，一般光缆由一束光纤组成，在计算机网络中均采用两根光纤组成传输系统。一条用于发送信息，另一条用于接收信息。

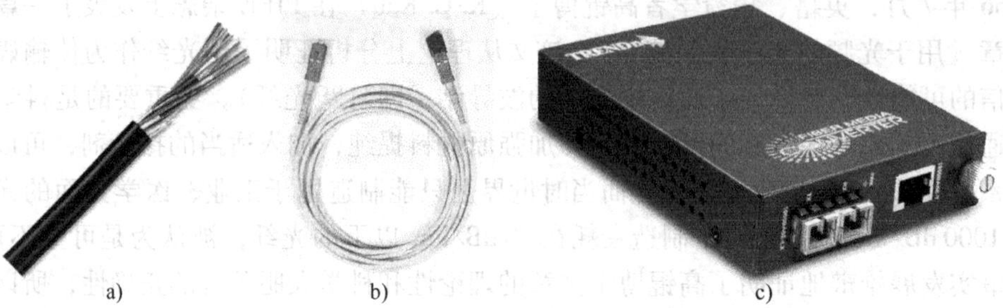

图4-35 光纤、光纤跳线及光纤收发器

a) 光纤 b) 光纤跳线 c) 光纤收器

光纤由纤芯、包层、涂敷层及外套组成，是一个多层介质结构的对称圆柱体。纤芯的主体是二氧化硅，里面掺有微量的其他材料，用以提高材料的光折射率。纤芯外面有包层，包层与纤芯有不同的光折射率，纤芯的光折射率较高，用以保证光信号主要在纤芯里进行传输。包层外面是一层涂料，主要用来增加光纤的机械强度，以使光纤不受外来损害。光纤的最外层是外套，也是起保护作用的。

光纤的两个主要特征是损耗和色散。损耗是光信号在单位长度上的衰减或损耗，用 db/km 表示，该参数关系到光信号的传输距离，损耗越大，传输距离越短。多微机电梯控制系统一般传输距离较短，因此为降低成本，大多选用塑料光纤。光纤的色散主要关系到脉冲展宽。

(2) 光纤连接器

光纤连接器按连接头结构形式可分为 FC、SC、ST、LC、MT - RJ 等多种形式，如图4-36 所示。其中，ST 连接器通常用于布线设备端，如光纤配线架、光纤模块等；而 SC 和 MT 连接器通常用于网络设备端。

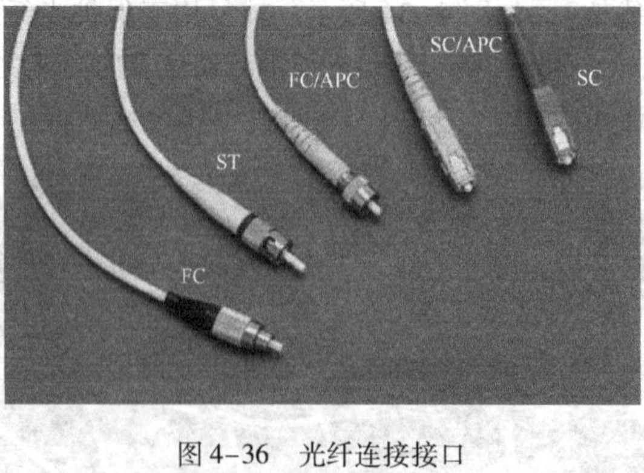

图4-36 光纤连接接口

- FC 型光纤连接器：外部加强方式是采用金属套，紧固方式为螺丝扣。一般在 ODF 侧采用（配线架上用得最多）。

- SC 型光纤连接器：连接 GBIC 光模块的连接器，它的外壳呈矩形，紧固方式是采用插拔销闩式，不须旋转。（路由器交换机上用得最多）。
- ST 型光纤连接器：常用于光纤配线架，外壳呈圆形，紧固方式为螺丝扣。（对于 10Base - F 连接来说，连接器通常是 ST 类型。常用于光纤配线架）。
- LC 型光纤连接器：连接 SFP 模块的连接器，它采用操作方便的模块化插孔（RJ）闩锁机理制成。（路由器常用）。
- MT - RJ：收发一体的方形光纤连接器，一头双纤收发一体。

（3）光纤收发器

光纤收发器是光发送机和光接收机的集合，如图 4-35c 所示。它同时提供光源，能实现光信号的接收与发送，光信号与电信号的转换。光源是一种电光转换器件，它能将电信号转换成光信号，再向光纤发送光信号，在光纤系统中，光源具有非常重要的地位。可作为光纤光源的有白炽灯、激光器和半导体光源等。半导体光源是利用半导体的 PN 结将电能转换成光能的，常用的半导体光源有半导体发光二极管（LED）和激光二极管（LD）。半导体光源因其体积小、重量轻、结构简单、使用方便、与光纤易于相容等优点，在光纤传输系统中得到了广泛的应用。

（4）光纤耦合器

光纤耦合器是实现信号功率在不同光纤间的分配或组合的光器件，与光纤连接器相连，实现光通信的对接，常见的有 SC 光纤耦合器（如图 4-37 所示）、LC 光纤耦合器、FC 光纤耦合器、ST 光纤耦合器。

图 4-37　SC 光纤耦合器

- SC 光纤耦合器：应用于 SC 光纤接口，与 RJ45 接口相似。
- LC 光纤耦合器：应用于 LC 光纤接口，连接 SFP 模块的连接器，它采用操作方便的模块化插孔（RJ）闩锁机理制成。
- FC 光纤耦合器：应用于 FC 光纤接口，外部加强方式是采用金属套，紧固方式为螺丝扣。
- ST 光纤耦合器：应用于 ST 光纤接口，常用于光纤配线架，外壳呈圆形，紧固方式为螺丝扣。

3. 光纤通信应用

光纤通信是现代通信网的主要传输手段，计算机网路主干线路基本上都是以光纤作为传输媒介，如图 4-38 所示，学校、企业、园区网络通过光纤接入城市网络，城市网络通过光纤互联组成省级网络，省级网络互联组成国家网络，国家网络通过海底隧道光缆接入美国网络，从而接入 Internet。光纤材料具有体积小、重量轻、牢固耐用、抗电磁干扰、传感头无需供电、使用安全、可远距离遥测、分布式等特点，通过检测电波传输频率和变化来测量物体，可以用来做传感器，目前光纤技术已经在物联网领域有广泛的应用，比如：海底观测网、地震、军事、交通等。光纤到户（FTTH：fiber to the home）已成为我国大部分城市网络用户主要的接入形式。

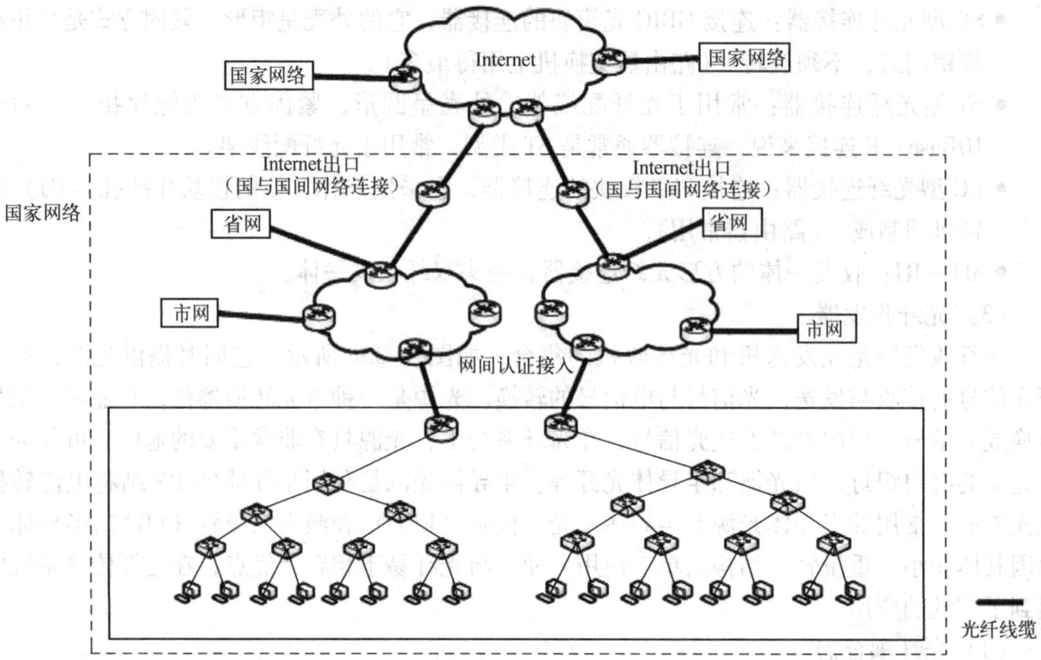

图 4-38　计算机网络主干组网示意图

4.5　物联网网络结构

物联网技术的应用方便了人们的生活，一部手机、一个平板电脑或智能移动终端在手，人们就可以通过各种 APP 应用接入网络了解天气情况、所在城市有什么新闻、网购货物到达了什么地方、朋友圈有什么新的动态等等，通过物联网络，身边的人、事、物的状态尽在掌握，我们在感叹物联网技术的神奇之时，不禁去想，物联网络与上述介绍的蓝牙、红外、Zigbee、串行、以太网、WiFi、光纤、2G、3G、4G 等通信技术之间有何关系，这些通信技术如何构建出物联网络？

物联网的基础在于网络，核心是在于此基础之上的各种服务、应用，所以要学习物联网，首先在硬件上要清楚物联网网络是如何连接的，即设备如何互联？其次在软件框架上要了解设备之间是如何相互识别、如何传输信息的，即设备如何互通？从这两点出发，逐渐了解物联网的网络结构，同时也能清楚了解本章起始的示例的整个传输过程，气象站的传感数据是如何传入网络，用户又是怎样接入网络从而看到气象站的传感数据。

4.5.1　设备互连

物联网络涉及多个设备的互连及多个网络通信技术的融合，对这些设备、网络进行融合连接时，把涉及的设备分为终端设备和中间设备，面向用户的设备统称为终端设备；实现设备互连及数据转换、解析、路由的设备统称为中间设备，通过中间设备最终接入 Internet，以实现数据的远程传输。

（1）终端设备

终端设备直接面向用户，用于实现某个特定功能，类型繁杂众多，例如智能手机、智能电视、数字机顶盒、银行 ATM 机、公交站台智能电子屏等等都属于物联网终端设备。在此例举一部分常见的设备并对其功能进行说明，如图 4-39 所示，图中从左到右依次列出的分别为短讯猫、RFID 读卡器、Zigbee 节点、GPRS 智能电表和 WiFi 智能插座，其中短讯猫用于为用户扩展出一个 2G/3G 接口，便于用户利用 2G/3G 网络进行数据传输，该设备通过串行线路与上位机相连；RFID 读卡器用于为用户读取相应同频段的 RFID 卡片上的信息，该设备也是通过串行线路与上位机相连；Zigbee 节点用于组建网络，也可与传感网融合利用 Zigbee 网络传输传感器信息，同时该设备也是通过串行线路与设备或上位机相连；GPRS 智能电表用于电表数据的远程采集，通过 2G/3G 网络把数据传输到 Internet 上的服务器；WiFi 智能插座相当于一个远程智能开关，用户可以通过本地 WiFi 网络对接入智能插座的设备进行供电、断电控制。

图 4-39　常见终端设备

（2）中间设备

中间设备是物联网实现物物相连的核心设备，主要用于设备之间的互连互通，可实现数据交换、数据路由、数据转换、数据转发及数据管理等功能，常见中间设备（如图 4-40 所示）有交换机、路由器（如图 4-17 交换机与路由器）、无线接入点（如图 4-22 WLAN 组网设备（右））、防火墙及串口服务器、智能通信网关、WSN 远程无线网关、智能家居网关（如图 4-42 所示）等。其中交换机、路由器、防火墙设备用于计算机网络组网，分别实现数据交换、路由及管理；串口服务器集成了串口接线端子、RJ45 以太网口和 ST 单模光口，可实现对 RS232、RS485、Modbus 和以太网之间协议的转换，用于连接各型串行设备，通过以太网与上位机连接；智能通信网关集成了集成了串口接线端子、RJ45 以太网口，实现对 RS232、RS485、CAN 和以太网之间协议的转换，用于连接各种串行设备，通过以太网与上位机连接；WSN 远程无线网关集成了 Zigbee、2G/3G、RJ45 以太网口，实现对 Zigbee、GPRS、和以太网之间协议的转换，用于连接 Zigbee 无线传感器，通过以太网或 2G/3G 与上位机连接；智能家居网关集成红外、WiFi、USB、RJ45 以太网口，实现对红外、WiFi、USB

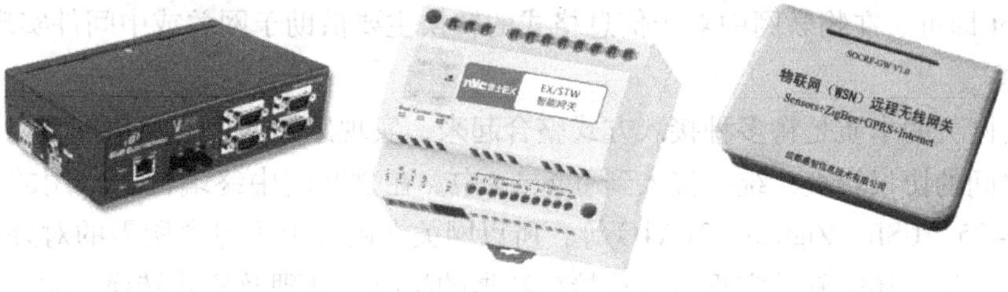

图 4-40　物联网中间设备

和以太网之间协议的转换，用于连接各种红外、WiFi 设备，通过以太网或 WiFi 与上位机连接。

(3) 物物互连

物联网终端设备与中间设备互连，经中间设备接入 Internet，借助 Internet 实现了物物的互连与远程传输，如图 4-41 所示，图中可看出 Internet 是物联网的网络主干，串行网络、WiFi 网络、2G/3G/4G 网络、蓝牙网络、Zigbee 网络、RFID 网络通过相应的中间设备接入 Internet 网络，实现了各种网络连接与融合，物联网与 Internet 网络、通信网络相比，其集成度、融合度更高，其核心技术在于网络的融合，即设备的互连互通。在物联网应用中，每个行业每个场景涉及的设备接口、数据格式、通信技术都有所不同，在具体实现某个物联网应用时都需开发相应的功能部件，功能部件可以是专用的网关的设备也可是中间件。

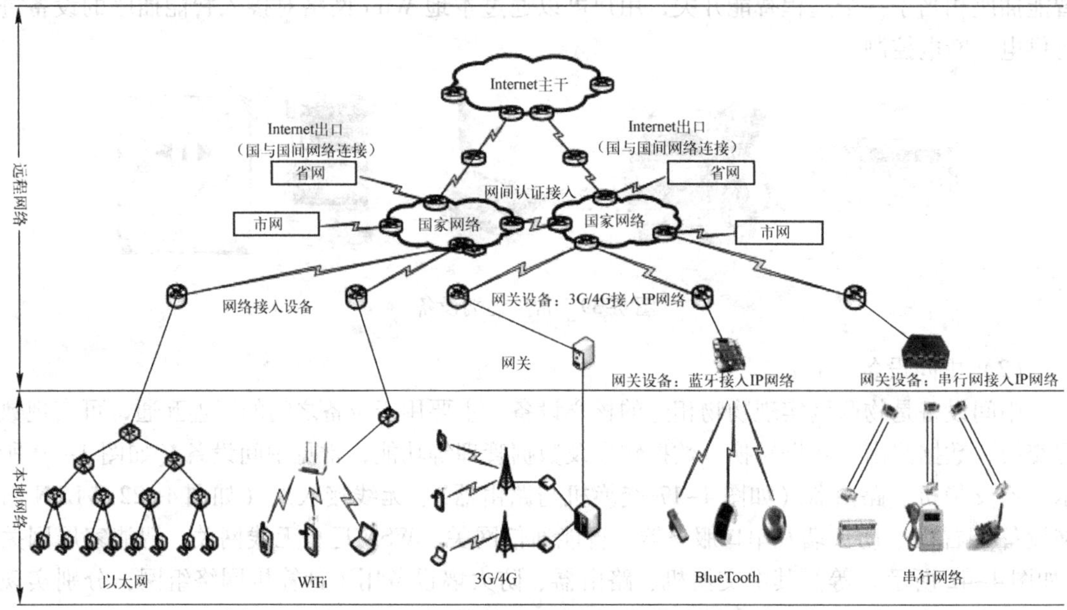

图 4-41 物联网网络连接示意图

4.5.2 设备互通

设备互连是物联的基础，设备互通是物联的目的，在物联网中设备间信息的远程传输是借助 Internet 完成的，要实现设备互通，就须指定设备间信息交互的规范、方式，Internet 上设备互通的规范是 TCP/IP，所以要实现物联网设备间互通只需把信息转换成 TCP/IP 方式并融入 Internet 即可。在物联网中对于信息格式的转换主要借助于网关或中间件实现。

1. 网关

物联网网关的本质是将多种接入方式整合起来，实现感知网络与通信网络以及不同类型感知网络之间的协议转换，统一接入到 Internet 中。在物联网中终端设备常用的接入方式有 RS232、RS485、USB、Zigbee、3G\4G 等，所以网关在硬件上须包含所需的对外接口、处理器、存储结构等，还需软件实现对多种接口数据的接收、处理及格式转换，除此之外，网关还会提供设备管理、安全认证、质量控制等功能。总的来说，物联网网关提供的功能包括如下几点。

1）提供统一的数据格式，完成协议的转换，方便数据的收集、下发与传输。

物联网网关支持多种类型设备的接入，这些设备属于不同的厂家，采用不同的数据格式和传输协议，这就需要网关提供数据格式和协议转换的功能，实现对所有设备统一的数据采集和传输，既可以实现广域互联，也可以实现局域互联。

2）物联网网关支持设备的多种通信协议和数据类型，比如 Zigbee、Bluetooth、RF433 等等，同时物联网网关接入公共网络也有多种方式，比如 2G、3G、PSTN、LTE、LAN、DSL 等等。通过将多种感知层信息进行统一格式的转换处理，并借助融合型网关丰富的网络通信功能，简化物联网数据收集和传输系统的设计，并提供良好的可维护性。

3）物联网网关具有一定的管理能力，比如权限管理、服务质量管理、标识管理、事件管理等。

物联网网关被广泛应用在智能家居、智能农业、物流监控、环境保护、远程医疗、智能交通等领域，下面以智能家居网关为例介绍物联网网关的应用，如图 4-42 所示。2014 年 6 月华为发布了一款家庭智能中心产品荣耀立方，这款家庭跨界智能产品集电视盒子、家庭存储、智能路由于一身，包含了 HDMI 接口、LAN 口、WiFi、USB 口及 SD 卡槽，用户可以通过该产品及相关应用实现对视频的智能下载、存储及小孩上网行为的管理，通过与智能插座等设备配合用户也可实现对家庭用电的远程开关；FANTEM 智能家居网关是丰唐物联技术（深圳）有限公司与腾讯科技（深圳）有限公司合作开发一款智能家居网关设备，集成红外、WiFi、USB、RJ45 以太网口，与智能插座、应用软件配合可实现对家庭红外设备、WiFi 设备的监控，例如对电视、空调、洗衣机、智能灯等家居电器的控制，真正成了家庭的智能中心。

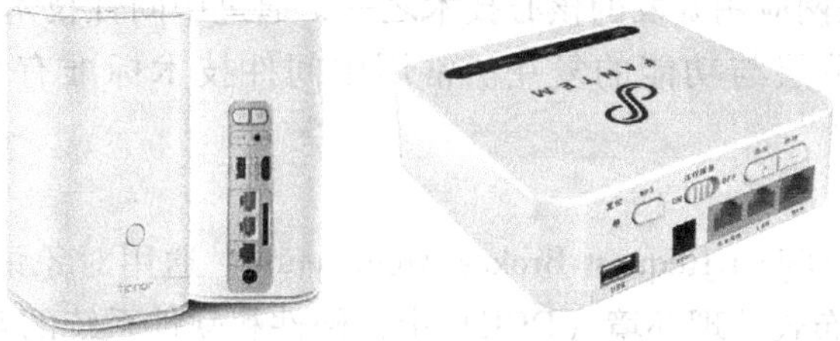

图 4-42　智能家居网关

2. 中间件

中间件（Middleware）是指一些软件和工具的结合体，用于连接两个独立的应用程序和系统，通过它能够屏蔽底层硬件和网络的复杂性以及异构性，从而方便各种应用来获取和管理各种传感层的数据和系统资源。简单来说中间件是连接硬件设备和业务应用的桥梁，一般处于物联网的集成服务器端和感知层、传输层的嵌入式设备中，如图 4-43 所示，服务器端中间件称为物联网业务基础中间件，一般都是基于传统的中间件（应用服务器，ESB/MQ 等）构建，加入设备连接和图形化组态展示等模块，用来粘连各种物联网硬件设备（包括物联网网关、传感器、家电设备等）、操作系统、网络协议栈

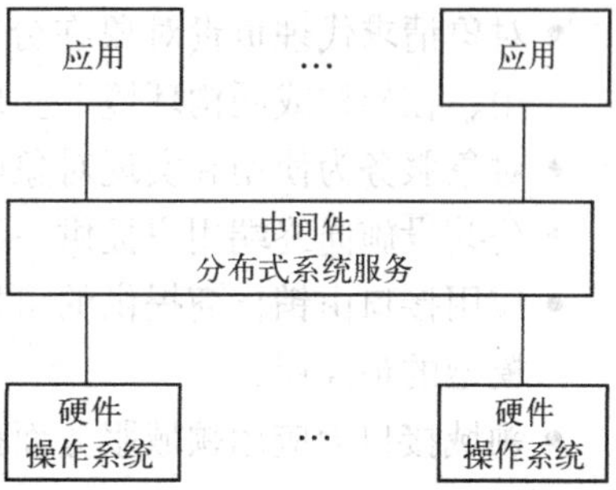

图 4-43　中间件结构

和应用的软件系统。嵌入式中间件是一些支持不同通信协议的模块和运行环境，中间件一般集成了很多通用功能，但是在具体应用中往往需要进行二次开发以适应不同的应用需求。

中间件是物联网平台与应用间的保障，能够根据不同的平台，实现多种协议和规范。中间件可以减少程序员在技术上的负担，能够降低操作系统的复杂性，促使程序员只要集中自己的业务就可以，创造了统一简单的开发环境。中间件能够极大地满足应用的需求，可以运行在多种平台之中，能够支持跨网络平台。物联网是利用互联网将所有物品连接起来，实现人、物、时间、地点的信息识别、交换和管理。在物联网应用中，软件技术是物联网的灵魂，灵魂的核心就是中间件。中间件能够有效地衔接业务应用与硬件的设备，是物联网关键的软件部件，作用主要有三点。

1）能够屏蔽异构性。计算机软件和硬件存在的异构性主要包括硬件设施、操作系统以及数据库等，造成的原因是因为市场的竞争，以及相关技术升级。在物联网中异构性一般体现在几个方面。首先是众多的信息采集设备，因为不同设备的结构不同，导致操作系统和驱动程序等都不同；其次，因为设备不同，所以采集的数据格式就不同，利用中间件可以有效地进行数据格式的转换，这样应用系统就可以直接对数据进行处理。

2）实现了互操作。不同的系统平台使用不同的软件，所以设备采集的数据不能够移植，导致很多的系统无法集成。利用中间件技术能够建立通用的平台，这样就可以促使所有的应用系统平台进行互操作。

3）中间件能够预处理数据。物联网的采集数据极其庞大，如果直接输入到应用系统中，会导致系统崩溃，并且应用系统需要的是综合性信息，不需要原始数据。利用中间件进行信息过滤，然后融合成有意义的数据，最后传递给应用系统，完成数据预处理的程序。

中间件技术是物联网应用开发的核心技术之一，通过中间件技术实现了数据格式转化、网络的融合、系统的分层与功能的复用。常用中间件技术标准有 CORBA、WebServices、CLR 等。

（1）CORBA

CORBA（Common Object Request Broker Architecture，通用对象请求代理体系结构）是由 OMG 组织为解决分布式处理环境（DCE）中，硬件和软件系统的互连的问题而制定了一种标准的面向对象应用程序公共框架和体系规范。CORBA 体系的主要内容包括五部分内容：对象请求代理、对象服务、公共设施、应用接口、领域接口。

- 对象请求代理负责对象在分布环境中透明地收发请求和响应，它是构建分布对象应用、在异构或同构环境下实现应用间互操作的基础；
- 对象服务为使用和实现对象而提供的基本对象集合，这些服务应独立于应用领域；
- 公共设施向终端用户提供一组共享服务接口，如系统管理、组合文档和电子邮件等；
- 应用接口由销售商提供的可控制其接口的产品，相应于传统的应用层表示，处于参考模型的最高层；
- 领域接口为应用领域服务而提供的接口。

（2）Web Services

Web Services 是基于网络的、分布式的模块化组件，它执行特定的任务，遵守具体的技术规范，这些规范使得 Web Service 能与其他兼容的组件进行互操作，Web Services 通过 Web 描述、发布、定位和调用的模块化应用，实现从简单的请求到复杂的业务过程。Web Services 需要通过 Web 平台部署，部署后其他的应用程序或是 Web Services 能够通过简单对象访问协议（Simple Object Access Protocol，SOAP）发现并且调用这个部署的服务，采用 Web Services 描述语言（WSDL）进行消息交换。

SOAP 是一种轻量级的消息协议，它允许用任何语言编写的任何类型的对象在任何平台之上相互通信。SOAP 消息采用可扩展标记语言（XML）进行编码，一般通过 HTTP 进行传输。与其他的分布式计算技术不同，Web Services 是松耦合的，而且能够动态地定位其他在 Internet 上提供服务的组件，并且与它们交互。

（3）CLR

CLR（Common Language Runtime，公共语言运行库）是一个可由多种编程语言使用的运行环境，主要用于兼容不同的应用，方便程序的移植，实现底层操作系统与应用程序的分离，其功能与 Java 虚拟机类似，提供内存管理、程序集加载、安全性、异常处理和线程同步等功能。使用 CLR 技术可以让一个应用运行于多种操作系统上，一般情况下 Android 应用只能在 Android 操作系统上使用，但是有了 CLR 技术，可以让 Android 应用运行在 iOS、Windows Phone 或者 BlackBerry OS 上，可以大大降低应用开发者的工作量。

3. TCP/IP 介绍

传输控制协议/互联网协议（Transmission Control Protocol /Internet Protocol，TCP/IP）是美国国防部高级计划研究局 DARPA 为实现 ARPNET 互边网而开发的通信协议，是一组协议的代名词，它还包括了许多协议，这些协议组成了 TCP/IP 协议簇，是目前 Internet（因特网）广泛使用的一种通信协议，该协议得到了广大网络产品厂家的支持而成为工业标准。TCP/IP 的体系结构与 ISO 的 OSI 七层参考模型的对应关系，如图 4-44 所示。TCP/IP 模型包括网络接口层、互联层、传输层、应用层四层，其中网络接口层对应 OSI/RM 模型中物理层和数据链路层，互联层对应网络层，传输层对应传输层，应用层对应会话、表示和应用等三层。TCP/IP 是一个完整的协议簇，描述了 Internet 的互连互通及工作运行机制，在本节中仅对其中几个重要的协议进行介绍：IP、TCP、DNS，分别用于解决物联网应用中设备编址、网络传输控制、主机命名与解析等问题。

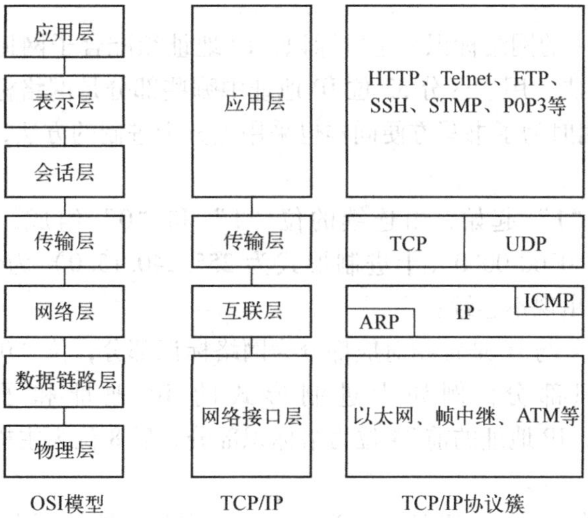

图 4-44　TCP/IP 体系结构与 OSI 参考模型

(1) 网际协议 IP（Internet Protocol）

IP 协议将多个网络联成一个互连网，使用统一的方式对数据进行封装，大体上由头部和数据组成，如图 4-45 所示。头部主要包含数据源地址、目的地址信息，可以认为 IP 协议主要是解决 Internet 上设备编址的问题，其核心是 IP 地址，目前使用的 IP 协议以 IPv4 为主，IPv6 是发展趋势。物联网的主干是 Internet，物联网的数据传输最终也是以 IP 的形式来传输的。

<table>
<tr><td>版本
（4bits）</td><td>首部长度
（4bits）</td><td>服务类型 TOS
（8bits）</td><td colspan="2">总长度（字节数）（16bits）</td></tr>
<tr><td colspan="3">标识（16bits）</td><td>标志
（3bits）</td><td>片偏移（13bits）</td></tr>
<tr><td colspan="2">生存时间 TTL（8bits）</td><td>协议（8bits）</td><td colspan="2">首部校验和（16bits）</td></tr>
<tr><td colspan="5">源 IP 地址（32bits）</td></tr>
<tr><td colspan="5">目的 IP 地址（32bits）</td></tr>
<tr><td colspan="5">选项</td></tr>
<tr><td colspan="5">数据</td></tr>
</table>

图 4-45　IP 数据格式

1）IP 地址的组成。

IP 地址由 32 位二进制数组成，常用点分十进制的方法表示，即用 4 个十进数，每个数之间用“.”分开。例如，某 IP 地址为：“0111000 00001111 00000000111001010”，其十进制表示为“112. 15. 1. 202”。由于 Internet 是由不同网络中不同主机组成的计算机网络，所以每台主机的地址，即 IP 地址应由各自的网络地址与其主机地址组成。即：

IP 地址 = 网络地址 + 主机地址，或 IP 地址 = 网络标识号 + 主机标识号

因而，IP 地址分成两部分。

- 网络标识号：用于标识网络在因特网中的地址；
- 主机标识号：用于标识主机在网络中的地址。

2）子网掩码。

为了区分 IP 地址中的网络标识和主机标识，IP 地址须配合子网掩码一起使用。子网掩码由 32 位二进制数组成，用于区分 32 位 IP 地址中哪些部分是网络标识，哪些部分是主机标识，子网掩码在使用时为了书写方便同样也采用点分十进制的方法，在使用时须注意以下两点。

- 子网掩码以位“1”起始，由连续的位“1”和“0”组成，例如 1111 1111. 1111 0000. 0000 1111. 0000 0000（十进制形式为 255. 240. 15. 0）为错误的形式，位“1”和“0”是交替出现不连续；
- 子网掩码位“1”与 IP 地址相对应部分为网络标识部分，位“0”与 IP 地址相对应部分为主机标识部分，例如十进制形式的 IP 地址和子网掩码 10. 35. 1. 1/255. 255. 255. 0，IP 地址的前 24 位为络标识部分，后 8 位为主机标识部分。

3）IP 地址的申请。

为了便于个人和单位组网，IP 地址分为公有地址和私有地址两类，这些地址都是由 Inter NIC（Internet Network Information Center）组织统一负责管理分配，其中私有地址包含以

下三段：

10.0.0.0 ~ 10.255.255.255，可用于最大 $2^{24}-2$ 个主机的组网；

172.16.0.0 ~ 172.31.255.255，可用于最大 $2^{20}-2$ 个主机的组网；

192.168.0.0 ~ 192.168.255.255，可用于最大 $2^{16}-2$ 个主机的组网。

私有 IP 地址不能在 Internet 上使用，任何一台接入 Internet 的主机都必须有一个合法的公有 IP 地址。中国用户可通过 CNNIC 申请公有 IP 地址，中国是第 71 个加入因特网的国家级网络，1994 年 5 月，以“中科院 - 北大 - 清华”为核心的“中国国家计算机网络设施”（NCFC）与 Internet 联通，随后，我国建造了 4 个全国范围的公共计算机网络，分别为：

- 中国公用计算机互联网 CHINANET（电信），16500 Mbit/s。
- 中国金桥信息网 CHINAGBN。
- 中国教育和科研计算机网 CERNET，447 Mbit/s。
- 中国科技网 CSTNET，155 Mbit/s。

2000 年后，又陆续建立了 5 个全国范围的公共计算机网络，分别为：

- 中国联通互联网 UNINET，1490 Mbit/s。
- 中国网通公用互联网 CNCNET，3592 Mbit/s。
- 宽带中国（网通），4475 Mbit/s。
- 中国国际经济贸易互联网 CIETNET，2 Mbit/s。
- 中国移动互联网 CMNET，555 Mbit/s。

截至 2014 年 3 月，中国大陆 IPv4 地址总数为 3.31 亿，其中前八位如表 4-8 所示。

表 4-8　中国大陆地区 IPv4 地址分配表

单位名称	地址量
中国电信集团公司	36 090 880
中国网络通信集团公司	20 316 160
中国教育和科研计算机网	12 184 064
中国铁通集团有限公司	7 012 352
国家信息中心	4 194 304
中国联合通信有限公司	1 835 008
中国移动通信集团公司	1 736 704
北京电信通电信工程有限公司	1 135 616

（2）传输控制协议 TCP

IP 协议解决了 Internet 上数据收发双方编址的问题，通过给数据收发双方编址，可以明确数据是由谁发送，由谁接收，但随之产生了另一个问题，数据在传输过程中需要经过很多的介质和设备中转，如何保证数据正确的、完整的传输到接收方？在 TCP/IP 模型中是通过传输层来解决这个问题，在这层上主要有两个协议：TCP 和 UDP（User Datagram Protocol，用户数据报协议）。TCP 提供端到端的面向连接的可靠传输，其通信建立在面向连接的基础上，实现了一种“虚电路”的概念，双方通信之前，先建立一条链路，然后双方就可在其上发送数据流。这种数据交换方式能提高效率，但事先建立连接和事后拆除连接需要开销。TCP 连接的建立采用三次握手的过程，整个过程由发送方请求建立连接、接收方确认、发送方再发送一则确认三个过程组成。

(3) 域名系统

在 Internet 中除了采用 IP 地址形式标识主机外也可采用域名方式来标识一台唯一的主机。为了避免重名，Internet 管理机构采取了在主机名后加上后缀名的方法来标识主机的区域位置，这个后缀名称为域名（domain），这样在 Internet 网上的主机就可以用“主机名 . 域名”的方式唯一地进行标识。

例如：www. yahoo. com. cn，www 为主机名，yahoo. com. cn 为域名。

在使用域名时须先到相应的管理机构进行注册，注册成功后方能使用。国际域名由非营利性组织和地址管理公司（ICANN）管理，任何个人或单位只要付出一部分费用就可以注册，并且允许转让；中国国内域名的注册管理由 CNNIC 负责，具体业务由一些具有 ICANN 认证资格的域名注册商进行运营，例如创联万网（中国万网）、厦门精通（中国频道）、新海科技（中国新网）等。

引入域名标识主机后，对主机的访问需要借助域名服务器（DNS）以实现域名的解析，最终把域名转换为对应的 IP 地址，才能实现最终的访问。域名解析步骤如下。

- 客户计算机向其所属的应用 DNS 服务器发送域名解析请求；
- DNS 服务器接解析请求，从本地数据库中查找是否有此域名，如果有，则从域名与地址的映射表中取出相应的 IP 地址；如果本地数据库中没有用户所请求的地址，客户请求将被转发到其他服务器（授权服务器）；
- 如此反复转发直到域名解析成功，解析结果将逐级返回客户计算机的 DNS 服务器；
- 客户计算机的 DNS 服务器将结果返回客户机。

通过上述学习，现在我们来回答本章开始时引入的问题：手机天气 APP 应用如何获取气象站的数据，如何实现气象站、手机的物物相连？回答这个问题也就是对本章内容重新梳理的过程，设备是如何互连互通，如何实现远程传输的？气象站与手机的物联示意图如图 4-46 所示。气象站数据传输过程中涉及串行、以太网、2G/3G/4G、WiFi 及 Internet 等网络，气象站通过串行网络或以太网经中间设备（网关）接入 Internet，气象数据最终存储于 Internet 的服务器上。手机用户通过 2G/3G/4G 或 WiFi 网络经网关设备接入 Internet 并读取

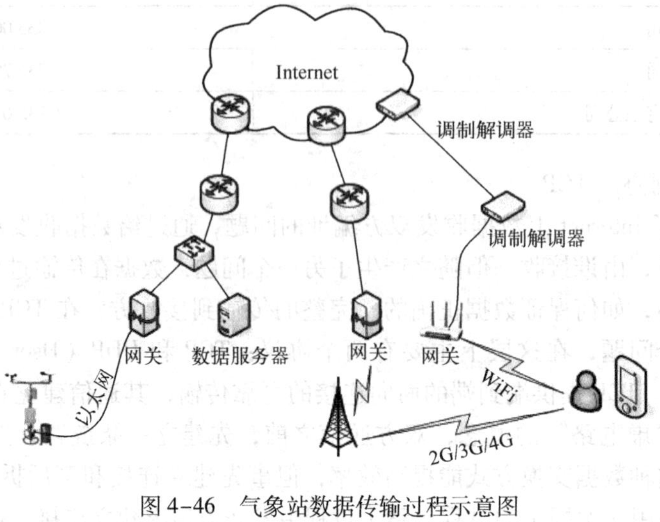

图 4-46　气象站数据传输过程示意图

服务器上的气象数据，在整个数据传输过程中，网关设备不仅作为中间设备实现了物物互连，而且通过设备上的软件模块或中间件实现了串行、2G/3G/4G 与 IP 通信协议数据格式的转换，通过网关、中间件、Internet 实现了气象站与手机的互连互通。

本章小结

本章重点介绍了物联网的通信技术、网络结构及网关、中间件等概念，以物联网技术的日常应用天气 APP 为主线，介绍了蓝牙、红外、串行、以太网、WLAN、2G/3G/4G 等通信技术；阐述了物联网的本质就是对各种通信技术的融合，其主干是 Internet，核心部件是网关设备和中间件，通过核心部件实现了各种通信协议数据格式的转换，最终以 IP 数据形式接入 Internet；最后以天气 APP 应用为例，分析气象站、手机如何实现物物互连互通并给出连接示意图。

习题与思考题

4-1　简述蓝牙通信的工作原理与组网方式。

4-2　简述红外通信规范及常见应用。

4-3　串行通信有哪些常用标准，有何异同？

4-4　以太网是如何组网的，有哪些组网设备？

4-5　简述以太网的帧数据格式。

4-6　WLAN 标准有哪些，有何区别？

4-7　简述 GSM 系统组成。

4-8　GSM 与 GPRS 有何区别？

4-9　3G 标准有哪些，各有什么特点？

4-10　最终确定的第四代移动通信标准有哪几种？分别是由哪些组织为主提出来的？

4-11　简述 LTE 技术。

4-12　为什么说 Internet 是物联网的主干网络？

4-13　什么是物联网终端设备，常见设备有哪些？

4-14　什么是物联网中间设备，常见设备有哪些？

4-15　如何理解物联网的互连与互通？

4-16　简述网关的功能与作用。

4-17　简述中间件的功能与作用。

4-18　IP 协议数据包由哪些部分组成？

4-19　IP 地址使用时须注意哪些事项？

4-20　简述手机天气 APP 与气象站的数据传输过程。

第5章 嵌入式技术及智能设备

5.1 微电子技术和产业发展的重要性

实现社会信息化的关键是计算机和通信技术，推动计算机和通信技术广泛应用的基础就是微电子技术，而微电子技术的核心是超大规模集成电路的设计与制造技术。可见，微电子技术是发展物联网的基石。理解微电子与集成电路技术可以让我们清楚地看到，物联网是如何感知世界的。

现实告诉我们：一个国家不掌握微电子技术，就不可能成为真正意义上的经济大国与技术强国。这里我们可以看两组数据。

第一组数据是微电子技术对国民经济总产值的贡献。王元阳院士曾经对微电子技术和产业发展重要性问题有过这样的描述：国民经济总产值每增加100~300元，就必须有10元电子工业和1元集成电路产值的支持。同时，发达国家或发展中国家在经济增长方面存在着一条规律，那就是电子工业产值的增长速率是国民经济总产值增长速率的3倍，微电子产业的增长速率又是电子工业增长速率的2倍。

第二组数据是集成电路产品与其他门类产品对国民经济贡献率的比较。根据有关研究机构的测算，集成电路对国民经济的贡献率远高于其他门类的产品。如果以单位质量钢筋对GDP的贡献为1计算，那么小汽车为5，彩电为30，计算机为1000，而集成电路的贡献率则高达2000。

同时我们还应该看到，微电子产业除了本身对国民经济的贡献巨大之外，它还具有极强的渗透性。几乎所有的传统产业只要与微电子技术结合，用微电子技术进行改造，就能够重新焕发活力。

微电子技术已经广泛地应用于国民经济、国防建设，乃至家庭生活的各个方面。由于制造微电子集成电路芯片的原材料主要是半导体材料——硅，因此有人认为，从20世纪中期开始人类进入了继石器时代、青铜器时代、铁器时代之后的硅器时代。一位日本经济学家认为，谁控制了超大规模集成电路技术，谁就控制了世界产业。英国学者则认为，如果哪个国家不掌握半导体技术，哪个国家就会立刻沦落到不发达国家的行列。

5.2 微电子技术的发展

微电子技术是随着集成电路，尤其是超大型规模集成电路而发展起来的一门新的技术。微电子技术包括系统电路设计、器件物理、工艺技术、材料制备、自动测试以及封装、组装等一系列专门的技术，微电子技术是微电子学中的各项工艺技术的总和。

5.2.1 微电子技术的历史

微电子技术是在电子电路和系统的超小型化和微型化过程中逐渐形成和发展起来的。

第二次世界大战中、后期，由于军事需要对电子设备提出了不少具有根本意义的设想，并研究出一些有用的技术。1947 年晶体管的发明，后来又结合印刷电路组装使电子电路在小型化的方面前进了一大步。到 1958 年前后已研究成功以这种组件为基础的混合组件。集成电路技术是通过一系列特定的加工工艺，将晶体管、二极管等有源器件和电阻、电容等无源器件，按照一定的电路互连，“集成”在一块半导体单晶片上，执行特定电路或系统功能。

5.2.2 微电子技术的发展趋势

国际微电子发展的趋势是：集成电路的特征尺寸将继续缩小，集成电路（IC）将发展为系统芯片（SOC）。微电子技术和其他学科相结合将产生很多新的学科生长点，与其他产业结合成为重大经济增长点。

实际上，不仅计算机更新换代，即使是家电的更新换代都基于微电子技术的进步。电子装备，包括机械装置，其灵巧程度直接关系到它的高附加值和市场竞争力，都依赖于集成电路芯片的“智慧”程度和使用程度。

在信息社会时代，产品以其信息含量的多少和处理信息能力的强弱，决定着其附加值的高低，从而决定它在国际市场分工中的地位。如果我们不发展集成电路产业，我们的 IT 行业将只能停留在装配业水平上，挣的是“辛苦钱”，在国际分工中我们也将只能处于低附加值的低端上。微电子产业的发展规模和科学技术水平已成为衡量一个国家综合实力的重要标志。

几乎所有的传统产业只要与微电子技术结合，用集成电路芯片进行智能改造，就会使传统产业重新焕发青春。例如微机控制的数控机床已不再是传统的机床；又如汽车的电子化导致汽车工业的革命，目前先进的现代化汽车，其电子装备已占其总成本的 70%。进入信息化社会，集成电路成为武器的一个组成单元，于是电子战、智能武器应运而生。雷达的精确定位和导航，战略导弹的减重增程，战术导弹的精确制导，巡航导弹的图形识别与匹配以及各类卫星的有效载荷和寿命的提高等等，其核心技术都是微电子技术。

目前，集成电路在整机中的应用，以计算机最大，通信次之，第三位则是消费类电子。集成电路技术是一种使其他所有工业黯然失色，又使其他工业得以繁荣发展的技术，其设计规格从 1959 年以来 50 多年间缩小为原来的 140 分之一，而晶体管的平均价格降低为原来的百万分之一。如果小汽车也按照此速度进步的活，那么现在小汽车的价格只需 1 美分。难怪日本人认为控制了超大规模集成电路技术，就控制了世界产业。

5.3 集成电路的发展

集成电路是一种微型电子器件或部件。采用一定的工艺，把一个电路中所需的晶体管、电阻、电容和电感等元件以及布线互连一起，制作在一小块或几小块半导体晶片或介质基片上，然后封装在一个管壳内，成为具有所需电路功能的微型结构。集成电路是电路的单芯片实现，是微电子技术的核心。

5.3.1 集成电路的发展历程

半导体集成电路的发展经历了以下历程。

1）1947～1948 年，晶体管的发明。

1946 年 1 月，Bell 实验室正式成立半导体研究小组，由肖克莱（W. Schokley）、约翰·巴丁（J. Bardeen）、布莱顿（W. H. Brattain）三人组成，其中巴丁提出了表面态理论，肖克莱给出了实现放大器的基本设想，布莱顿设计了实验。1947 年 12 月 23 日，他们第一次观测到了具有放大作用的晶体管，因此此发明获得 1956 年诺贝尔物理学奖。如图 5-1 所示为晶体管的三位发明人。

图 5-1　晶体管的三位发明人

2）1958 年，德州仪器公司基尔比发明了集成电路，开创了世界微电子学的历史。

1952 年 5 月，英国科学家达默（G. W. A. Dummer）第一次提出了集成电路的设想。1958 年，以德州仪器公司（TI）的科学家基尔比（Clair Kilby）为首的研究小组研制出了世界上第一块集成电路（如图 5-2 所示），并于 1959 年公布了结果。此发明获得 2000 年诺贝尔物理学奖。

图 5-2　世界上第一块集成电路的诞生

3）1959 年，平面工艺的发明。

1959 年 7 月，美国仙童公司（Fairchild）的罗伯特·诺伊斯（Robert Noyce）发明了第一块单片集成电路（如图 5-3 所示），利用二氧化硅膜制成平面晶体管，并用沉积在二氧化硅膜上的和二氧化硅膜密接在一起的导电膜作为元器件间的电连接，这是单片集成电路的雏形。为此，将平面技术、照相腐蚀和布线技术结合起来，获得大量生产集成电路的可能性。

4）1960 年，成功制造了第一块 MOS 集成电路。

自从集成电路诞生以来，经历了小规模（LSI）、中规模（MSI）、大规模（LSI）的发展

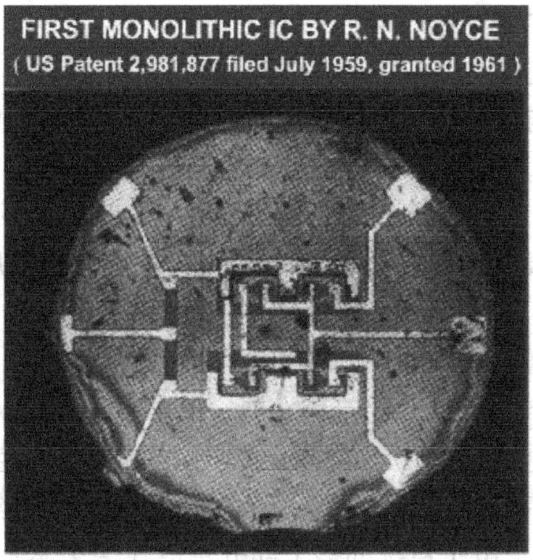

图 5-3 世界上第一块单片集成电路

历程，如今已经进入超大规模（VLSI）和甚大规模（ULSI）阶段，是一个 SoC（System on Chip）的时代。集成电路的规模划分如表 5-1 所示。

表 5-1 集成电路的规模划分

	SSI	MSI	LSI	VLSI	ULSI
元件数	$<10^2$	$10^2\sim10^3$	$10^3\sim10^5$	$10^5\sim10^7$	$10^7\sim10^9$
门数	<10	$10\sim10^2$	$10^2\sim10^4$	$10^4\sim10^6$	$10^6\sim10^8$

5）1964 年，Intel 公司创始人之一的戈登·摩尔（如图 5-4 所示）提出摩尔定律。

摩尔定律的主要内容如下：

① 集成电路的最小特征尺寸以每三年减小 70% 的速度下降，集成度每一年翻一番。

② 价格每两年下降一半。

③ 这种规律在 30 年内是正确的（从 1965 年开始）。

图 5-4 Intel 创始人之一戈登·摩尔

历史的发展证实了摩尔定律的正确性。

20 世纪末出现的系统芯片（System on Chip，SoC）代表着集成电路行业一个从量变到质变的突破。SoC 的设计与生产导致计算机辅助设计工具、生产工艺与产业结构的重大变化。

SoC 与集成电路的设计思想是不同的。SoC 与集成电路的关系类似于过去集成电路与分立元器件的关系。使用集成电路制造的电子设备同样需要设计一块印刷电路板，再将集成电路与其他的分立元件（电阻、电容、电感）焊接到电路板上，构成一块具有特定功能的电路单元。随着计算技术、通信技术、网络应用的快速发展，电子信息产品向高速度、低功耗、低电压和多媒体、网络化、移动化趋势发展，要求系统能够快速地处理各种复杂的智能问题，除了需要数字集成电路以外，还需要根据应用的需求加上生物传感器、图像传感器、无线射频电路、嵌入式存储器等。基于这样一个应用背景，20 世纪 90 年代后期人们提出了 SoC 的概念。SoC 就是将一个电子系统的多个部分集成在一个芯片上，能够完成某种完整的电子系统功能。SoC 与集成电路的关系可以用图 5-5 表示。图 5-5 的左端是一款用多块大规模集成电路和一些分立元件组成的手机电路结构图，图 5-5 的右端是将手机的多块大规模集成电路和部分元件集成在一起的 SoC 芯片示意图。

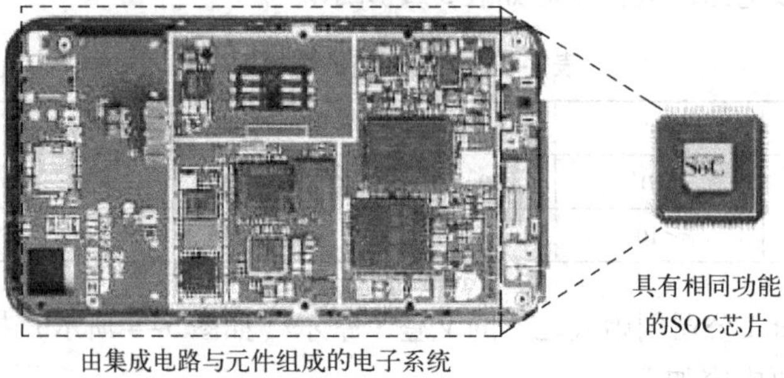

图 5-5　SoC 与集成电路

SoC 技术的应用，可以进一步提高电子信息产品的性能和稳定性，减小体积，降低成本和功耗，缩短产品设计与制造的周期，提高产品市场竞争力。IBM 公司发布的一种逻辑电路和存储器集成在一起的系统芯片，速度相当于 PC 处理速度的 8 倍，存储容量提高了 24 倍，存取速度也提高了 24 倍。NS 公司将原来 40 个芯片集成为 1 个芯片，推出了全球第一个用单片芯片构成的彩色图形扫描仪，价格降低了近一半。目前人们已经设计了 RFID、传感器、PDA、手机、蓝牙通信系统、数字相机、MP3 播放器、DVD 播放器的单片 SoC 芯片，并已大量使用。小型化、造价低的 RFID 芯片与读写器、传感器芯片、传感器的无线通信芯片，以及无线传感器网络的结点电路的研制都需要使用 SoC 技术，因此将微电子芯片设计与制造定义为物联网的基石是非常恰当的。

5.3.2　我国集成电路发展历史

我国集成电路产业诞生于 20 世纪 60 年代，共经历了三个发展阶段。

1965～1978 年：以计算机和军工配套为目标，以开发逻辑电路为主要产 品，初步建立集成电路工业基础及相关设备、仪器、材料的配套条件。

1978～1990 年：主要引进美国二手设备，改善集成电路装备水平，在“治散治乱”的同时，以消费类整机作为配套重点，较好地解决了彩电集成电路的国产化。

1990～2000年：以908工程、909工程为重点，以CAD为突破口，抓好科技攻关和北方科研开发基地的建设，为信息产业服务，集成电路行业取得了新的发展。

2000～2003年，北京大学、清华大学和中科院微电子所等单位在国家"973"项目的支持下，针对CMOS集成电路技术发展到100nm以下的纳米级技术时代以后所面临的基础技术和物理限制等问题展开研究，在器件结构、材料及工艺、包括量子效应等物理效应的器件和可靠性模型等方面，取得了一系列的阶段性创新成果。

近十年来，我国集成电路封装产业始终保持着强劲的增长势头。以2010年统计数据为例，国内集成电路产业的销售收入规模为1440.2亿元，比2009年的1109.13亿元增长29.8%，在集成电路设计、芯片制造和封装测试三大产业中，封装测试业的规模仍然保持最大，占到46.6%。

集成电路产业是对集成电路产业链各环节市场销售额的总体描述，它不仅仅包含集成电路市场，也包括IP核市场、EDA市场、芯片代工市场、封测市场，甚至延伸至设备、材料市场。

集成电路产业不再依赖CPU、存储器等单一器件发展，移动互联、三网融合、多屏互动、智能终端带来了多重市场空间，商业模式不断创新为市场注入新活力。

5.3.3 集成电路的特点

集成电路具有体积小、重量轻、引出线和焊接点少、寿命长、可靠性高、性能好等优点，同时成本低，便于大规模生产。它不仅在工、民用电子设备如收录机、电视机、计算机等方面得到广泛的应用，同时在军事、通信、遥控等方面也得到广泛的应用。用集成电路来装配电子设备，其装配密度比晶体管可提高几十倍至几千倍，设备的稳定工作时间也可大大提高。

5.3.4 集成电路的分类

集成电路，又称为IC，按其功能、结构的不同，可以分为模拟集成电路、数字集成电路和数/模混合集成电路三大类。模拟集成电路又称线性电路，用来产生、放大和处理各种模拟信号（指幅度随时间变化的信号，如半导体收音机的音频信号、录放机的磁带信号等），其输入信号和输出信号成比例关系。而数字集成电路用来产生、放大和处理各种数字信号（指在时间上和幅度上离散取值的信号，如3G/4G手机、数码相机、计算机CPU、数字电视的逻辑控制和重放的音频信号、视频信号）。

按照结构和材料形式的不同，可将集成电路分为半导体集成电路和膜集成电路。半导体集成电路主要指单片集成电路，这是当今的主流。膜集成电路又分为薄膜集成电路（厚度 $<1\ \mu m$）和厚膜集成电路（厚度 $>1\ \mu m$）。

按照有源器件及工艺类型分类，可将集成电路分为双极集成电路、MOS集成电路和双极/MOS混合集成电路。双极集成电路由双极型晶体管组成，如中小规模数字集成电路TTL、ECL和许多模拟集成电路都是双极型集成电路。MOS集成电路有NMOS集成电路、PMOS集成电路和CMOS集成电路，其中CMOS集成电路集成度高、功耗小。随着工艺技术的进步，CMOS运行速度很高，噪声也较小，因而它已成为当今数字模拟集成电路的主流技术。

按照集成电路的规模分类，集成电路可分为小规模集成电路（SSI）、中规模集成电路

(MSI)、大规模集成电路（LSI)、超大规模集成电路（VSLI)。通常按照芯片中的元件数来划分芯片的规模。表5-1提供了一种参考标准。

集成电路打破了电子技术中器件与线路分离的传统，使得晶体管与电阻、电容等元器件以及连接它们的线路都集成在一块小小的半导体基片上，为提高电子设备的性能、缩小体积、降低成本、减少能耗提供了一个新的途径，大大促进了电子工业的发展。从此，电子工业进入了IC时代。在微电子学研究中，它的空间尺度通常是微米与纳米。经过50余年的发展，集成电路已经从最初的小规模芯片，发展到目前的甚大规模集成电路和系统芯片，单个电路芯片集成的元件数从当时的十几个发展到目前的几亿个甚至几十、上百亿个。

衡量集成电路有两个主要的参数：集成度与特征尺寸。集成电路的集成度是指单块集成电路芯片上所容纳的晶体管及电阻器、电容器等元器件数目。特征尺寸是指集成电路中半导体器件加工的最小线条宽度。集成度与特征尺寸是相关的。当集成电路芯片的面积一定时，集成度越高，功能就越强，性能就越好，但是特征尺寸就会越小，制造的难度也就越大。所以，特征尺寸也成为衡量集成电路设计和制造技术水平高低的重要指标。

在过去的几十年中，以硅为主要加工材料的微电子制造工艺从开始的几个微米技术到现在的0.13 μm技术，集成电路芯片集成度越来越高，成本越来越低。目前，50 nm甚至35 nm微电子制造技术已经在制造厂商的生产线上实现，并将逐步形成11 nm的生产能力。

5.4 嵌入式技术概述及发展

物联网的感知层必然要大量使用嵌入传感器的感知设备，因此嵌入式技术是使物联网具有感知能力的基础。了解嵌入式技术的研究与发展，对于理解物联网的基本工作原理是非常重要的。

5.4.1 嵌入式技术与智能化

随着信息社会的发展，网络和信息家电已越来越多地出现在人们的生活之中，而这一切发展的最终目标都是给人类提供一个舒适、便捷、高效、安全的生活环境。如何建立一个高效率、低成本、基于嵌入式技术的智能家居系统已成为当今世界的一个热点问题。家庭智能化最终体现在家庭运用多元信息技术（如嵌入式Linux、H.263…)，在此基础上实现监控与信息交互。

嵌入式系统是将计算与控制的概念联系在一起，并嵌入到物理系统之中，实现“环境智能化”的目的。据统计，将有98%的计算设备将工作在嵌入式系统中。环顾一下我们的周围，就不难接受这个数字了。因为在我们周围的世界中，小到儿童玩具、洗衣机、微波炉、电视机、手机，大到航天飞机，微处理器芯片无处不在。嵌入式系统通过采集和处理来自不同感知源的信息，实现对物理过程的控制，以及与用户的交互。嵌入式系统技术是实现环境智能化的基础性技术。而无线传感器网络是在嵌入式技术基础上实现环境智能化的重要研究领域。

5.4.2 嵌入式技术概述

IEEE（Institute of Electrical and Electronics Engineers，美国电气和电子工程师协会）对

嵌入式系统的定义："用于控制、监视或者辅助操作机器和设备的装置"。原文为：Devices Used to Control，Monitor or Assist the Operation of Equipment，Machinery or Plants）。

嵌入式系统是一种专用的计算机系统，作为装置或设备的一部分。通常，嵌入式系统是一个控制程序存储在 ROM 中的嵌入式处理器控制板。事实上，所有带有数字接口的设备，如手表、微波炉、录像机、汽车等，都使用嵌入式系统。有些嵌入式系统还包含操作系统，但大多数嵌入式系统都是由单个程序实现整个控制逻辑。嵌入式系统由硬件系统和软件系统组成。

整个嵌入式系统的硬件部分由以下几部分组成。

1. 嵌入式微处理器

嵌入式微处理器是嵌入式系统的核心，由一个或几个预先编程好以用来执行少数几项任务的微处理器或者单片机组成。

嵌入式微处理器有各种不同的体系，即使在同一体系中也可能具有不同的时钟频率和数据总线宽度，或集成了不同的外设和接口。据不完全统计，全世界嵌入式微处理器已经超过 1000 多种，体系结构有 30 多个系列，其中主流的体系有 ARM、MIPS、PowerPC、X86 和 SH 等。但与全球 PC 市场不同的是，没有一种嵌入式微处理器可以主导市场，仅以 32 位的产品而言，就有 100 种以上的嵌入式微处理器。嵌入式微处理器的选择是根据具体的应用而决定的。

2. 存储器

嵌入式系统需要存储器来存放和执行代码。嵌入式系统的存储器包含 Cache、主存和辅助存储器。

（1）Cache

Cache 是一种容量小、速度快的存储器阵列，它位于主存和嵌入式微处理器内核之间，存放的是一段时间微处理器使用最多的程序代码和数据。在需要进行数据读取操作时，微处理器尽可能地从 Cache 中读取数据，而不是从主存中读取，这样就大大改善了系统的性能，提高了微处理器和主存之间的数据传输速率。Cache 的主要目标就是：减小存储器（如主存和辅助存储器）给微处理器内核造成的存储器访问瓶颈，使处理速度更快，实时性更强。在嵌入式系统中 Cache 全部集成在嵌入式微处理器内，可分为数据 Cache、指令 Cache 或混合 Cache，Cache 的大小依不同处理器而定。一般中高档的嵌入式微处理器才会把 Cache 集成进去。

（2）主存

主存是嵌入式微处理器能直接访问的寄存器，用来存放系统和用户的程序及数据。它可以位于微处理器的内部或外部，其容量为 256KB ~ 1GB，根据具体的应用而定，一般片内存储器容量小，速度快，片外存储器容量大。常用作主存的存储器有 ROM 类的 NOR Flash、EPROM 和 PROM 等和 RAM 类的 SRAM、DRAM 和 SDRAM 等。其中 NOR Flash 凭借其可擦写次数多、存储速度快、存储容量大、价格便宜等优点，在嵌入式领域内得到了广泛应用。

（3）辅助存储器

辅助存储器用来存放大数据量的程序代码或信息，它的容量大、但读取速度与主存相比就慢很多，主要用来长期保存用户的信息。嵌入式系统中常用的外存有：硬盘、NAND Flash、CF 卡、MMC 和 SD 卡等。

3. 通用设备接口和I/O接口

嵌入式系统和外界交互需要一定形式的通用设备接口，如A/D、D/A、I/O等，外设通过和片外其他设备或传感器的连接来实现微处理器的输入/输出功能。每个外设通常都只有单一的功能，它可以在芯片外也可以内置芯片中。外设的种类很多，可从一个简单的串行通信设备到非常复杂的802.11无线设备。

嵌入式系统中常用的通用设备接口有A/D（模/数转换接口）、D/A（数/模转换接口），I/O接口有RS-232接口（串行通信接口）、Ethernet（以太网接口）、USB（通用串行总线接口）、音频接口、VGA视频输出接口、I^2C（现场总线）、SPI（串行外围设备接口）和IrDA（红外线接口）等。

嵌入式系统的软件系统由引导系统（BootLoader）、操作系统和应用程序组成。

引导系统是在操作系统内核运行之前运行。可以初始化硬件设备、建立内存空间映射图，从而将系统的软硬件环境带到一个合适状态，以便为最终调用操作系统内核准备好正确的环境。在嵌入式系统中，通常并没有像BIOS那样的固件程序（注：有的嵌入式CPU也会内嵌一段短小的启动程序），因此整个系统的加载启动任务就完全由BootLoader来完成。常见的BootLoader有u-boot、ARMboot、vivi等。

嵌入式操作系统是一种用途广泛的系统软件，通常包括与硬件相关的底层驱动软件、系统内核、设备驱动接口、通信协议、图形界面、标准化浏览器等。嵌入式操作系统负责嵌入式系统的全部软、硬件资源的分配、任务调度、控制、协调并发活动。它必须体现其所在系统的特征，能够通过装卸某些模块来达到系统所要求的功能。目前在嵌入式领域广泛使用的操作系统有嵌入式实时操作系统μC/OS-II、嵌入式Linux、Windows Embedded、VxWorks等，以及应用在智能手机和平板电脑的Android、iOS等。

与通用计算机能够运行用户选择的软件不同，嵌入式系统上的软件通常是暂时不变的，所以经常被称为“固件”。

5.4.3 嵌入式系统的特点

嵌入式系统是面向用户、面向产品、面向应用的，它必须与具体应用相结合才会具有生命力、才更具有优势。因此可以这样理解上述三个面向的含义，即嵌入式系统是与应用紧密结合的，它具有很强的专用性，必须结合实际系统需求进行合理的裁减利用。

从上面的定义，我们可以看出嵌入式系统的几个重要特征。

1）系统内核小。由于嵌入式系统一般是应用于小型电子装置的，系统资源相对有限，所以内核较之传统的操作系统要小得多。比如ENEA公司的OSE分布式系统，内核只有5K，与Windows的内核没有可比性。

2）专用性强。嵌入式系统的个性化很强，其中的软件系统和硬件的结合非常紧密，一般要针对硬件进行系统的移植，即使在同一品牌、同一系列的产品中也需要根据系统硬件的变化和增减不断进行修改。同时针对不同的任务，往往需要对系统进行较大更改，程序的编译下载要和系统相结合，这种修改和通用软件的“升级”是完全两个概念。

3）系统精简。嵌入式系统一般没有系统软件和应用软件的明显区分，不要求其功能设计及实现上过于复杂，这样一方面利于控制系统成本，同时也利于实现系统安全。

4）高实时性的系统软件（OS）是嵌入式软件的基本要求。而且软件要求固态存储，以提高速度；软件代码要求高质量和高可靠性。

5）嵌入式软件开发要想走向标准化，就必须使用多任务的操作系统。嵌入式系统的应用程序可以没有操作系统直接在芯片上运行，但是为了合理地调度多任务、利用系统资源、系统函数以及和专家库函数接口，用户必须自行选配 RTOS（Real - Time Operating System）开发平台，这样才能保证程序执行的实时性、可靠性，并减少开发时间，保障软件质量。

6）嵌入式系统开发需要开发工具和环境。由于其本身不具备自举开发能力，即使设计完成以后用户通常也是不能对其中的程序功能进行修改的，必须有一套开发工具和环境才能进行开发，这些工具和环境一般是基于通用计算机上的软硬件设备以及各种逻辑分析仪、混合信号示波器等。开发时往往有主机和目标机的概念，主机用于程序的开发，目标机作为最后的执行机，开发时需要交替结合进行。

7）嵌入式系统与具体应用有机结合在一起，升级换代也是同步进行。因此，嵌入式系统产品一旦进入市场，具有较长的生命周期。

8）为了提高运行速度和系统可靠性，嵌入式系统中的软件一般都固化在存储器芯片中。

5.4.4 嵌入式系统的发展

嵌入式系统从 20 世纪 70 年代出现以来，发展至今已经有 40 多年历史。嵌入式系统大致经历了四个发展阶段。

1）第一阶段是以可编程序控制器系统为核心的研究阶段。

嵌入式系统最初的应用是基于单片机的，大多以可编程控制器的形式出现，具有监测、伺服、设备指示等功能，通常应用于各类工业控制和飞机、导弹等武器装备中，一般没有操作系统的支持，只能通过汇编语言对系统进行直接控制，运行结束后再清除内存。这些装置虽然已经初步具备了嵌入式的应用特点，但仅仅只是使用 8 位的 CPU 芯片来执行一些单线程的程序，因此严格地说还谈不上“系统”的概念。

2）第二阶段是以嵌入式中央处理器 CPU 为基础，以简单操作系统为核心的阶段。

这一阶段嵌入式系统的主要特点是：系统结构和功能相对单一，处理效率较低，存储容量较小，几乎没有用户接口。由于这种嵌入式系统使用简便、价格低廉，因而曾经在工业控制领域得到了非常广泛的应用，但却无法满足现今对执行效率、存储容量都有较高要求的信息家电等的需要。

3）第三阶段是以嵌入式操作系统为标志的阶段。

20 世纪 80 年代，随着微电子工艺水平的提高，集成电路制造商开始把嵌入式应用中所需要的微处理器、I/O 接口、串行接口，以及 RAM、ROM 等部件统统集成到一片 VLSI 中，制造出面向 I/O 设计的微控制器，并在嵌入式系统中广泛应用。与此同时，嵌入式系统的程序员也开始基于一些简单的操作系统开发嵌入式应用软件，大大缩短了开发周期，提高了开发效率。这一阶段嵌入式系统的主要特点是：出现了大量高可靠、低功耗的嵌入式 CPU，各种简单的嵌入式操作系统开始出现并得到迅速发展。此时的嵌入式操作系统虽然还比较简单，但已经具有了一定的兼容性和扩展性，内核精巧且效率高，主要用来控制系统负载以及监控应用程序的运行。嵌入式系统能够运行在不同类型的处理器上，模块化程度高，具有图形窗口和应用程序接口的特点。

4）第四阶段是基于网络操作的嵌入式系统发展阶段。

20 世纪 90 年代，在分布控制、柔性制造、数字化通信和信息家电等巨大需求的牵引下，嵌入式系统进一步飞速发展，而面向实时信号处理算法的 DSP 产品则向着高速度、高精度、低功耗的方向发展。随着硬件实时性要求的提高，嵌入式系统的软件规模也不断扩大，逐渐形成了实时多任务操作系统（RTOS），并开始成为嵌入式系统的主流。这一阶段嵌入式系统的主要特点是：操作系统的实时性得到了很大改善，已经能够运行在各种不同类型的微处理器上，具有高度的模块化和扩展性。此时的嵌入式操作系统已经具备了文件和目录管理、设备管理、多任务、网络、图形用户界面等功能，并提供了大量的应用程序接口，从而使得应用软件的开发变得更加简单。随着互联网应用的进一步发展，以及互联网技术与信息家电、工业控制技术等的日益紧密结合，嵌入式设备与互联网的结合，物联网终端系统成为嵌入式技术未来的研究与应用的重点。

20 世纪 90 年代以后，随着对实时性要求的提高，软件规模不断上升，实时核逐渐发展为实时多任务操作系统（RTOS），并作为一种软件平台逐步成为目前国际嵌入式系统的主流。这时候更多的公司看到了嵌入式系统的广阔发展前景，开始大力发展自己的嵌入式操作系统。除了上面的几家老牌公司以外，还出现了 Palm OS、WinCE、嵌入式 Linux、Lynx、Nucleux 以及国内的 Hopen、Delta Os 等嵌入式操作系统。随着嵌入式技术的发展前景日益广阔，相信会有更多的嵌入式操作系统软件出现。

5.4.5 嵌入式技术的应用

嵌入式是一种专用的计算机系统，作为装置或设备的一部分。通常，嵌入式系统是一个控制程序存储在 ROM 中的嵌入式处理器控制板。事实上，所有带有数字接口的设备，如手表、微波炉、录像机、汽车等，都使用嵌入式系统，有些嵌入式系统还包含操作系统，但大多数嵌入式系统都是由单个程序实现整个控制逻辑。

嵌入式技术近年来得到了飞速的发展，嵌入式产业涉及的领域非常广泛，彼此之间的特点也相当明显。例如手机、PDA、车载导航、工控、军工、多媒体终端、网关、数字电视等。

1. 汽车电子领域

随着汽车产业的飞速发展，汽车电子近年来也有了较快的发展。但是不得不承认，目前国内的嵌入式车载领域的发展与国际相比差距还是比较大的。电子导航系统在汽车电子中占据的比重比较大，目前导航系统在国外已经有了广泛的应用。在国内近年来已经有了比较快速的发展。汽车电子领域的另外一个发展趋势是与汽车本身机械结合，从而可以实现故障诊断定位等功能。

2. 消费类电子产品

消费类电子产品的销量早就超过了 PC 若干倍，并且还在以每年 10% 左右的速度增长。消费类电子产品主要包括便携音频视频播放器、数码相机、掌上游戏机等。目前，消费类电子产品已形成一定的规模，并且已经相对成熟。对于消费类电子产品，真正体现嵌入式特点的是在系统设计上经常要考虑性价比的折中，如何设计出让消费者觉得划算的产品是比较重要的。

3. 军工航天

军事国防历来就是嵌入式系统的重要应用领域。20 世纪 70 年代，嵌入式计算机系统应用在武器控制系统中，后来用于军事指挥控制和通信系统。目前，在各种武器控制装置（火炮、导弹和智能炸弹制导引爆等控制装置）、坦克、舰艇、轰炸机、陆海空各种军用电子装备、雷达、电子对抗装备、军事通信装备、野战指挥作战用各种专用设备等中，都可以看到嵌入式系统的身影。

5.4.6 嵌入式技术的前景

嵌入式控制器的应用几乎无处不在，移动电话、家用电器、汽车等无不有它的踪影。嵌入控制器因其体积小、可靠性高、功能强、灵活方便等许多优点，其应用已深入到工业、农业、教育、国防、科研以及日常生活等各个领域，对各行各业的技术改造、产品更新换代、加速自动化进程、提高生产率等方面起到了极其重要的推动作用。嵌入式计算机在应用数量上已远远超过了各种通用计算机，一台通用计算机的外部设备中就包含了 5 ~10 个嵌入式微处理器。在制造工业、过程控制、网络、通信、仪器、仪表、汽车、船舶、航空、航天、军事装备、消费类产品等方面均是嵌入式计算机的应用领域。

嵌入式系统工业是专用计算机工业，其目的就是要把一切变得更简单、更方便、更普遍、更适用。通用计算机的发展变为功能电脑，普遍进入社会，嵌入式计算机发展的目标是专用电脑，实现“普遍化计算”，因此可以称嵌入式智能芯片是构成未来世界的“数字基因”。

5.5 可穿戴计算技术研究及其在物联网中的应用

可穿戴计算技术是人类为增强对世界的感知能力而出现的一项技术，是未来物联网感知层最具智能的感知工具之一。了解可穿戴计算技术的研究与发展，对于理解物联网的发展是十分有益的。

5.5.1 可穿戴计算概念产生的背景

凡是能够消除人与计算机隔阂的技术都具有强大的生命力，移动计算技术正符合这个发展趋势。可穿戴计算技术是移动计算技术的重要分支，是计算模式的重大变革。它可以解决军事、公安、消防、救灾、医疗、突发事件处理领域的特殊需求，极大地提高使用者处理信息的能力，发挥以往任何设备都无法发挥的作用。

可穿戴计算技术的前身并不光彩。20 世纪 60 年代，美国赌场里的赌客们将小型的摄像头、对讲机等机器挂在身上或放在口袋里，以此得到同伴的信息进而在赌局中获胜。尽管如此，它仍向人们透露了一个信息：人们已不满足于将计算机置于桌面上的人机分离状态，开始思考如何使人机结合得更紧密。可穿戴计算的概念是在 20 世纪 60 年代提出的。可穿戴计算机指的是可以穿戴在人身上的计算机，可以增强人的能力、感知，使人真正的具有三头六臂。顾名思义，可穿戴技术是应用在可穿戴计算机上的计算技术。

可穿戴计算技术体现出“以人为本，人机合一”和“无处不在的计算”的理念。可穿戴计算系统与人类紧密结合成一个整体，能够拓展人的视觉、听觉，增强人的大脑记忆和应对外界环境变化的能力，延伸了人的大脑与四肢，代表着计算机的一个重要的发展趋势，是一个跨学科的研究领域。可穿戴计算技术研究的核心在适应某一种应用需求的计算机体系结构、计算模型和软件方面，而计算模型的研究又涉及计算机科学、智能科学、光学工程、微电子技术、传感器技术、机械制造、通信科学、生物学、数学、生物医学、工业设计技术等多个交叉学科和技术领域。

5.5.2 可穿戴计算的定义和应用

目前，个人计算机的概念已经发生很大变化。大部分个人计算机仍然是以台式机的形式使用，人们只能在办公室、家庭内固定的位置上使用。更小、更轻的便携式个人计算机（即笔记本电脑）或掌上电脑（iPad）等可供人们随身携带，在机场、火车站以及旅行途中使用。但是，这些便携式的计算机并不能像人们使用的衣服、手表、手机一样，时时处处为人类服务。人们需要一个更小的，可以穿戴在身上的相关设备实现移动的计算模式。这种能实现可穿戴的移动计算工作模式的设备称为可穿戴计算机系统或可穿戴计算机。

可穿戴计算机可以应用于远程支援、抢险救灾、医疗救护、社会治安、新闻采访、社会娱乐与军事方面。为了适应不同的用户需求，不同的穿戴计算机根据其功能、与人交互方式的不同，设计成不同的内部结构和不同的外形。现在的可穿戴机已经做到衣服内部，使用计算机就如同穿衣服。有的可穿戴机被安装在手表、背包、戒指、发卡等人们随身佩戴的小饰品中，佩戴这些小饰品可以帮助打台球的人准确地测定角度与力度，告诉不会跳舞的人该怎么走舞步。有人还试图将可穿戴机压缩成片，将计算机芯片植入人的皮下，但由于安装不便而放弃。

1. Google Glass

2012 年 6 月 28 日，谷歌通过 I/O 产品发布会发布了这款穿戴式 IT 产品，如图 5-6 所示。谷歌眼镜结合了声控、导航、照相与视频聊天等功能，预示了未来世界可能的样貌。它包括一块右眼侧上方的微缩显示屏，一个右眼外侧平行放置的 720p 画质摄像头，一个位于太阳穴上方的触摸板，以及扬声器、麦克风、陀螺仪传感器和可以支撑 6 小时电力的内置电池。对于这款眼镜，谷歌方面自然十分重视，公司多次向公众传达这样一个理念：穿戴式计算将成为未来的趋势。谷歌公司创始人谢尔盖·布林称，这副眼镜改变了他的活动方式。他举了一个例子：将自己的儿子用双手反复抛向空中，谷歌眼镜可以拍照并记录这一时刻。布林说："用智能手机或照相机根本无法做到"。谷歌产品经理史蒂夫·李则表示，打造这款眼镜的目标是提升人们的社交生活，不是炫耀技术。谷歌 Project Glass 团队主管巴巴卡·帕韦兹称，希望人们能把科技穿在身上——眼睛、耳朵和手。《纽约时报》的专栏作者尼克·比尔顿，甚至将谷歌眼镜与历史上的印刷机和电影的发明相提并论，认为这一技术将改变世界。他说："当这项技术成熟，我们就能获得解放．可穿戴计算机将使我们摆脱紧盯 4 英寸屏幕的生活．我们不再需要无时无刻看着设备，相反，这些可穿戴设备会回过来看着我们。"

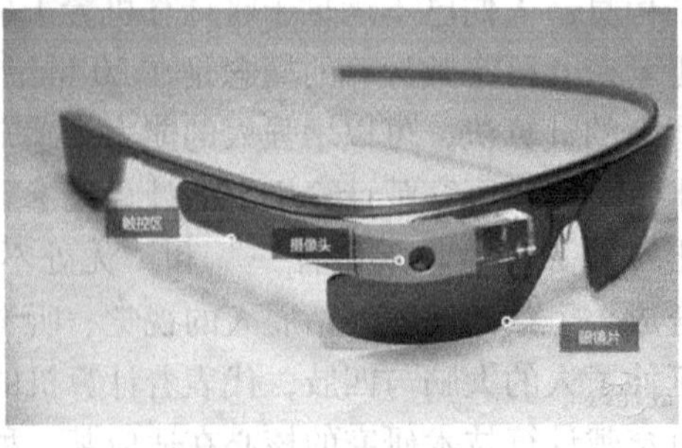

图 5-6　Google glass

2. 索尼头戴式个人 3D 影院

作为 Sony 推出的首款头戴式 3D 显示器，出色的视觉效果在当时引起了很多人的关注。如图 5-7 所示，HMZ - T1 采用了先进的光学反射镜片，实现了接近影院的 45°宽广视角，可以身临其境的体验“距离 20 m 观看 750 英寸 3D 电影巨幕”的效果。HMZ - T1 配备最新研发 0.7 英寸 OLED（分辨率为 1280×720 像素）屏幕，为左右眼配置了独立分开的双高清面板来显示 3D 影像，不会产生影像互相干扰的现象，带来自然流畅的观赏感受。

索尼 HMZ - T1 的外形设计极具科技感，采用黑白相间的配色，整体呈圆弧形，很有科幻电影的风格。机身的顶部为额头支持器，拥有三种厚度可以选择；配合眼镜的下方的鼻垫可以找到舒适的佩戴方式。头环调节部分分为三部分，首先在左右两侧分别有头环释放按钮，按住后可以将头环拉出；下头环一半为橡胶材质一半为工程塑料，可以调整与佩戴者耳朵的精确拟合；上头环采用卡扣的方式固定，保证机身不会向下脱落。

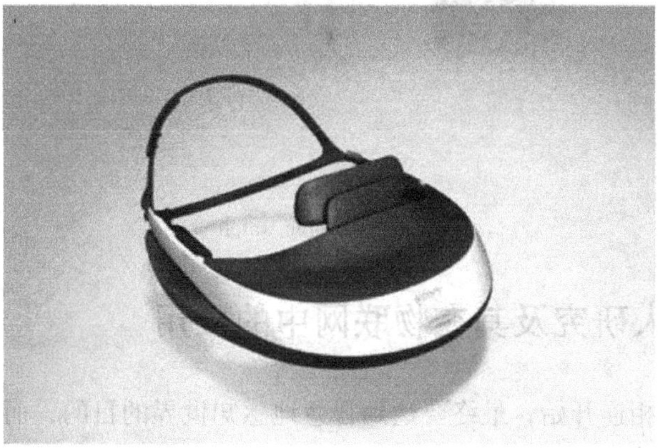

图 5-7　Sony 头戴式数字影院

3. 苹果“眼镜”显示器

据悉，苹果的穿戴 IT 设备专利的摘要描述内容显示，该技术将使用一到两台显示器，以将图像投射到用户眼睛当中。如图 5-8 所示，苹果的开发的这个头戴式显示器看起来有些像 Oculus Rift 耳机，具有四四方方的外形。但是，与 Oculus 公司的耳机不同的是，苹果公司的头戴显示器将与消费电子设备（如 iPod）连接。

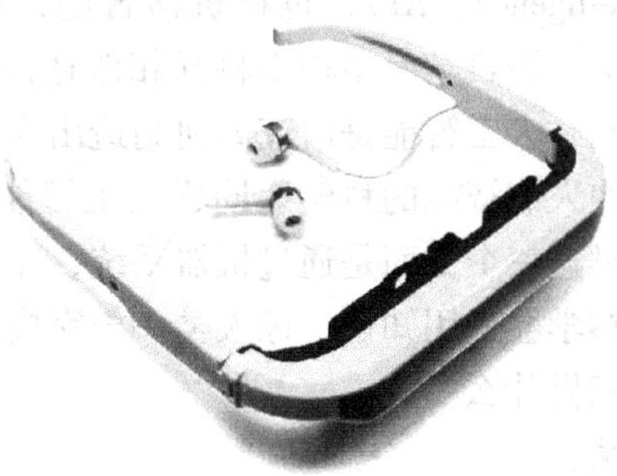

图 5-8　苹果眼镜

这款头盔显示器可以通过有线和无线进行网络连接（支持 WiFi），它将能够连接到

Apple TV，并适应标准的视频和3D播放。苹果公司在专利文件称，当人们在外出时想观看媒体时，这样的“个人”显示器可能是特别有用的。

4. 苹果 Apple watch

苹果公司推出了由概念设计师安德斯凯尔设计的智能手表——Apple watch，这款手表内置了iOS系统，并且支持Facetime、WiFi、蓝牙、Airplay等功能。同时，Apple watch支持Retina触摸屏，这款手表看似和iPod nano一样，也具备16 GB的存储空间。如图5-9所示。

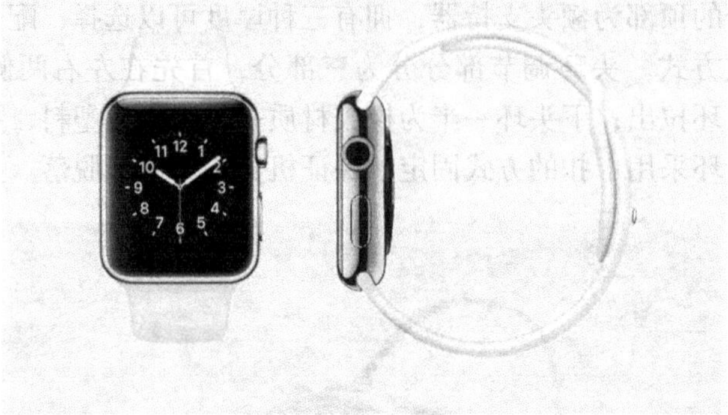

图5-9　Apple watch

5.6　智能机器人研究及其在物联网中的应用

物联网从物-物相连开始，最终要达到智慧地感知世界的目的，而人工智能就是实现智慧物联网最终目标的技术。

5.6.1　人工智能的概念

人类智能，又叫自然智能，主要包含三个方面：感知能力、思维能力、行为能力。当我们动用全身的感觉器官感受到外界的信息刺激之后，能够通过大脑进行记忆、联想、分析、判断等一系列思维活动，其结果就是做出一种决策，最后再通过我们的具体行动，把这一块决策体现出来。

人工智能（Artificial Intelligence，AI），也称机器智能，它是计算机科学、控制理论、信息论、神经心理学、心理学、语言学等多种学科互相渗透而发展起来的一门综合性学科。从计算机应用系统的角度出发，人工智能是研究如何制造出人造的智能机器或智能系统，来模拟人类的活动能力，以延伸人们智能的科学。同样人工智能也包含三个反面：感知能力、思维能力、行为能力。只不过这三个方面是通过机器系统，而不是人来完成。人工智能研究的目标是：如何使计算机能够学会运用知识，像人类一样完成富有智能的工作。

我们需要人工智能为我们做什么？

（1）做人类做不到的事情；

（2）做人类做不好的事情；

（3）做对人类来说有危险的事情。

智能机器人是人工智能中的最重要的应用。

5.6.2 智能机器人的研究与应用

1. 智能机器人的概念

在谈到智能机器人时，我们首先提出什么是机器人。

它的定义非常模糊，不同的人不同的国家地区给了不同的表述。1967 年，日本科学家森政弘与合田周平提出：“机器人是一种具有移动性、个体性、智能性、通用性、半机械半人性、自动性、奴隶性 7 个特征的柔性机器。”早稻田大学机器人科学家加藤一郎把机器人定义为具有如下三个条件的机器：①具有脑、手、脚三要素的个体；②具有非接触传感器（如用眼、耳接受远方信息）和接触传感器；③具有平衡觉和固有觉的传感器。在美国，美国机器人协会提出：机器人是一种用于移动各种材料、零件、工具或专用装置的，通过程序动作来执行各种任务，并具有编程能力的多功能操作机。在中国，机器人是一种自动化的机器，这种机器具备一些人或生物相似的智能能力，如感知能力、规划能力、动作能力、协同能力等。国际标准化组织对工业机器人的定义（1987 年）为：工业机器人是一种具有自动控制的操作和移动功能，能完成各种作业的可编程操作机。机器人已广泛应用于制造业，尤其是汽车制造领域的“机械手”。但这类机器人只能按照固定的程序工作，不管外界条件有何变化机器人都不能对程序作相应的调整。如果要改变机器人所做的工作，必须由人对程序做相应的修改，因此这类机器人不具有智能，目前大量使用的工业机器人主要属于此类机器人。

智能机器人是能够胜任通常需要人类思考才能完成的复杂工作的机器人。智能机器人之所以叫智能机器人，这是因为它有相当发达的“大脑”。在脑中起作用的是中央处理器，这种计算机跟操作它的人有直接的联系。最主要的是，这样的计算机可以进行按目的安排的动作。正因为这样，我们才说这种机器人才是真正的机器人，尽管它们的外表可能有所不同。

我们从广泛意义上理解所谓的智能机器人，它给人的最深刻的印象是一个独特的、进行自我控制的“活物”。其实，这个自控“活物”的主要器官并没有像真正的人那样微妙而复杂。

智能机器人具备形形色色的内部信息传感器和外部信息传感器，如视觉、听觉、触觉、嗅觉。除具有感受器外，它还有效应器，作为作用于周围环境的手段。这就是筋肉，或称自整步电动机，它们使手、脚、长鼻子、触角等动起来。

智能机器人能够理解人类语言，用人类语言同操作者对话，在它自身的“意识”中单独形成了一种使它得以“生存”的外界环境——实际情况的详尽模式。它能分析出现的情况，能调整自己的动作以达到操作者所提出的全部要求，能拟定所希望的动作，并在信息不充分的情况下和环境迅速变化的条件下完成这些动作。当然，要它和我们人类思维一模一样，这是不可能办到的。

2. 智能机器人的分类

智能机器人根据智能程度的不同分为传感型机器人、交互型机器人、自主型机器人。

传感型机器人又称外部受控机器人。机器人的本体上没有智能单元，只有执行机构和感应机构，它具有利用传感信息（包括视觉、听觉、触觉、接近觉、力觉和红外、超声以及激光等）进行传感信息处理、实现控制与操作的能力。它受控于外部计算机，在外部计算机上具有智能处理单元，处理由受控机器人采集的各种信息以及机器人本身的各种姿态和轨迹等信息，然后发出控制指令指挥机器人的动作。目前机器人世界杯的小型组比赛使用的机器人就属于这样的类型。

交互型机器人是通过计算机系统与操作员或程序员进行人 - 机对话，实现对机器人的控制与操作。虽然具有了部分处理和决策功能，能够独立地实现一些诸如轨迹规划、简单的避障等功能，但是还要受到外部的控制。

自主型机器人在设计制作后，机器人无需人的干预，能够在各种环境下自动完成各项拟人任务。自主型机器人的本体上具有感知、处理、决策、执行等模块，可以就像一个自主的人一样独立地活动和处理问题。机器人世界杯的中型组比赛中使用的机器人就属于这一类型。全自主移动机器人的最重要的特点在于它的自主性和适应性，自主性是指它可以在一定的环境中，不依赖任何外部控制，完全自主地执行一定的任务。适应性是指它可以实时识别和测量周围的物体，根据环境的变化，调节自身的参数，调整动作策略以及处理紧急情况。交互性也是自主机器人的一个重要特点，机器人可以与人、与外部环境以及与其他机器人之间进行信息的交流。由于全自主移动机器人涉及诸如驱动器控制、传感器数据融合、图像处理、模式识别、神经网络等许多方面的研究，所以能够综合反映一个国家在制造业和人工智能等方面的水平。因此，许多国家都非常重视全自主移动机器人的研究。在亚洲，我们的邻居日本对智能机器人的研究处于世界领先地位。

智能机器人按照功能分为专用机器人和家用机器人。专用机器人分为医疗机器人、核工业机器人、极地考察机器人、反恐反暴机器人、军用机器人等。家用机器人分为助老帮残机器人、康复机器人、护理机器人、医疗机器人、教育娱乐机器人等。

日立公司研制的清洁机器人，尺寸为直径 25cm × 高度 13cm，能打扫完毕并自动进入充电兼垃圾回收站，如图 5-10a 所示。日本东芝公司研制的家用机器人 AprilAlpha 主要功能是与人沟通、聊天和认人，如图 5-10b 所示。三菱重工研制的沟通机器人 wakamaru，可以进行声音识别，生活情境对话，如图 5-10c 所示。富士通公司的服务机器人，可以胜任引导、搬运、巡视、提供信息服务等事务，可以回应人的称呼，如图 5-10d 所示。中国哈尔滨工业大学研制的面壁清洗机器人，能直立清洗大楼的墙壁，如图 5-10e 所示。澳大利亚研究中心研制的水下机器人，能进行深海的脉冲信号侦测，可以用于海底搜救、搜寻黑匣子信号等，如图 5-10f 所示。2014 年 3 月 8 日，从马来西亚吉隆坡飞往北京的 MH370 航班与管制中心失去联系，最终马来西亚总理纳吉布宣布 MH370 终结于南印度洋。澳大利亚的水下机器人在失事飞机的搜救上动用了他们的水下机器人，在南印度洋侦测到类似 MH370 的信号，虽然最后没有发现，但也为搜救工作提供了很大的帮助。

世界各国正大力研制实用的智能机器人并占领智能机器人市场。

1）美国服务机器人技术非常强劲，美国军用、医疗与家政服务机器人产业占绝对优势，占服务机器人市场份额的 60%。比尔·盖茨在《科学美国人》杂志上撰文表示当前机器人正经历 20 世纪 80 年代个人电脑式发展，从个人电脑时代向个人机器人时代迈进。家用机器人将像计算机、移动电话和电冰箱一样普及。

2）日本是世界上机器人开发和研究最发达的国家之一，2010 年的产量占全世界生产的 80 万个家用智能机器人的一半。

3）韩国政府也在积极开发家用机器人，2010 年个人服务用机器人和专门服务用机器人的产值分别为1717亿韩元和995亿韩元，计划到2020年让每个韩国家庭都拥有一个能做家务的机器人。

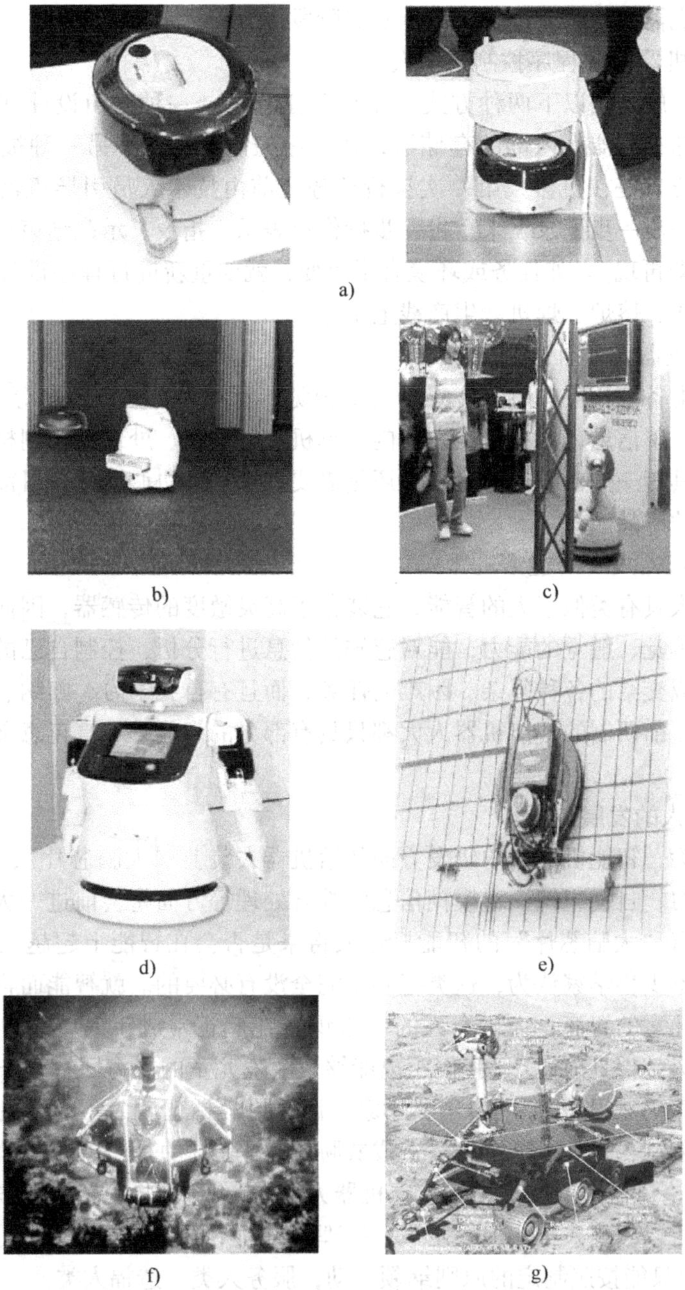

图5-10 形形色色的智能机器人

a）清洁机器人 b）东芝沟通机器人 c）三菱重工机器人 d）富士通服务机器人 e）面壁清洗机器人 f）水下机器人 g）空间机器人

3. 智能机器人的发展历程

1997年5月，IBM公司研制的深蓝（DeepBlue）下棋计算机战胜了国际象棋大师卡斯帕洛夫（Kasparov）。借助人工智能技术的发展，智能机器人开始出现并进入应用。

人们对智能机器人的研究经历了三个发展阶段。

(1) 第一代机器人（程序控制机器人）

这种机器人一般是按以下两种方式“学会”工作的。一种是由设计师预先按工作流程编写好程序，存储在机器人内部的存储器，在程序控制下工作。另一种被称为“示范－再现”方式，这种方式是在机器人第一次执行任务之前由技术人员引导机器人操作，机器人将整个操作过程一步一步记录下来，每一步操作都表示为指令。示范结束后，机器人按指令顺序完成工作（即再现）。如任务或环境有了改变，就要重新进行程序设计。这种机器人能尽心尽责地在机床、熔炉、焊机、生产线上工作。

(2) 第二代机器人（自适应机器人）

这种机器人配备有相应的感觉传感器（如视觉、听觉、触觉传感器等），能取得作业环境、操作对象等简单信息，并由机器人体内计算机进行分析、处理，控制机器人的动作。虽然第二代机器人具有一些初级的智能，但还是需要技术人员协调工作。目前这种机器人已经有了一些商品化的产品。

(3) 第三代机器人（智能型机器人）

智能型机器人具有类似于人的智能，它装备了高灵敏度的传感器，因而具有超过一般人的视觉、听觉、嗅觉、触觉的能力，能对感知的信息进行分析，控制自己的行为，处理环境发生的变化，完成交给的各种复杂、困难的任务，而且有自我学习、归纳、总结、提高已掌握知识的能力。目前研制的智能机器人大都只具有部分的智能，和真正意义上的智能机器人还差得很远。

4. 智能机器人的发展前景

科学家们认为，智能机器人的研发方向是给机器人装上“大脑芯片”，从而使其智能性更强，在认知学习、自动组织、对模糊信息的综合处理等方面将会前进一大步。虽然有人表示担忧，这种装有“大脑芯片”的智能机器人将来是否会在智能上超越人类，甚至会对人类造成威胁？但不少科学家认为，这类担心是完全没有必要的。就智能而言，目前机器人的智商相当于4岁儿童的智商，而机器人的“常识”比起正常成年人就差得更远了。美国科学家罗伯特·斯隆教授日前说：“我们距离能够以8岁儿童的能力回答复杂问题的、具有常识的人工智能程序仍然很遥远。”日本科学家广濑茂男教授也认为：即使机器人将来具有常识并能进行自我复制，也不可能对人类造成威胁。值得一提的是，中国科学家周海中教授在1990年发表的《论机器人》一文中指出：机器人并非无所不能，它在工作强度、运算速度和记忆功能方面可以超越人类，但在意识、推理等方面不可能超越人类。另外，机器人会越来越“聪明”，但只能按照制定的原则纲领行动，服务人类、造福人类。

智能机器人作为一种包含相当多学科知识的技术，几乎是伴随着人工智能所产生的。而智能机器人在当今社会变得越来越重要，越来越多的领域和岗位都需要智能机器人参与，这使得智能机器人的研究也越来越频繁。虽然我们现在仍很难在生活中见到智能机器人的影子，但在不久的将来，随着智能机器人技术的不断发展和成熟，随着众多科研人员的不懈努力，智能机器人必将走进千家万户，更好地服务于人们的生活，让人们的生活更加舒适和健康。

本章小结

本章系统地介绍了支撑物联网发展的信息技术：微电子技术与集成电路、嵌入式技术、可穿戴计算技术和智能机器人。

微电子技术是物联网发展的基石。小型化、造价低的 RFID 芯片与读写器，传感器芯片、传感器的无线通信芯片，以及无线传感器网络的结点电路与设备的研制都需要使用 SoC 技术。物联网的应用为我国微电子产业的发展创造了重大的发展机遇。

嵌入式技术是物联网具有感知能力的基础，物联网的感知层需要大量使用嵌入式传感器感知设备。

可穿戴计算技术是人类为增强对世界的感知能力而出现的一项技术，是未来物联网感知层最具智能的感知工具之一。

物联网从物 - 物相连开始，最终要达到智慧地感知世界的目的，而人工智能就是实现智慧物联网最终目标的技术。

习题与思考题

5-1　什么是微电子技术？微电子技术有哪些应用？

5-2　集成电路的概念是什么？

5-3　集成电路有哪些特点？

5-4　集成电路按规模分可以分几种？

5-5　什么是嵌入式技术？嵌入式系统的特点？

5-6　什么是可穿戴计算技术？它有哪些应用？

5-7　智能机器人的概念？它在物联网方面的应用有哪些？

第 6 章　物联网支撑技术——云计算与 M2M

云计算这个名词最近很火热，到底云计算是什么？事实上其概念不算新，其本质大多来自分布式计算（Distributed Computing）以及网格（Grid Computing），云计算与网格计算两者都是分布式的延伸并没有显著不同。云计算更强调在本地资源有限的情况下，利用网络取得远方的运算资源。

例如当我们在使用谷歌地图（Google Map）时就使用了云计算服务。谷歌将地图图层称为影像金字塔图层（Tile），使用 Tile 一片片建成完地图的每一层，各层建完后就成了影像金字塔。如图 6-1 所示。向用户呈现海量的向量地图数据是很消耗带宽以及浏览器运算能力的事，例如某行政区的资料大约 100MB，总不能让每个用户都下载 100MB 的向量地图再呈现。在网络环境下比较好的作法是将向量数据转成图片（tiles）再呈现。谷歌地图的 API 正是使用 GeoXML 技术，在呈现向量数据时，将向量数据转换成小图（tiles）再呈现，这样速度快非常多，尤其是呈现大量的多边形，例如行政区、地形图等。如图 6-2 所示。

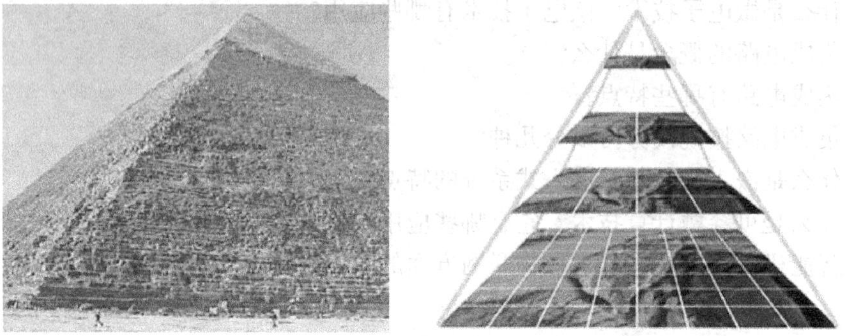

图 6-1　地图金字塔

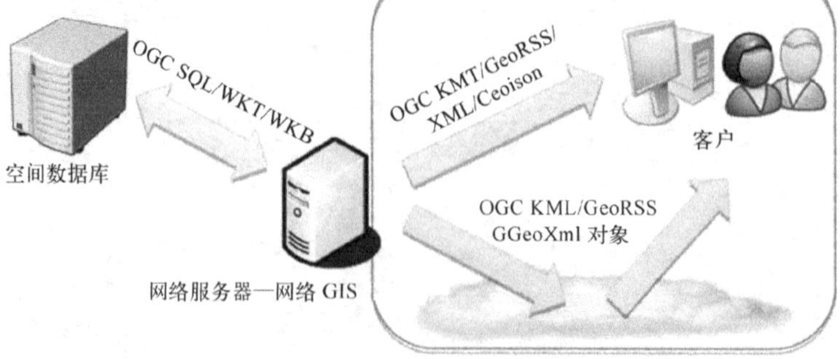

图 6-2　谷歌地图实现地理信息服务

现阶段，物联网正在大规模发展，其产生的数据将会远远超过互联网的数据量，海量数据的存储与计算处理需要云计算技术。云计算高效、动态，可大规模扩展的计算资源处理能力将使物联网中各类物品的实时动态管理和智能分析成为可能。同时，云计算的创新型服务交付模式，可以促进物联网实现新型的商业模式，推进物联网大规模应用，让我们的生活变得更加智能化。作为一种新兴的计算模式，云计算将使信息技术行业发生重大变革，对人们的工作、生活方式和企业运营产生深远的影响。本章将主要讨论云计算的基本概念、架构、技术及其与物联网之间的关系等内容。

6.1 云计算概述

6.1.1 云计算的发展历程

云计算的产生首先源于信息革命这 50 多年来计算设施的变迁，从 20 世纪 60 年代的大型机，到 20 世纪 70 年代的小型机，到 20 世纪 80 年代的个人电脑和局域网，再到 20 世纪 90 年代对人类生产和生活产生了深刻影响的桌面互联网以及目前大家所高度关注的移动互联网（如图 6–3 所示）。无处不在的网络，计算设施不断地由单机向网络，通信和网络的发展速度比以摩尔速度为代表的计算速度发展更快，这种变化是云计算能够生根发芽的土壤，因此云计算是一个囊括了开发、商业模式以及架构并伴随着因特网软硬件迅速发展的一种服务性软件。

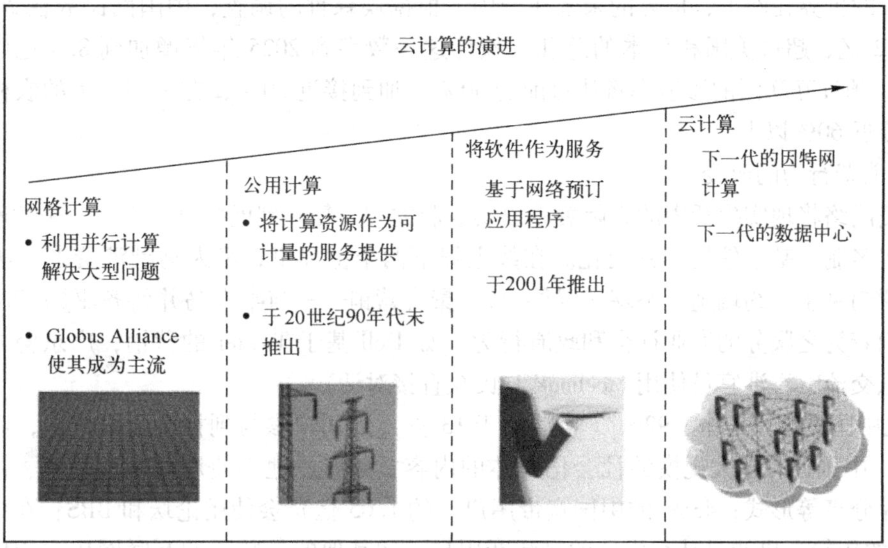

图 6–3 云计算技术产生的历史演进

1. 云计算产生的背景

有人说云计算是技术革命的产物，也有人说云计算只不过是已有技术的最新包装，是设备厂商或软件厂商新瓶装旧酒的一种商业策略。我们认为，云计算是社会、经济的发展和需求的推动、技术进步以及商业模式转换共同作用的结果。

（1）经济方面

1）全球化经济一体化。

后危机时代加速了全球经济一体化的发展。实践证明，国家和地区的区位优势和比较优势自发地全球寻租，基于成本考虑，价值链的协作者自发整合。基于效率考虑，协同效应需要弹性的业务流程支持。对成本和效率的需求催化云计算的加速发展。

2）日益复杂的世界和不可确定性的黑天鹅现象。

在复杂的世界面前，不确定因素在更快、更广地涌现，计划跟不上变化，任何一台精于预测的机器也无法准确预测到黑天鹅现象的发生（不可预知的未来，一旦发生，影响力极大，事前无法预测，事后有诸多理由解释）。实时的信息获取和全面的信息分析有助于管理复杂性，而按需即用的计算资源、随需应变的业务流程将黑天鹅的负面影响降到最小。实时的、覆盖全网的、随需应变的云计算的作用显而易见。

3）需求是云计算发展的动力。

IT 设施要成为社会基础设施，现在面临高成本的瓶颈，这些成本至少包括：人力成本、资金成本、时间成本、使用成本、环境成本。云计算带来的益处是显而易见的：用户不需要专门的 IT 团队，也不需要购买、维护、安放有形的 IT 产品，可以低成本、高效率、随时按需使用 IT 服务；云计算服务提供商也可以极大提高资源（硬件、软件、空间、人力、能源等）的利用率和业务响应速度，有效聚合产业链。

（2）社会层面

1）数字一代的崛起。

未来的世界在网上，世界的未来在云中。根据埃森哲的调查，中国网民数在 2015 年达到了 6.72 亿，超过美国和日本的总和。预计这一数字到 2025 年将增加到 8.8 亿以上。到 2025 年，预计互联网的渗透率将从目前的 50% 增加到接近 80%，在中国广大的农村人口中渗透率接近 60% 以上。

2）消费行为的改变

社交网络将现实生活中的人际关系以实名制的方式复制到虚拟世界中，未来的网络的发展将是实名制、基于信任和社交化。在线上线下两个世界里，半人马型消费者（美国沃顿商学院营销系主任约瑞姆·杰瑞·温德等，《聚合营销——与半人马并驾齐驱》）互相影响，进而影响着为之服务的商业社会和政府行为（如 Dell 基于 Twitter 的营销，广东警方使用微博与民众交流，香港官员使用 facebook 与民众直接对话）。

3 亿中国宽带用户中，92%（年龄大于 13 岁）的用户参与到社会化媒体中，而美国仅仅 76%；中国拥有超大规模的社会化媒体的内容贡献者，他们使用博客、微博、社区、视频和图片分享等形式；43% 的中国宽带用户（约 1.05 亿）会使用论坛和 BBS；在中国，25 到 29 岁的年轻上班族是社交媒体的最活跃用户。和其他的年龄段的互联网用户相比，他们更依赖于在线交流的方式；37% 的博主（约两千九百万）每天都会更新博客；以一个星期为例，四千一百万的中国人是重度的社会化媒体使用者（有 6 个以上的线上活动），会和 84 个人建立联系。云计算是对数字一代消费者提供服务的回答。

（3）政治层面

1）社会转型：出口型向内需型社会转型，如何满足人民大众日益增长并不断个性化的需要是一项严峻的挑战。

2）产业升级：制造型向服务型、创新型的转变。

3）政策支持："十二五"规划对物联网、三网融合、移动互联网以及云计算战略的大力支持。

（4）技术方面

1）技术成熟。技术是云计算发展的基础。首先是云计算自身核心技术的发展，如硬件技术，虚拟化技术（计算虚拟化、网络虚拟化、存储虚拟化、桌面虚拟化、应用虚拟化），海量存储技术，分布式并行计算，多租户架构，自动管理与部署；其次是云计算赖以存在的移动互联网技术的发展，如：高速、大容量的网络，无处不在的接入，灵活多样的终端，集约化的数据中心，Web 技术。

可以将云计算理解为八个字“按需即用、随需应变”，使之实现的各项技术已基本成熟（分布式计算、网格计算、移动计算等）。

2）企业 IT 的成熟和计算能力过剩。社会需求的膨胀、商业规模的扩大导致企业 IT 按峰值设计，但需求的波动性却事实上使大量计算资源被闲置。企业内部的资源平衡带来私有云需求，外部的资源协作促进公有云的发展。商业模式是云计算的内在要求，是用户需求的外在体现，并且云计算技术为这种特定商业模式提供了现实可能性。从商业模式的角度看，云计算的主要特征是以网络为中心、以服务为产品形态、按需使用与付费，这些特征分别对应于传统的用户自建基础设施、购买有形产品或介质（含 licence）、一次性买断模式是一个颠覆性的革命。

2. 国内外云计算的发展状况

1983 年，太阳电脑提出“网络是电脑”（“The Network is the computer”）。

2006 年 3 月，亚马逊推出弹性计算云服务（Elastic Computer Cloud）。Amazon 是互联网上最大的在线零售商，为了应付交易高峰，不得不购买了大量的服务器。而在大多数时间，大部分服务器闲置，造成了很大的浪费，为了合理利用空闲服务器，亚马逊将自己的弹性计算云建立在公司内部的大规模集群计算的平台上，而用户可以通过弹性计算云的网络界面去操作在云计算平台上运行的各个实例（instance）。用户使用实例的付费方式由用户的使用状况决定，即用户只需为自己所使用的计算平台实例付费，运行结束后计费也随之结束。这里所说的实例即是由用户控制的完整的虚拟机运行实例。通过这种方式，用户不必自己去建立云计算平台，节省了设备与维护费用。亚马逊的云计算业务 Amazon Web Services（AWS）提供一组广泛的全球计算、存储、数据库、分析、应用程序和部署服务，可帮助组织更快地迁移、降低 IT 成本和扩展应用程序。初创公司可以使用 AWS 降低公司初始投入资金和基础设施的维护，而将更多的资金和精力集中在产品创新上。前段时间被 facebook 收购的 Instagram，正是因为使用了 AWS，才使得 13 人的团队创造了 10 亿美金的价值。当然，不只是初创公司，越来越多的大型企业也正在使用 AWS 服务，如联合利华，Nokia，Thomson Reuters 等等。如图 6-4 所示，远在千里之外的国内用户可以通过调用 AWS 通过因特网使用到远在美国的服务器，节省了大量的成本。

2006 年 8 月 9 日，Google 首席执行官埃里克·施密特在搜索引擎大会（SES San Jose 2006）首次提出“云计算”的概念，Google“云端计算”源于 Google 工程师克里斯托弗·比希利亚所做的“Google 101”项目。

2007 年 10 月，Google 与 IBM 开始在美国大学校园，包括卡内基梅隆大学、麻省理工学院、斯坦福大学、加州大学伯克利分校及以马里兰大学等，推广云计算的计划，这项计划希望能降低分散式计算技术在学术研究方面的成本，并为这些大学提供相关的软硬件设备以及技术支持（包括数百台个人计算机及服务器，这些计算平台将提供 1600 个处理器，支持包

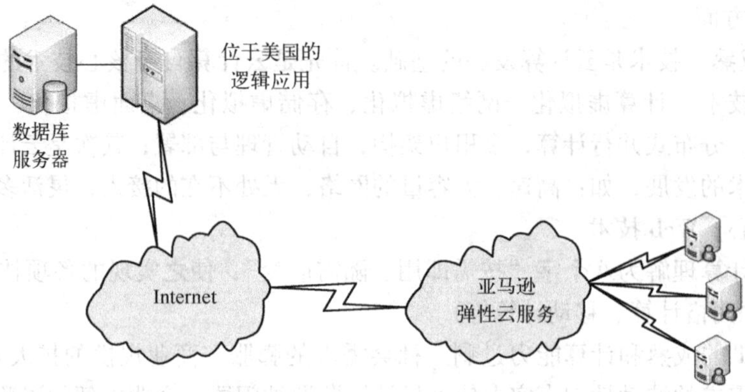

图 6-4　亚马逊弹性云服务

括 Linux、Xen、Hadoop 等开放源代码平台），而学生则可以通过网络开发各项以大规模计算为基础的研究计划。

2008 年 7 月 29 日，雅虎、惠普和英特尔宣布一项涵盖美国、德国和新加坡的联合研究计划，推出云计算研究测试床，推进云计算。该计划要与合作伙伴创建 6 个数据中心作为研究试验平台，每个数据中心配置 1400 ~ 4000 个处理器。这些合作伙伴包括新加坡资讯通信发展管理局、德国卡尔斯鲁厄大学 Steinbuch 计算中心、美国伊利诺伊大学香槟分校、英特尔研究院、惠普实验室和雅虎。

2008 年 8 月 3 日，美国专利商标局网站信息显示，戴尔正在申请“云计算”（Cloud Computing）商标，此举旨在加强对这一未来可能重塑技术架构的术语的控制权。

2010 年 3 月 5 日，Novell 与云安全联盟（CSA）共同宣布一项供应商中立计划，名为“可信任云计算计划（Trusted Cloud Initiative）”。

2010 年 7 月，美国国家航空航天局和包括 Rackspace、AMD、Intel、戴尔等支持厂商共同宣布“OpenStack”开放源代码计划，微软在 2010 年 10 月表示支持 OpenStack 与 Windows Server 2008 R2 的集成；而 Ubuntu 已把 OpenStack 加至 11.04 版本中。2011 年 2 月，思科系统正式加入 OpenStack，重点研制 OpenStack 的网络服务。

云计算可以以较低成本和较高性能解决无限增长的海量信息的存储和计算的问题，使得 IT 基础设施能够实现资源化和服务化，使得用户可以按需定制，从而改变了传统 IT 基础设施的交用和支付方式。中国云计算当前呈现出以下三个方面的典型特点：① 2010 年已经从概念宣传阶段，进入实质发展阶段；②正处于私有云的研发试验阶段，计划向公有云转变；③中小企业信息化是公有云发展的核心驱动力。

CWW 的调查显示，中小企业信息化的主要问题是资金、技术和人才门槛过高。云计算所提供的基础设施使得中小企业无需购买硬件设备，无需专业技术人才就能够享受信息化服务，有效解决中小企业信息化面临的主要问题，使中小企业轻松跨越包括资金、技术、人才等在内的信息化门槛。因此中国云计算的发展首先是面向中小企业的信息化。

我国中小企业数量占我国企业总数的 99% 以上，超过 4200 万户。中小企业不仅对经济增长的贡献越来越大，而且已成为技术创新与机制创新的主体和扩大就业的主渠道。根据国家统计局对 2.6 万家样本企业的信息化调查显示，我国中小企业信息化已经基本度过起步阶段，开始进入大规模普及阶段。中小企业信息化需求可以归纳为四点：一是迫切需要通过信息化了解市场信息，增强经营销售能力；二是希望通过信息化手段发现更多客户，拓展供应链；三是利用信息技术降低生产成本，提高产品质量；四是将信息技术用于企业管理，及时掌握经营情况，提高工作效率。在技术应用方面，虽然有高达 80% 的中小企业具有接入互联网的能力，但用于业务应用的只占 44.2%，只有 16.7% 的企业拥有自己的网站，14% 的企业建立了企业门户网站。网站主要用于发布信息，其次是开展电子商务。只有 9% 的中小企业实施了电子商务，4.8% 的企业应用了 ERP。

2009 年以来，我国云计算开始进入实质性发展的阶段，各方力量在云计算的发展过程中都起到了推动作用，这些推动者包括以 IBM、EMC、Intel 等为代表的跨国设备制造商（现在转变为云计算解决方案提供商），推销解决方案，拓展和占领市场；上海、北京、天津、无锡、东营等为代表的地方政府建设了一些云计算中心，为拉动投资需求，建立政府公务云以及面向中小企业的公有云；以新浪、腾讯、阿里巴巴、世纪互联等为代表的国内互联网企业，对内做 IT 设施的改造提高效率，对外提供服务以降低成本拓展业务范围；以中国移动、中国电信为代表的传统电信运营商，短期目标是为运营支撑系统搭建私有云，整合内部资源，节能降耗，实现利旧和转型。

目前我国政府已经开始关注云计算的发展。传统模式下，企业建立一套 IT 系统不仅仅需要购买硬件等基础设施，还要买软件的许可证，需要专门的人员维护。当企业的规模扩大时还要继续升级各种软硬件设施以满足需要。对于企业来说，计算机等硬件和软件本身并非他们真正需要的，它们仅仅是完成工作、提供效率的工具而已。对个人来说，我们想正常使用计算机需要安装许多软件，而许多软件是收费的，对不经常使用该软件的用户来说购买是非常不划算的。可不可以有这样的服务，能够提供我们需要的所有软件供我们租用？这样我们只需要在用时付少量“租金”即可“租用”到这些软件服务，为我们节省许多购买软硬件的资金。

6.1.2 云计算的定义及特点

云计算是一种基于互联网的计算方式，将共享的软硬件资源和信息可以按需提供给计算机和其他设备，用户不再需要了解“云”中基础设施的细节，不必具有相应的专业知识，也无需直接进行控制，用户根据需要定制自己所需要的计算能力。

云计算描述了一种基于互联网的新的 IT 服务及商业模式，通常涉及通过互联网来提供动态易扩展而且经常是虚拟化的资源，给予用户的往往是简单而标准化的接口。在云计算的业态下，用户不仅可以通过传统的 PC 来访问或者利用云服务商提供的数据，而且通过多种多样的设备，诸如手机、平板来获得服务，而这些软件和数据都存储在云端设备上。其概念模型如图 6-5 所示。

狭义云计算指 IT 基础设施的交付和使用模式，指通过网络以按需、易扩展的方式获得所需资源；广义云计算指服务的交付和使用模式，指通过网络以按需、易扩展的方式获得所需服务。国内对云计算的定义有多种说法，较为广泛被接受的定义是“云计算是通过网络提供可伸缩的廉价的分布式计算能力”。

虽然目前云计算没有统一的定义，但结合其发展历程，可以总结出云计算的一些本质特征，具有以下特点：

（1）超大规模

“云”具有相当的规模，Google 云计算已经拥有 100 多万台服务器，如图 6-6 所示。

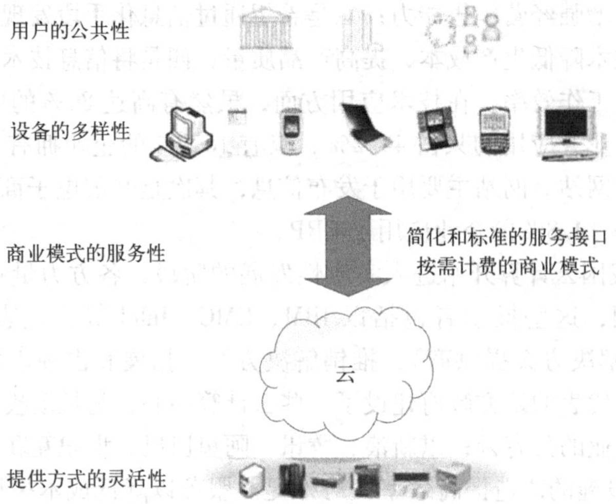

图 6-5　云计算的概念模型

Amazon、IBM、微软、Yahoo 等的“云”均拥有几十万台服务器。企业私有云一般拥有数百上千台服务器。“云”能赋予用户前所未有的计算能力。这也催生了大量数据中心由传统模式向云模式改变。

图 6-6　Google 数据中心内部服务器集群

云计算数据中心中托管的不再是客户的设备，而是计算能力和 IT 可用性。数据在云端进行传输，云计算数据中心为其调配所需的计算能力，并对整个基础构架的后台进行管理。从软件、硬件两方面运行维护，软件层面不断根据实际的网络使用情况对云平台进行调试，硬件层面保障机房环境和网络资源正常运转调配。数据中心去完成整个 IT 的解决方案，客户可以完全不用操心后台，就有充足的计算能力（像水电供应一样）可以使用。

互联网数据中心发展到今天，从基础建设到服务管理都发生了很大的变化。无论是公有云还是私有云，对运行环境的要求会越来越复杂。作为这个环境的提供者，数据中心所承载的职能是不断递增的。云计算会提升客户对于数据中心的要求，当前中国的数据中心数量、规模都正在因此而成长，但是否能真正实现云化，还需要数据中心提升自身服务能力。

（2）虚拟化

云计算支持用户在任意位置使用各种终端获取应用服务。所请求的资源来自“云”，而不是固定的有形的实体。应用在“云”中某处运行，但实际上用户无需了解、也不用担心应用运行的具体位置。只需要一台笔记本电脑或者一个手机，就可以通过网络服务来实现我们需要的一切，甚至包括超级计算这样的任务。

（3）高可靠性

云计算提供了最可靠、最安全的数据存储中心，用户不用再担心数据丢失、病毒入侵等问题。很多人觉得数据只有保存在自己看得见、摸得着的计算机里才最安全，其实不然。个人计算机可能会因为自己不小心而损坏，或者被病毒攻击，导致硬盘上的数据无法恢复，而不法之徒也有可能利用各种机会窃取数据。反之，在“云”的另一端，有专业的团队来帮用户管理信息，有先进的数据中心来保存数据。同时，严格的权限管理策略可以帮助用户放心地与指定的人共享数据。

（4）通用性

云计算不针对特定的应用，在“云”的支撑下可以构造出千变万化的应用，同一个“云”可以同时支撑不同的应用运行。大家不妨回想一下，自己的联系人信息是如何保存的。一个最常见的情形是，你的手机里存储了几百个联系人的电话号码，你的个人计算机或笔记本电脑里则存储了几百个电子邮件地址。为了方便在出差时发邮件，则不得不在个人计算机和笔记本电脑之间定期同步联系人信息。买了新的手机后，同样不得不在旧手机和新手机之间同步电话号码。考虑到不同设备的数据同步方法种类繁多，操作复杂，要在这许多不同的设备之间保存和维护最新的一份联系人信息，必须为此付出难以计数的时间和精力。而在云计算的网络应用模式中，数据只有一份，保存在“云”的另一端，所有电子设备只需要连接互联网，就可以同时访问和使用同一份数据。仍然以联系人信息的管理为例，当使用网络服务来管理所有联系人的信息后，用户可以在任何地方用任何一台计算机找到某个朋友的电子邮件地址，可以在任何一部手机上直接拨通朋友的电话号码，也可以把某个联系人的电子名片快速分享给好友。当然，这一切都是在严格的安全管理机制下进行的，只有对数据拥有访问权限的人，才可以使用或与他人分享这份数据。

（5）高可扩展性

“云”的规模可以动态伸缩，满足应用和用户规模增长的需要。

（6）按需服务

“云”是一个庞大的资源池，可按需购买；云可以像自来水、电、煤气那样计费。

（7）极其廉价

云计算对用户端的设备要求最低，使用起来也最方便。大家都有过维护个人计算机上种类繁多的应用软件的经历。为了使用某个最新的操作系统，我们必须不断升级自己的计算机硬件。为了打开朋友发来的某种格式的文档，我们不得不寻找并下载某个应用软件。为了防止在下载时引入病毒，我们不得不反复安装杀毒和防火墙软件。此时，云计算是很好的选择。只要有一台可以上网的计算机和一个浏览器，输入 URL ，然后就可以在浏览器中直接编辑存储在“云”的另一端的文档，随时与朋友分享信息。因为在“云”的另一端，有专业的 IT 人员帮助用户维护硬件、安装和升级软件、防范病毒和各类网络攻击，等等。

6.2　云计算平台

6.2.1　云计算的服务模式

云计算还处于萌芽阶段，有庞杂的各类厂商在开发不同的云计算服务。云计算的表现形式多种多样，简单的云计算服务在人们日常网络应用中随处可见，比如腾讯 QQ 空间提供的在线制作 Flash 图片、Google 的搜索服务、Google Doc、Google Apps 等。根据比较权威的 NIST（National Institute of Standards and Technology，美国国家标准技术研究院）定义，云计算主要分为三种服务模式，而且这个三层的分法主要是从用户体验的角度出发的，如图 6-7 所示：Infrastructure as a Service，基础设施即服务，简称 IaaS，这层的作用是提供虚拟机或者其他资源作为服务提供给用户；Platform as a Service，平台即服务，简称 PaaS，这层的作用是将一个开发平台作为服务提供给用户；Software as a Service，软件即服务，简称 SaaS，这层的作用是将应用作为服务提供给客户。

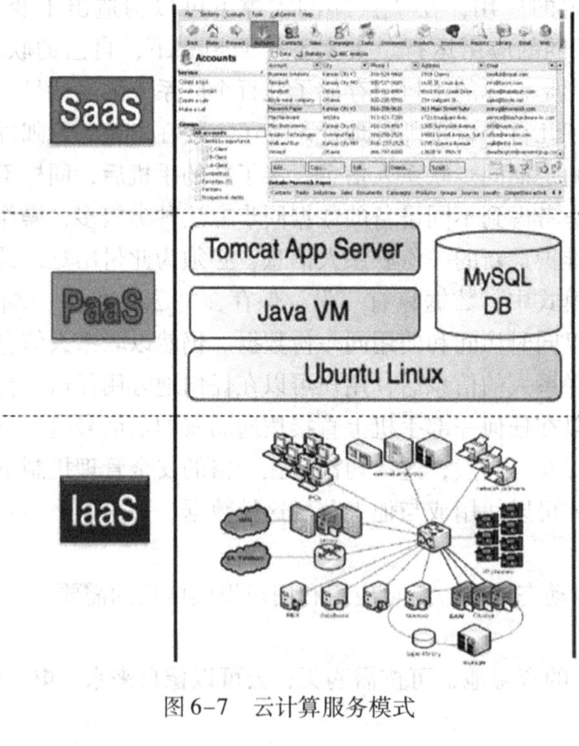

图 6-7　云计算服务模式

1. IaaS 模式

IaaS 是把厂商的由多台服务器组成的“云端”基础设施，作为计量服务提供给客户。它将内存、I/O 设备、存储和计算能力整合成一个虚拟的资源池为整个业界提供所需要的存储资源和虚拟化服务器等服务。这是一种托管型硬件方式，用户付费使用厂商的硬件设施。例如 Amazon Web 服务（AWS），IBM 的 BlueCloud 等均是将基础设施作为服务出租。如图 6-8 所示。

图 6-8　IaaS 模式下提供海量服务器集群

IaaS 的七个基本功能如下。

1）资源抽象：使用资源抽象的方法（如资源池）能更好地调度和管理物理资源。

2）资源监控：通过对资源的监控，能够保证基础实施高效率的运行。

3）负载管理：通过负载管理，不仅能使部署在基础设施上的应用运能更好地应对突发情况，而且还能更好地利用系统资源。

4）数据管理：对云计算而言，数据的完整性、可靠性和可管理性是对 IaaS 的基本要求。

5）资源部署：也就是将整个资源从创建到使用的流程自动化。

6）安全管理：IaaS 安全管理的主要目标是保证基础设施和其提供的资源能被合法地访问和使用。

7）计费管理：通过细致的计费管理能使用户更灵活地使用资源。

2. PaaS 模式

所谓 PaaS 实际上是指将软件研发的平台作为一种服务，并提供给用户。用户或者企业基于 PaaS 平台可以快速开发自己所需要的应用和产品。同时，PaaS 平台开发的应用能更好地搭建基于 SOA 架构的企业应用。

通过 PaaS 这种模式，用户可以在一个包括 SDK、文档和测试环境等在内的开发平台上非常方便地编写应用，而且不论是在部署，或者在运行的时候，用户都无需为服务器、操作系统、网络和存储等资源的管理操心，这些繁琐的工作都由 PaaS 供应商负责处理，而且 PaaS 在整合率上面非常惊人。如图 6-9 所示，一台运行 Google App Engine 的服务器能够支撑成千上万的应用，也就是说，PaaS 是非常经济的。PaaS 主要的用户是开发人员。

为了支撑着整个 PaaS 平台的运行，供应商需要提供如下四大功能。

1）友好的开发环境：通过提供 SDK 和 IDE 等工具来让用户能在本地方便地进行应用的开发和测试。

2）丰富的服务：PaaS 平台会以 API 的形式将各种各样的服务提供给上层的应用。

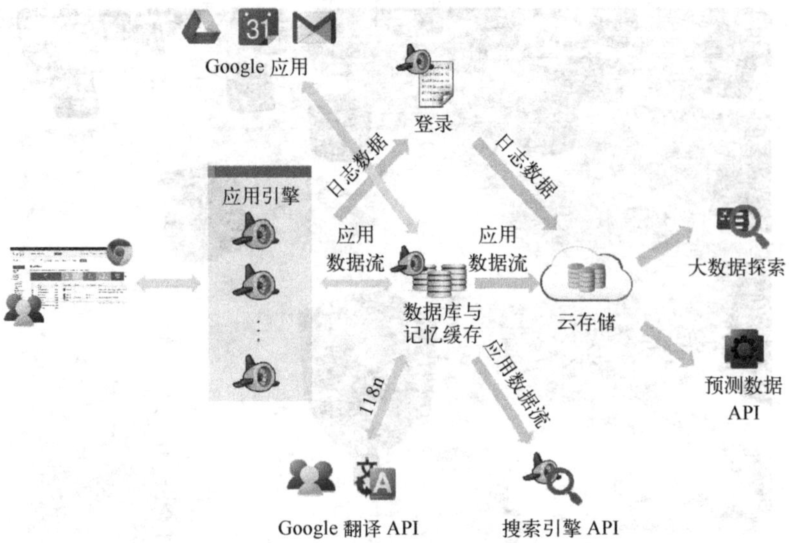

图 6-9　Google 云平台

注：Google App Engine 是一个开发、托管网络应用程序的平台，使用 Google 管理的数据中心。它在 2008 年 4 月发布了第一个 beta 版本，Google App Engine 使用了云计算技术。它跨越多个服务器和数据中心来虚拟化应用程序。

3）自动的资源调度：也就是可伸缩这个特性，它不仅能优化系统资源，而且能自动调整资源来帮助运行于其上的应用更好地应对突发流量。

4）精细的管理和监控：通过 PaaS 能够提供应用层的管理和监控。比如，能够观察应用运行的情况和具体数值（如吞吐量和反映时间）来更好地衡量应用的运行状态，还有能够通过精确计量应用使用所消耗的资源来更好地计费。

目前业内使用较多的 PaaS 平台包括以下几种。

（1）Microsoft Windows Azure

Windows Azure 是微软的云计算平台，其主要目标是帮助开发者开发可运行在云服务器、数据中心、Web 和 PC 上的应用程序。开发者能使用微软全球数据中心的储存、计算能力和网络基础服务。

Azure 服务平台包括了以下主要组件：Windows Azure；Microsoft SQL 数据库服务、Microsoft .NET 服务；用于分享、储存和同步文件的 Live 服务；针对商业的 Microsoft SharePoint 和 Microsoft Dynamics CRM 服务等。

（2）Google AppEngine

Google App Engine 是 Google 提供的服务，允许开发者在 Google 的基础架构上运行网络应用程序。Google App Engine 应用程序易于构建和维护，并可根据访问量和数据存储需要的增长轻松扩展。使用 Google App Engine，将不再需要维护服务器，开发者只需上传应用程序，它便可立即为用户提供服务。通过 Google App Engine，即使在重载和数据量极大的情况下，也可以轻松构建能安全运行的应用程序。该环境包括以下特性：动态网络服务，提供对常用网络技术的完全支持，持久存储有查询、分类和事务；自动扩展和载荷平衡，用于对用户进行身份验证和使用 Google 账户发送电子邮件的 API；一种功能完整的本地开发环境，可以在用户 PC 上模拟 Google App Engine。

（3）VMware Cloud Foundry

Cloud Foundry 是 VMware 的一项开源 PaaS 计划，使用各种开源开发框架和中介软件，来提供 PaaS 服务。开发者可以通过这个平台来建设自己的 SaaS 的服务，不用自行建设和维护硬体服务器和中介软件。由于 Cloud Foundry 采用开源的网站平台技术，所以开发者的应用程序也可以任意转移到其他平台上而不受限于 PaaS 的平台。

目前 Cloud Foundry 可以支持多种开发框架，包括 Spring for Java、Ruby on Rails、Node. js 以及多种 JVM 等。Cloud Foundry 平台也提供 MySQL、Redis 和 MongoDB 等数据库服务。

（4）Force. com

Force. com 是企业云计算公司 Salesforce. com 的社会化企业应用平台，允许开发者构建具有社交和移动特性的应用程序。另外，Force. com 还提供了有助于在云上更快建立以及运行业务应用程序的所有功能，包括数据库、无限实时定制、强劲分析、实时工作流程以及审批、可编程云逻辑、实时流动部署、可编程用户界面以及网站功能等。Force. com 还支持 Apex 编程语言，开发者可以基于 UI 层面编写数据库触发器和程序控制器。

3. SaaS 模式

SaaS 起源于 20 世纪 60 年代的 Mainframe、80 年代的 C/S，从 ASP 服务模式演变而来。它与“on – demand software”（按需软件），the Application Service Provider（ASP，应用服务提供商），hosted software（托管软件）具有相似的含义。它是一种通过 Internet 提供软件的模式，厂商将应用软件统一部署在自己的服务器上，客户可以根据自己的实际需求，通过互联网向厂商定购所需的应用软件服务，按定购的服务多少和时间长短向厂商支付费用，并通过互联网获得厂商提供的服务。用户不用再购买软件，而改用向提供商租用基于 Web 的软件来管理企业经营活动，且无需对软件进行维护，服务提供商会全权管理和维护软件，软件厂商在向客户提供互联网应用的同时，也提供软件的离线操作和本地数据存储，让用户随时随地都可以使用其定购的软件和服务。对于许多小型企业来说，SaaS 是采用先进技术的最好途径，它消除了企业购买、构建和维护基础设施和应用程序的需要。

SaaS 是一种软件布局模型，其应用专为网络交付而设计，便于用户通过互联网托管、部署及接入。SaaS 应用软件的价格通常为“全包”费用，囊括了通常的应用软件许可证费、软件维护费以及技术支持费，将其统一为每个用户的月度租用费。对于广大中小型企业来说，SaaS 是采用先进技术实施信息化的最好途径，但 SaaS 绝不仅仅适用于中小型企业，所有规模的企业都可以从 SaaS 中获利。SaaS 已成为软件产业的一个重要力量。只要 SaaS 的品质和可信度能继续得到证实，它的魅力就不会消退。

SaaS 服务模式与传统许可模式软件有很大的不同，它是未来管理软件的发展趋势。相比较传统服务方式而言，SaaS 具有很多独特的特征：SaaS 不仅减少了或取消了传统的软件授权费用，而且厂商将应用软件部署在统一的服务器上，免除了最终用户的服务器硬件、网络安全设备和软件升级维护的支出，客户不需要除了个人计算机和互联网连接之外的其他 IT 投资就可以通过互联网获得所需要软件和服务。此外，大量的新技术，如 Web Service，为客户提供了更简单、更灵活、更实用的 SaaS。

通过 SaaS 这种模式，用户只要接上网络，并通过浏览器，就能直接使用在云端上运行的应用，而不需要顾虑类似安装等琐事，并且免去初期高昂的软硬件投入。SaaS 主要面对的是普通的用户，主要产品包括 Salesforce Sales Cloud、Google Apps、Zimbra、Zoho 和 IBM Lotus Live 等。

如图 6-10 所示，用户在使用各种软件时，不用考虑硬件的配置，仅仅将主机接入因特网即可享受到远程服务器所提供的便利服务。谈到 SaaS 的功能，也可以认为是要实现 SaaS 服务，供应商需要完成那些功能？主要有以下四个方面。

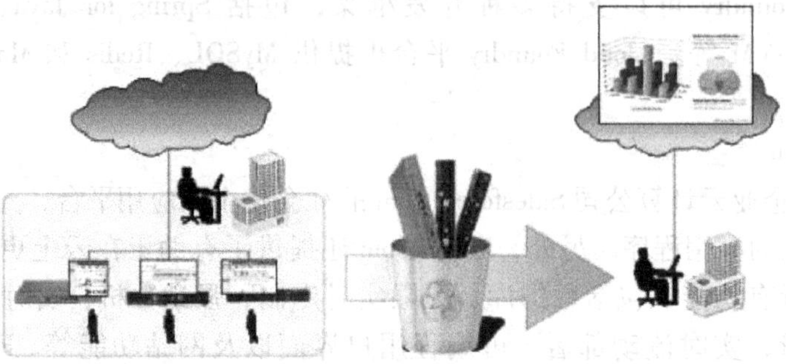

图 6-10　SaaS 模式下无需昂贵硬件

1）随时随地访问：在任何时候或者任何地点，只要接上网络，用户就能访问这个 SaaS 服务。

2）支持公开协议：通过支持公开协议（如 HTML4/5），能够方便用户使用。

3）安全保障：SaaS 供应商需要提供一定的安全机制，不仅要使存储在云端的用户数据处于绝对安全的境地，而且也要在客户端实施一定的安全机制（如 HTTPS）来保护用户。

4）多住户（Multi - Tenant）机制：通过多住户机制，不仅能更经济地支撑庞大的用户规模，而且能提供一定的可定制性以满足用户的特殊需求。

4. 三种模式之间的关系

虚拟化、高速网络的普及和当前浏览器的功能使这些服务成为可能。用户可以根据需要从云中得到需要的东西。理解这些服务的最简单的途径是从 SaaS 开始。SaaS 的一个简单的例子是在线电子邮件服务，如 Gmail。在使用 Gmail 时，Google 托管邮件服务器，用户只需通过作为客户端软件的浏览器访问这个服务。SaaS 适用于企业机构中的最终用户。

IaaS 是在云范围的另一端。在这种情况下，企业不必购买服务器，只需要求 IaaS 提供商提供一个虚拟机，然后把需要的所有软件安装在虚拟机上。在后台，提供商根据需求为企业提供存储或者其他资源。虚拟化技术把物理硬盘与企业正在运行的虚拟机隔离开来，亚马逊 EC2、IBM 和许多其他厂商都提供 IaaS。

PaaS 介于 IaaS 和 SaaS 之间。PaaS 不像 SaaS 那样是一个成熟的产品，也不像 IaaS 那样是一个单纯的产品。PaaS 为应用程序开发人员提供一些工具以开发适用于某个特定平台的应用程序。例如，微软的 WindowsAzure 提供工具和环境以开发移动应用程序、社交应用程序、网站、游戏等。

因此，它们之间的关系主要可以从两个角度进行分析：其一是用户体验角度，从这个角度而言，它们之间关系是独立的，因为它们面对不同类型的用户。其二是技术角度，从这个角度而言，它们并不是简单的继承关系（SaaS 基于 PaaS，而 PaaS 基于 IaaS），因为首先 SaaS 可以是基于 PaaS 或者直接部署于 IaaS 之上，其次 PaaS 可以构建于 IaaS 之上，也可以直接构建在物理资源之上。

6.2.2 云计算的部署模型

云计算根据部署方式与服务对象的不同可以分为公有云、私有云、社区云以及混合云，如图6-11所示。

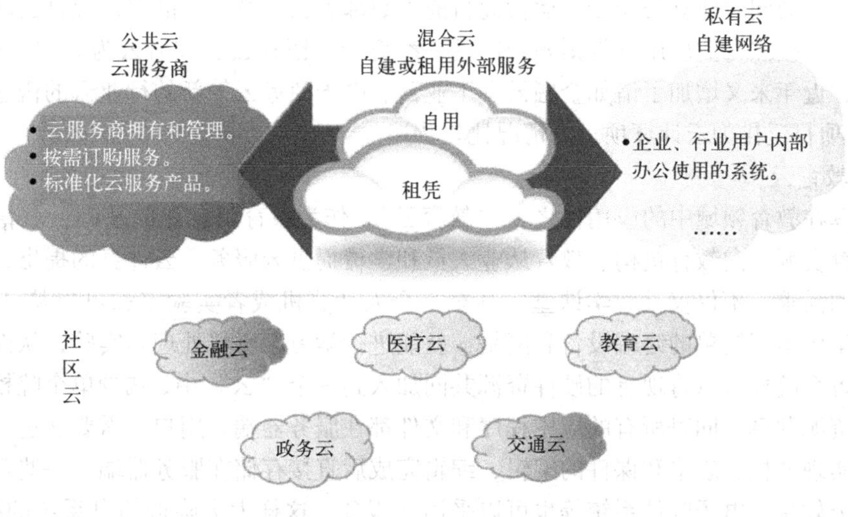

图6-11 云计算的部署模型

1. 公有云

公有云通常指第三方提供商用户能够使用的云，公有云一般可通过Internet使用，可能是免费或成本低廉的。这种云有许多实例，可在当今整个开放的公有网络中提供服务。

公有云最大的意义是能够以低廉的价格，提供有吸引力的服务给最终用户，创造新的业务价值。公有云作为一个支撑平台，还能够整合上游的服务（如增值业务、广告）提供者和下游的最终用户，打造新的价值链和生态系统。

2. 私有云

私有云是为一个客户单独使用而构建的，因而提供对数据、安全性和服务质量的最有效控制。该公司拥有基础设施，并可以控制在此基础设施上部署应用程序的方式。私有云可部署在企业数据中心的防火墙内，也可以将它们部署在一个安全的主机托管场所。私有云极大地保障了安全问题，目前有些企业已经开始构建自己的私有云。私有云可由公司自己的IT机构，也可由云提供商进行构建。在此“托管式专用”模式中，像IBM这样的云计算提供商可以安装、配置和运营基础设施，以支持一个公司企业数据中心内的专用云。此模式赋予公司对于云资源使用情况的极高水平的控制能力，同时带来建立并运作该环境所需的专门知识。

私有云与公有云的区别在于，与私有云相关的网络、计算以及存储等基础设施都是为单独机构所独有的，并不与其他的机构分享（如为企业用户单独定制的云计算）。

3. 社区云

社区云是大的公有云范畴内的一个组成部分，是指在一定的地域范围内，由云计算服务提供商统一提供计算资源、网络资源、软件和服务能力所形成的云计算形式。即基于社区内的网络互连优势和技术易于整合等特点，通过对区域内各种计算能力进行统一服务形式的整合，结合社区内的用户需求共性，实现面向区域用户需求的云计算服务模式。

4. 混合云

混合云是公有云和私有云两种服务方式的结合。混合云，是目标架构中公有云、私有云和/或者公众云的结合。由于安全和控制原因，并非所有的企业信息都能放置在公有云上，这样大部分已经应用云计算的企业将会使用混合云模式。很多将选择同时使用公有云和私有云，有一些也会同时建立公众云。运营商目前多数部署云计算采取的都是混合云的模式。

云计算若按照行业应用分类则颇为广泛，教育云、医疗云、政府云为其中的典型代表。除此之外，近年来又增加了诸如金融云、工业云、电子商务云等新的行业云的概念，不过目前传统 IT 项目泛化为云计算项目的情况比较普遍。

（1）教育云

云计算在教育领域中的应用称之为“教育云”，作为教育信息化的基础，教育云整合了软硬件教育资源，向教育机构、教育从业人员和学员提供云服务。云计算的提出，最小化了终端设备的需求，不仅仅是教学课堂，甚至是个人计算机或者实验室都可以从“云”中获得信息。学生运行简单的终端设备和网络，就能进行学习、资料处理和实验，从而降低了教学成本。各个院校可以将现有的硬件资源共同加入到一个“云”中，减少单个院校的成本投入，实现资源共享。同时所有的应用程序和文件都在服务器端，用户只需要通过终端访问服务器即可实现文档、表格和课件的编辑，编辑完成后直接存储在服务器端。一些常用的应用软件如办公软件、电子邮件系统等也可以采用云服务，这样大大降低信息系统的构建成本，也减少为维护和升级软件而投入的费用。

云计算的发展有助于构建网络学习平台，网络学习平台上的学员可以使用网络平台提供的资源、环境进行学习、实验和交流。并且在可靠性和安全方面，教育云的优势也很突出，云计算服务提供商可以提供专业、高效和安全的数据存储，因此无需担心病毒和黑客的侵袭以及硬件的损坏所导致的数据丢失问题。

（2）医疗云

医疗云是在医疗护理领域采用云计算相关技术和服务理念构建医疗保健服务的系统，从而有效地提高医疗保健的质量、控制成本和实现便捷访问。多个医院之间可以共享由大量系统连接在一起形成的基础设施资源池，医院的运行成本减少，效率提高。对于医生、护理人员和其他医疗支持者来说，通过云计算技术可以实时获得病人资料，不受病人当前位置的限制，因为病人的电子医疗记录或检验信息系统软件和信息都在中央服务器中，资料可以由一个医院群分享，而不在某个医院单独的 IT 系统中。

（3）政务云

云计算在政府门户网站建设、政务应用系统建设、数据中心建设等领域将得到广泛的应用。政府门户网站用户数量的快速增长，内容的日趋多媒体化，政府门户网站要处理海量的数据，将比以前承受更多的负载，需要云计算平台作为支撑。云计算的引入同样可以缩减政府数据中心建设和运行的成本（包括电力成本、空间成本、维护成本等）。同时，随着移动终端的普及，4G 等大容量移动通信技术的应用，会有越来越多的移动设备进入政务应用系统，政务系统需要处理大量的数据，将比以前承受更多的负载，也需要云计算平台的帮助来缩短政务应用系统的响应时间。

我国经济较发达地区 2011 年已经开始规划并开始建设基于云计算的电子政务公共平台、

安全支撑平台、物联网数据中心、移动电子政务平台等新型政务支撑服务平台，规划建设千兆级（1000MB/s级）互联网统一出口。除业务承载的需要外，重点解决信息共享效率低、业务协同差、应用系统国产化率低等问题，实现自主可控、信息安全的全能型政务云。

（4）金融云

金融云就是利用云计算技术将金融机构的数据中心与客户端应用整合到云计算体系架构之中，从而达到提高自身系统运算能力、数据处理能力和网络吞吐能力，改善客户体验评价，提高金融机构迅速发现并解决问题的能力，提升整体工作效率，改善流程，降低运营成本的目的。

（5）工业云

工业云是在云计算模式下对工业企业提供软件服务，使工业企业的社会资源实现共享化。“工业云”有望成为我国中小型工业企业进行信息化建设的另外一个理想选择，因为“工业云”的出现将大大降低我国制造业信息建设的门槛。

（6）电子商务云

电子商务（Electronic Commerce）是在 Internet 开放的网络环境下，基于 B/S 架构，实现消费者的网上购物、与商户之间的网上交易和在线电子支付的一种新型的商业运营模式。电子商务云是指基于云计算商业模式应用的电子商务服务平台。在云平台上，所有的电子商务供应商、代理商、策划服务商、制作商、行业协会、管理机构、行业媒体、法律机构等都集中整合成资源池，各个资源相互展示和互动，按需交流，达成意向，从而降低成本，提高效率。

6.2.3 云计算的关键技术

云计算是分布式处理、并行计算和网格计算等概念的发展和商业实现，其技术实质是计算、存储、服务器、应用软件等 IT 软硬件资源的虚拟化，云计算在虚拟化、数据存储、数据管理、编程模式等方面具有自身独特的技术。云计算的关键技术包括以下几个方向。

1. 虚拟机技术

虚拟化是一个广义的术语，在计算机方面通常是指计算元件在虚拟的基础上而不是真实的基础上运行。虚拟化技术可以扩大硬件的容量，简化软件的重新配置过程。CPU 的虚拟化技术可以单 CPU 模拟多 CPU 并行，允许一个平台同时运行多个操作系统，并且应用程序都可以在相互独立的空间内运行且互不影响，从而显著提高计算机的工作效率。

虚拟化是一种经过验证的软件技术，它正迅速改变着 IT 的面貌，并从根本上改变着人们的计算方式。如今，具有强大处理能力的 x86 计算机硬件仅仅运行了单个操作系统和单个应用程序，这使得大多数计算机远未得到充分利用。利用虚拟化，可以在一台物理机上运行多个虚拟机，因而得以在多个环境间共享这一台计算机的资源。不同的虚拟机可以在同一台物理机上运行不同的操作系统以及多个应用程序。

虚拟化技术与多任务以及超线程技术是完全不同的。多任务是指在一个操作系统中多个程序同时并行运行，而在虚拟化技术中，则可以同时运行多个操作系统，而且每一个操作系统中都有多个程序运行，每一个操作系统都运行在一个虚拟的 CPU 或者是虚拟主机上。而超线程技术只是单 CPU 模拟双 CPU 来平衡程序运行性能，这两个模拟出来的 CPU 是不能分离的，只能协同工作。

如图6-12所示，传统架构操作系统构建在硬件之上，运行一套操作系统，资源利用率低下；虚拟化架构抽象出逻辑硬件，建立多套操作系统同时运行，提高资源利用率。

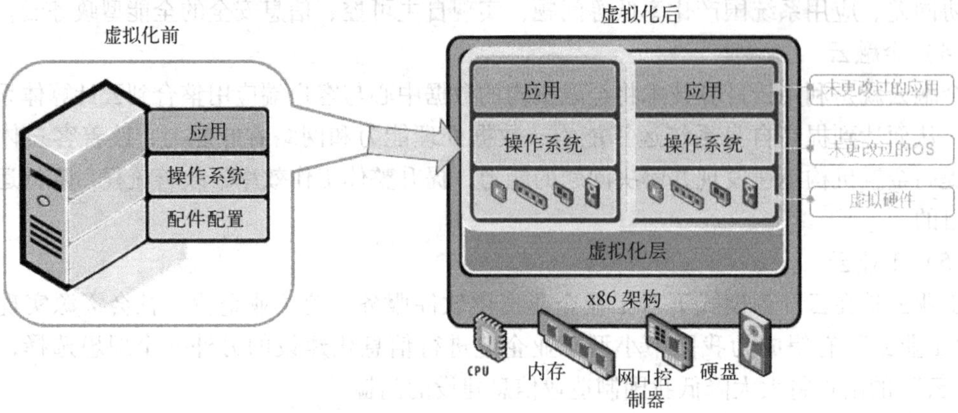

图6-12　传统架构与虚拟化架构区别

虚拟化允许具有不同操作系统的多个虚拟机在同一物理机上独立并行运行。每个虚拟机都有自己的一套虚拟硬件（如RAM、CPU、网卡等），可以在这些硬件中加载操作系统和应用程序。无论实际采用了什么物理硬件组件，操作系统都将它们视为一组一致、标准化的硬件。

以前的虚拟软件必须是装在一个操作系统上，然后在虚拟软件之上安装虚拟机，在其中运行虚拟的系统及其应用。而在当前的架构下，虚拟机可以通过虚拟机管理器（Virtual Machine Monitor，VMM）来进行管理的。VMM是在底层实现对其上的虚拟机的管理和支持。但现在许多的硬件，比如Intel的CPU已经对虚拟化技术做了硬件支持，大多数VMM就可以直接装在裸机上，在其上再装几个虚拟机就可以就大大提升虚拟化环境下的性能体验，如图6-13所示。

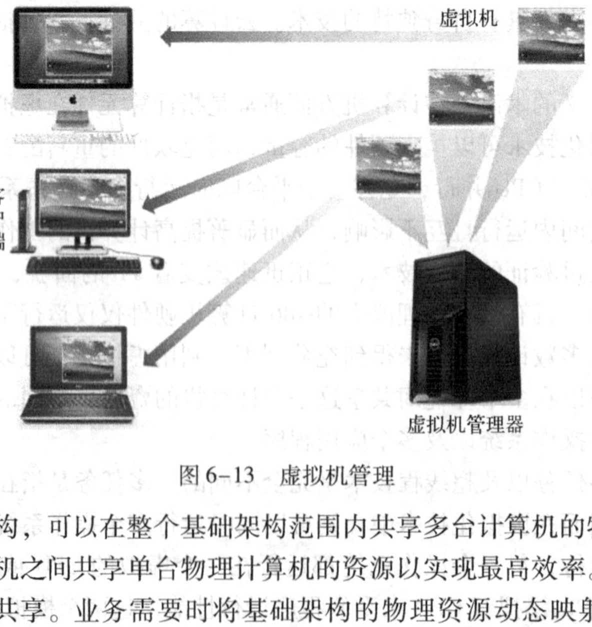

图6-13　虚拟机管理

利用虚拟基础架构，可以在整个基础架构范围内共享多台计算机的物理资源。利用虚拟机，可以在多台虚拟机之间共享单台物理计算机的资源以实现最高效率。资源在多个虚拟机和应用程序之间进行共享。业务需要时将基础架构的物理资源动态映射到应用程序的驱动力，即便在这些需要发生变化时也是如此。可将x86服务器与网络和存储器聚合成一个统一的 IT 资源池，供应用程序根据需要随时使用。这种资源优化方式有助于组织实现更高的灵活性，使资金成本和运营成本得以降低。

一个虚拟基础架构通常可以包括以下组件。

1）裸机管理程序，可使每台 x86 计算机实现全面虚拟化。

2）虚拟基础架构服务（如资源管理和整合备份），可在虚拟机之间使可用资源达到最优配置。

3）自动化解决方案，用于通过提供特殊功能来优化特定 IT 流程，如部署或灾难恢复。

将软件环境与其底层硬件基础架构分离，以便管理员可以将多个服务器、存储基础架构和网络聚合成共享资源池。然后，根据需要安全可靠地向应用程序动态提供这些资源。借助这种具有开创意义的方法，我们可以使用价格低廉的行业标准服务器以构造块的形式构建自我优化的数据中心，并实现高水平的利用率、可用性、自动化和灵活性。

2. 海量数据分布存储技术

云计算系统需要同时满足大量用户的需求，并行地为大量用户提供服务。因此，云计算的数据存储技术必须具有分布式、高吞吐率和高传输率的特点。目前数据存储技术主要有 Google 的 GFS（Google File System，非开源）以及 HDFS（Hadoop Distributed File System，开源），目前这两种技术已经成为事实标准。

如图 6-14 所示，一个 GFS 集群由一个主服务器（Master）和大量的块服务器（Chunk Server）构成，并被许多客户（Client）访问。主服务器存储文件系统所有的元数据，包括名字空间、访问控制信息、从文件到块的映射以及块的当前位置。它也控制系统范围的活动，如块租约（lease）管理、孤儿块的垃圾收集、块服务器间的块迁移。主服务器定期通过 HeartBeat 消息与每一个块服务器通信，给块服务器传递指令并收集它的状态。GFS 中的文件被切分为 64MB 的块并以冗余存储，每份数据在系统中保存 3 个以上备份。客户与主服

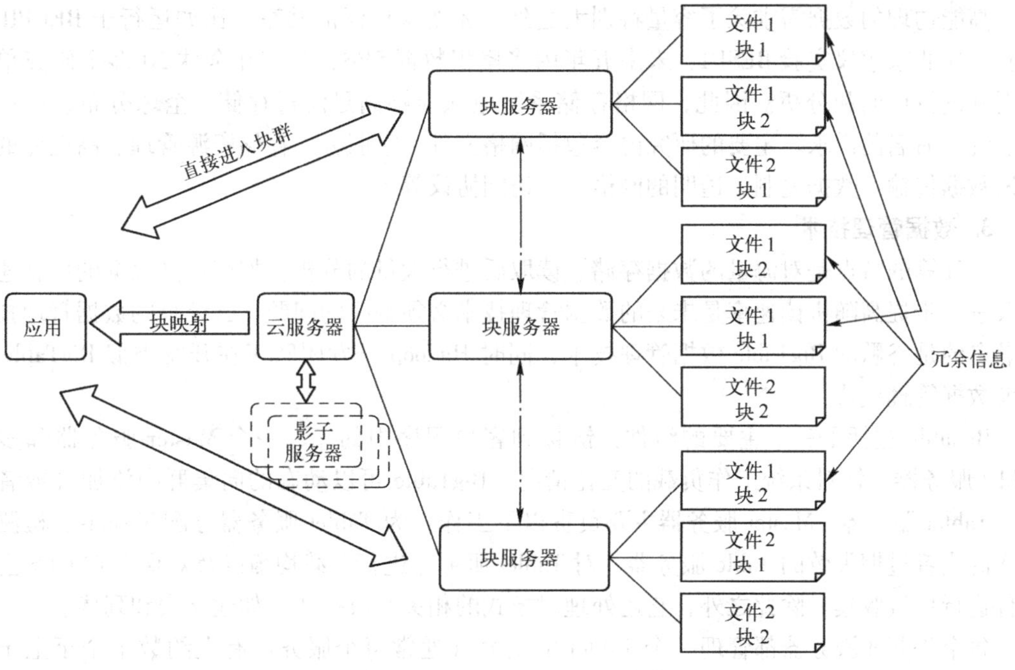

图 6-14　Google File System 架构

务器的交换只限于对元数据的操作，所有数据方面的通信都直接和块服务器联系，这大大提高了系统的效率，防止主服务器负载过重。

为了支持大规模数据的存储、传输与处理，针对海量数据存储目前主要开展如下三个方向的研究。

(1) 虚拟存储技术

存储虚拟化的核心工作是物理存储设备到单一逻辑资源池的映射，通过虚拟化技术，为用户和应用程序提供了虚拟磁盘或虚拟卷，并且用户可以根据需求对它进行任意分割、合并、重新组合等操作，并分配给特定的主机或应用程序，为用户隐藏或屏蔽了具体的物理设备的各种物理特性。存储虚拟化可以提高存储利用率，降低成本，简化存储管理，而基于网络的虚拟存储技术已成为一种趋势，它的开放性、扩展性、管理性等方面的优势将在数据大集中、异地容灾等应用中充分体现出来。

(2) 高性能 I/O

集群由于其很高的性价比和良好的可扩展性，近年来在 HPC 领域得到了广泛的应用。数据共享是集群系统中的一个基本需求。当前经常使用的是网络文件系统 NFS 或者 CIFS。当一个计算任务在 Linux 集群上运行时，计算节点首先通过 NFS 协议从存储系统中获取数据，然后进行计算处理，最后将计算结果写入存储系统。在这个过程中，计算任务的开始和结束阶段数据读写的 I/O 负载非常大，而在计算过程中几乎没有任何负载。当今的 Linux 集群系统处理能力越来越强，动辄达到几十甚至上百个 TFLOPS，于是用于计算处理的时间越来越短。但传统存储技术架构对带宽和 I/O 能力的提高却非常困难且成本高昂。这造成了当原始数据量较大时，I/O 读写所占的整体时间就相当可观，成为 HPC 集群系统的性能瓶颈。I/O 效率的改进，已经成为今天大多数 Linux 并行集群系统提高效率的首要任务。

(3) 网格存储系统

高能物理的数据需求除了容量特别大之外，还要求广泛的共享。比如运行于 BECPII 上的新一代北京谱仪实验 BESIII，未来五年内将累积数据 5PB，分布在全球 20 多个研究单位将对其进行访问和分析。因此，网格存储系统应该能够满足海量存储、全球分布、快速访问、统一命名的需求。主要的研究内容包括网格文件名字服务、存储资源管理、高性能的广域网数据传输、数据复制、透明的网格文件访问协议等。

3. 数据管理技术

云计算的特点是对海量的数据存储、读取后进行大量的分析，如何提高数据的更新速率以及进一步提高随机读速率是未来的数据管理技术必须解决的问题。云计算的数据管理技术最著名的是谷歌的 BigTable 数据管理技术，同时 Hadoop 开发团队正在开发类似 BigTable 的开源数据管理模块。

Bigtable 包括了三个主要的组件：链接到客户程序中的库、一个 Master 服务器和多个 Tablet 服务器。针对系统工作负载的变化情况，BigTable 可以动态的向集群中添加（或者删除）Tablet 服务器。Master 服务器主要负责以下工作：为 Tablet 服务器分配 Tablets、检测新加入的或者过期失效的 Table 服务器、对 Tablet 服务器进行负载均衡以及对保存在 GFS 上的文件进行垃圾收集。除此之外，它还处理对模式的相关修改操作，如建立表和列族。

每个 Tablet 服务器都管理一个 Tablet 的集合（通常每个服务器有大约数十个至上千个 Tablet）。每个 Tablet 服务器负责处理它所加载的 Tablet 的读写操作，以及在 Tablets 过大时，对其进行分割。和很多 Single - Master 类型的分布式存储系统类似，客户端读取的数据都不经过 Master 服务器，客户程序直接和 Tablet 服务器通信进行读写操作。由于 BigTable 的客户程序不必通过 Master 服务器来获取 Tablet 的位置信息，因此，大多数客户程序甚至完全不需要和 Master 服务器通信。在实际应用中，Master 服务器的负载是很轻的。一个 BigTable 集群存储了很多表，每个表包含了一个 Tablet 的集合，而每个 Tablet 包含了某个范围内的行的所有相关数据。初始状态下，一个表只有一个 Tablet。随着表中数据的增长，它被自动分割成多个 Tablet，默认情况下，每个 Tablet 的尺寸大约是 100 ~ 200 MB。

如图 6-15 所示，我们使用一个三层的、类似树的结构存储 Tablet 的位置信息。第一层是一个存储在 Chubby 中的文件，它包含了 Root Tablet 的位置信息。Root Tablet 包含了一个特殊的 METADATA 表里所有的 Tablet 的位置信息。METADATA 表的每个 Tablet 包含了一个用户 Tablet 的集合。Root Tablet 实际上是 METADATA 表的第一个 Tablet，只不过对它的处理比较特殊——Root Tablet 永远不会被分割——这就保证了 Tablet 的位置信息存储结构不会超过三层。

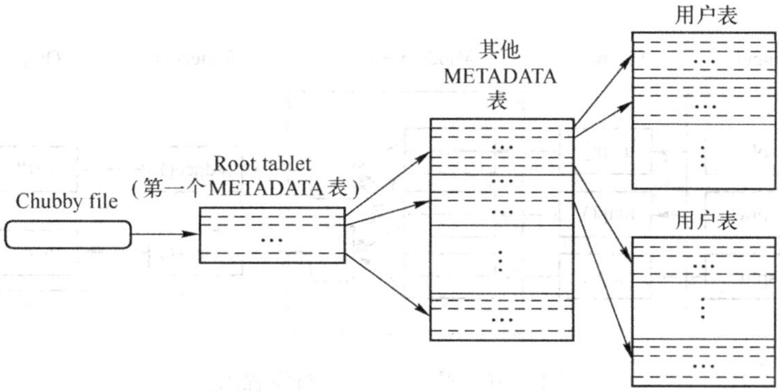

图 6-15　Bigtable 数据管理模式

在 METADATA 表里面，每个 Tablet 的位置信息都存放在一个行关键字下面，而这个行关键字是由 Tablet 所在的表的标识符和 Tablet 的最后一行编码而成的。METADATA 的每一行都存储了大约 1 KB 的内存数据。在一个大小适中的、容量限制为 128 MB 的 METADATA Tablet 中，采用这种三层结构的存储模式，可以标识 2^{34} 个 Tablet 的地址。

客户程序使用的库会缓存 Tablet 的位置信息。如果客户程序没有缓存某个 Tablet 的地址信息，或者发现它缓存的地址信息不正确，客户程序就在树状的存储结构中递归地查询 Tablet 位置信息；如果客户端缓存是空的，那么寻址算法需要通过三次网络来回通信寻址，这其中包括了一次 Chubby 读操作；如果客户端缓存的地址信息过期了，那么寻址算法可能需要最多 6 次网络来回通信才能更新数据，因为只有在缓存中没有查到数据的时候才能发现数据过期。尽管 Tablet 的地址信息是存放在内存里的，对它的操作不必访问 GFS 文件系统，但是，通常我们会通过预取 Tablet 地址来进一步地减少访问的开销。每次需要从 METADATA 表中读取一个 Tablet 的元数据的时候，它都会多读取几个 Tablet 的元数据。

在 METADATA 表中还存储了次级信息（Secondary Information），包括每个 Tablet 的事件日志（例如，什么时候一个服务器开始为该 Tablet 提供服务）。这些信息有助于排查错误和性能分析。Google 的很多项目使用 Bigtable 来存储数据，包括网页查询、Google earth 和 Google 金融。这些应用程序对 Bigtable 的要求各不相同：数据大小（从 URL 到网页到卫星图像）不同，反应速度不同（从后端的大批处理到实时数据服务）。对于不同的要求，Bigtable 都成功地提供了灵活高效的服务。

4. 分布式编程与计算

为了使用户能更轻松的享受云计算带来的服务，让用户能利用该编程模型编写简单的程序来实现特定的目的，云计算上的编程模型必须十分简单，必须保证后台复杂的并行执行和任务调度向用户和编程人员透明。当前各 IT 厂商提出的“云”计划的编程工具均基于 Map Reduce 的编程。

MapReduce 是 Google 开发的 Java、Python、C ++ 编程模型，它是一种简化的分布式编程模型和高效的任务调度模型，用于大规模数据集（大于 1 TB）的并行运算。严格的编程模型使云计算环境下的编程十分简单。如图 6-16 所示，MapReduce 模式的思想是将要执行的问题分解成 Map（映射）和 Reduce（化简）的方式，先通过 Map 程序将数据切割成不相关的区块，分配（调度）给大量计算机处理，达到分布式运算的效果，再通过 Reduce 程序将结果汇整输出。

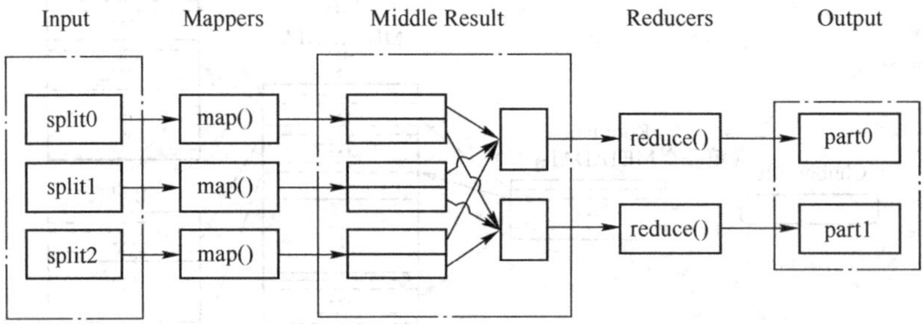

图 6-16　Mapreduce 执行流程图

让我们把 MapReduce 的概念应用到食谱上。Map 和 Reduce 其实是两种操作。Map（映射）：把洋葱、番茄、辣椒和大蒜切碎，是各自作用在这些物体上的一个 Map 操作。所以给 Map 一个洋葱，Map 就会把洋葱切碎。同样地，把辣椒、大蒜和番茄一一地拿给 Map，也会得到各种碎块。所以，当在切像洋葱这样的蔬菜时，用户执行就是一个 Map 操作。Map 操作适用于每一种蔬菜，它会相应地生产出一种或多种碎块，在我们的例子中生产的是蔬菜块。在 Map 操作中可能会出现有个洋葱坏掉了的情况，则只要把坏洋葱丢了就行了。所以，如果出现坏洋葱了，Map 操作就会过滤掉坏洋葱而不会生产出任何的坏洋葱块。Reduce（化简）：在这一阶段，将各种蔬菜碎都放入研磨机里进行研磨，就可以得到一瓶辣椒酱了。这意味要制成一瓶辣椒酱，得研磨所有的原料。因此，研磨机通常将 map 操作的蔬菜碎聚集在了一起。

6.3 云计算应用

6.3.1 云存储

1. 云存储的定义

云存储是在“云计算”概念上延伸和衍生发展出来的一个新的概念。云计算是分布式处理（Distributed Computing）、并行处理（Parallel Computing）和网格计算（Grid Computing）的发展，是透过网络将庞大的计算处理程序自动分拆成无数个较小的子程序，再交由多部服务器所组成的庞大系统，经计算分析之后将处理结果回传给用户。通过云计算技术，网络服务提供者可以在数秒之内，处理数以千万计甚至亿计的信息，达到和“超级计算机”同样强大的网络服务。云存储的概念与云计算类似，它是指通过集群应用、网格技术或分布式文件系统等功能，网络中大量各种不同类型的存储设备通过应用软件集合起来协同工作，共同对外提供数据存储和业务访问功能的一个系统，保证数据的安全性，并节约存储空间。简单来说，云存储就是将储存资源放到云上供人存取的一种新兴方案。如图6-17所示，使用者可以在任何时间、任何地方，透过任何可连网的装置连接到云上方便地存取数据。

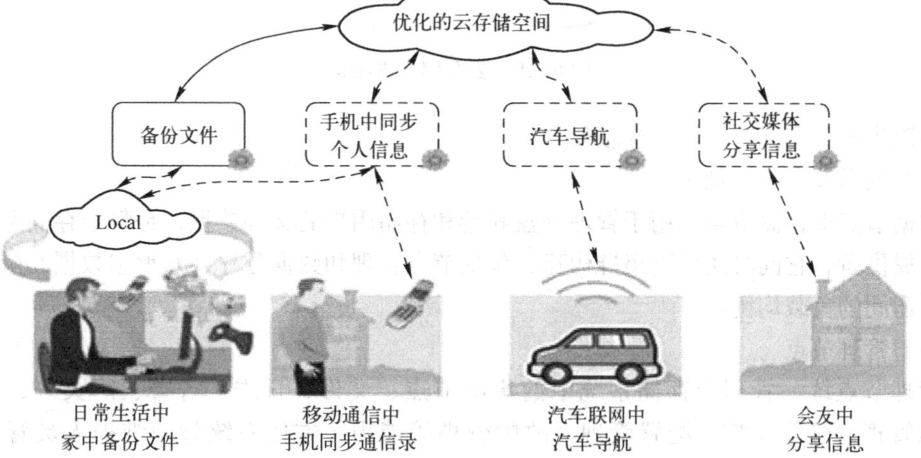

图6-17　随时随地使用云存储

2. 云存储的架构

云存储系统通过元数据和存储数据分离的非对称式架构，通过负载均衡和数据并发访问策略，在普通硬件条件下获得高达数十Gbit/s的传输速率以及上百PB级的存储容量，并可根据用户应用发展的趋势，适时按需进行在线动态扩展。与单机的文件系统不同，分布式文件系统不是将这些数据放在一块磁盘上由上层操作系统来管理，而是存放在一个服务器集群上，由集群中的服务器，各尽其责，通力合作，提供整个文件系统的服务。

云存储系统内置了基于对象数据管理策略，能够保证在系统局部发生故障时数据的安全性和可靠性，彻底消除存储系统中的单点故障，结合自动故障探测和快速故障恢复技术，确保用户的应用持续稳定地运行，同时减少部署和管理的难度。

更直观的理解，云存储系统本身也是构建在通用磁盘阵列之上的，它通过操作系统的API管理磁盘上的数据，只不过这样一个系统在逻辑上可以分为元数据节点（控制节点）、数据节点（存储节点）、管理节点以及客户端四个部分，这四个部分分别对应了上面提到的云存储的四层结构模型，如图6-18所示。

（1）元数据节点（控制节点）

元数据节点即控制节点，用于记录所存储的文件的各种属性，相当于整个文件系统的大脑，管理各个数据节点，收集数据节点信息，了解所有数据节点的现状，然后给它们分配任

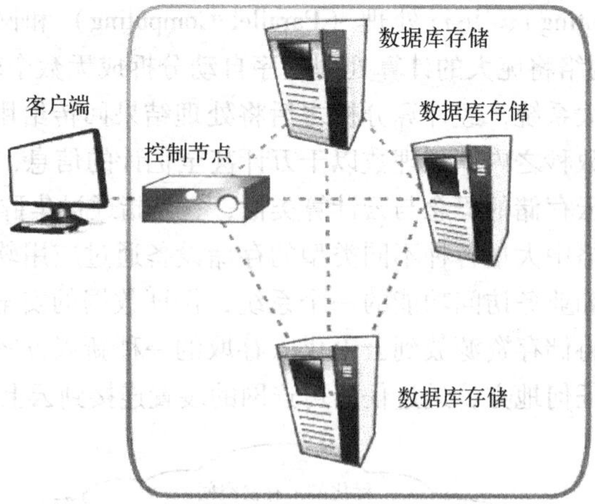

图 6-18　云存储基本架构

务，协调指示各数据节点为系统服务。

(2) 数据节点（存储节点）

数据节点即存储节点，用于管理磁盘和卷和存储用户的文件数据，是整个存储系统的存储资源提供者，它同时还负责集群构建，包括节点管理和数据分片，并承担数据冗余保护和对数据访问的负载均衡。

(3) 管理节点

管理节点统一管理云存储系统中的集群节点、文件、日志、告警、网关等，同时提供日志管理、性能监控、配置管理、故障管理等能力，方便系统管理维护人员管理云存储系统。

(4) 客户端

客户端在一个独立的进程中提供服务，为用户提供文件读写、目录操作等 APIs。当用户需要使用分布式文件系统进行文件读写的时候，将客户端安装至需使用系统的服务器，即可使用系统提供的服务。

3. 云存储的分类

云存储可分为以下三类。

(1) 公共云存储

像亚马逊公司的 Simple Storage Service（S3）和 Nutanix 公司提供的存储服务一样，它们可以低成本提供大量的文件存储。供应商可以保持每个客户的存储、应用都是独立的、私有的。其中以 Dropbox 为代表的个人云存储服务是公共云存储发展较为突出的代表，国内比较突出的代表的有搜狐企业网盘、百度云盘、移动彩云、金山快盘、坚果云、酷盘、115 网盘、华为网盘、360 云盘、新浪微盘、腾讯微云、cStor 云存储等。

公共云存储可以划出一部分用作私有云存储。一个公司可以拥有或控制基础架构，以及应用的部署，私有云存储可以部署在企业数据中心或相同地点的设施上。私有云可以由公司自己的 IT 部门管理，也可以由服务供应商管理。

(2) 内部云存储

这种云存储和私有云存储比较类似，唯一的不同点是它仍然位于企业防火墙内部。至

2014 年可以提供私有云的平台有 Eucalyptus、3A Cloud、minicloud 安全办公私有云、联想网盘等。

(3) 混合云存储

这种云存储把公共云和私有云/内部云结合在一起。主要用于按客户要求的访问，特别是需要临时配置容量的时候。从公共云上划出一部分容量配置一种私有或内部云，可以帮助公司面对迅速增长的负载波动或高峰。但混合云存储也带来了跨公共云和私有云分配应用的复杂性。

4. 云存储的优点

(1) 容量的可扩展性

对于云存储来说，备份的容量是没有限制的，并且可以随时获取，按需使用，随时扩展。组织或个人可以依靠第三方云存储服务商的无限扩展能力，而不需担心存储容量问题。当公司、组织发展壮大后，突然发现自己先前的存储空间不足，此前就必须要考虑增加存储服务器来满足现有的存储需求，而云存储服务则可以很方便地在原有基础上扩展服务空间，满足需求。

(2) 提升工作效率

传统的备份系统一般是每间隔一段时间执行一次备份任务，除此之外，所有的传统备份应用都会执行全部文档的增量备份。这就意味着如果备份前后的差异仅仅是一点点，也需要对整个文件进行备份。

在通过认证的数据中心里，云提供商提供着最先进的技术，例如基于磁盘的压缩、加密、备份，此外还有服务器虚拟化、存储虚拟化、重复数据删除、应用优化数据保护等技术的应用。除了认证要求的安全性之外，多数提供商还能提供每日 24 小时的监控、管理和报表，这些能力是一般的公司、组织本身无法做到的。

(3) 成本、费用的节省

接受云备份服务后，我们不必担心设备升级，数据迁移或者设备淘汰，这些备份基础架构负载都是由服务提供商来承担。因此，对于设备投资来说，就节省了大量的经费。边使用边付费的模式减少了备份设备的采购和实施带来的烦恼。这种方式也使得公司、组织能够预测并管理容量增长和运营费用。

(4) 便于统一管理

当组织、公司的数据量很大，或者涉及的管理面太多时，分散的管理往往不能保证数据的一致性，员工或用户自己管理自己的存储，往往会导致许多人都做重复性工作，这样就会导致效率低下，造成人力资源的浪费，同时也很难进行对信息的有效控制，信息泄露以及安全性将会成为一个突出的问题。

而云存储式的统一管理能同时解决了以上几个方面的问题。数据在同一个管理界面下进行维护，用户无需再自己处理数据管理的烦琐工作，在降低了成本的同时，安全性问题也可以得到有效地解决。

(5) 便于企业批量数字化

相关法规要求企业保存长达数年之久的记录和数据，尤其是针对媒体行业，保存如此大量的数据可以说是一个挑战，因为具体镜像记录有时需要 PB 级的存储空间。从一个大型存储厂商那里购买一台拥有 PB 级阵列产品的价格将是惊人的。

相比之下，当可扩展性和低成本等因素比高速运转要求更重要的时候，采用了多台通用服务器的私有存储云就成为一个可行的选择。基于以上若干优点，云存储的这种备份方式越来越受到各类公司、组织的重视，也得到了越来越广泛的运用。然而，云存储在使用的过程中，还是存在着一些限制的，使用者必须意识到这些方面，才能积极应对今后可能出现的问题。

6.3.2 云安全

云安全服务的出现，彻底颠覆了传统安全产业基于软硬件提供安全服务的模式，降低了企业部署安全产品的成本，使更多的企业可以享受到安全服务。然而，云安全服务目前仍主要面向于中小企业，对于大型企业来说考虑使用云安全服务的还是很少。而云安全服务还有一个问题是关于隐私的问题，这也是很多企业在选择云安全服务时最大的顾虑。

“云安全（Cloud Security）”计划是网络时代信息安全的最新体现，它融合了并行处理、网格计算、未知病毒行为判断等新兴技术和概念，通过网状的大量客户端对网络中软件行为的异常监测，获取互联网中木马、恶意程序的最新信息，传送到服务器端进行自动分析和处理，再把病毒和木马的解决方案分发到每一个客户端。

未来杀毒软件将无法有效地处理日益增多的恶意程序。来自互联网的主要威胁正在由计算机病毒转向恶意程序及木马，在这样的情况下，采用的特征库判别法显然已经过时。云安全技术应用后，识别和查杀病毒不再仅仅依靠本地硬盘中的病毒库，而是依靠庞大的网络服务，实时进行采集、分析以及处理。

由安全服务器、数千万安全用户就可以组成虚拟的网络，简称为“云”。病毒针对“云”的攻击，都会被服务器截获、记录并反击。被病毒感染的节点可以在最短时间内，获取服务器的解决措施，查杀病毒恢复正常。这样的“云”，理论上的安全程度是可以无限改善的。

“云”最强大的地方，就是抛开了单纯的“客户端”防护的概念。传统客户端被感染，杀毒完毕之后就完了，没有进一步的信息跟踪和分享。而“云”的所有节点，是与服务器共享信息的。用户中毒了，服务器就会记录，在帮助该用户处理的同时，也把信息分享给其他用户，他们就不会被重复感染。

于是这个“云”笼罩下的用户越多，“云”记录和分享的安全信息也就越多，整体的用户也就越强大。这才是网络的真谛，也是所谓“云安全”的精华之所在。要想建立“云安全”系统，并使之正常运行，需要海量的客户端（云安全探针）。只有拥有海量的客户端，才能对互联网上出现的病毒、木马、挂马网站有最灵敏的感知能力。

有了海量的客户端的支持，还需要专业的反病毒技术和经验，同时还要加上大量的资金和技术投入，而且这个云系统必须是开放的系统，可以同其他大量的相关合作伙伴共享“探针”。这样的开放性系统，其“探针”与所有软件完全兼容，即使用户使用其他网络安全产品，也可以共享这些“探针”，才能给整个网络带来最大的安全。

如图 6-19 所示表明了这些问题：在 SaaS 环境中，安全控制及其范围在服务合同中进行协商；服务等级、隐私和符合性等也都在合同中关系到。在 IaaS 中，低层基础设施和抽象层的安全保护属于提供商职责，其他职责则属于客户。PaaS 则居于两者之间，提供商为平台自身提供安全保护，平台上应用的安全性及如何安全地开发这些应用则为客户的职责。

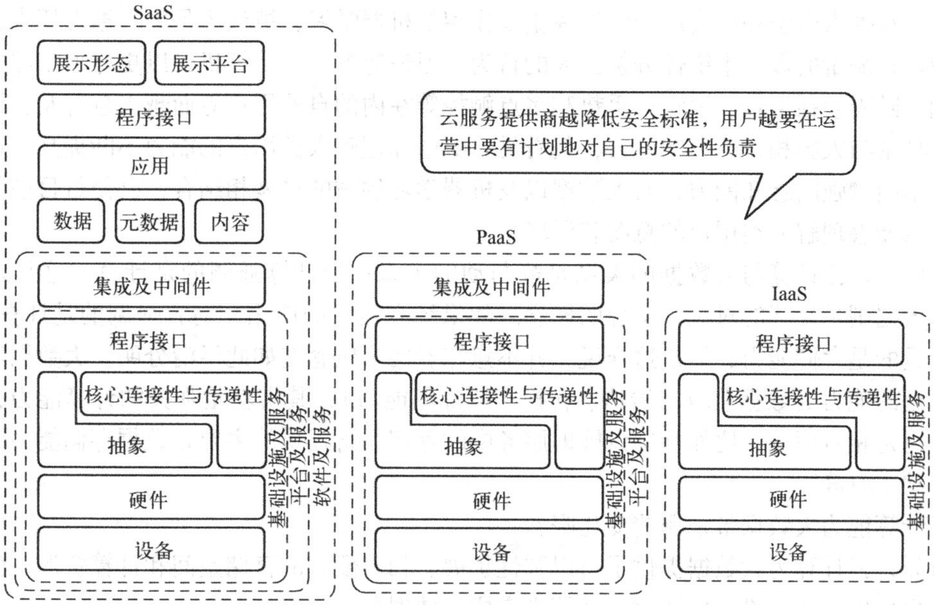

图 6-19　云安全的集成过程

6.3.3 大数据与云计算

1. 大数据概述

巨量资料（Big Data），或称大数据、海量资料，指的是所涉及的资料量规模巨大到无法透过目前主流软件工具，在合理时间内达到撷取、管理、处理，并整理成为帮助企业经营决策更积极目的的资讯。大数据的 4V 特点：Volume、Velocity、Variety、Veracity。“大数据”是由数量巨大、结构复杂、类型众多数据构成的数据集合，是基于云计算的数据处理与应用模式，通过数据的整合共享，交叉复用，形成的智力资源和知识服务能力。

大数据正在引发全球范围内深刻的技术和商业变革，如同云计算的出现，大数据也不是一个突然而至的新概念。“云计算和大数据是一个硬币的两面，云计算是大数据的 IT 基础，而大数据是云计算的一个杀手级应用。”张亚勤（微软全球资深副总裁）说。云计算是大数据成长的驱动力，而另一方面，由于数据越来越多、越来越复杂、越来越实时，这就更加需要云计算去处理，所以二者之间是相辅相成的。

30 年前，存储 1 TB 也就是约 1000 GB 数据的成本大约是 16 亿美元，如今存储到云上只需不到 100 美元，但存储下来的数据，如果不以云计算进行挖掘和分析，就只是僵死的数据，没有太大价值。

目前，云计算已经普及并成为 IT 行业的主流技术，其实质是在计算量越来越大、数据越来越多、越来越动态、越来越实时的需求背景下被催生出来的一种基础架构和商业模式。个人用户将文档、照片、视频、游戏存档记录上传至“云”中永久保存，企业客户根据自身需求，可以搭建自己的“私有云”，或托管、或租用“公有云”上的 IT 资源与服务，这些都已不是新鲜事。可以说，云是一棵挂满了大数据的苹果树。大数据的出现，正在引发全球范围内深刻的技术与商业变革。在技术上，大数据使从数据当中提取信息的常规方式发生了变化。在搜索引擎和在线广告中发挥重要作用的机器学习，被认为是大数据发挥真正价值的领域。在海量的数据中统计分析出人的行为、习惯等方式，计算机可以更好地学习模拟人类智能。随着包括语音、视觉、手势和多点触控等在内的自然用户界面越来越普及，计算系统正在具备与人类相仿的感知能力，其看见、听懂和理解人类用户的能力不断提高。这种计算系统不断增强的感知能力，与大数据以及机器学习领域的进展相结合，已使得目前的计算系统开始能够理解人类用户的意图和语境。

本质上，云计算与大数据的关系是静与动的关系；云计算强调的是计算，这是动的概念；而数据则是计算的对象，是静的概念。如果结合实际的应用，前者强调的是计算能力，后者看重的是存储能力；但是这样说，并不意味着两个概念就如此泾渭分明。大数据需要处理大数据的能力（数据获取、清洁、转换、统计等能力），其实就是强大的计算能力；云计算的动也是相对而言，比如基础设施即服务中的存储设备提供的主要是数据存储能力，所以可谓是动中有静。

云计算能为大数据带来哪些变化呢？

首先，云计算为大数据提供了可以弹性扩展、相对便宜的存储空间和计算资源，使得中小企业也可以像亚马逊一样通过云计算来完成大数据分析。

其次，云计算 IT 资源庞大，分布较为广泛，是异构系统较多的企业及时准确处理数据的有力方式，甚至是唯一方式。

当然大数据要走向云计算还有赖于数据通信带宽的提高和云资源的建设，需要确保原始数据能迁移到云环境以及资源池可以随需弹性扩展。

数据分析集逐步扩大，企业级数据仓库将成为主流，未来还将逐步纳入行业数据，政府公开数据等多来源数据。

当人们从大数据分析中尝到甜头后，数据分析集就会逐步扩大。目前大部分的企业所分析的数据量一般以 TB 为单位，按照目前数据的发展速度，很快将会进入 PB 时代。特别是目前在 100 ~ 500TB 和 500 + TB 范围的分析数据集的数量呈 3 倍或 4 倍的增长。随着数据分析集的扩大，以前部门层级的数据集市将不能满足大数据分析的需求，他们将成为企业及数据库（EDW）的一个子集。根据 TDWI（The Data Warehousing Institute，数据仓库研究所）的调查，如今大概有 2/3 的用户已经在使用企业级数据仓库，未来这一比例将会更高。传统分析数据库可以正常持续，但是会有一些变化，一方面，数据集市和操作性数据存储（ODS）的数量会减少，另一方面，传统的数据库厂商会提升他们产品的数据容量、细目数据和数据类型，以满足大数据分析的需要。大数据技术与云计算的发展密切相关，大数据技术是云计算技术的延伸。大数据技术涵盖了从数据的海量存储、处理到应用多方面的技术，包括海量分布式文件系统、并行计算框架、NoSQL 数据库、实时流数据处理以及智能分析技术（如模式识别、自然语言理解、应用知识库等）。

对电信运营商而言，在当前智能手机、智能设备快速增长、移动互联网流量迅猛增加的情况下，大数据技术可以为运营商带来新的机会。大数据在运营商中的应用可以涵盖多个方面，包括企业管理分析（如战略分析、竞争分析），运营分析（如用户分析、业务分析、流量经营分析），网络管理维护优化（如网络信令监测、网络运行质量分析），营销分析（如精准营销、个性化推荐）等。

纵观历史，过去的数据中心无论应用层次还是规模大小，都仅仅停留在过去有限的基础架构之上，采用的是传统精简指令集计算机和传统大型机，各个基础架构之间都相互孤立，没有形成一个统一的有机整体。而且在过去的数据中心里面，各种资源都没有得到有效、充分的利用。而且传统数据中心资源配置和部署大多采用人工方式，没有相应的平台支持，使大量人力资源耗费在繁重的重复性工作上，缺少自助服务和自动部署能力，既耗费时间和成本，又严重影响工作效率。

而当今越来越流行的云计算、虚拟化和云存储等新 IT 模式的出现，又再一次说明了过去那种孤立、缺乏有机整合的数据中心资源并没有得到有效利用，并不能满足当前多样、高效和海量的业务应用需求。

在云计算时代背景下，数据中心需要向集中大规模共享平台推进，并且，数据中心要能实现实时动态扩容，实现自助和自动部署服务。

从中长期来看，数据中心需要逐渐过渡到“云基础架构为主流企业所采用，专有架构为关键应用所采用”阶段，并最终实现“强壮的云架构为所有负载所采用”，无论大型机还是 x86 都融入到云端，实现软硬件资源的高度整合。

数据中心逐步过渡到“云”，这既包括私有云又包括公有云。私有云，就是对企业现有的数据中心进行改造和架构调整 ，通过云计算对资源进行自动调度和分配，实现一个自动部署、自动管理和自动运维的数据中心架构。而公有云则是由服务商建立 IT 基础架构，并向外部用户提供商业服务，而用户可以在不拥有云计算资源的条件下通过网络访问这些服务。与私有云相比，公有云的所有应用程序、服务和数据都存放在云端，用户数据也并不存放在企业内部数据中心。

2. 发展影响

依据大数据进行决策，从数据中获取价值，让数据主导决策，是一种前所未有的决策方式，并正在推动着人类信息管理准则的重新定位。随着大数据分析和预测性分析对管理决策影响力的逐渐加大，依靠直觉做决定的状况将会被彻底改变。

2009 年爆发的甲型 H1N1 流感，谷歌公司就是通过观察人们在网上搜索的大量记录，在流感爆发的几周前，就判断出流感是从哪里传播出来的，从而使公共卫生机构的官员获得了极有价值的数据信息，并做出有针对性的行动决策，而这比疾控中心的判断，提前了一两周。美国的 Farecast 系统，它的一个功能就是飞机票价预测，它通过从旅游网站获得的大量数据，分析 41 天之内的 12000 个价格样本，分析所有特定航线机票的销售价格，并预测出当前机票价格在未来一段时间内的涨降走势，从而帮助虚拟乘客选择最佳的购票时机，并降低可观的购票成本。

有专家指出，大数据及其分析，将会在未来 10 年改变几乎每一个行业的业务功能。从科学研究到医疗保险，从银行业到互联网，各个不同的领域都在遭遇爆发式增长的数据量。在美国的 17 个行业中，已经有 15 个行业大公司拥有大量的数据，其平均拥有的数据量已经远远超过了美国国会图书馆所拥有的数据量。在医疗与健康行业，根据麦肯锡预测，如果具备相关的 IT 设施、数据库投资和分析能力等条件，大数据将在未来 10 年，使美国医疗市场获得每年 3000 亿美元的新价值，并削减 2/3 的全国医疗开支。在制造业领域，制造企业为管理产品生命周期将采用 IT 系统，包括电脑辅助设计，工程、制造、产品开发管理工具和数字制造，制造商可以建立一个产品生命周期管理平台（Product Lifecycle Management，PLM），从而将多种系统的数据集整合在一起，共同创造出新的产品。

如图 6-20 所示，阿里云独立研发的飞天开放平台（Apsara），负责管理数据中心 Linux 集群的物理资源，控制分布式程序运行，隐藏下层故障恢复和数据冗余等细节，从而将数以千计甚至万计的服务器联成一台“超级计算机”，并且将这台超级计算机的存储资源和计算资源，以公共服务的方式提供给互联网上的用户。

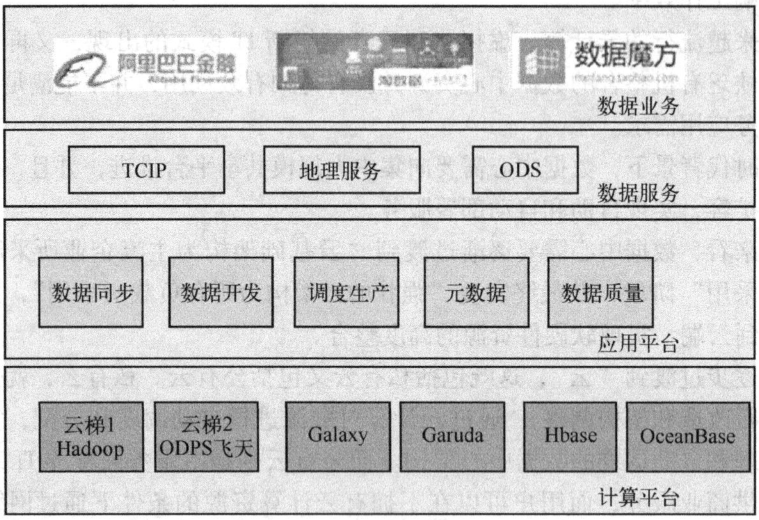

图 6-20　阿里大数据平台

阿里云在 2014 年 1 月 16 日确认，确实向 12306 火车票网站提供了技术协助，负责承接 12306 网站 75% 的余票查询流量。公开数据显示：2014～2015 年度春运火车票售卖的最高峰日出现在 12 月 19 日。12306 网站访问量（PV 值）达到破纪录的 297 亿次，平均每秒 PV 超过 30 万次。当天共发售火车票 956.4 万张，其中互联网发售 563.9 万张，占比 59%，均创历年春运新高。12306 春节高峰的流量是平时的数十倍。如果采用传统 IT 方案，为了每年一次的春运，需要按照流量峰值采购大量硬件设备，之后这些设备会处于空闲状态，造成巨大资源浪费。此外，如果春运峰值流量超出预期，网站将面临瘫痪，因为大规模服务器的采购、上架、部署调试，至少需要耗费一两个月时间，根本来不及临时加服务器。利用弹性扩展的云计算，则可以解决这一难题。使用云计算本身就比自己买硬件的成本更低，另外所有资源都是“按量计费”，从十一黄金周到春运的过程里，12306 在云上做了两次大型扩容，每次扩容的资源交付都是在分钟级就完成。业务高峰结束后，可以释放掉不必要的资源，回收成本。

大数据的总体架构包括三层：数据存储，数据处理和数据分析。类型复杂和海量由数据存储层解决，快速和时效性要求由数据处理层解决，价值由数据分析层解决。

数据先要通过存储层存储下来，然后根据数据需求和目标来建立相应的数据模型和数据分析指标体系对数据进行分析产生价值。而中间的时效性又通过中间数据处理层提供的强大的并行计算和分布式计算能力来完成。三层相互配合，让大数据最终产生价值。

（1）数据存储层

数据有很多分法，有结构化、半结构化、非结构化；也有元数据、主数据、业务数据；还可以分为 GIS、视频、文件、语音、业务交易类各种数据。传统的结构化数据库已经无法满足数据多样性的存储要求，因此在 RDBMS 基础上增加了两种类型：一种是 HDFS 可以直接应用于非结构化文件存储；一种是 NoSQL 类数据库，可以应用于结构化和半结构化数据存储。

从存储层的搭建来说，关系型数据库、NoSQL 数据库和 HDFS 分布式文件系统三种存储方式都需要。业务应用根据实际的情况选择不同的存储模式，但是为了业务的存储和读取方便性，我们可以对存储层进一步封装，形成一个统一的共享存储服务层，简化这种操作。从用户来讲并不关心底层存储细节，只关心数据的存储和读取的方便性，通过共享数据存储层可以实现在存储上的应用和存储基础设置的彻底解耦。

（2）数据处理层

数据存储出现分布式后带来的数据处理上的复杂度，海量存储后带来了数据处理上的时效性要求，这些都是数据处理层要解决的问题。在传统的云相关技术架构上，可以将 Hive、Hadoop - Mapreduce 框架相关的技术内容全部划入到数据处理层的范畴。Hive 重点是在处理时的复杂查询的拆分和查询结果的重新聚合，而 Mapreduce 本身又实现真正的分布式处理。Mapreduce 只是实现了一个分布式计算的框架和逻辑，而真正的分析需求的拆分、分析结果的汇总和合并还需要 Hive 层的能力整合。最终的目的很简单，即支持分布式架构下的时效性要求。

（3）数据分析层

分析层重点是挖掘大数据，其核心是数据分析和挖掘。数据分析层核心仍然是传统的 BI 分析的内容，包括数据的维度分析、数据的切片、数据的上钻和下钻、cube 等。

数据分析中有两个内容，一个是传统数据仓库下的数据建模，在该数据模型下需要支持上面各种分析方法和分析策略；其次是根据业务目标和业务需求建立的 KPI 指标体系，对应指标体系的分析模型和分析方法。解决这两个问题，就基本解决数据分析的问题。

传统的 BI 分析通过大量的 ETL 数据抽取和集中化，形成一个完整的数据仓库，而基于大数据的 BI 分析，可能并没有一个集中化的数据仓库，或者数据仓库本身也是分布式的，BI 分析的基本方法和思路并没有变化，但是落地到执行的数据存储和数据处理方法却发生了大变化。

6.4 云计算发展趋势

云计算已经成为世界主要国家抢占新一轮经济和科技发展制高点的重大战略选择，作为新一代信息技术的核心，云计算技术及产业发展对于我国转变经济发展方式、完善社会管理手段、深入推进两化融合具有重要战略作用。

政府主要从以下四个方面加快推动云计算发展。

一是通过试点建设，引导推动国内各区域政府、企业针对公共事业、行业、个人与家庭等不同用户需求，积极探索各类云计算服务模式。

二是设立科技重大专项，产学研用联合，加强云计算核心技术研发和产业化。

三是加强云计算技术标准、服务标准和有关安全管理规范的研究制定，加强相关知识产权管理，提升我国在云计算领域的话语权。

四是加快制定国家云计算产业发展统筹布局，协调“官产学研”各方资源，形成发展合力，推动我国云计算产业的健康发展和应用示范创新工程的有序推进。

6.5 M2M 技术

6.5.1 M2M 概述

M2M 来源于英语“Machine To Machine”，最早的出处无从考证。在美国，M2M 和物联网几乎是同义词，是所有增强机器设备通信和网络能力的技术的总称。M2M 是一种以机器终端智能交互为核心的、网络化的应用与服务。通过在机器内部嵌入无线通信模块，为客户提供监控、指挥调度、数据采集和测量等方面的信息化解决方案。简单地说，M2M 是指机器之间的互联互通。广义上来说，M2M 可代表机器对机器、人对机器、机器对人、移动网络对机器之间的连接与通信，它涵盖了所有实现在人、机器、系统之间建立通信连接的技术和手段。M2M 技术综合了数据采集、CPS、远程监控、通信等技术，能够实现业务流程的自动化。M2M 技术使所有机器设备都具备联网和通信能力，它让机器、人与系统之间实现超时空的无缝连接。目前，物联网尚处于起步阶段，M2M 是物联网现阶段最普遍的应用形式。

6.5.2 M2M 技术组成

典型的 M2M 运营体系结构如图 6-21 所示。

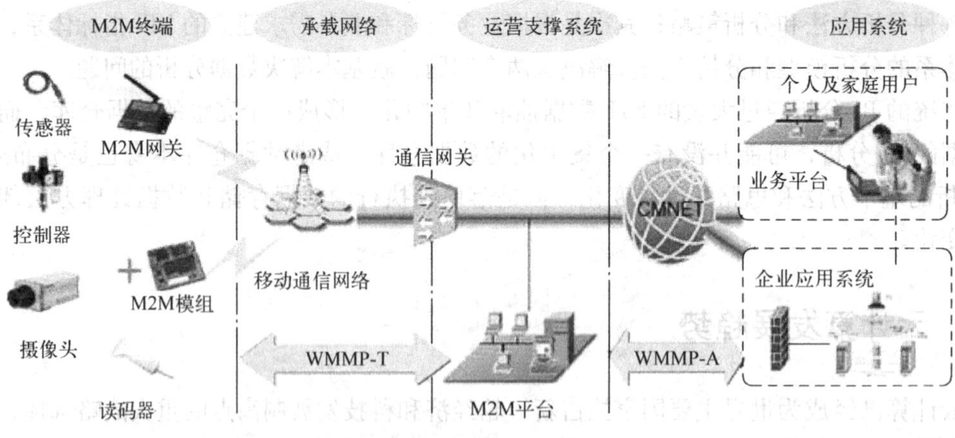

图 6-21　M2M 运营体系结构

M2M 运营体系主要包括 M2M 终端、承载网络、运营支撑系统和应用系统四个部分。其中 M2M 管理平台属于运营管理系统，是实现 M2M 业务管理和运营的核心网元，主要功能包括以下几方面。

- 终端接入：连接通信网关和 GGSN（Gataway GPRS Support Node，网关 GPRS 支持节点）等网元，M2M 终端可以采 SMS/USSD/MMS/GPRS 等通信方式与管理平台进行信息交互。

- 应用接入：平台向集团客户应用系统提供统一接入接口，实现客户应用系统的接入、认证鉴权、监控和连接管理等功能。
- 终端管理：实现 M2M 终端的接入、认证鉴权、远程监控、远程告警、远程故障诊断、远程软件升级、远程配置、远程控制、终端接口版本差异管理的功能。
- 业务处理：根据 M2M 终端或者应用发出的请求消息的命令执行对应的逻辑处理，实现 M2M 终端管理和控制的业务逻辑。M2M 管理平台能够对业务消息请求进行解析、鉴权、协议转换、路由和转发，并提供流量控制功能。
- 业务运营支撑：提供业务开通、计费、网管、业务统计分析和管理门户等功能。

由此，M2M 涉及 5 个重要的技术部分：机器、M2M 硬件、通信网络、中间件、应用。

（1）机器

实现 M2M 的第一步就是从机器/设备中获得数据，然后把它们通过网络发送出去。使机器“开口说话”（talk），让机器具备信息感知、信息加工（计算能力）、无线通信能力。使机器具备“说话”能力的基本方法有两种：生产设备的时候嵌入 M2M 硬件；对已有机器进行改装，使其具备通信/联网能力。

（2）M2M 硬件

M2M 硬件是使机器获得远程通信和联网能力的部件。主要进行信息的提取，从各种机器/设备那里获取数据，并传送到通信网络。现在的 M2M 硬件共分为五种，分别包括嵌入式硬件、可组装硬件、调制解调器（Modem）、传感器 、识别标识（Location Tags）。

1）嵌入式硬件：嵌入到机器里面，使其具备网络通信能力。常见的产品是支持 GSM/GPRS 或 CDMA 无线移动通信网络的无线嵌入数据模块。

2）可组装硬件：在 M2M 的工业应用中，厂商拥有大量不具备 M2M 通信和连网能力的设备仪器，可组装硬件就是为满足这些机器的网络通信能力而设计的。实现形式也各不相同，包括从传感器收集数据的 I/O 设备（I/O Devices），完成协议转换功能，将数据发送到通信网络的连接终端（Connectivity Terminals）；有些 M2M 硬件还具备回控功能。

3）调制解调器（Modem）：上面提到嵌入式模块将数据传送到移动通信网络上时，起的就是调制解调器的作用。如果要将数据通过公用电话网络或者以太网送出，分别需要相应的 Modem。

4）传感器：传感器可分成普通传感器和智能传感器两种。智能传感器（Smart Sensor）是指具有感知能力、计算能力和通信能力的微型传感器。由智能传感器组成的传感器网络（Sensor Network）是 M2M 技术的重要组成部分。一组具备通信能力的智能传感器以 Ad Hoc 方式构成无线网络，协作感知、采集和处理网络覆盖的地理区域中感知对象的信息，并发布给观察者；也可以通过 GSM 网络或卫星通信网络将信息传给远方的 IT 系统。

5）识别标识（Location Tags）：识别标识如同每台机器、每个商品的“身份证”，使机器之间可以相互识别和区分。常用的技术如条形码技术、射频识别（Radio Frequency Identification，RFID）技术等。标识技术已经被广泛应用于商业库存和供应链管理。

（3）通信网络

将信息传送到目的地。通信网络在整个 M2M 技术框架中处于核心地位，主要包括广域网（无线移动通信网络、卫星通信网络、Internet、公众电话网）、局域网（以太网、无线局域网 WLAN、Bluetooth）、个域网（Zigbee、传感器网络）。

(4) 中间件

中间件包括两部分：M2M 网关和数据收集/集成部件。网关是 M2M 系统中的“翻译员”，它获取来自通信网络的数据，将数据传送给信息处理系统。主要的功能是完成不同通信协议之间的转换。

(5) 应用

数据收集/集成部件是为了将数据变成有价值的信息。对原始数据进行不同加工和处理，并将结果呈现给需要这些信息的观察者和决策者。这些中间件包括数据分析和商业智能部件、异常情况报告和工作流程部件、数据仓库和存储部件等。

6.5.3 M2M 业务模式及应用

M2M 非常宽泛，其强调的是在商业活动中，通过移动通信技术和设备的应用，变革既有商务模式或创造出新商务模式，是机器设备间的自动通信。从狭义上说，M2M 只代表机器和机器之间的通信。而目前，人们提到 M2M 的时候，更多的是指非 IT 机器设备通过移动通信网络与其他设备或 IT 系统的通信。放眼未来，人们认为 M2M 的范围不应拘泥于此，而是应该扩展到人对机器、机器对人、移动网络对机器之间的连接与通信。

现在，M2M 应用遍及电力、交通、工业控制、零售、公共事业管理、医疗、水利、石油等多个行业，对于车辆防盗、安全监测、自动售货、机械维修、公共交通管理等，M2M 可以说是无所不能。

人们纷纷看好了 M2M 的发展前景。一个出发点就是，在当今世界上，机器的数量至少是人的数量的 4 倍，这意味着巨大的市场潜力。

尽管预测市场规模相当大，但 M2M 仍处于初级阶段。在今天的市场中，存在许多不同的业务模型和资金流动方式。一个典型的 M2M 部署可能涉及、也可能不涉及商业网络运营商或通信服务提供商。对于一个连接中的汽车，例如，典型的带有 SIM 卡的嵌入式调制解调器被安装在汽车上，用来连接无线网络运营商提供的服务。还有其他的模型一点也不涉及商业网络运营商。例如，除满足公用事业公司的其他需要之外，大型公用事业公司可能部署他们自己的网络用于 M2M。另一个可能性是一个 M2M 网络可能完全位于一个大公司的建筑里，如医院或一个大的度假酒店。以下是三种不同的模式。

(1) 网络运营商或 CSP 主导模式

在这个模式中，通信服务提供商（CSP）在 M2M 解决方案中起着核心作用。CSP 企业客户用向部署的一个 M2M 服务请求的方法直接接近 CSP。CSP 扮演了一个系统集成商的角色，并通过它的合作伙伴，为企业客户提供一个端到端解决方案。CSP 也可能随意地选择系统集成商的服务。CSP 从其合作伙伴中选择一个设备供应商和应用软件开发人员来为选择的特定设备编写应用程序。CPS 可能有他们自主开发的 M2M 服务平台或可能与平台提供商之一合作，如 Jasper 无线，在一个托管模式的基础上提供平台服务。

价值和资金流量如图 6-22 所示。企业客户为了初始解决方案开发和部署向 CSP 支付，也为正在进行的网络和使用的服务支付。如果有一个涉及其中，CSP 反过来为了设备向设备供应商付钱，为应用软件向一个应用软件提供商支付，与一个 M2M 服务平台提供者分享持续的收益。此外，如果与其中一个有关，可能会有资金流向系统集成商。

作为这个模式的一个例子，一个小的公用事业公司可能有一个需求去读取它的计量仪表

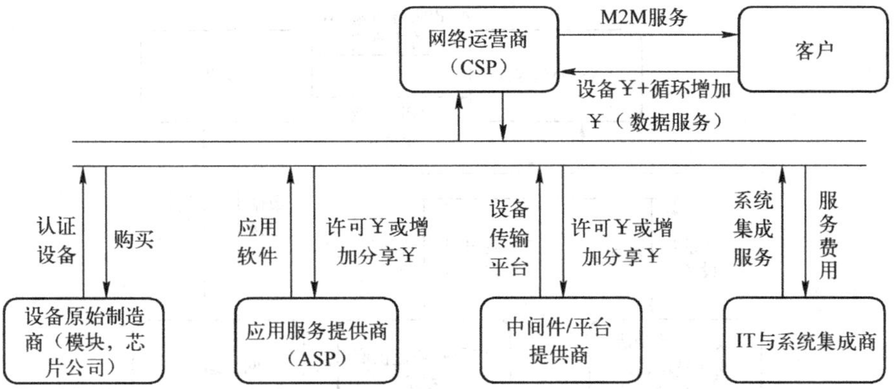

图 6-22　网络运营商或 CSP 主导模式下的价值和资金流量

和产生计量数据。例如，AT&T 公司与 SmartSync 公司合作为公用事业公司提供这样一个解决方案。

（2）MVNO 主导模式

早期的 M2M 中，M2M 设备部署的数量对于移动网络运营商充分参与是不够的。它们满足专门的 M2M 移动虚拟网络运营商（MVNO）的带宽协议。MVNO 反过来在 M2M 生态系统中发挥了核心作用，去直接与最终企业客户相互作用。MVNO 也通过他们的平台和设备合作伙伴促进了部署。他们有时也为他们的客户开发应用程序。如图 6-23 所示为 MVNO 主导模式结构图。

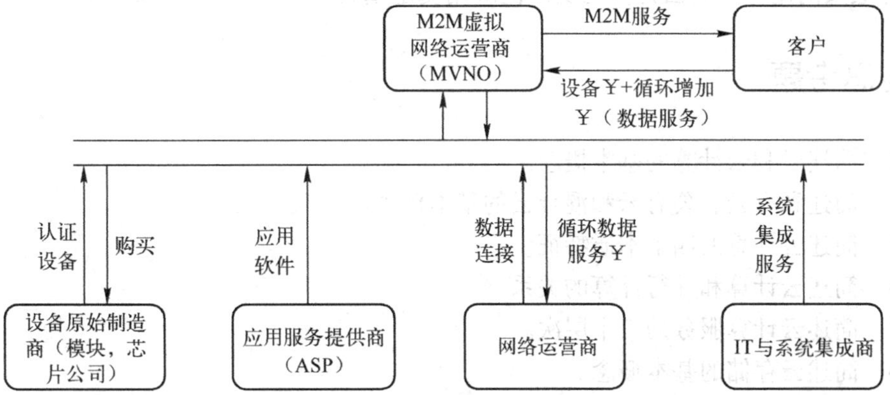

图 6-23　MVNO 主导模式

（3）企业客户主导模式

如图 6-24 所示，M2M 客户或服务提供者本身扮演了领导角色。这是大型企业部署大量设备的典型例子。公司为了通信需求参与了与选定的网络运营商的协商，还为 M2M 服务提供了一个平台供应者或 MVNO。这个 MVNO 反过来可能提供有关的 M2M 模块或设备。这个模型的一个例子是亚马逊的电子书。亚马逊已经集成了 3G 模块到其电子书中，为了在无线网络中递送书籍和其他信息，他们与 AT&T 达成带宽协议。终端消费者并不需要为了电子书而向 AT&T 订阅。亚马逊已经部署了一个用于此目的的 M2M 平台。

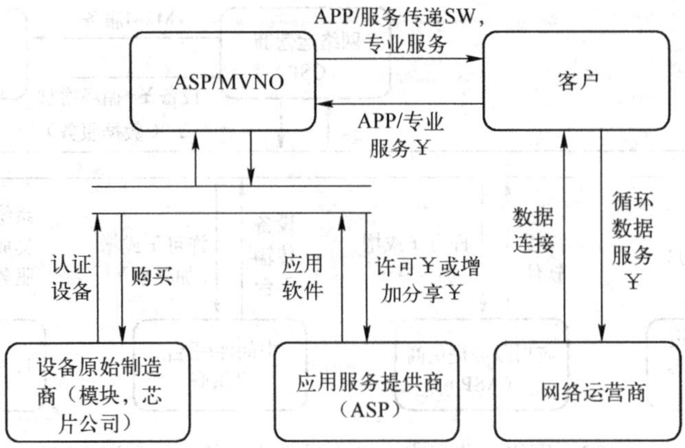

图 6-24　企业客户主导模式

本章小结

本章主要介绍了云计算的基本概念和云计算与物联网的关系，详细讲述了云计算的相关技术。此外，还介绍了 M2M 技术，包括其概念、涉及的技术组成和当前阶段的 M2M 商业应用模式。云计算作为一种新兴的计算模型，能够提供高效、动态和可以大规模扩展的计算处理能力，在物联网中占有重要的地位。物联网的发展离不开云计算的支持，物联网也将成为云计算最大的用户，为云计算的更广泛应用奠定基石。

习题与思考题

6-1　简述云和云计算的基本概念。

6-2　简述私有云、公有云和混合云的基本概念。

6-3　简述云计算的四个本质特征。

6-4　简述云计算和并行计算的关系。

6-5　简述云计算服务的三个层次。

6-6　简述云存储的基本概念。

第 7 章　物联网安全技术

物联网有望改善生活的方方面面。它的主要功能在于能够让众多“物件”相互连接，因而获得洞察力，并形成协同效应。但这种相互连接的特性同时会带来安全和隐私方面的问题。本章根据物联网安全架构，分别介绍物联网感知层、传输层及应用层常用的安全技术，如加密技术、消息鉴别和数字签名、身份识别技术、数字水印。

7.1　物联网安全性概述

如果物联网是连接物理世界和人类世界的网络，那么信息安全如何保障，将直接决定着物联网发展的前景和规模，没有人愿意把自己暴露在紫外线的直接暴晒之下。物联网时代，当机构或企业的信息都存储在网络上，业务也都需要网络才能维系时，一旦面对黑客或是后门，无论断网与否，都必然遭受损失。一组计算机科学家研究发现，面对黑客的入侵，汽车电脑甚至比 PC 更容易遭到黑客的进攻，黑客入侵车辆内联网的计算机甚至会给司机带来生命危险。而且据推测，这种黑客入侵车辆电脑的现象不久将会十分普遍。2010 年 2 月，美国媒体曾报道，一名西雅图黑客利用廉价的 RFID 信息采集器，在 20 分钟内悄然窃取两个美国护照身份资料，而只要将其克隆到空白标签中，该黑客就能制造出新的护照。因此，没有多层面的安全保障，即使有了突破的核心芯片，也只能成为为虎作伥的工具或者成为新兴工具所谓被原罪的来源。如图 7-1 所示。

图 7-1　物联网同样存在黑客安全问题

根据物联网自身的特点，物联网除了面对移动通信网络的传统网络安全问题之外，还存在着一些与已有移动网络安全不同的特殊安全问题。这是由于物联网是由大量的机器构成，缺少人对设备的有效监控，并且数量庞大，设备集群等相关特点造成的。这些特殊的安全问题主要有以下几个方面。

1）物联网机器或感知节点的本地安全问题。由于物联网的应用可以取代人来完成一些复杂、危险和机械的工作，所以物联网机器或感知节点多数部署在无人监控的场合中。那么攻击者就可以轻易地接触到这些设备，从而对它们造成破坏，甚至通过本地操作更换机器的软硬件。

2）感知网络的传输与信息安全问题。感知节点通常情况下功能简单（如自动温度计）、携带能量少（使用电池），使得它们无法拥有复杂的安全保护能力，而感知网络多种多样，从温度测量到水文监控，从道路导航到自动控制，它们的数据传输和消息也没有特定的标准，所以没法提供统一的安全保护体系。

3）核心网络的传输与信息安全问题。核心网络具有相对完整的安全保护能力，但是由于物联网中节点数量庞大，且以集群方式存在，因此会导致在数据传播时，由于大量机器的数据发送使网络拥塞，产生拒绝服务攻击。此外，现有通信网络的安全架构都是从人通信的角度设计的，并不适用于机器的通信。使用现有安全机制会割裂物联网机器间的逻辑关系。

4）物联网业务的安全问题。由于物联网设备可能是先部署后连接网络，而物联网节点又无人看守，所以如何对物联网设备进行远程签约信息和业务信息配置就成了难题。另外，庞大且多样化的物联网平台必然需要一个强大而统一的安全管理平台，否则独立的平台会被各式各样的物联网应用所淹没，如此一来，如何对物联网机器的日志等安全信息进行管理成为新的问题，并且可能割裂网络与业务平台之间的信任关系，导致新一轮安全问题的产生。

考虑到物联网安全的总体需求就是物理安全、信息采集安全、信息传输安全和信息处理安全的综合，安全的最终目标是确保信息的机密性、完整性、真实性和网络的容错性。本文提出一种物联网安全架构，如图 7-2 所示。结合物联网架构模式，本文将结合每层安全特点对涉及的关键技术进行系统阐述。

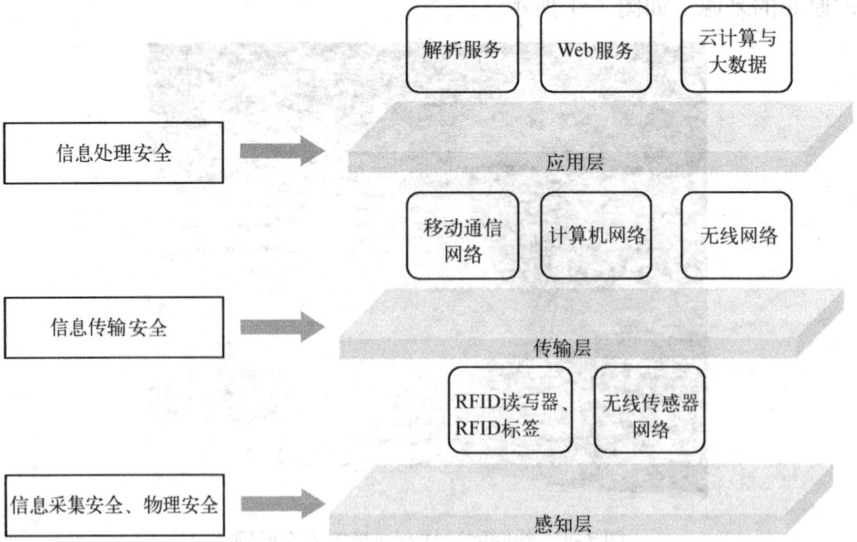

图 7-2　物联网安全架构

7.2 感知层安全问题及对策

7.2.1 感知层中的安全问题

物联网感知层的任务是实现智能感知外界信息功能，包括信息采集、捕获和物体识别，该层的典型设备包括 RFID 装置、各类传感器（如红外、超声、温度、湿度、速度等）、图像捕捉装置（摄像头）、全球定位系统（GPS）、激光扫描仪等，其涉及的关键技术包括自组织传感器网络、短距离无线通信、低功耗路由 、RFID 等。

（1）无线传感器网络的安全问题

无线传感器网络是一种大规模的分布式网络，经常被部署于无人维护、条件恶劣的环境当中，且大多数情况下传感器节点都是一次性使用，从而决定了传感器节点是价格低廉、资源极度受限的无线通信设备。大多数无线传感器网络在进行部署前，其网络拓扑是无法预知的，同时部署后，整个网络拓扑、传感器节点在网络中的角色也是经常变化的，因而不像有线网那样，对网络设备进行完全配置，对传感器节点进行预配置的范围是有限的，很多网络参数、密钥等都是传感器节点在部署后进行协商后形成的。

传感器节点是构成无线传感器网络的基本单元，节点的安全性包括节点不易被发现和节点不易被篡改。无线传感器网络中普通传感器节点分布密度大，少数节点被破坏不会对网络造成太大影响；但是，一旦节点被俘获，入侵者可能从中读出密钥、程序等机密信息，甚至可以重写存储器将节点变成一个“卧底”。常见的攻击形式有如下几个方面。

1）拥塞攻击。

无线环境是一个开放的环境，所有无线设备共享这样一个开放的空间，所以若两个节点发射的信号在一个频段上，或者是频点很接近，则会因为彼此干扰而不能正常通信。攻击节点通过在传感器网络工作频段上不断发送无用信号，可以使在攻击节点通信半径内的传感器网络节点都不能正常工作。这种攻击节点达到一定密度，整个无线网络将面临瘫痪。

拥塞攻击对单频点无线通信网络非常有效。攻击者只要获得或者检测到目标网络的通信频率的中心频率，就可以通过在这个频点附近发射无线电波进行干扰。对于全频道长期持续拥塞攻击，转换通信模式是唯一能够使用的方法。光通信和红外线等无线通信方式都是有效备选方法。全频持续拥塞攻击虽然非常有效，但是它有很多实施方面的困难，所以一般不会被攻击者采纳。这些困难在于：全频干扰需要有设计复杂、体积庞大的干扰设备；需要有持续的能量供给，这些在战场环境下很难实现；要达到大范围覆盖的攻击目的，单点攻击需要强大的功率输出，多点攻击需要达到一定的覆盖密度；实施地点往往是敌我双方的交叉地带，全频干扰意味着敌我双方的无线通信设备都不能正常工作。

2）物理破坏。

因为传感器网络节点往往分布在一个很大的区域内，所以保证每个节点都是物理安全是不可能的。敌方人员很可能俘获一些节点，对其进行物理上的分析和修改，并利用它干扰网络正常功能，甚至可以通过分析其内部敏感信息和上层协议机制，破解网络的安全外壳。针对无法避免的物理破坏，需要传感器网络采用更精细的控制保护机制，如增加物理损害感知机制。

3）碰撞攻击。

前面提到，无线网络的承载环境是开放的，如果两个设备同时进行发送，那么它们的输出信号会因为相互叠加而不能够被分离出来。任何数据包，只要有一个字节的数据在传输过程中发生了冲突，那么整个包都会被丢弃。这种冲突在链路层协议中称为碰撞。

4）耗尽攻击。

耗尽攻击就是利用协议漏洞，通过持续通信的方式使节点能量资源耗尽。如利用链路层的错包重传机制，使节点不断重复发送上一包数据，最终耗尽节点资源。在 802.11 的 MAC 协议中使用 RTS（Request to Send）、CTS（Clear to Send）和 ACK（data Acknowledge）机制，如果恶意节点向某节点持续发送 RTS 数据包，该节点就要不断发送 CTS 回应，最终导致节点资源被耗尽。

5）非公平竞争。

如果网络数据包在通信机制中存在优先级控制，恶意节点或者被俘节点可能被用来不断在网络上发送高优先级的数据包占据信道，从而导致其他节点在通信过程中处于劣势。

因此，就无线传感器网络而言，具体的需求有：数据机密性——保证网络内传输的信息不被非法窃听；数据鉴别——保证用户收到的信息来自自己放置的节点而非入侵节点；数据的完整性——保证数据在传输过程中没有被恶意篡改；数据的时效性——保证数据在其时效范围内被传输给用户。

无线传感器网络安全技术的研究内容包括两方面内容，即通信安全和信息安全。通信安全是信息安全的基础。通信安全保证无线传感器网络内数据采集、融合、传输等基本功能正常进行，是面向网络基础设施的安全性；信息安全侧重于网络中所传消息的真实性、完整性和保密性，是面向用户应用的安全。

（2）RFID 相关安全问题

如果说传感技术是用来标识物体的动态属性，那么物联网中采用 RFID 标签则是对物体静态属性的标识，即构成物体感知的前提。RFID 是一种非接触式的自动识别技术，它通过射频信号自动识别目标对象并获取相关数据。识别工作无须人工干预。RFID 也是一种简单的无线系统，该系统用于控制、检测和跟踪物体，由一个询问器（或阅读器）和很多应答器（或标签）组成。通常采用 RFID 技术的网络涉及的主要安全问题有：

1）标签本身的访问缺陷。任何用户（授权以及未授权的）都可以通过合法的阅读器读取 RFID 标签。而且标签的可重写性使得标签中数据的安全性、有效性和完整性都得不到保证。

2）通信链路的安全。

3）移动 RFID 的安全。主要存在假冒和非授权服务访问。

7.2.2 感知层安全威胁对策

传感网遇到比较普遍的情况是某些普通网络节点被敌手控制而发起的攻击，传感网与这些普通节点交互的所有信息都被敌手获取。敌手的目的可能不仅仅是被动窃听，还通过所控制的网络节点传输一些错误数据。因此，传感网的安全需求应包括对恶意节点行为的判断和对这些节点的阻断，以及在阻断一些恶意节点后，网络的连通性如何保障。

对传感网络分析更为常见的情况是敌手捕获一些网络节点，不需要解析它们的预置密钥或通信密钥，只需要鉴别节点种类，比如检查节点是用于检测温度、湿度还是噪声等。有时候这种分析对敌手是很有用的。因此安全的传感网络应该有保护其工作类型的安全机制。

鉴于攻击者一般不采用全频段持续攻击的事实，传感器网络也因此可以有一些更加积极有效的办法应对拥塞攻击，主要方法如下。

1）在攻击者使用能量有限持续的拥塞攻击时，传感器网络节点可以采用以逸待劳的策略——在被攻击的时候，不断降低自身工作的占空比。通过定期检测攻击是否存在，修改工作策略。当感知到攻击中止以后，恢复到正常的工作状态。

2）在攻击者为了节省能量，采用间歇式拥塞攻击方法时，节点可以利用攻击间歇进行数据转发。如果攻击者采用的是局部攻击，节点可以在间歇期间使用高优先级的数据包通知基站遭受拥塞攻击的事实。基站在接收到所有节点的拥塞报告后，在整个拓扑图中映射出受攻击地点的外部轮廓，并将拥塞区域通知到整个网络。在进行数据通信的时候，节点将拥塞区视为路由空洞，如图 7-3 所示，直接绕过拥塞区把数据传送到目的节点。

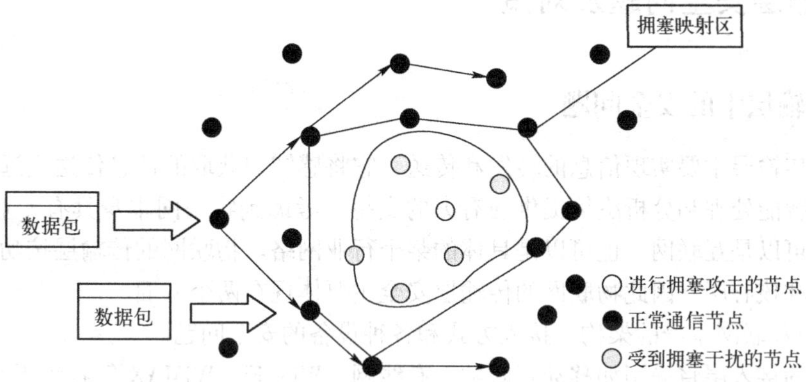

图 7-3　数据包绕过拥塞区送到基站

传感网接入互联网或其他类型网络所带来的问题不仅仅是传感网如何对抗外来攻击的问题，更重要的是如何与外部设备相互认证的问题，而认证过程又需要特别考虑传感网资源的有限性，因此认证机制需要的计算和通信代价都必须尽可能小。此外，对外部互联网来说，其所连接的不同传感网的数量可能是一个庞大的数字，如何区分这些传感网及其内部节点，有效地识别它们，是安全机制能够建立的前提。

针对上述的挑战，感知层的安全需求可以总结为如下几点。

1）机密性：多数传感网内部不需要认证和密钥管理，如统一部署的共享一个密钥的传感网。

2）密钥协商：部分传感网内部节点进行数据传输前需要预先协商会话密钥。

3）节点认证：个别传感网（特别当传感数据共享时）需要节点认证，确保非法节点不能接入。

4）安全路由：几乎所有传感网内部都需要不同的安全路由技术。

因此，在传感网内部需要有效的密钥管理机制，用于保障传感网内部通信的安全。传感网内部的安全路由、联通性解决方案等都可以相对独立地使用。由于传感网类型的多样性，很难统一要求有哪些安全服务，但机密性和认证性都是必要的。机密性需要在通信时建立一个临时会话密钥，而认证性可以通过对称密码或非对称密码方案解决。使用对称密码的认证方案需要预置节点间的共享密钥，在效率上也比较高，消耗网络节点的资源较少，许多传感网都选用此方案；而使用非对称密码技术的传感网一般具有较好的计算和通信能力，并且对安全性要求更高。在认证的基础上完成密钥协商是建立会话密钥的必要步骤。安全路由和入侵检测等也是传感网应具有的性能。

由于传感网的安全一般不涉及其他网路的安全，因此是相对较独立的问题，有些已有的安全解决方案在物联网环境中也同样适用。由于物联网环境中传感网遭受外部攻击的机会增大，因此用于独立传感网的传统安全解决方案需要提升安全等级后才能使用，也就是说在安全的要求上更高，这仅仅是量的要求，没有质的变化。相应地，传感网的安全需求所涉及的密码技术包括轻量级密码算法、轻量级密码协议、可设定安全等级的密码技术等。

7.3 传输层安全问题及对策

7.3.1 传输层中的安全问题

物联网传输层主要实现信息的转发和传送，它将感知层获取的信息传送到远端，为数据在远端进行智能处理和分析决策提供强有力的支持。考虑到物联网本身具有专业性的特征，其基础网络可以是互联网，也可以是具体的某个行业网络。物联网的传输层按功能可以大致分为接入层和核心层，因此物联网的传输层安全主要体现在两个方面。

1）来自物联网本身的架构、接入方式和各种设备的安全问题。

物联网的接入层将采用如移动互联网、有线网、Wi－Fi、WiMAX 等各种无线接入技术。接入层的异构性使得如何为终端提供移动性管理以保证异构网络间节点漫游和服务的无缝移动成为研究的重点，其中安全问题的解决将得益于切换技术和位置管理技术的进一步研究。另外，物联网接入方式将主要依靠移动通信网络，移动网络中移动站与固定网络端之间的所有通信都是通过无线接口来传输的。而无线接口是开放的，任何使用无线设备的个体均可以通过窃听无线信道而获得其中传输的信息，甚至可以修改、插入、删除或重传无线接口中传输的消息，达到假冒移动用户身份以欺骗网络端的目的。因此移动通信网络存在无线窃听、身份假冒和数据篡改等不安全的因素。

2）进行数据传输的网络相关安全问题。

物联网一般要用到互联网，在互联网这类大型网络系统内通常运行多种网络协议（TCP/IP、IPX/SPX 和 NETBEUA 等），这些协议并非为安全通信设计。而其 IP 维系着整个 TCP/IP 协议的体系结构，除了数据链路层外，TCP/IP 的所有协议的数据都是以 IP 数据报的形式传输的，TCP/IP 协议簇有两个 IP 版本：IPv4 和 IPv6。

目前占统治地位的是 IPv4，IPv4 在设计之初没有考虑安全性，IP 包本身并不具备任何安全特性，这也导致在网络上传输的数据很容易受到各式各样的攻击，比如伪造 IP 包地址、修改其内容、重播以前的包以及在传输途中拦截并查看包的内容等。因此，通信双方不能保证收到 IP 数据报的真实性。为了加强 Internet 的安全性，从 1995 年开始，IETF（国际互联网工程任务组）着手制定了一套用于保护 IP 通信的 IP 安全协议（IP Security，IPSec）。IPSec 是 IPv6 的一个组成部分，是 IPv4 的一个可选扩展协议。IPSec 弥补了 IPv4 在协议设计时缺乏安全性考虑的不足。IPSec 定义了一种标准的、健壮的以及包容广泛的机制，可用它为 IP 以及上层协议（比如 TCP 或者 UDP）提供安全保证。IPSec 的目标是为 IPv4 和 IPv6 提供具有较强的互操作能力、高质量和基于密码的安全功能，在 IP 层实现多种安全服务，包括访问控制、数据完整性、机密性等。IPSec 通过支持一系列加密算法如 DES、三重 DES、IDEA 和 AES 等确保通信双方的机密性。

7.3.2 传输层安全威胁对策

传输层的安全机制可分为端到端机密性和节点到节点机密性。对于端到端机密性，需要建立如下安全机制：端到端认证机制、端到端密钥协商机制、密钥管理机制和机密性算法选取机制等。在这些安全机制中，根据需要可以增加数据完整性服务。对于节点到节点机密性，需要节点间的认证和密钥协商协议，这类协议要重点考虑效率因素。机密性算法的选取和数据完整性服务则可以根据需求选取或省略。考虑到跨网络架构的安全需求，需要建立不同网络环境的认证衔接机制。另外，根据应用层的不同需求，网络传输模式可能区分为单播通信、组播通信和广播通信，针对不同类型的通信模式也应该有相应的认证机制和机密性保护机制。简言之，传输层的安全架构主要包括如下几个方面。

（1）IPSec

IP Security 是一个开放式的 IP 网络安全标准，它在 TCP 协议栈中间位置的网络层实现，可为上层协议无缝地提供安全保障，高层的应用协议可以透明地使用这些安全服务，而不必设计自己的安全机制。IPSec 提供三种形式保护网络数据：原发方鉴别，可以确定声称的发送者是真实的发送者，并非伪装者；数据完整性，可确定接收数据与发送是否一致，保证数据在传输途中，无任何不可检测的数据改变或丢失；机密性，使相应的接受者能获取发送的真正内容，而非授权的接受者无法获知数据的真正内容。

（2）防火墙

防火墙是部署在两个网络系统之间的一个或一组部件，定义了一系列预先设定的安全策略，要求所有进出内部网络的数据流都通过它，并根据安全策略检查，只有符合的数据流方可通过，由此保护内部网络安全。它是逻辑上的隔离，非物理上的隔离，包括访问控制、内容过滤、地址转换。存在形态有纯软件防火墙、硬件防火墙和软硬件结合防火墙。

（3）隧道服务

隧道技术的原理是在消息的发起端对数据报文进行加密封装，然后通过在互联网中建立的数据通道，将其传输到消息的接收端，接收端再对包进行解封装，最后得到原始数据包。该技术主要应用于 OSI 数据链路层和网络层。

（4）数字签名与数字证书

数字签名包括两个过程：签名者对给定的数据单元进行签名；接受者验证该签名。其过程需要使用签名者的私有信息，验证过程应当仅使用公开的规程和信息，并且公开信息不能算出签名者的私有信息。数字证书是一种权威性的电子文档，以数字证书为核心的加密技术可以对网络上传输的信息进行加密和解密，确保网上传递信息的机密完整性。

（5）身份识别与访问控制

身份识别通常与访问控制联合使用。物联网通常会为用户设定一个用户名，身份识别是后续用户对其标识符的一个证明过程，通常由交互式协议实现。身份识别与访问控制通常联合使用，访问控制机制确定权限，授予访问权。如果是非授权访问，将被拒绝。授权中心或被访实体都有访问控制列表，记录了访问规则。

7.4 应用层安全问题及对策

7.4.1 应用层安全问题

物联网应用是信息技术与行业专业技术的紧密结合的产物。物联网应用层充分体现物联网智能处理的特点，其涉及业务管理、中间件、数据挖掘等技术。考虑到物联网涉及多领域多行业，因此广域范围的海量数据信息处理和业务控制策略将在安全性和可靠性方面面临巨大挑战，特别是业务控制、管理和认证机制、中间件以及隐私保护等安全问题显得尤为突出。

（1）业务控制和管理

由于物联网设备可能是先部署后连接网络，而物联网节点又无人值守，所以如何对物联网设备远程签约，如何对业务信息进行配置就成了难题。另外，庞大且多样化的物联网必然需要一个强大而统一的安全管理平台，否则单独的平台会被各式各样的物联网应用所淹没，但这样将使如何对物联网机器的日志等安全信息进行管理成为新的问题，并且可能割裂网络与业务平台之间的信任关系，导致新一轮安全问题的产生。传统的认证是区分不同层次的，网络层的认证负责网络层的身份鉴别，业务层的认证负责业务层的身份鉴别，两者独立存在。但是大多数情况下，物联网机器都是拥有专门的用途，因此其业务应用与网络通信紧紧地绑在一起，很难独立存在。

（2）中间件

如果把物联网系统和人体做比较，感知层好比人体的四肢，传输层好比人的身体和内脏，那么应用层就好比人的大脑，软件和中间件是物联网系统的灵魂和中枢神经。目前，使用最多的几种中间件系统是 CORBA、DCOM、J2EE/EJB 以及被视为下一代分布式系统核心技术的 Web Services。

在物联网中，中间件处于物联网的集成服务器端和感知层、传输层的嵌入式设备中。服务器端中间件称为物联网业务基础中间件，一般都是基于传统的中间件（应用服务器、ESB/MQ 等），加入设备连接和图形化组态展示模块构建；嵌入式中间件是一些支持不同通信协议的模块和运行环境。中间件的特点是其固化了很多通用功能，但在具体应用中多半需要二次开发来实现个性化的行业业务需求，因此所有物联网中间件都要提供快速开发（RAD）工具。

（3）隐私保护

在物联网发展过程中，大量的数据涉及个体隐私问题（如个人出行路线、消费习惯、个体位置信息、健康状况、企业产品信息等），因此隐私保护是必须考虑的一个问题。如何设计不同场景、不同等级的隐私保护技术将是为物联网安全技术研究的热点问题。当前隐私保护方法主要有两个发展方向：一是对等计算（P2P），通过直接交换共享计算机资源和服务；二是语义 Web，通过规范定义和组织信息内容，使之具有语义信息，能被计算机理解。从而实现与人的相互沟通。

7.4.2 应用层安全威胁对策

应用层是信息到达智能处理平台的处理过程，包括如何从网络中接收信息。在从网络中接收信息的过程中，需要判断哪些信息是真正有用的信息，哪些是垃圾信息甚至是恶意信息。在来自于网络的信息中，有些属于一般性数据，用于某些应用过程的输入，而有些可能是操作指令。在这些操作指令中，又有一些可能是多种原因造成的错误指令（如指令发出者的操作失误、网络传输错误、得到恶意修改等），或者是攻击者的恶意指令。如何通过密码技术等手段甄别出真正有用的信息，又如何识别并有效防范恶意信息和指令带来的威胁是物联网应用层的重大安全挑战。为了满足物联网智能应用层的基本安全需求，需要如下的安全机制。

1）可靠的认证机制和密钥管理方案；

2）高强度数据机密性和完整性服务；

3）可靠的密钥管理机制，包括 PKI 和对称密钥的有机结合机制；

4）可靠的高智能处理手段；

5）入侵检测和病毒检测；

6）恶意指令分析和预防，访问控制以及灾难恢复机制；

7）保密日志跟踪和行为分析，恶意行为模型的建立；

8）密文查询、秘密数据挖掘、安全多方计算、安全云计算技术等；

9）移动设备文件（包括秘密文件）的可备份和恢复；

10）移动设备识别、定位和追踪机制。

应用层设计的是综合的或有个体特性的具体应用业务，它所涉及的某些安全问题通过前面几个逻辑层的安全解决方案可能仍然无法解决。在这些问题中，隐私保护就是典型的一种。无论感知层、传输层还是应用层，都不涉及隐私保护的问题，但它却是一些特殊应用场景的实际需求，即应用层的特殊安全需求。物联网的数据共享有多种情况，涉及不同权限的数据访问。此外，在应用层还将涉及知识产权保护、计算机取证、计算机数据销毁等安全需求和相应技术。

由于物联网需要根据不同应用需求对共享数据分配不同的访问权限，而且不同权限访问同一数据可能得到不同的结果。例如，道路交通监控视频数据在用于城市规划时只需要很低的分辨率即可，因为城市规划需要的是交通堵塞的大概情况；当用于交通管制时就需要清晰一些，因为需要知道交通实际情况，以便能及时发现哪里发生了交通事故，以及交通事故的基本情况等；当用于公安侦查时可能需要更清晰的图像，以便能准确识别汽车牌照等信息。因此如何以安全方式处理信息是应用中的一项挑战。

随着个人和商业信息的网络化，越来越多的信息被认为是用户隐私信息。需要隐私保护的应用至少包括如下几种：

1）移动用户既需要知道其位置信息，又不愿意非法用户获取该信息。

2）用户既需要证明自己合法使用某种业务，又不想让他人知道自己在使用某种业务，如在线游戏。

3）病人急救时需要及时获得该病人的电子病历信息，但又要保护该病历信息不被非法获取，包括病历数据管理员。事实上，电子病历数据库的管理人员可能有机会获得电子病历的内容，但隐私保护采用某种管理和技术手段使病历内容与病人身份信息在电子病历数据库中无关联。

4）许多业务需要匿名性，如网络投票。很多情况下，用户信息是认证过程的必须信息，如何对这些信息提供隐私保护，是一个具有挑战性的问题，但又是必须要解决的问题。例如，医疗病历的管理系统需要病人的相关信息来获取正确的病历数据，但又要避免该病历数据跟病人的身份信息相关联。在应用过程中，主治医生知道病人的病历数据，这种情况下对隐私信息的保护具有一定困难性，但可以通过密码技术手段掌握医生泄露病人病历信息的证据。

在使用互联网的商业活动中，特别是在物联网环境的商业活动中，无论采取了什么技术措施，都难免恶意行为的发生。如果能根据恶意行为所造成后果的严重程度给予相应的惩罚，那么就可以减少恶意行为的发生。技术上，这需要搜集相关证据。因此，计算机取证就显得非常重要，当然这有一定的技术难度，主要是因为计算机平台种类太多，包括多种计算机操作系统、虚拟操作系统、移动设备操作系统等。与计算机取证相对应的是数据销毁。数据销毁的目的是销毁那些在密码算法或密码协议实施过程中所产生的临时中间变量，一旦密码算法或密码协议实施完毕，这些中间变量将不再有用。但这些中间变量如果落入攻击者手里，可能为攻击者提供重要的参数，从而增大成功攻击的可能性。因此，这些临时中间变量需要及时安全地从计算机内存和存储单元中删除。计算机数据销毁技术不可避免地会被计算机犯罪提供证据销毁工具，从而增大计算机取证的难度。因此如何处理好计算机取证和计算机数据销毁这对矛盾是一项具有挑战性的技术难题，也是物联网应用中需要解决的问题。

物联网的主要市场将是商业应用，在商业应用中存在大量需要保护的知识产权产品，包括电子产品和软件等。在物联网的应用中，对电子产品的知识产权保护将会提高到一个新的高度，对应的技术要求也是一项新的挑战。针对这些安全架构，需要发展相关的密码技术，包括访问控制、匿名签名、匿名认证、密文验证（包括同态加密）、门限密码、叛逆追踪、数字水印和指纹技术等。

7.5 物联网几种安全技术

7.5.1 物联网加密技术

物联网密钥管理系统面临两个主要问题：一是如何构建一个贯穿多个网络的统一密钥管理系统，并与物联网的体系结构相适应；二是如何解决传感网的密钥管理问题，如密钥的分配、更新、组播等问题。实现统一的密钥管理系统可以采用两种方式：一是以互联网为中心的集中式管理方式。二是以各自网络为中心的分布式管理方式。

无线传感器网络的密钥管理系统的设计在很大程度上受到其自身特征的限制，因此在设计需求上与有线网络和传统的资源不受限制的无线网络有所不同，特别要充分考虑到无线传感器网络传感节点的限制和网络组网与路由的特征。它的安全需求主要体现在以下几方面。

1）密钥生成或更新算法的安全性：利用该算法生成的密钥应具备一定的安全强度，不能被网络攻击者轻易破解或者花很小的代价破解，即加密后保障数据包的机密性。

2）前向私密性：对中途退出传感器网络或者被俘获的恶意节点，在周期性的密钥更新或者撤销后无法再利用先前所获知的密钥信息生成合法的密钥继续参与网络通信，即无法参加与报文解密或者生成有效的可认证的报文。

3）后向私密性和可扩展性：新加入传感器网络的合法节点可利用新分发或者周期性更新的密钥参与网络的正常通信，即进行报文的加解密和认证行为等，且能够保障网络是可扩展的，即允许大量新节点的加入。

4）抗同谋攻击：在传感器网络中，若干节点被俘获后，其所掌握的密钥信息可能会造成网络局部范围的泄密，但不应对整个网络的运行造成破坏性或损毁性的后果，即密钥系统要具有抗同谋攻击。

5）源端认证性和新鲜性：源端认证要求发送方身份的可认证性和消息的可认证性，即任何一个网络数据包都能通过认证和追踪寻找到其发送源，且是不可否认的。新鲜性则保证合法的节点在一定的延迟许可内能收到所需要的信息。新鲜性除了和密钥管理方案紧密相关外，与传感器网络的时间同步技术和路由算法也有很大的关联。

根据这些要求，在密钥管理系统的实现方法中，人们提出了对称加密算法和不对称加密算法。

（1）对称加密算法

对称加密算法是应用较早的加密算法，技术成熟。在对称加密算法中，数据发信方将明文（原始数据）和加密密钥一起经过特殊加密算法处理后，使其变成复杂的加密密文发送出去。收信方收到密文后，若想解读原文，则需要使用加密用过的密钥及相同算法的逆算法对密文进行解密，才能使其恢复成可读明文，如图 7-4 所示。

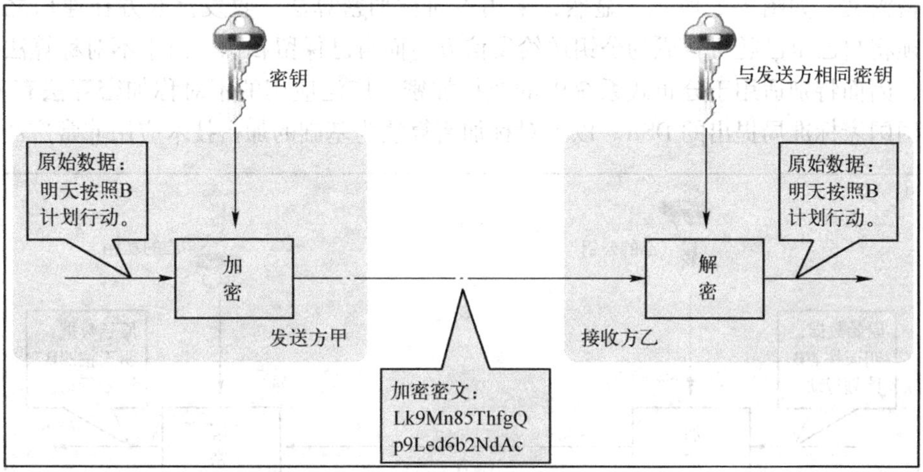

图 7-4　对称加密算法

在对称加密算法中，使用的密钥只有一个，发收信双方都使用这个密钥对数据进行加密和解密，这就要求解密方事先必须知道加密密钥。对称加密算法的特点是算法公开、计算量小、加密速度快、加密效率高。不足之处是，交易双方都使用同样钥匙，安全性得不到保证。此外，每对用户每次使用对称加密算法时，都需要使用其他人不知道的唯一钥匙，这会使得发收信双方所拥有的钥匙数量成几何级数增长，密钥管理成为用户的负担。对称加密算法在分布式网络系统上使用较为困难，主要是因为密钥管理困难，使用成本较高。在计算机专网系统中广泛使用的对称加密算法有 DES（Data Encryption Standard，数据加密标准）、IDEA（International Data Encryption Standard，国际加密标准）和 AES（Advanced Encryption Standard，高级加密标准）。

传统的 DES 由于只有 56 位的密钥，因此已经不适应当今分布式开放网络对数据加密安全性的要求。1997 年 RSA 数据安全公司发起了一项“DES 挑战赛”的活动，志愿者 4 次分别用 4 个月、41 天、56 个小时和 22 个小时破解了其用 56 位密钥 DES 算法加密的密文。DES 加密算法在计算机速度提升后的今天被认为是不安全的。

AES 是美国联邦政府采用的商业及政府数据加密标准，预计将在未来几十年里代替 DES 在各个领域中得到广泛应用。AES 提供 128 位密钥，因此，128 位 AES 的加密强度是 56 位 DES 加密强度的 1021 倍还多。假设可以制造一部可以在 1 秒内破解 DES 密码的机器，那么使用这台机器破解一个 128 位 AES 密码需要大约 149 亿万年的时间。因此可以预计，美国国家标准局倡导的 AES 即将作为新标准取代 DES。

（2）不对称加密算法

不对称加密算法使用两把完全不同但又是完全匹配的一对钥匙—公钥和私钥。在使用不对称加密算法加密文件时，只有使用匹配的一对公钥和私钥，才能完成对明文的加密和解密过程。加密明文时采用公钥加密，解密密文时使用私钥才能完成，而且发信方（加密者）知道收信方的公钥，只有收信方（解密者）才是唯一知道自己私钥的人。不对称加密算法的基本原理是，如果发信方想发送只有收信方才能解读的加密信息，发信方必须首先知道收信方的公钥，然后利用收信方的公钥来加密原文；收信方收到加密密文后，使用自己的私钥才能解密密文。如图 7-5 所示。显然，采用不对称加密算法，收发信双方在通信之前，收信方必须将自己早已随机生成的公钥送给发信方，而自己保留私钥。由于不对称算法拥有两个密钥，因而特别适用于分布式系统中的数据加密。广泛应用的不对称加密算法有 RSA 算法和美国国家标准局提出的 DSA。以不对称加密算法为基础的加密技术应用非常广泛。

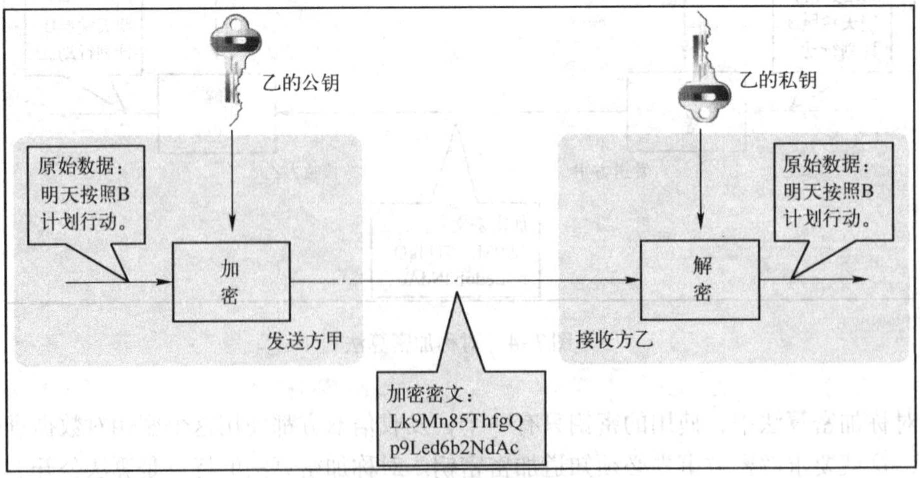

图 7-5 非对称加密算法

7.5.2 物联网中的消息认证和数字签名

在网络系统安全中要考虑两个方面。一方面，用密码保护传送的信息使其不被破译；另一方面，就是需要保证消息的完整性，防止伪造、篡改信息等。认证则是防止主动攻击、保证消息完整性的重要技术，它对于开放的网络中的各种信息系统的安全性有重要作用。

1. 消息认证

认证的主要目的有两个：①验证消息的发送者是合法的，不是冒充的，这称为实体认证，包括对信源、信宿等的认证和识别，即消息的真实性。②验证信息本身的完整性，这称为消息认证，验证数据在传送或存储过程中没有被篡改、重放或延迟等。常见的认证技术包括消息认证码（MAC）和安全散列函数（Hash 函数）。

消息认证码，简称 MAC（Message Authentication Code），是一种使用密钥的认证技术，它利用密钥来生成一个固定长度的短数据块，并将该数据块附加在消息之后，也称为密码校验和。如图 7-6 所示为消息认证码的使用方法，在这种方法中假定通信双方 A 和 B 共享密钥 K。若 A 向 B 发送消息 M 时，则 A 使用消息 M 和密钥 K，计算 MAC = C(K,M)。其中，M 是输入的消息，可变长；C 是消息认证码函数；K 是共享密钥；MAC 是消息认证码。只有拥有密钥的消息发送方和接收方可以生成消息认证码和验证消息的完整性。接收方收到消息后，假设为 M′，使用相同的密钥 K，计算新的 MAC′ = C(K,M′)，比较 MAC′和所收到的 MAC。如果计算得出的 MAC′和收到的 MAC 是相同的，则可认为：

1）接收方可以相信消息未被修改。因为若攻击者篡改了消息，他必须同时相应地修改 MAC 值，但攻击者不知道密钥，因此他不能在篡改消息后相应地篡改 MAC，而如果仅篡改消息，则接收方计算的新 MAC′将与收到的不同。

2）接收方可以相信消息来自于真正的发送方。因为其他各方均不知道密钥，他们不能产生具有正确 MAC 的消息。

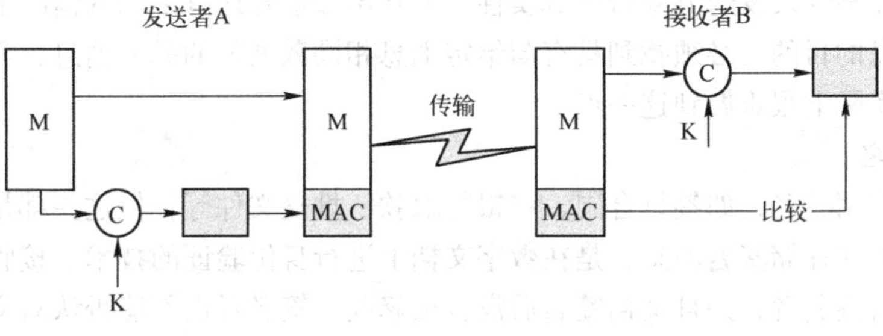

图 7-6　消息认证码的使用

安全散列函数以任何长度消息作为输入，以固定长字符串作为输出。从任意长消息计算其散列值是容易的，但由于散列函数为单向函数，即给定一个固定长度字符串，很难找到一个具有明确意义的消息，使其散列值与该字符串完全相同，所以散列函数给定的情况下，消息一旦被修改或破坏，则改过后的消息与给定的散列值不匹配，在散列函数公开的情况下，接收方很容易通过计算消息的散列值与传来的散列值不同，而察觉出消息被非法用户篡改过。

但因为散列函数是公开的，所以非法用户完全可以产生自己的消息，计算出该消息的散列值，故在安全通信中，常常需要将密钥或秘密信息与 Hash 函数结合起来对消息认证。如图 7-7 所示，发送方采用对称密码先使用 Hash 函数计算消息 M 的散列值，再使用密钥 K 对消息的散列值进行加密。接收方接收到消息后，使用相同的密钥 K 解密收到的散列值和对收到的消息使用 Hash 函数计算接收消息的散列值，比较两者是否一致，若一致，则可接收方可以相信消息未被修改，并且可以相信消息来自于真正的发送方。

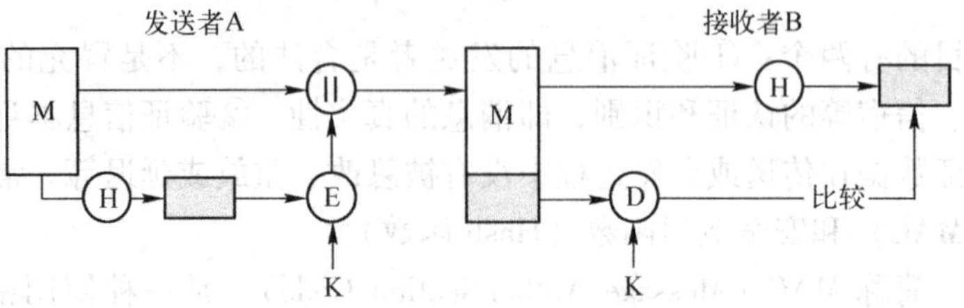

图 7-7　散列函数 Hash 的使用

消息认证的作用是保护通信双方保护消息不被第三方攻击，然而却不能防范通信双方相互欺骗或伪造。上述消息认证码和散列函数通常可以解决消息完整性的问题，但要解决消息真实性是依靠收发双方共享相同密钥。但在收发双方未建立通信关系或收发双方未建立起完全信任关系的情况下，单纯的消息认证是不够的，数字签名可有效解决这一问题。

我们采取数字签名的方法来解决这个问题。如果发送方在计算消息的散列值之后，对散列值作一次数字签名，然后将消息、该消息的散列值及散列值的数字签名一并送出，就可以防止上述问题的发生。因为如果恶意用户想将消息与散列值全部换掉，产生自己伪造的消息及散列值，则还必须伪造合法用户的签名，在不知道合法用户签名私钥的情况下，这是不可能的。

消息鉴别安全服务采用散列函数与数字签名相结合的方法，在附加信息较短的情况下，保护了消息的完整性及发送方身份的真实性。若在不知道发送方私钥的情况下，任何第三方想达到篡改信息的目的，必须找到具有与给定消息相同散列值的另一消息，而散列函数的碰撞概率极小，实际上很难做到这一点。

2. 数字签名

每天都在使用签名，如签订合同、在银行取款、批复文件等，但这些都是手写签名。数字签名以电子方式存储签名消息，是在数字文档上进行身份验证的技术。接收者和第三方能够验证文档来自签名者，并且文档签名后没有被修改，签名者也不能否认对文档的签名。数字签名必须保障：

1）接收者能够核实发送者对文档的签名；

2）发送者事后不能否认对文档的签名；

3）不能伪造对文档的签名。

一个签名有消息和载体两个部分，即签名所表示的意义和签名的物理表现形式。手写签名与数字签名之间存在着很大的差别，本质差别在于消息与载体的分割。传统签名中签名与文件是一个物理整体，具有共同的物理载体，物理上的不可分割、不可复制的特性带来了签名与文件的不可分割和不能重复使用的特性，但在数字签名中，由于签名与文件是电子形式，没有固定的物理载体，即签名以及文件的物理形式和消息已经分开，而电子载体是可以任意分割、复制的，从而数字签名有可能与文件分割，被重复使用。

一方面，传统签名的验证是通过与存档手迹对照来确定真伪的，它是主观的、模糊的、容易伪造的，从而也是不安全的。而数字签名则是用密码，通过公开算法可以检验的，是客观的、精确的，在计算上是安全的。

如图 7-8 所示，发送方用自己的私钥对消息的 Hash 值做解密变换，将产生的签名发给接收方。接收方用发送方的公钥对签名（认证签名，PRa）进行加密变换，以确定签名（验证签名，PUa）是否有效。只有拥有私钥的发送方才能对消息产生有效签名，任何其他人都可以用签名人的公钥，以证实签名的有效性。

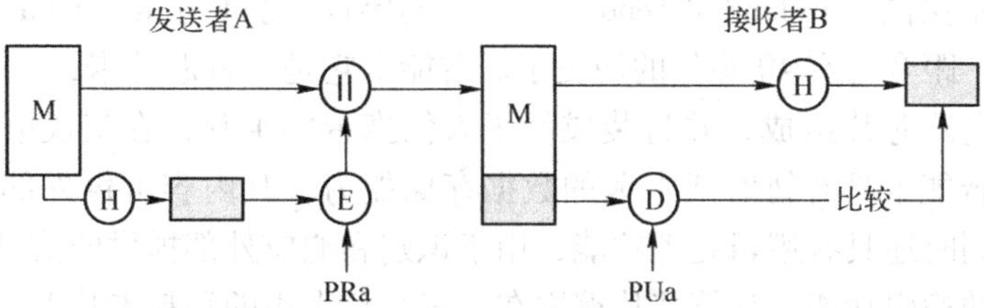

图 7-8 对 Hash 值数字签名

数字签名通常是基于公钥算法体制的，可以用 RSA 或者 DSA，前者既可以用作加密又可以进行签名，后者只能用于签名。一般情况下，为了提高效率，经常是联合公钥算法和单向散列函数一起进行数字签名。

其他的数字签名还有 ElGamal 数字签名算法、Fiat - Shamir 数字签名算法、Guillou - Quisquarter 数字签名算法、Schnorr 数字签名算法、Ong - Schnorr - Shamir 数字签名算法、美国的数字签名标准/算法（DSS/DSA），椭圆曲线数字签名算法和有限自动机数字签名算法等。

7.5.3 物联网身份识别技术

身份识别是指定用户向系统出示自己身份的证明过程，通常是获得系统服务所必需的第一道关卡。身份识别技术能使识别者识别到自己的真正身份，确保识别者的合法权益。

常用身份识别技术包括基于密码技术的各种电子 ID 身份识别技术和基于生物特征识别的识别技术。基于电子 ID 身份识别技术的数字证书和密码都存在被人盗窃、复制、监听获取的可能性，解决办法有：数字证书的载体可以采用特殊的、不易获取或复制的物理载体，如指纹、虹膜等，也就是生物特征识别技术。

1. 电子 ID 身份识别技术

电子 ID 身份识别技术主要包括通行字识别方式和持证的方式。通行字是使用最广泛的一种身份识别方式，比如中国古代调兵用的虎符和现代通信网的协议等。持证（token）是一种个人持有物，它的作用类似于钥匙，用于启动电子设备。

通行字一般由数字、字母、特殊字符、控制字符等组成的长为 5 ~ 8 的字符串。通行字选择规则为易记，难以被别人猜中或发现，抗分析能力强，还需要考虑它的选择方法、使用期、长度、分配、存储和管理等。

通行字技术识别办法为识别者 A 先输入他的通行字，然后计算机确认它的正确性。A 和计算机都知道这个秘密通行字，A 每次登录时，计算机都要求 A 输入通行字。要求计算机存储通行字，一旦通行字文件暴露，就可获得通行字。为了克服这种缺陷，人们建议采用单向函数。此时，计算机存储通行字的单向函数值而不是存储通行字。

持证（token）一般使用一种嵌有磁条的塑料卡，磁条上记录有用于机器识别的个人信息。这类卡通常和个人识别号（PIN）一起使用，这类卡易于制造，而且磁条上记录的数据也易于转录，因此要设法防止仿制。为了提高磁卡的安全性，人们建议使用一种被称作“智能卡”的磁卡来代替普通的磁卡，智能卡与普通的磁卡的主要区别在于智能卡带有智能化的微处理器和存储器。

智能卡通常被称为 IC 卡、智慧卡、聪明卡，英文名称为 Smart Card 或 Integrated Circuit Card，是 1970 年由法国人 Roland Moreno 发明的，同年日本发明家 Kunitaka Arimura 取得了首项智能卡的专利，距今已有 40 多年的历史了。智能卡它是一种芯片卡，又名 CPU 卡，是由一个或多个集成电路芯片组成，并封装成便于人们携带的卡片，在集成电路中具有微电脑 CPU 和存储器。智能卡具有暂时或永久的数据存储能力，其内容可供外部读取或供内部处理和判断之用，同时还具有逻辑处理功能，用于识别和响应外部提供的信息和芯片本身判定路线和指令执行的逻辑功能。计算芯片镶嵌在一张名片大小的塑料卡片上，从而完成数据的存储与计算，并可以通过读卡器访问智能卡中的数据。日常应用例如手机里的 SIM 卡，银行里的 IC 银行卡等。由于智能卡具有安全存储和处理能力，因此智能卡在个人身份识别方面有着得天独厚的优势。最著名的是 Secure ID 系统，已经被普遍应用于安全性要求较高的系统中。

一个安全的身份识别协议至少应满足以下两个条件：①识别者 A 能向验证者 B 证明他的确是 A。②在识别者 A 向验证者 B 证明他的身份后，验证者 B 没有获得任何有用的信息，B 不能模仿 A 向第三方证明他是 A。

常用的识别协议包括：询问 - 应答和零知识。“询问 - 应答”协议是验证者提出问题（通常是随机选择一些随机数，称作口令），由识别者回答，然后验证者验证其真实性。零知识身份识别协议是称为证明者的一方试图使被称为验证者的另一方相信某个论断是正确的，却又不向验证者提供任何有用的信息。

2. 个人特征的身份证明

生物统计学正在成为自动化世界所需要的自动化个人身份认证技术中最简单而安全的方法。它是利用个人的生理特征来实现。因人而异、随身携带，不会丢失且难以伪造，极适用于个人身份认证。身份识别技术主要有以下几种情况。

（1）手写签名识别技术

传统的协议和契约等都以手写签名生效。发生争执时则由法庭判决，一般都要经过专家鉴定。由于签名动作和字迹具有强烈的个性而可作为身份验证的可靠依据。机器自动识别手写签名成为模式识别中的重要研究之一。进行机器识别要做到：签名的机器含义；手写的字迹风格（对于身份验证尤为重要）。

可能的伪造签名有两种情况：不知道真迹，按得到的信息随手签名；已知真迹时模仿签名或影描签名。自动的签名系统作为接入控制设备的组成部分时，应先让用户书写几个签名进行分析，提取适当参数存档备用。

（2）指纹识别技术

指纹是身份验证的准确且可靠的手段，指纹相同的概率非常小，形状不随时间变化，而且提取方便。将指纹作为接人控制的手段大大提高了其安全性和可靠性。但是指纹识别通常和犯罪联系在一起，人们一般都不愿接受这种方式，而且机器识别指纹成本很高。

(3) 语音识别技术

每个人说话的声音都有自己的特点，人对语音的识别能力是特别强的。在商业和军事等安全性要求较高的系统中，常常靠人的语音来实现个人身份的验证。机器识别语音的系统可用于防止黑客进入语音函件和电话服务系统。

(4) 视网膜图样识别技术

人的视网膜血管的图样具有良好的个人特征。识别的基本方法是用光学和电子仪器将视网膜血管图样记录下来，一个视网膜血管的图样可压缩为小于35 B的数字信息。根据对图样的节点和分支的检测结果进行分类识别。

视网膜图样识别技术要求被识别人要合作，允许进行视网膜特征的采样。验证效果相当好，但成本较高，只是在军事或者银行系统中被采用。

(5) 虹膜图样识别技术

虹膜是巩膜的延长部分，是眼球角膜和晶体之间的环形薄膜，其图样具有个人特征，可以提供比指纹更为细致的信息，可以在35～40 cm的距离采样，比采集视网膜图样要方便，易为人所接受。存储一个虹膜图样需要256 B，所需的计算时间为100 ms。，开发出基于虹膜的识别系统可用于安全入口、接入控制、信用卡、POS、ATM等应用系统中，能有效进行身份识别。

3. 脸型识别技术

Harmon等人设计了一个从照片识别人脸轮廓的验证系统，但是这种技术出现差错的概率比较大。现在从事脸型自动验证新产品的研制和开发的公司有好多家，在金融、接入控制、电话会议、案例监视等系统中都得到了应用。除此之外，目前研究的领域还有人耳识别等。

7.5.4 数字水印

数字水印（Digital Watermarking）技术，是指在数字化的数据内容中嵌入不明显的记号。被嵌入的记号通常是不可见或不可察的，但是通过计算操作可以检测或者被提取。水印与源数据紧密结合并隐藏其中，成为源数据不可分离的一部分，并可以经历一些不破坏源数据使用价值或商用价值的操作而存活下来。根据信息隐藏的目的和技术要求，数字水印应具有3个基本特性。

1）隐藏性（透明性）。水印信息和源数据集成在一起，不改变源数据的存储空间；嵌入水印后，源数据必须没有明显的降质现象；水印信息无法为人看见或听见，只能看见或听见源数据。

2）鲁棒性（免疫性、强壮性）。鲁棒性是指嵌入水印后的数据经过各种处理操作和攻击操作以后，不导致其中的水印信息丢失或被破坏的能力。处理操作包括模糊、几何变形、放缩、压缩、格式变换、剪切、D－A和A－D转换等。攻击操作包括有损压缩、多复制联合攻击、剪切攻击、解释攻击等。

3）安全性。安全性是指水印信息隐藏的位置及内容不为人所知，这需要采用隐蔽的算法以及对水印进行预处理（如加密）等措施。

多媒体通信业务和因特网“数字化、网络化”的迅猛发展给信息的广泛传播提供了前所未有的便利，各种形式的多媒体作品包括视频、音频、动画、图像等纷纷以网络形式发布，但副作用也十分明显，任何人都可以通过网络轻易地取得他人的原始作品，尤其是数字化图像、音乐、电影等，甚至不经作者的同意而任意复制、修改，从而侵害了创作者的著作权。从目前的数字水印系统的发展来看，基本上可以分为以下几类。

1）所有权确认：多媒体作品的所有者将版权信息作为水印加入公开发布的版本中。侵权行为发生时，所有人可以从侵权人持有的作品中认证他所加入的水印作为所有权证据。这要求这类水印能够经受各种常用的处理操作，比如对于图像而言，要能够经受各种常用的图像处理操作，甚至像打印/扫描这样的操作。

2）来源确定：为防止未授权的复制，出品人可以将不同用户的有关信息（如用户名称、序列号、城市等）作为不同水印嵌入作品的合法复制中。一旦发现未经授权的复制，可以从此复制中提取水印来确定它的来源。这要求水印可以经受诸如伪造、去除水印的各种企图，除了1）中所述的操作外，主要包括多复制联合攻击去除或伪造水印陷害第三方。

3）完整性确认：当多媒体作品被用于法庭、医学、新闻及商业时，常需要确定它们的内容有没有被修改、伪造或特殊处理过。这时可以通过提取水印，确认水印的完整性来证实多媒体数据的完整。与其他水印不同的是，这类水印必须是脆弱的，最好还能够通过识别提取出的水印确定出多媒体数据被篡改的位置。

4）隐式注释：被嵌入的水印组成内容的注释。比方说，一幅照片的拍摄时间和地点可以转换成水印信号作为此图像的注释。

5）使用控制：在一个限制试用软件或预览多媒体作品中，可以插入一个指示允许使用次数的数字水印，每使用一次，就将水印自减一次，当水印为0时，就不能再使用，但这需要相应硬件和软件的支持。

该系统的输入是水印、载体数据和一个可选择的公钥或者私钥。水印可以是任何形式的数据，如数值、文本或者图像等。密钥可用来加强安全性，以避免未授权方篡改数字水印。所有的数字水印系统至少应该使用一个密钥，有的甚至是几个密钥的组合。当数字水印与公钥或私钥结合时，嵌入水印的技术通常分别称为私钥数字水印和公钥数字水印技术。

数检测过程的输入是已嵌入水印的数据、私钥或公钥，以及原始数据和原始水印，输出的是水印，或者是某种可信度的值，它表明了所检查数据中存在水印的可能性。

本章小结

物联网安全管理技术非常多，它对物联网提供了有力的支撑。物联网的关键技术是在物联网发展过程中逐步总结出来的。文章重点讨论了感知层和传输层的关键技术以及安全管理技术对物联网提供的支撑。目前，以上介绍的内容在一定程度上促进了物联网安全体系的基础建设，同时在逐步提高经济和社会的运行效率。

物联网的安全越来越受到关注，各种安全机制也在不断成熟，但对于建立一个更优的物联网安全体系，我们目前的技术仍然存在很大的缺口，需要进一步深入研究与检验，以适应未来物联网通信安全的需要，同时促进关键技术的进一步革新和突破。以物联网为代表的技术发展趋势是从信息化向智能化过渡，这也是网络从虚拟走向现实、从局域走向泛在的过程。伴随着信息化的发展，物联网的应用会更加深化、更加安全，会实现进一步的智能化。

习题与思考题

7-1　简述个人特征身份证明的常用方式，并简要说明其原理。

7-2　简述数字签名的基本原理。

7-3　简述数字水印的基本原理。

第8章　物联网技术的应用

物联网用途广泛，涉及公共安全、智慧交通、环境保护、智能家居、工业监测、个人健康等多个领域。国际电信联盟ITU的一份年度报告曾描绘“物联网”时代的图景：当司机出现操作失误时汽车会自动报警；公文包会提醒主人忘带了什么东西；衣服会“告诉”洗衣机对颜色和水温的要求；一家物流公司应用了物联网系统的货车，当装载超重时，汽车会自动告诉你超载了，并且超载多少，但空间还有剩余，告诉你轻重货物怎样搭配。物联网把新一代IT技术充分运用在各行各业之中，具体地说，就是把感应器嵌入和装备到电网、铁路、桥梁、隧道、公路、建筑、供水系统、大坝、油气管道等各种物体中，然后将“物联网”与现有的互联网整合起来，实现人类社会与物理系统的整合。在这个整合的网络当中，存在能力超级强大的中心计算机群，能够对整合网络内的人员、机器、设备和基础设施实施实时的管理和控制，在此基础上，人类可以以更加精细和动态的方式管理生产和生活，达到“智慧”状态，提高资源利用率和生产力水平，改善人与自然间的关系。

毫无疑问，如果“物联网”时代来临，人们的日常生活将发生翻天覆地的变化。然而，不谈什么隐私权和辐射问题，单把所有物品都植入识别芯片这一点现在看来还不太现实。人们正走向“物联网”时代，但这个过程可能需要很长的时间。

8.1　智能家居

8.1.1　智能家居简介

智能家居是以住宅为平台，兼备建筑、网络通信、信息家电、设备自动化，集系统、结构服务管理为一体的高效、舒适、安全、便利、环保的居住环境。进入21世纪后，智能家居的发展更是多样化，技术实现方式也更加丰富。总体而言，智能家居发展大致经历了4代：第一代主要是基于同轴线两芯线进行家庭组网，实现灯光、窗帘控制和少量安防等功能；第二代主要基于RS-485线，部分基于IP技术进行组网，实现可视对讲安防等功能；第三代实现了家庭智能控制的集中化，控制主机产生，业务包括安防、控制计量等业务；第四代基于全IP技术，末端设备基于Zigbee等技术，智能家居业务提供采用“云”技术，并可根据用户需求实现定制化、个性化。目前智能家居大多属于第三代产品，而美国已经对第四代智能家居进行了初步的探索，并已有相应产品。

物联网通过射频识别（RFID）、红外感应器、全球定位系统、激光扫描器等信息传感设备，按约定的协议把任何物品与互联网连接起来进行信息交换和通信，以实现智能化识别、定盘跟踪监控和管理。物联网的发展也为智能家居引入了新的概念及发展空间，智能家居可以被看作是物联网的一种重要应用。基于物联网的智能家居，表现为利用信息传感设备

(同居住环境中的各种物品松耦合或紧耦合)将家居生活有关的各种子系统有机地结合在一起，并与互联网连接起来，进行监控、管理信息交换和通信，实现家居智能化，其中包括：智能家居（中央）控制管理系统、终端（家居传感器终端、控制器）家庭网络外联网络、信息中心等。

智能家居产品融合自动化控制系统、计算机网络系统和网络通信技术于一体，使各种家庭设备通过智能家庭网络联网实现自动化，通过宽带、固话、3G 和 4G 无线网络，可以实现对家庭设备的远程操控。与普通家居相比，智能家居不仅提供舒适宜人且高品位的家庭生活空间，实现更智能的家庭安防系统，还将家居环境由原来的被动静止结构转变为具有能动智慧的工具，提供全方位的信息交互功能。其系统结构如图 8-1 所示。

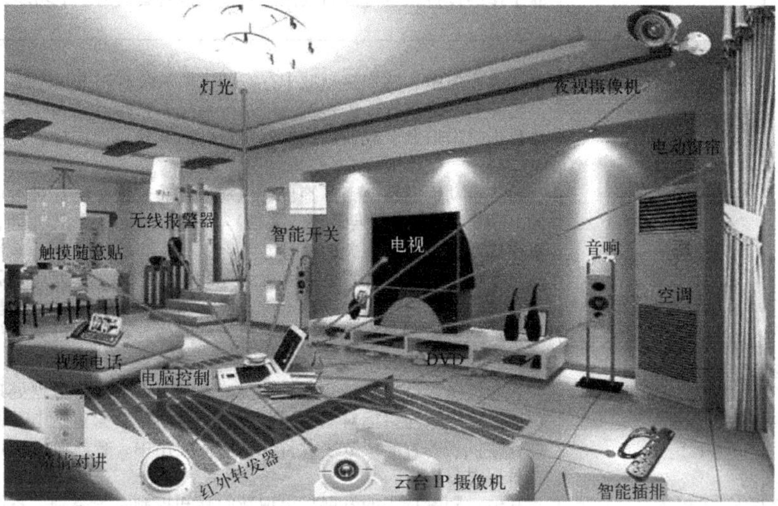

图 8-1　物联网智能家居

8.1.2　智能家居体系结构

在图 8-1 中，基于物联网的智能家居从体系架构上来看，在感知控制域，主要由温湿度传感器、RFID 标签系统、位置信息、水电、门禁、音视频、家电等设备组成；在服务控制域，基础服务系统是必需的，而业务服务系统主要由家庭物件检测系统、家庭设备控制系统、健康服务系统、安全系统等系统组成；资源交换域主要由多媒体等信息资源交换系统和商品资源交换系统组成；运维管控域主要由医疗、家庭安全等法规监管系统和运行维护系统组成；智能家居中的用户域主要由公众用户系统组成。如图 8-2 所示为智能家居参考体系结构。图中，各个实体描述如表 8-1 所示，各个系统接口内容如表 8-2 所示。

表 8-1　物联网智能家居应用系统体系结构中的实体描述

物联网域	域包含实体	实体说明
用户域	用户系统	在智能家居中，用户主要是公众用户系统，也有可能是政府用户系统和企业用户系统等

（续）

物联网域	域包含实体	实体说明
目标对象域	感知对象	主要与家居相关的感知对象，如温度、湿度、气体等传感器，RFID标签、信息、水电、门禁、音视频、家电等系统，还包含了一些智能设备接口的感知，如网络等
	控制对象	主要是能控制智能家居中温度、湿度、气体、门禁和一些智能设备的控制器，如空调、各类阀门等。
感知控制域	物联网网关	物联网网关是支撑感知控制系统与其他系统相连，并实现感知控制域本地管理的实体。物联网网关可提供协议转换、地址映射、数据处理、信息融合、安全认证、设备管理等功能。从设备定义的角度，物联网网关可以是独立工作的设备，也可以与其他感知控制设备集成为一个功能设备。
	感知控制系统	智能家居中，感知控制域中存在的主要系统有以下几方面。 传感器网络系统：传感器网络系统通过与目标对象关联绑定的传感结点采集目标对象信息，或通过执行器对目标对象执行操作控制；主要感知对象有温、湿度、气体等。 标签自动识别系统：标签自动识别系统通过读写设备对附加在目标对象上的RFID、条码（一维码、二维码）等标签进行自动识别和信息读写，以采集或修改目标对象相关的信息。 位置信息系统：位置信息系统通过北斗、GPS、移动通信系统等定位系统采集目标对象的位置数据，定位系统终端一般与目标对象物理上绑定。 音视频系统：音视频系统通过语音、图像、视频等设备采集目标对象的音视频等非结构化数据。 智能设备接口系统：智能设备接口系统具有通信、数据处理、协议转换等功能，且提供与目标对象的通信接口，其目标对象包括电源开关、空调、大型仪器仪表等智能或数字设备。在实际应用中，智能设备接口系统可以集成在目标对象中。 其他：随着技术的发展将出现新的感知控制系统类别，系统可采集目标对象信息或执行控制
服务提供域	业务服务系统	业务服务系统是面向某类特定用户需求，提供物联网业务服务的系统，智能家居中主要有家庭物件检测系统、家庭设备控制系统、健康服务系统、安全系统等
	基础服务系统	基础服务系统是为业务服务系统提供物联网基础支撑服务的系统，包括数据接入、数据处理、数据融合、数据存储、标识解析服务、地理信息服务、用户管理服务、服务目录管理等
运维管控域	运行维护系统	运行维护系统是管理和保障物联网中的设备和系统可靠、安全运行的系统，包括系统接入管理、系统安全认证管理、系统运行管理、系统维护管理等
	医疗、家庭安全等法规监管系统	法规监管系统是保障物联网应用系统符合相关法律法规运行的系统，主要有医疗、家庭安全等法规监管系统
资源交换域	多媒体等信息资源交换系统	提供视频等多媒体信息交换服务
	商品资源交换系统	实现智能家居中资金、商品安全可靠的交换

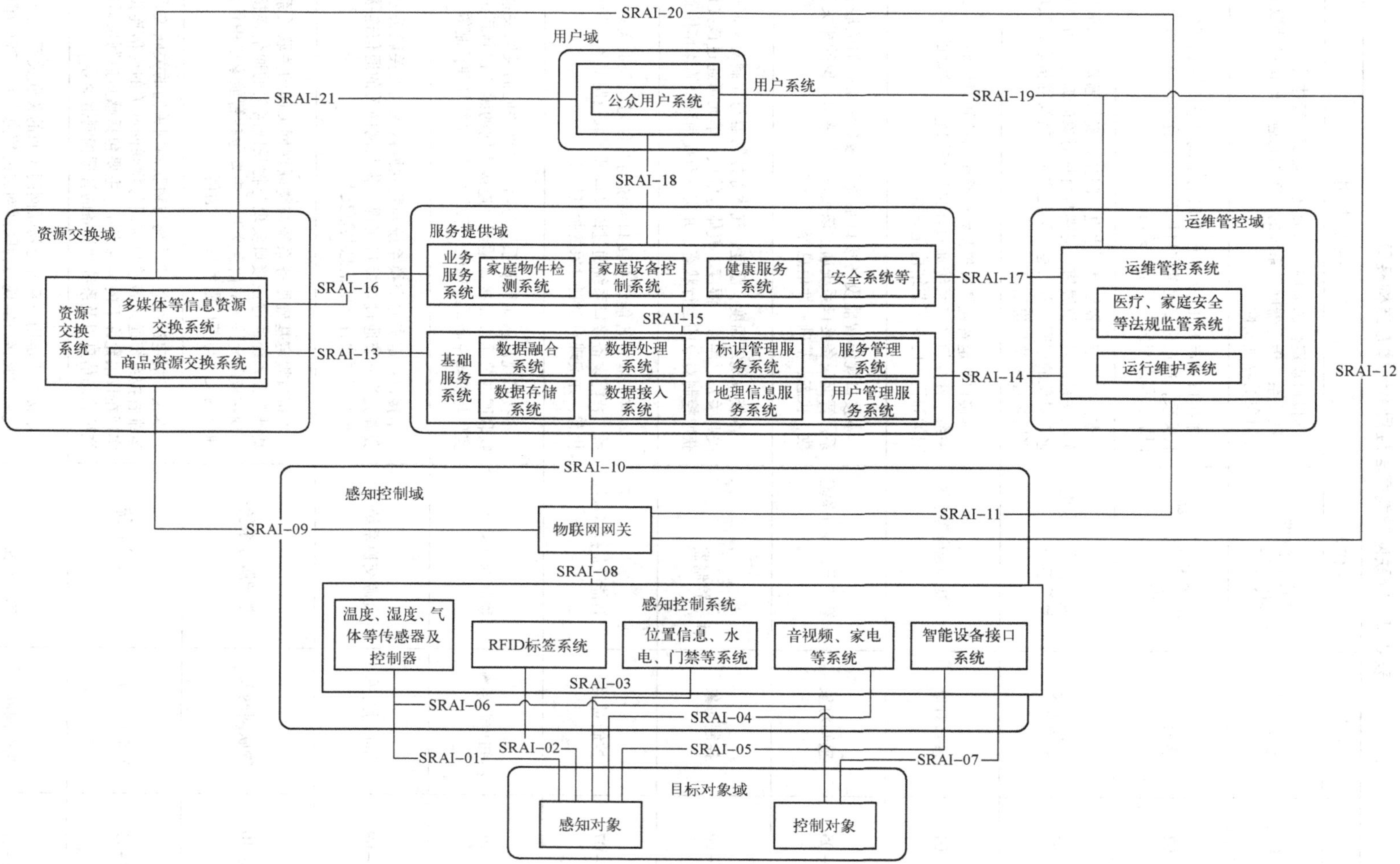

图8-2 智能家居参考体系结构

表 8-2 物联网智能家居应用系统体系结构接口

接　口	实体 1	实体 2	接口描述
SRAI - 01	感知对象	温度、湿度、气体等传感器	本接口规定传感器网络与温度、湿度、气体等对象间的关联关系。传感器网络系统的感知单元通过该接口获取感知对象的物理属性
SRAI - 02	感知对象	RFID 标签自动识别系统	本接口规定 RFID 标签自动识别系统与感知对象间的关联关系，通过标签附着在目标对象上，标签读写器可自动识别和写入与感知对象相关内容
SRAI - 03	感知对象	位置信息、水电、门禁等系统	本接口规定位置信息、水电、门禁系统与感知对象间的关联关系，通过位置信息终端与目标对象的绑定，可获取感知对象的空间位置信息，通过水电、指纹等信息，获取家庭物理量及身份信息
SRAI - 04	感知对象	音视频家电等系统	本接口规定音视频采集及家电系统与感知对象间的关联关系。音视频采集系统通过该接口获取感知对象的音频、图像和视频内容等非结构化数据
SRAI - 05	感知对象	智能设备接口系统	本接口规定智能设备接口系统与感知对象间的关联关系。智能设备接口系统通过该接口获取感知对象的相关参数、状态、基础属性信息等
SRAI - 06	控制对象	温度、湿度、气体等控制器	本接口规定温度、湿度、气体等控制器与控制对象间的关联关系。温度、湿度、气体等的执行单元可通过该接口获取控制对象的运行状态，并实现对控制对象的操作控制
SRAI - 07	控制对象	智能设备接口系统	本接口规定智能设备接口系统与控制对象间的关联关系。智能设备接口系统通过该接口可获取控制对象的运行状态，并实现对控制对象的控制操作
SRAI - 08	感知控制系统	物联网网关	本接口规定感知控制系统与物联网网关间的关联关系。物联网网关通过此接口适配、连接不同的感知控制系统，实现与感知控制系统间的信息交互以及系统管理控制等
SRAI - 09	物联网网关	资源交换系统	本接口规定资源交换系统与物联网网关间的关联关系。资源交换系统通过该接口实现与物联网网关的通信连接，实现在权限允许下的信息共享交互
SRAI - 10	物联网网关	基础服务系统	本接口规定基础服务系统与物联网网关间的关联关系。基础服务系统通过该接口实现与物联网网关的通信连接，实现在权限允许下的信息交互，主要包括智能家居中信息通过网关后与基础服务系统的通信
SRAI - 11	物联网网关	运维管控系统	本接口规定运维管控系统与物联网网关间的关联关系。运维管控系统通过该接口实现与物联网网关的通信连接，实现在权限允许下的信息交互，主要包括感知控制域运行维护状态信息以及系统和设备的管理控制指令等
SRAI - 12	物联网网关	用户系统	本接口规定用户系统与物联网网关间的关联关系。用户系统通过此接口实现与物联网网关的信息交互，获取感知控制域本地化的相关服务

（续）

接　　口	实体1	实体2	接口描述
SRAI－13	基础服务系统	商品资源交换系统	本接口规定基础服务系统与商品资源交换系统间的关联关系。基础服务系统通过该接口实现同其他相关系统的资源交换，主要包括提供用户智能家居的必要信息资源
SRAI－14	基础服务系统	运维管控系统	本接口规定基础服务系统与运维管控系统间的关联关系。运维管控系统通过该接口实现对基础服务系统运行状态的监测和控制，同时实现对基础服务系统运行过程中法律法规符合性的监管
SRAI－15	基础服务系统	业务服务系统	本接口规定基础服务系统与业务服务系统间的关联关系。业务服务系统通过此接口获取基础服务系统提供的物联网基础支撑性服务，主要包括数据存储管理、数据加工处理、标识解析服务、地理信息服务等
SRAI－16	业务服务系统	多媒体等信息资源交换系统	本接口规定多媒体等信息资源交换系统与业务服务系统间的关联关系。业务服务系统通过该接口实现同其他相关系统的资源交换，如为电子商务、个人支付、各类家庭费用支出信息等
SRAI－17	运维管控系统	业务服务系统	本接口规定业务服务系统与运维管控系统间的关联关系。运维管控系统通过该接口实现对业务服务系统运行状态的监测和控制，以及实现对业务服务所提供的相关家居、医疗方面的法律法规层面监管
SRAI－18	业务服务系统	公众用户系统	本接口规定业务服务系统与公众用户系统间的关联关系。用户系统通过此接口获取相关物联网业务服务
SRAI－19	公众用户系统	运维管控系统	本接口规定公众用户系统与运维管控系统间的关联关系。运维管控系统通过该接口实现对用户系统运行状态的监测和控制，以及实现对用户系统相关感知和控制服务要求进行法律法规层面的监管和审核
SRAI－20	资源交换系统	运维管控系统	本接口规定资源交换系统与运维管控系统间的关联关系。运维管控系统通过该接口实现对资源交换系统状态的监测和控制，以及实现对资源交换过程中法律法规符合性层面的监管
SRAI－21	资源交换系统	公众用户系统	本接口规定资源交换系统与公众用户系统间的关联关系。公众用户系统通过该接口实现同其他系统的资源交换，如用户为家庭消费服务而所应支付资金信息等

8.1.3　智能家居特点

（1）需求旺盛

随着国家经济的发展和国民生活水平的提高，物联网智能家居的应用需求日益增强。虽说智能家居在国内已发展10年多，但仍然面临着传统解决方案性能单一价格高、难以规模推广的发展的“瓶颈”。不过随着物联网的发展，智能家居行业将迎来新机遇。

（2）产业链长

智能家属涉及土建装修、通信网络、信息系统集成、传感器件、家电、医疗、自动控制等多个领域。

（3）渗透性广

由于智能家居涉及的业务渗透到生活的方方面面，因此其产业链长，导致行业的渗透性强。

（4）带动性强

能够带动建筑制造业、信息技术的诸多领域发展。

8.1.4 智能家居面临的技术难题

组建家庭物联网也面临很多技术难题。主要包括以下几个方面。

1）智能家居市场所用的技术是鱼龙混杂，就目前市场上智能家居厂商使用到的技术主要包括电力载波技术、无线射频技术、集中布线技术。其中电力载波技术在我国部分地区的使用效果不太好。主要是因为电力系统中的信号干扰问题，虽然生产厂商可以采用一些设备解决这个问题，但故障率还是有点高；集中布线技术的施工麻烦，施工周期有点长，造价较高；无线射频技术由于布线简单，使用方便，越来越得到行业内人士的认可。国内知名物联网专家认为，“无线智能家居系统其实是物联网应用的一个具体领域”。可见无线智能家居应该是物联网大潮的发展趋势。而且无线智能家居已经在国内外众多的小区楼盘中得到成功应用。

2）产品稳定性上。目前智能家居市场上的相关产品可以说是多种多样，各家有各家的产品技术，市场中没有一整套统一的行业标准，所以做出来的产品在稳定性上存在众多的缺陷。生产厂商应该积极参与政府相关部门组织的智能家居行业通用标准的制定与实施，这样才能有利于智能家居市场健康发展。

3）产品安全性上。在行业中，产品的安全性无疑是终端用户考虑比较多的问题之一，如何确保自己家里的隐私信息不被外界窃取，如何保证安防设备的正常使用，如何保证家中不被小偷侵入，都是老百姓所考虑的问题。智能终端设备必须采用防病毒系统设计，这应该是产品的一个基本要求。

4）现在智能家居产品的销售方式一般是用户从厂家订货，或者从厂家在各地的经销商拿货，购买方式极不方便，也不易于售后服务。如果智能家居产品能够像家电一样，全国各地每个角落都有智能家居产品超市或者售后维修点，诸多用户会考虑选择智能家居产品。生产厂商应该充分考虑终端用户的需要，在全国各大城市拓展销售渠道和售后服务网点，解决用户的后顾之忧。

5）虽然越来越多的媒体和老百姓关注智能家居，但是现有市场上如果要安装一整套智能家居系统的成本还是比较高的，现在别墅中用的比较普遍，对于普通老百姓来说要想享受这种高科技智能生活还需要一段时间。作为智能家居厂家应该充分考虑消费者的需要，积极研发适合消费者个性化配置的产品，降低智能家居系统安装的成本，这样智能家居才能真正进入寻常百姓的生活。

6）由于数字家庭智能网关是物联网中的核心设备，它连接着智能家居终端用户，同时又可以组建成智能小区系统与互联网相连，所以数字家庭智能网关的可靠性和通用性非常必要，这样才能保证无论身处世界的哪个角落，业主都可以使用手机、计算机、电话等各种方式远程监控家中的状况，远程控制家中的电器设备。

因此，构建家庭物联网应用系统要从体系架构上解决应用扩展、数据传送、数据采集等面临的问题，将其构造成家庭物联网应用的公共基础设施，有利于业务的可持续发展。

作为物联网重要的应用之一，智能家居涉及多个领域，相对于其他的物联网应用来说，智能家居拥有更广大的用户群和更大的市场空间，同时与其他行业有大量的交叉应用。目前，智能家居应用多是垂直式发展，行业各自发展，无法互联互通，并不能涉及整个智能家居体系架构的各个环节，如家庭安防，主要局限在家庭或小区的局域网内，同时通过电信运营商网络给业主提供彩信，视频等监控和图像采集业务，由于业务没有专用的智能家居业务平台提供，仍然无法实现整个家庭信息化。但我们也应看到，智能家居已经发展很多年，业务链上各环节，除业务平台外，都已较为成熟，而且均能获得利润，具有各自独立的标准体系，都有各自的"小天地"。在规模相对较小的现状下，要在未来实现规模化发展，还有许多问题亟待解决，造成目前智能家居现状的原因是多方面的，包括前期政府扶持不够、资金投入不足、行业壁垒、地方保护以及智能家居和物联网相关技术短期内不成熟等。

由于智能化家庭是社会生产力发展、技术进步和社会需求相结合的产物，随着人民生活的提高，国家部门的扶持，相关行业协会的成立，智能家居将逐步形成完整的产业链，统一的行业技术标准和规范也将进一步得以制定与完善、智能化家庭网络正向着集成化、智能化、协调化、模块化、规模化、平民化方向发展。

政府推动示范项目，使拥有一定智能家居技术行业用户、相应产品，解决方案的厂商企业得到更多资金支持，使用户得到消费补贴等实惠，从而带动物联网技术发展，推动智能家居应用。物联网智能家居系统的可集成性是建立在系统的开放性基础之上的，它要求系统所采用的协议必须有广泛的产品支持，并不断加强建立统一的物联网智能家居标准的步伐。要想在未来实现规模化发展，需要出现涉及整个业务链的智能家居业务运营商，提供整个业务链的解决方案业务集成以及设备维护等，这样才能使得业务链良性发展，进一步促进家庭保险业、服务业金融业等其他行业以及三网融合的发展，智能家居核心位置企业应研发共用平台，降低中小厂家研发成本和技术门槛，培养专业物联网智能家居服务和技术人才，包括方案、开发、设计、业务支撑等。

物联网在家庭的应用内容涵盖智能家居、健康服务、生活服务等方面内容，这些应用可以为家庭创造更为人性化、更为及时的服务，也可以使家庭用品制造销售商感知其产品在用户家中的状态，从而及时为用户提供维护保养、按需补充等服务，同时也为其组织生产运输提供精确指导，因此家庭物联网无疑对用户与生产服务商均具有重要意义。

8.2 智能医疗

病人监护、远程医疗和残障人员救助，为弱势人群提供及时温暖的关怀，是物联网倍受关注的应用领域之一，且在发达国家已得到了前所未有的重视，北欧等国家已经在隐私保护的立法基础上得到了广泛的应用。

智能医疗系统可以借助简易实用的家庭医疗传感设备。对家中病人或老人的生理指标进行自测，并将生成的生理指标数据通过网络传送到护理人或有关医疗单位，真正解决了现代社会中因工作忙碌无暇照顾家中老人的无奈。

基于物联网的医院信息化建设，应立足全局，高起点切入，借鉴先进的技术经验，将医疗技术和 IT 技术完美结合，建设智慧医院。通过面向物联网的智慧医院建设，可以优化和整合业务流程，提高工作效率，增加资源利用率，控制医疗过程中的物耗，降低成本，减少医疗事故发生，提高医疗服务水平。

对于医院来讲，物联网化将是医院信息化发展的一个最优状态，也是未来趋势。为持续改善医疗作业流程、医疗品质与保障病患安全，许多机构致力于研究物联网新应用与技术，陆续将智能识别、物联网化导入作业流程中。

8.2.1 实时定位系统在医院中的应用

在医院内部运行实时定位系统（Real Time Location Systems，RTLS）是医院物联网建设的一个基础平台，通过 RTLS 可延伸很多与“人”、“设备”等相关的医院物联网应用。目前比较有代表性的解决方案有基于 WiFi 技术和基于 Zigbee 技术，RTLS 主要可实现以下应用。

母婴管理：实时定位系统可解决母婴配对以及婴儿防盗问题，实现母婴的安全保障，避免持有无源标签的人偷盗或掉包婴儿。此外，在新生婴儿的脚踝戴上定位电子标签，在出院前无特殊情况不允许打开标签。母亲也佩戴电子标签，医院管理人员在母亲入院和婴儿出生时就在标签内输入其个人信息，医护人员手持 PDA 实时读取标签，成功比对婴儿和母亲信息，避免抱错婴儿。

特殊病人管理：特殊病人群体包括精神病人、残疾病人、突发病患者、儿童病人，这类群体自我管理能力较差，需要更加完善、细致的照顾。给病人佩戴电子标签，可在后端定位服务器上查到病人在医院的实时位置信息，以确定病人处于安全环境中。当病人遇见紧急情况，可立即按所戴标签告警按钮，后端定位服务器即刻出现告警提示，管理人员马上做出反应，实现准确定位，安排援救。

医院特殊重地管理：医院有很多禁止病人入内的区域，需严格监控和管理。如带有标签的病人闯入此区域，会触发后端定位服务器的报警功能，提醒管理人员即时处理。为更好地维护特殊病人安全，医院可根据实际状况安排其在安全区域内，如病人走出安全区域，所携标签即会向后端定位服务器发出告警信息，管理人员可实时安排医护人员前去处理。

医疗设备管理：医院的急救医疗设备在急救时需第一时间被找到，这对医疗设备管理工作提出极高要求。在医疗设备上放置电子标签，在后端服务器输入需要查找的医疗设备，即可在界面上显示出设备的实时存放位置，避免因寻找医疗设备而影响急救进度。

特殊药品监管：一些对温度、湿度等要求较高的特殊药品以及药品失效日期的监控，都需耗费大量人力去管理。通过电子标签内置或外接传感器，可实时采集药品所在环境的温度、湿度、时间等参数上传至定位服务器，在定位服务器端设置参数值，当实际数值超标时，标签就会触发告警提示，管理人员可根据提示信息及时处理药品，避免不必要的浪费。

优化工作流程：通过医生佩戴电子标签，管理人员可在后端定位服务器界面看见医生的实时位置信息。当有急诊时，可通过定位服务器发出指令信息到标签，方便医生实时收到信息，马上回到诊室。另一方面，当医护人员遇到紧急状况，如被病人袭击或因急事不能回到诊室等，医生可按标签上的告警按钮，告知后端管理中心。

8.2.2 RFID 在患者健康管理中的应用

物联网技术的兴起为深化医院管理提供了契机。引入物联网技术，可以对患者、医疗设备进行自动识别，优化医院现有的信息系统（HIS），有效解决临床路径中重要的节点问题，诸如医疗行为时限、贵重药品、医疗耗材、不合理变更等情况，构建一个实时监控和预警反馈有机结合的临床路径管理模式。下面介绍一组物联网技术在临床路径质量管理和患者健康管理中的应用以及无线射频识别技术和无线传感技术在患者安全管理和医疗领域的应用研究，供广大医院管理者研究和借鉴。

利用医院现有的 HIS、LIS 等系统和网络，并在此基础上完成对患者、器械以及药品的管理，系统由硬件和软件组成。硬件由 RFID 标签、RFID 天线及阅读器、RFID 系统服务器、终端及网络设备组成，各组成部分通过网络构成一个整体。软件是指运行于 RFID 服务器以及各个终端的应用软件，用于实现对 RFID 标签携带者跟踪定位，并对其位置信息进行采集、分析、存储、查询、预警，主要由标签维护、权限认证、实时监控与显示、数据查询、数据统计等功能模块组成。

在医疗过程中，身份识别功能是重要的基础步骤。使用物联网技术的目的就是要在正确的时间、正确的地点、对患者给予正确的处置，同时要将处置的环境进行准确的记录。

患者以身份证作为唯一的合法身份证明在特定的自动办卡机（读写器）上进行扫描，并存入一定数量的备用金，几秒钟自动办卡机就会生成一张“RFID 就诊卡”（也可使用由专用的医保卡），完成挂号。患者持卡可直接到任何一个科室就诊，系统自动将该患者信息传输到相应科室医生的工作站上，在诊疗过程中，医生开具的检查、用药、治疗信息都将传输到相应的部门，患者只要持“RFID 就诊卡”在相关部门的读写器上扫描一下就可进行检查、取药、治疗了，不再需要因划价、交费而往返奔波。就诊结束后，可持卡到收费处打印发票和费用清单。

患者办理住院的流程如下：患者到住院处办理住院手续→住院处建立患者基本信息→信息建立完成后，系统打印出 RFID 腕带（如图 8-3 所示）→交付 RFID 腕带给病人或家属→患者到病房护士站交付 RFID 腕带给护士→护士确认身份后，对 RFID 腕带进行加密→护士将加密后的 RFID 腕带配戴在患者的手腕上→完成患者身份信息的确定。

“RFID 就诊卡”和“RFID 腕带”中包括患者姓名、性别、年龄、职业、挂号时间、就诊时间、诊疗时间、检查时间、费用情况等信息。患者身份信息的获取无须手工输入，而且数据可以加密，确保了患者身份信息的唯一来源，避免手工输入可能产生的错误，同时加密维护了数据的安全性。

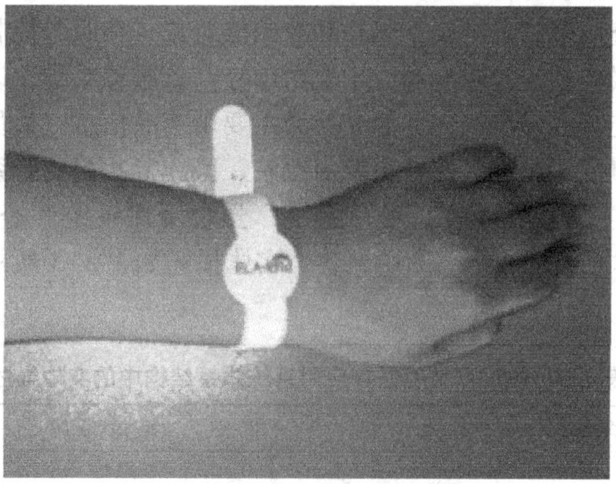

图 8-3　RFID 电子腕带

"RFID 腕带"以不影响诊疗为前提，采用特殊固定方式配带在患者的手腕上使其不易脱落。由于"RFID 腕带"还包括有患者所在科室、床位的信息，并能够主动向外界发出信号，当信号被病房附近装设的读写器读到后，通过无线传输方式将信号传到护士站，从而达到实时监控全程跟踪以及区域定位的目的。

在医疗过程中，对患者进行的诸如检验、摄片、手术、给药等工作，均可以通过"RFID 腕带"确认患者的信息，并记录各项工作的起始时间，确保各级各类医护以及检查人员执行医嘱到位，不发生错误，从而对整个诊疗过程实施全程质量控制。

患者可通过"RFID 腕带"在指定的读写器上随时查阅医疗费用的发生情况，并可自行打印费用结果以及医保政策、规章制度、护理指导、医疗方案、药品信息等内容，从而提高患者获取医疗信息的容易度和满意度。

当有人强制拆除"RFID 腕带"或患者超出医院规定的范围时，系统会进行报警；佩戴带有监控生命体征（呼吸、心跳、血压、脉搏）的并设定"危急值"的"RFID 腕带"，可 24 小时监控生命体征变化，当达到"危急值"时系统会立即自动报警，从而使医护人员在第一时间进行干预。

基于物联网技术的患者健康管理，既是 RFID 技术在诊疗过程中应用的起点，又是患者健康管理在整个诊疗过程中应用的新平台。诊疗过程中的检查、诊断、治疗以及治疗完成后的随访，物联网技术都可以大显身手，特别是在改善就医流程、提高医疗质量、保障患者安全等方面都可能会彻底颠覆现有的医疗模式，从而打造患者基本健康指标感知体系，患者慢性病主要指标感知体系，患者医疗健康时点和动态感知、预警、监控、就诊指导体系，患者就诊导航、身份识别、费用结算、病案信息查询服务体系等，并用物联网技术创新患者医疗健康管理。

8.2.3 智能医疗的体系结构

从前面介绍的实时定位系统和 RFID 在智能医疗中的应用来分析，智能医疗的体系结构如下：在感知控制域，主要由人体参数和医疗设备参数传感器、RFID 标签、医疗设备及人员定位系统等组成，医院中设备众多，小到一把手术刀，大到一台 CT 机等，这些设备状态信息、位置信息、检查结果信息均属于感知和控制的对象；在服务控制域，除必要的基础服务系统外，医疗业务服务系统比较专业，主要由医疗信息服务系统、设备管理系统、药品管理系统、病人管理系统等系统组成；资源交换域主要由药品信息、人员信息、病人检查信息等信息资源交换系统组成；运维管控域主要由医院、医疗等法规监管系统和运行维护系统组成；智能医疗中的用户域主要由政府用户系统、公众用户系统和企业用户系统组成。如图 8-4智能医疗参考体系结构所示。图中，各个实体描述如表 8-3 所示，各个系统接口内容如表 8-4 所示。

表 8-3　物联网智能医疗应用系统体系结构中的实体描述

物联网域	域包含实体	实体说明
用户域	用户系统	医疗是一个特殊行业，在智能医疗中，用户包含了政府用户系统、公众用户系统和企业用户系统三大类

（续）

物联网域	域包含实体	实体说明
目标对象域	感知对象	主要与医疗相关的人体参数、人员和物体定位及设备状态，有以下几个子系统：人体参数传感器网络系统、医疗设备参数传感器、标签系统、人员及设备位置信息系统、智能设备接口系统等
	控制对象	主要是人体生理指标控制相关的医疗设备控制以及医院中智能设备接口系统
感知控制域	物联网网关	物联网网关是支撑感知控制系统与其他系统相连，并实现感知控制域本地管理的实体。物联网网关可提供协议转换、地址映射、数据处理、信息融合、安全认证、设备管理等功能。从设备定义的角度，物联网网关可以是独立工作的设备，也可以与其他感知控制设备集成为一个功能设备
	感知控制系统	智能医疗中，感知控制域中存在的主要系统有以下几方面。 传感器网络系统：传感器网络系统通过与目标对象关联绑定的传感结点采集目标对象信息，或通过执行器对目标对象执行操作控制；主要感知对象有人体生理参数。 标签自动识别系统：标签自动识别系统通过读写设备对附加在目标对象上的 RFID、条码（一维码、二维码）等标签进行自动识别和信息读写，用以采集或修改目标对象相关的信息。 位置信息系统：位置信息系统通过无线传感网等定位系统采集目标对象的位置数据，定位系统终端一般与目标对象物理上绑定。 音视频系统：音视频系统通过语音、图像、视频及 X 光拍摄片等设备采集目标对象的音视频等非结构化数据。 智能设备接口系统：智能设备接口系统具有通信、数据处理、协议转换等功能，且提供与目标对象的通信接口，其目标对象包括电源开关、空调、大型医疗仪器仪表等智能或数字设备。在实际应用中，智能设备接口系统可以集成在目标对象中。 其他：随着技术的发展将出现新的感知控制系统类别，系统可采集目标对象信息或执行控制
服务提供域	业务服务系统	业务服务系统是面向某类特定用户需求，提供物联网业务服务的系统，智能医疗中主要是医疗信息服务系统、设备管理系统、药品管理系统、病人管理系统等
	基础服务系统	基础服务系统是为业务服务系统提供物联网基础支撑服务的系统，包括数据接入、数据处理、数据融合、数据存储、标识解析服务、地理信息服务、用户管理服务、服务目录管理等
运维管控域	运行维护系统	运行维护系统是管理和保障物联网中的设备和系统可靠、安全运行的系统，包括系统接入管理、系统安全认证管理、系统运行管理、系统维护管理等
	医疗、家庭安全等法规监管系统	法规监管系统是保障物联网应用系统符合相关法律法规运行的系统，主要有医疗法规等监管系统
资源交换域	多媒体等信息资源交换系统	实现智能医疗中药品、诊疗等信息的安全可靠交换
	商品资源交换系统	智能医疗中主要是药品信息、人员信息、病人检查信息等信息资源交换

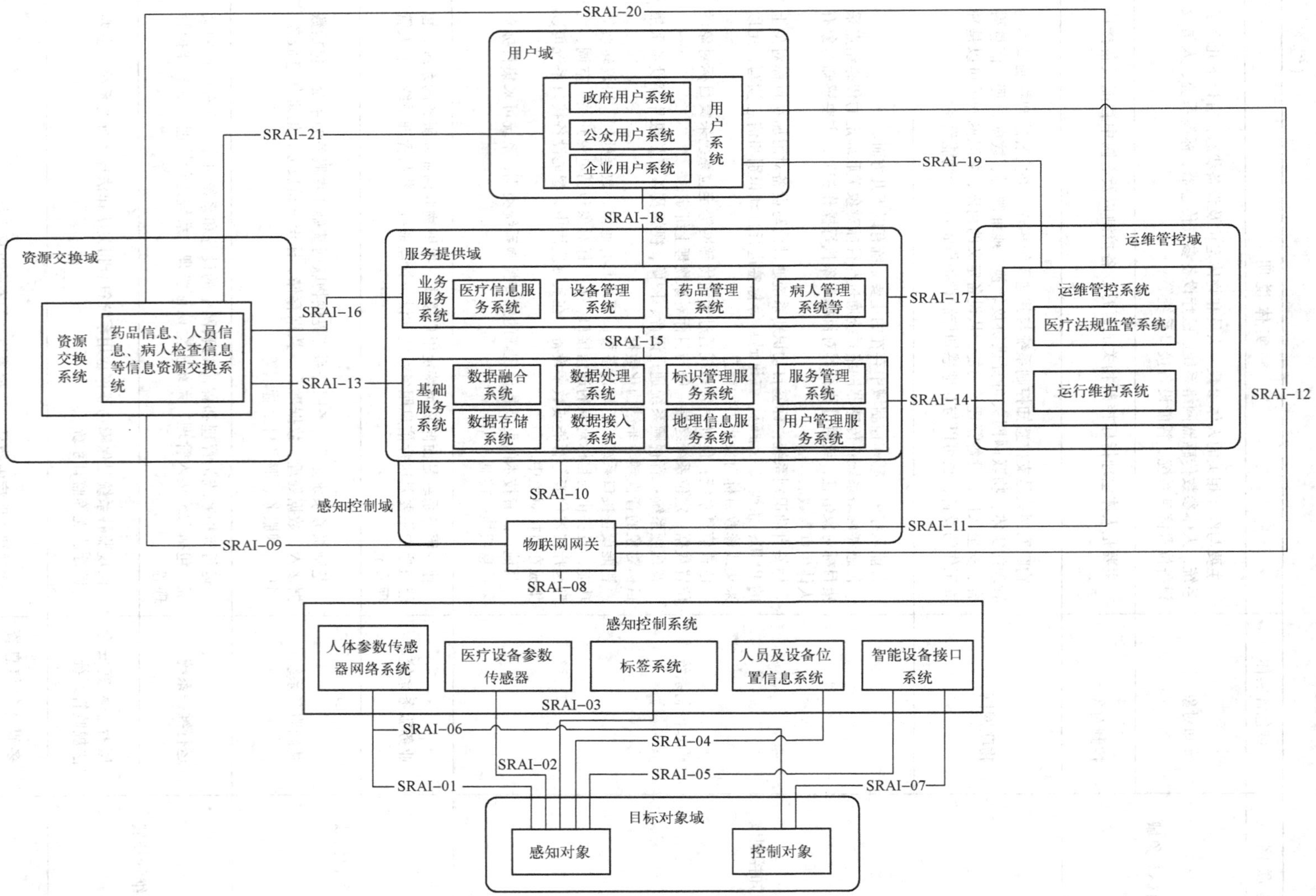

图8–4 智能医疗参考体系结构

表 8-4　物联网智能医疗应用系统体系结构接口

接　　口	实体 1	实体 2	接 口 描 述
SRAI－01	感知对象	人体参数传感器系统	本接口规定传感器网络与人体参数传感器等对象间的关联关系。传感器网络系统的感知单元通过该接口获取感知对象的物理属性
SRAI－02	感知对象	医疗设备参数传感器	本接口规定医疗设备参数传感器系统与感知对象间的关联关系，通过医疗设备上的传感器，把医疗设备的测量信息获取到
SRAI－03	感知对象	标签系统	本接口规定标签自动识别系统与感知对象间的关联关系，通过标签附着在目标对象上，标签读写器可自动识别和写入与感知对象相关内容
SRAI－04	感知对象	人员及设备位置信息系统	本接口规定人员及设备位置信息系统与感知对象间的关联关系。通过该接口获取人员及设备的位置信息
SRAI－05	感知对象	智能设备接口系统	本接口规定智能设备接口系统与感知对象间的关联关系。智能设备接口系统通过该接口获取感知对象的相关参数、状态、基础属性信息等
SRAI－06	控制对象	人体参数控制系统	本接口规定控制人体生理参数等的控制器与控制对象间的关联关系。人体生理参数通过该执行单元接口获取控制对象的运行参数，并实现对控制对象的操作控制
SRAI－07	控制对象	智能设备接口系统	本接口规定智能设备接口系统与控制对象间的关联关系。智能设备接口系统通过该接口可获取控制对象的运行状态，并实现对控制对象的控制操作
SRAI－08	感知控制系统	物联网网关	本接口规定感知控制系统与物联网网关间的关联关系。物联网网关通过此接口适配、连接不同的感知控制系统，实现与感知控制系统间的信息交互以及系统管理控制等
SRAI－09	物联网网关	资源交换系统	本接口规定资源交换系统与物联网网关间的关联关系。资源交换系统通过该接口实现与物联网网关的通信连接，实现在权限允许下的信息共享交互
SRAI－10	物联网网关	基础服务系统	本接口规定基础服务系统与物联网网关间的关联关系。基础服务系统通过该接口实现与物联网网关的通信连接，实现在权限允许下的信息交互，主要包括智能家居中信息通过网关后与基础服务系统的通信
SRAI－11	物联网网关	运维管控系统	本接口规定运维管控系统与物联网网关间的关联关系。运维管控系统通过该接口实现与物联网网关的通信连接，实现在权限允许下的信息交互，主要包括感知控制域运行维护状态信息以及系统和设备的管理控制指令等
SRAI－12	物联网网关	用户系统	本接口规定用户系统与物联网网关间的关联关系。用户系统通过此接口实现与物联网网关的信息交互，获取感知控制域本地化的相关服务

（续）

接　　口	实体1	实体2	接口描述
SRAI－13	基础服务系统	商品资源交换系统	本接口规定基础服务系统与商品资源交换系统间的关联关系。基础服务系统通过该接口实现同其他相关系统的资源交换，主要包括提供用户智能家居的必要信息资源
SRAI－14	基础服务系统	运维管控系统	本接口规定基础服务系统与运维管控系统间的关联关系。运维管控系统通过该接口实现对基础服务系统运行状态的监测和控制，同时实现对基础服务系统运行过程中法律法规符合性的监管
SRAI－15	基础服务系统	业务服务系统	本接口规定基础服务系统与业务服务系统间的关联关系。业务服务系统通过此接口获取基础服务系统提供的物联网基础支撑性服务，主要包括数据存储管理、数据加工处理、标识解析服务、地理信息服务等
SRAI－16	业务服务系统	资源交换系统	本接口规定药品信息、人员信息、病人检查信息等信息资源交换系统与业务服务系统间的关联关系。业务服务系统通过该接口实现同其他相关系统的资源交换，如医保结算等
SRAI－17	运维管控系统	业务服务系统	本接口规定业务服务系统与运维管控系统间的关联关系。运维管控系统通过该接口实现对业务服务系统运行状态的监测和控制，以及实现对业务服务所提供的相关医疗方面的法律法规层面监管
SRAI－18	业务服务系统	用户系统	本接口规定业务服务系统与用户系统间的关联关系。用户系统通过此接口获取相关物联网业务服务
SRAI－19	用户系统	运维管控系统	本接口规定公众用户系统与运维管控系统间的关联关系。运维管控系统通过该接口实现对用户系统运行状态的监测和控制，以及实现对用户系统相关感知和控制服务要求进行法律法规层面的监管和审核
SRAI－20	资源交换系统	运维管控系统	本接口规定资源交换系统与运维管控系统间的关联关系。运维管控系统通过该接口实现对资源交换系统状态的监测和控制，以及实现对资源交换过程中法律法规符合性层面的监管
SRAI－21	资源交换系统	用户系统	本接口规定资源交换系统与公众用户系统间的关联关系。公众用户系统通过该接口实现同其他系统的资源交换，如用户为医疗消费服务而所应支付资金信息等

8.2.4　智能医疗的特点

智能医疗需要新一代的生命科学技术和信息技术作为支撑，才能实现全面、透彻、精准、便捷的服务。它主要有以下几个特点。

（1）技术范围广

在智能医疗相关技术领域涉及不同层面的关键技术，由于直接和人类的生命及健康息息相关，所以相比于其他的物联网应用项目，它涉及的技术范围更广。

- 智能感知类技术，如射频标识（RFID）技术、定位技术、体征感知技术、视频识别技术等。智能医疗中的相关数据主要是从医院和用户家中各系统传出信息的传感器获取的，从而实现被检测对象准确的数据采集、检测、识别、控制和定位。

- 信息互通类技术，如上下文感知中间件技术、电磁干扰技术、高能效传输技术等。实现用户与医疗机构、服务机构之间健康信息网络协作的数字沟通渠道，为整个医疗系统海量信息的分析挖掘提供通道基础。
- 信息处理技术，如分布式计算技术、网络计算技术等，完成对各类传感器原始测报和经过预处理的数据进行综合和分析，更高层次的信息融合实现对原始信息进行特征提取，再进行综合分析和处理。

（2）技术需求个性化强

针对不同医疗健康场景采用的关键技术也各有不同特点，具有一定复杂性。

- 针对智能医院场景下环境复杂、多种终端共存、医用设备防干扰要求高等特点，医疗健康环境电磁干扰技术要求成为智能医院场景下一个重点要求，包括临床中多个移动用户以及射频干扰源时对医疗设备的电磁干扰影响。
- 无线定位技术是第三代移动通信的重要技术之一，根据医院环境下实时监护需求，提出三维空间的精确定位的要求，目前业内已提出了许多室内定位技术解决方案，如Zigbee定位技术、超声波定位技术、蓝牙技术、红外线技术、射频识别技术、超宽带技术、光跟踪定位技术，以及图像分析、信标定位、计算机视觉定位技术等，用以实现医护人员、病人、医疗设备等目标移动条件下的精确定位。
- 高效传输技术是指充分利用不同信道的传输能力构成一个完整的传输系统，使信息得以可靠传输的技术。针对医疗健康信息传输的需要，针对医学信号处理技术，研究能够有效压缩医疗传感器数据流、医疗影像数据的新的压缩算法；针对无线传感器网络的高能效传输技术研究，涵盖传感器网络分布式协作分集传输算法，从而提高传感器节点以及整个无线传感器网络的能效。

（3）技术门槛高

智能医疗属新兴行业，但其涉及技术和研发成本偏高，在为传统医疗信息系统和设备厂商带来商机的同时，也将一些研发实力薄弱、投入资金有限的企业逐渐排挤出智能医疗主流产品供应商外围。

基于以上技术分析，面向智能医疗的一些关键技术仍不成熟，还待继续完善、研发、产品化。规模化生产和产业布局仍需投入较大研发成本，因此对企业的创新研发能力、技术基础和产品沉淀有较高的要求。

8.2.5 智能医疗的发展趋势

通过对全球智能医疗技术特点分析以及业务现状梳理，可见智能医疗将成为健康管理最有效的适宜技术。智能医疗将覆盖影响个人以及人群的健康因素全生命周期的过程，实现有效地利用以用户为中心的健康信息以及各类医疗资源来达到最大健康效果。中国的智能医疗产业是在中国特定的制度环境下新兴的医疗服务业态，目前仍没有形成成熟的模式可供比较和参考。在近年的发展过程中逐渐展现出政府参与度加强、应用范围广、物联网健康终端需求猛增、互联互通更加全面等特点。

（1）政府参与加强

智能医疗作为一种新兴的医疗服务业态，没有相对成熟的商业模式可供参考，目前中国还缺乏与之相匹配的法律、政策以及规范。现行政策按医院审批和监管模式进行，对个人电子健康档案信息法律保护缺失，为医疗服务机构发展带来了一些困难。随着中国医疗卫生“十三五”规划出台，明确医疗信息化建设作为“四梁八柱”之一，要求利用现代化的信息手段，推动医药卫生体制改革，为百姓提供安全、有效、方便、价廉的基本卫生服务，并进一步明确“3521”工程建设要求，即建设国家、省和市州3级卫生信息平台，加强公共卫生、医疗服务、新农合、基本药物制度和综合管理5项业务应用，建设居民电子健康档案、电子病历2个基础数据库和1个专用网络。可以预见在未来几年内，医疗主管机关将逐渐针对人群、服务范围、标准，出台相关政府监管、法律、规范，得以解决健康体检与健康诊疗、健康保险的结合问题。

(2) 应用范围更广

随着应用系统和终端产品的逐渐成熟完善，智能医疗的应用范围也将逐渐拓宽，智能医疗的应用范围逐渐覆盖用户全生命周期，从新生儿出生、新生儿家庭访视、儿童健康检查、预防接种、健康体检、高血压患者随访、糖尿病患者随访、重性精神疾病患者随访、老年人健康管理、健康教育等一系列活动。在国际上，IDC研究公司2011年数据显示，大约14%的美国成年人使用智能医疗的移动医疗程序管理保健、健康和慢性病问题。我国“3521”工程明确提出重点业务系统中包括药物管理、公共卫生信息管理、新农合监管、城镇医疗保障、药品器械信息化监管、远程医疗服务、共享协作服务等，智能医疗也将覆盖以上范围。

(3) 物联网健康终端需求猛增

据ABI研究公司统计并预测，2016年可佩带设备的市场需求将超过1亿台，未来将有8000万该类设备成为健身感测器。在未来5年中，消费者在体育、健身以及临床上使用的心率监测器和可佩带血压计等设备将促进无线感测器的应用。蓝牙4.0等新型低功率无线技术也将与社交网络和智能手机相结合促进无线感测器的应用。根据InMedica公司2014年报道，在世界范围内，远程医疗使用的家庭血糖仪、血压计、体重秤、脉动血氧计和峰值流量计等联合装置的发运量增长到1000多万台。

可见物联网健康终端产品，将在未来3~5年里成为广大市民主要健康业务必不可少的一部分，对于管理慢性病，尤其是慢性阻塞性肺病（COPD）、充血性心力衰竭（CHF）、高血压和糖尿病等病，以便捷化、低成本化、移动化为特征的物联网健康终端也将随着智能医疗应用范围急剧拓宽。

(4) 医疗信息互联互通将普遍

随着中国区域医疗服务平台分阶段开始部署、搭建，未来的智能医疗将真正实现医疗信息的互联互通。而且，可以预计智能医疗将成为一个多级、多层面的数据处理平台，完成多个信息源的数据进行关联、估计和组合，实现各系统及物联网多元数据相关信息的全面加工和协同利用，最终实现医疗信息的融合。

所以，智能医疗将成为未来医疗卫生信息化的主要发展趋势，其核心目标是使得每一个用户享受到协同的、协调的、智能化的医疗系统所提供的服务。从产业角度看，未来将创建一个以患者为中心、价值为基础的医疗产业链，包括政府角色，医疗服务提供机构角色，社区、药品和设备制造商角色。

目前智能医疗产业链各角色单位均有所研究，或研发平台产品，或研发芯片，或提供系统集成，或提供网络，然而针对智能医疗信息为中心的有机产业链上下游互动远未实现，只有实现各角色协同合作，才能真正打通面向智能医疗的智能管道，提供协同化健康服务，用户才能享受到最便捷、最放心的智能医疗业务。

8.3 智能超市

随着社会的发展，超市已经成为了人们日常生活的一部分，超市中的物品种类繁多，人们可以在超市中购买到任意所需商品，然而商品种类的增多给人们选购商品带来了一定的影响，人们可能会花大量的时间在寻找商品上。智能超市方案意在让顾客在智能超市中感受到物联网给人们生活所带来的便捷，明白何为物联网以及物联网对人们生活的影响。智能超市让顾客不再为购物找商品和排队结账而苦恼，因此，构建超市购物引导系统具有较大实际意义。

电子标签和物联网的出现使得工业企业物联网系统得以实现。电子标签是用来识别物品的一种新技术，它是根据无线射频识别原理（RFID）而生产的，它与读写器通过无线射频信号交换信息，是未来识别技术的首选产品。物联网是在计算机互联网基础上，利用电子标签为每一物品确定唯一识别 EPC 码，从而构成一个实现全球物品信息实时共享的实物互联网，简称“物联网”。物联网的提出给获取产品原始信息并自动生成清单提供了一种有效手段，而电子标签可以方便地实现自动化的产品识别和产品信息采集，这两者的有机结合可以使人们随时随地在超市中买到任意所需的商品。

智能超市物联网导购系统由货架处的有源 RFID 标签、超市范围内一定数量的读卡器和每个顾客的手持设备组成。该设备由顾客输入产品信息并与超市中的读卡器进行通信，引导顾客到达所需商品处，负责前端的标签识别、读写和信息管理工作，将读取的信息通过计算机或直接通过网络传送给本地物联网信息服务系统，可以在每一类商品对应的货架处安装有源 RFID 标签，标签中包含着商品的信息，包括商品名称、价格、生产厂商以及商品所在处货架的位置信息。

中间件是处在阅读器和计算机 Internet 之间的一种中间件系统，该中间件可为企业应用提供一系列计算和数据处理功能，其主要任务是对阅读器读取的标签数据进行捕获、过滤、汇集、计算、数据校对、解调、数据传送、数据存储和任务管理，从而减少从阅读器传送的数据量，同时，中间件还可提供与其他 RFID 支撑软件系统进行互操作等功能。此外，中间件还定义了阅读器和应用两个接口，超市范围内安装一定数量的读卡器就是该中间系统的重要组成部分，同时为每一个进入超市选购商品的顾客配置一个手持设备，顾客在手持设备上输入所需的商品名称，手持设备与超市中的读卡器通过中间件操作系统通信，发布自己的信息，读卡器发布路由信息到手持设备引导顾客前往所需购买的商品处。在超市一定的区域内安设读卡器，读取该范围内所有有源 RFID 标签，并建立自己的标签库，读卡器之间利用 Zigbee 协议进行信息交互，每个读卡器相当于物联网中的一个节点，节点中存放着自己邻居节点的信息，也就是说每个读卡器都能获得它的邻居读卡器中的标签信息。

顾客的手持设备为物联网中的移动节点，可以和读卡器进行实时通信，同时，顾客手持设备还具有 LCD 显示功能，该手持设备具有与 RFID 标签通信的功能，即可以读取指定商品 RFID 信息的功能。该物联网系统网络为多跳网络，当读卡器收到移动节点发来的商品信息时，如果商品信息不在自己的标签库中，则将消息转发给自己的邻居节点直到找到目标读卡器，读卡器节点根据目标读卡器节点的位置不断将路由指示发送到手持设备上并通过LCD显示给顾客，当顾客到达目标读卡器对应的区域时，目标读卡器将商品的标签信息发送给顾客，顾客通过标签信息所示的位置信息找到所需商品。

8.3.1 智能超市的组成

整个智能超市系统由身份识别、搜索导航、信息读取、广告推送、智能清算5部分组成。

1）身份识别：由于超市是全智能无人管理，因此，在社区内只有持有智能“市民卡”的顾客才有权限进入超市购物。

2）搜索导航：顾客在超市的智能购物车上可以搜索和选择所需要的商品，超市内的导航系统将读取顾客当前位置信息，并引导顾客前往相应购买区。

3）信息读取：当顾客表现出对某类产品的兴趣后，将相关产品的广告信息展示给顾客。

4）广告推送：智能购物车可以将顾客临近商品的特价或优惠等信息传递给顾客，供顾客挑选商品。

5）智能清算：结账时无需像传统的条形码一样逐渐商品扫描，直接将整车的商品信息读取，得到消费金额，自动从“市民卡”上扣取。

方案设计图如图8-5所示，系统的具体操作流程如图8-6所示。

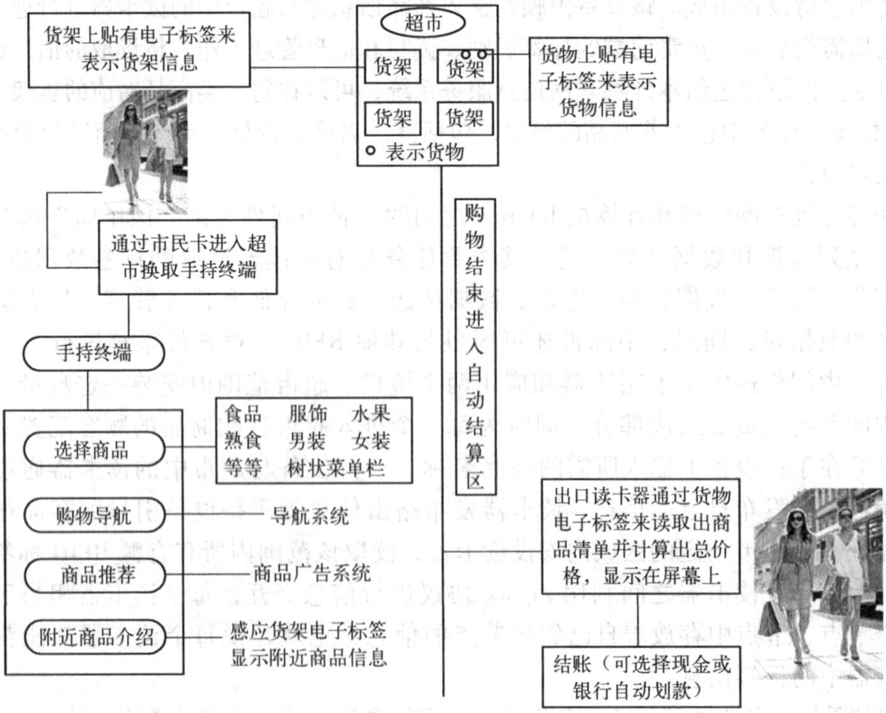

图8-5　智能超市系统方案

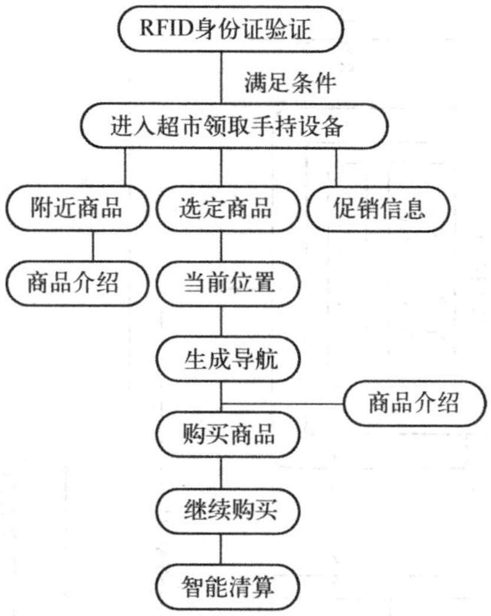

图 8-6　智能超市购物流程图

1）顾客佩戴智能“市民卡”通过身份验证进入超市；无“市民卡”将无法进入超市，强行进入会进行报警。

2）顾客每人选一个智能购物车，利用其配备的手持设备进行商品的浏览和选购。

3）如果顾客需选购商品，则将顾客临近商品的信息（包括产品名称、厂商、价格）通过手持设备展示给顾客；当顾客表现出对某类商品的信息时，将其相关信息（含购买率等信息）通过手持设备展示给顾客。

4）当顾客选定好商品后，手持设备将显示出顾客当前所处位置，以及选购商品所处位置，并选择一条最佳路线引导顾客前往购买。

5）顾客购买好商品后通过 RFID 计算通道进行智能结算，并自动从“市民卡”内扣钱，如市民卡内金额不足则予以提示不予放行，否则直接报警。

6）没有购买商品的顾客从正常出口离开超市，如果购买商品却没有通过结账通道则进行报警。

8.3.2　智能超市的体系结构

智能超市的体系结构如下：在感知控制域，主要由商品信息、RFID 标签、音视频监控以及人员及商品定位系统等组成。超市中，商品众多，小到一盒口香糖，大到一台冰箱等，这些设备数量信息、位置信息均属于感知和控制的对象；在服务控制域，除必要的基础服务系统外，还有各类商品特有的标准以及服务系统；资源交换域主要由商品信息、人员信息等信息资源交换系统组成；运维管控域主要由消费者协会、工商、税务、卫监等法规监管系统和运行维护系统组成；智能超市中的用户域主要由公众用户系统和企业用户系统组成。如图 8-7智能超市参考体系结构所示。图中，各个实体描述如表 8-5 所示，各个系统接口内容如表 8-6 所示。

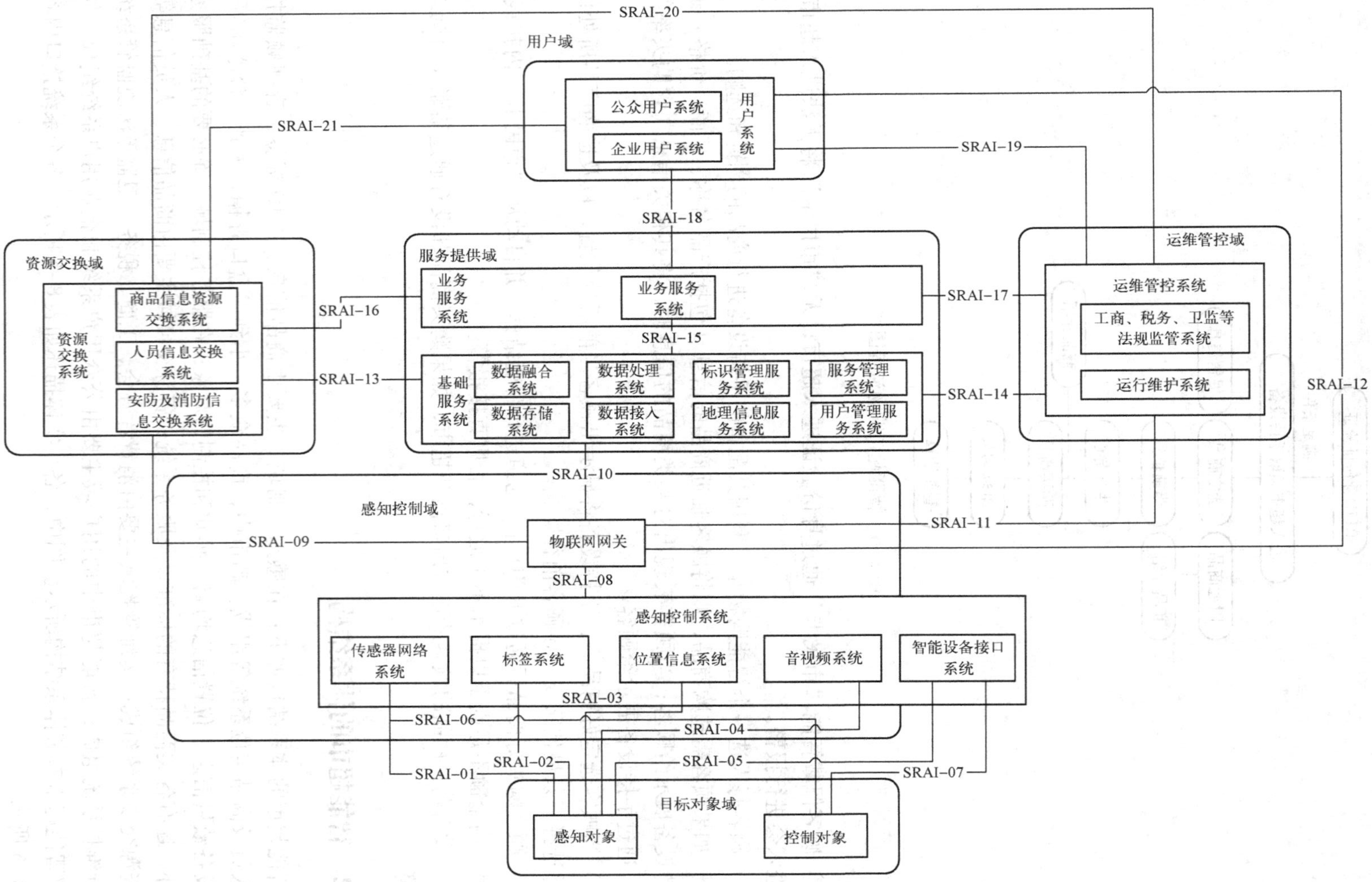

图8-7　智能超市参考体系结构

表 8-5　物联网智能超市应用系统体系结构中的实体描述

物联网域	域包含实体	实体说明
用户域	用户系统	在智能超市中，用户主要是公众用户系统和企业用户系统两大类
目标对象域	感知对象	主要与商品相关的数量、位置、人员定位、安防及消防等对象，有以下几个子系统：商品信息系统、标签系统、人员及设备位置信息系统、安防子系统、消防系统和智能设备接口系统等
	控制对象	主要是安防系统、消防系统及超市中智能设备接口系统
感知控制域	物联网网关	物联网网关是支撑感知控制系统与其他系统相连，并实现感知控制域本地管理的实体。物联网网关可提供协议转换、地址映射、数据处理、信息融合、安全认证、设备管理等功能。从设备定义的角度，物联网网关可以是独立工作的设备，也可以与其他感知控制设备集成为一个功能设备
	感知控制系统	智能超市中，感知控制域中存在的主要系统有以下几方面。 传感器网络系统：传感器网络系统通过与目标对象关联绑定的传感结点采集目标对象信息，或通过执行器对目标对象执行操作控制；感知对象主要与安防及消防相关。 标签自动识别系统：标签自动识别系统通过读写设备对附加在目标对象上的 RFID、条码（一维码、二维码）等标签进行自动识别和信息读写，用以采集或修改目标对象相关的信息。 位置信息系统：位置信息系统通过无线传感网等定位系统采集目标对象的位置数据，定位系统终端一般与目标对象物理上绑定。 音视频系统：音视频系统通过语音、图像、视频等设备采集目标对象的音视频等非结构化数据，为超市的安防作准备。 智能设备接口系统：智能设备接口系统具有通信、数据处理、协议转换等功能，且提供与目标对象的通信接口，其目标对象包括超市商品、安防、消防等智能或数字设备。在实际应用中，智能设备接口系统可以集成在目标对象中。 其他：随着技术的发展将出现新的感知控制系统类别，系统可采集目标对象信息或执行控制
服务提供域	业务服务系统	业务服务系统是面向某类特定用户需求，提供物联网业务服务的系统，智能超市中主要是商品信息资源交换系统、人员信息交换系统、商品结算系统等
	基础服务系统	基础服务系统是为业务服务系统提供物联网基础支撑服务的系统，包括数据接入、数据处理、数据融合、数据存储、标识解析服务、地理信息服务、用户管理服务、服务目录管理等
运维管控域	运行维护系统	运行维护系统是管理和保障物联网中的设备和系统可靠、安全运行的系统，包括系统接入管理、系统安全认证管理、系统运行管理、系统维护管理等
	工商、税务、卫监等监管系统	法规监管系统是保障物联网应用系统符合相关法律法规运行的系统，主要有工商、税务、卫监等监管系统
资源交换域	商品资源交换系统	实现智能超市中商品信息的安全可靠交换
	人员信息交换系统	智能超市中主要是客户及工作人员等信息资源交换
	安防及消防信息交换系统	安防及消防信息交换系统

表 8-6　物联网智能超市应用系统体系结构接口

接　口	实体 1	实体 2	接口描述
SRAI－01	感知对象	传感器网络系统	本接口规定传感器网络与感知对象间的关联关系。传感器网络系统的感知单元通过该接口获取感知超市商品、人员、安防及消防的信息。本接口为非数据通信类接口，主要包括物理、化学、生物等作用关系
SRAI－02	感知对象	标签自动识别系统	本接口规定标签自动识别系统与感知对象间的关联关系，通过标签附着在目标对象上，标签读写器可自动识别和写入与感知对象相关内容。本接口为非数据通信类接口，主要实现不同标签与感知对象的绑定关系。主要除了商品信息外，还与位置信息系统一起定位商品的位置
SRAI－03	感知对象	位置信息系统	本接口规定位置信息系统与感知对象间的关联关系，通过位置信息终端与目标对象的绑定，可获取感知商品及超市人员的空间位置信息。本接口为非数据通信类接口，主要实现位置信息终端与感知对象的绑定关系
SRAI－04	感知对象	音视频采集系统	本接口规定音视频采集系统与感知对象间的关联关系，主要是安防系统。音视频采集系统通过该接口获取感知对象的音频、图像和视频内容等非结构化数据。本接口为非数据通信类接口，主要实现音视频采集终端与感知对象空间的布设关系
SRAI－05	感知对象	智能设备接口系统	本接口规定智能设备接口系统与感知对象间的关联关系。智能设备接口系统通过该接口获取感知对象的相关参数、状态、基础属性信息等。本接口为数据通信类接口，主要包括串行总线、并行总线、USB 接口等
SRAI－06	控制对象	传感网系统	本接口规定传感网系统与控制对象间的关联关系。传感网系统的执行单元可通过该接口获取控制对象的运行状态，并实现对安防、消防等控制对象的操作控制。本接口为数据通信类接口，主要包括串行总线、并行总线、USB 接口等
SRAI－07	控制对象	智能设备接口系统	本接口规定智能设备接口系统与控制对象间的关联关系。智能设备接口系统通过该接口可获取控制对象的运行状态，并实现对控制对象的控制操作。本接口为数据通信类接口，主要包括串行总线、并行总线、USB 接口等
SRAI－08	感知控制系统	物联网网关	本接口规定感知控制系统与物联网网关间的关联关系。物联网网关通过此接口适配、连接不同的感知控制系统，实现与感知控制系统间的信息交互以及系统管理控制等。本接口为数据通信类接口，主要包括短距离无线网络通信接口、以太网接口、无线局域网接口、移动通信网络接口等
SRAI－09	物联网网关	资源交换系统	本接口规定资源交换系统与物联网网关间的关联关系。资源交换系统通过该接口实现与物联网网关的通信连接，实现在权限允许下的信息共享交互。本接口为数据通信类接口，主要包括互联网接口、以太网接口、无线局域网接口等
SRAI－10	物联网网关	基础服务系统	本接口规定基础服务系统与物联网网关间的关联关系。基础服务系统通过该接口实现与物联网网关的通信连接，实现在权限允许下的信息交互，主要包括感知控制域所获取的感知对象信息和对控制对象的执行命令等。本接口为数据通信类接口，主要包括互联网接口、以太网接口、无线局域网接口等

(续)

接　　口	实体1	实体2	接口描述
SRAI-11	物联网网关	运维管控系统	本接口规定运维管控系统与物联网网关间的关联关系。运维管控系统通过该接口实现与物联网网关的通信连接，实现在权限允许下的信息交互，主要包括感知控制域运行维护状态信息以及系统和设备的管理控制指令等。本接口为数据通信类接口，主要包括互联网接口、以太网接口、无线局域网接口等
SRAI-12	物联网网关	用户系统	本接口规定用户系统与物联网网关间的关联关系。用户系统通过此接口实现与物联网网关的信息交互，获取感知控制域本地化的相关服务。本接口为数据通信类接口，包括蓝牙、无线局域网接口、串口等
SRAI-13	基础服务系统	资源交换系统	本接口规定基础服务系统与资源交换系统间的关联关系。基础服务系统通过该接口实现同其他相关系统的资源交换，主要包括以提供用户物联网综合服务的必要信息资源。本接口为数据通信类接口，主要包括互联网接口、专用传输网络接口、以太网接口、无线局域网接口等
SRAI-14	基础服务系统	运维管控系统	本接口规定基础服务系统与运维管控系统间的关联关系。运维管控系统通过该接口实现对基础服务系统运行状态的监测和控制，同时实现对基础服务系统运行过程中法律法规符合性的监管。本接口为数据通信类接口，主要包括互联网接口、专用传输网络接口、以太网接口、无线局域网接口等
SRAI-15	基础服务系统	业务服务系统	本接口规定基础服务系统与业务服务系统间的关联关系。业务服务系统通过此接口获取基础服务系统提供的物联网基础支撑性服务，主要包括数据存储管理、数据加工处理、标识解析服务、地理信息服务等。本接口为数据通信类接口，主要包括互联网接口、专用传输网络接口、以太网接口、无线局域网接口
SRAI-16	业务服务系统	资源交换系统	本接口规定资源交换系统与业务服务系统间的关联关系。业务服务系统通过该接口实现同其他相关系统的资源交换，例如为支撑业务服务的市场商业资源，如支付金额信息等。本接口为数据通信类接口，主要包括互联网接口、专用传输网络接口、以太网接口、无线局域网接口
SRAI-17	运维管控系统	业务服务系统	本接口规定业务服务系统与运维管控系统间的关联关系。运维管控系统通过该接口实现对业务服务系统运行状态的监测和控制，以及实现对业务服务所提供的相关物联网服务进行法律法规层面的监管。本接口为数据通信类接口，主要包括互联网接口、专用传输网络接口、以太网接口、无线局域网接口等
SRAI-18	业务服务系统	用户系统	本接口规定业务服务系统与用户系统间的关联关系。用户系统通过此接口获取相关物联网业务服务。本接口为数据通信类接口，主要包括互联网接口、专用传输网络接口、以太网接口、无线局域网接口等
SRAI-19	用户系统	运维管控系统	本接口规定用户系统与运维管控系统间的关联关系。运维管控系统通过该接口实现对用户系统运行状态的监测和控制，以及实现对用户系统相关感知和控制服务要求进行法律法规层面的监管和审核。本接口为数据通信类接口，主要包括互联网接口、专用传输网络接口、以太网接口、无线局域网接口

（续）

接　口	实体 1	实体 2	接 口 描 述
SRAI－20	资源交换系统	运维管控系统	本接口规定资源交换系统与运维管控系统间的关联关系。运维管控系统通过该接口实现对资源交换系统状态的监测和控制，以及实现对资源交换过程中法律法规符合性层面的监管。运维管控系统通过本接口从外部系统获取需要的信息资源。本接口为数据通信类接口，主要包括互联网接口、专用传输网络接口、以太网接口、无线局域网接口
SRAI－21	资源交换系统	用户系统	本接口规定资源交换系统与用户系统间的关联关系。用户系统通过该接口实现同其他系统的资源交换，例如用户为消费物联网服务而所应支付资金信息等。本接口为数据通信类接口，主要包括互联网接口、移动通信网络接口等

将物联网应用于超市购物中，可方便人们购物，大大提高工作效率，节省顾客的等待时间，使超市更加智能化和人性化，既能促进商家售货又能满足购物者的个性化服务，应用前景良好。当然，诸如电子标签的成本问题、电子标签与物联网应用相关标准和规范的制定、物联网信息安全等都是影响该系统应用普及的关键因素，因此，这些方面也是智能超市项目急需研究的。

8.4　其他方面的应用

物联网除了在智能家居、智能医疗、智能超市等方面的应用外，在农林、交通、通信等方面均有广泛的应用。

8.4.1　智慧农业中的应用

结合传感器网络、移动网络与智能手机可实现对农田的实时监控和数据采集，对于农业安全管理、产品溯源都有相当的指导意义。

智慧农业中的“物”包括 4 种：农田（棉田、麦田与玉米地）、传感器网络、数据管理终端和智能手机。构建物联网的目的是将这 4 种“物”连接起来，使农田能够成为网络中的一个可观测终端，在此一共包括 3 个层面的连接。

1）直接测量。通过传感器网络采集温、湿度和光照；通过数据管理终端归纳并管理采集到的数据；并通过智能手机实现数据的实时查看、分析与管理。

2）多源数据集成。将当前已建成的气象监测网络获取的数据与无线传感器网络采集到的数据相结合，建立传感器网络采集到的特征点数据与大环境数据的对应关系，使研究人员能够通过此网络更好地了解农田各参数之间的关系。

3）数据的开放与共享。利用 Web Service 将网络内的数据开放出去，使之可以为更广泛的应用提供数据支持。例如为卫星遥感数据提供地面数据支持等。

此网络由 3 部分构成：精准灌溉传感器节点用于采集空气温度、土壤湿度和光照强度，并为邻居节点提供路由；数据服务提供者在服务器上部署相关服务，用于连通网内成员，并对外提供数据服务；数据管理终端包括智能手机、B/S 数据管理网页和 C/S 客户端，用户可通过不同方式查看服务器上的数据。系统结构图如图 8-8 所示。

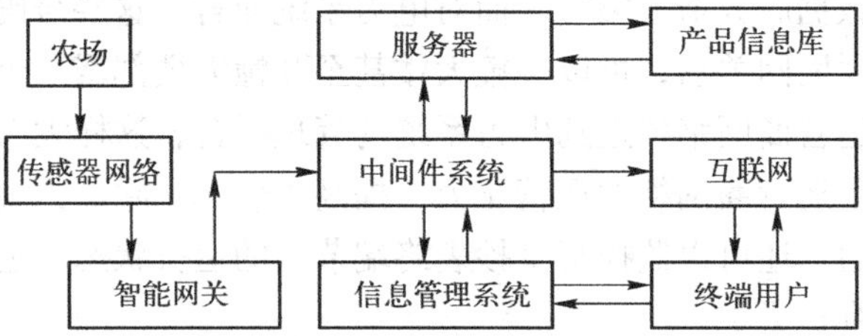

图 8-8　智能农业物联网系统结构图

8.4.2　智慧工业中的应用

在物联网的发展中，工业是物联网应用的重要领域。随着具有环境感知能力的各类终端、基于泛在网技术的计算模式、移动通信等不断融入到工业生产的各个环节，得以大幅提高制造效率、改善产品质量、降低产品成本和资源消耗，将传统工业提升到智能工业的新阶段。从当前技术发展和应用前景来看，物联网在工业领域的应用主要集中在产品设备监控管理、环保监测以及能源管理、工业安全生产等方面。

物联网能够改造传统工业，实现工业生产全流程的信息化，对工业生产过程进行监控，在原材料管理、仓储和物流管理等环节实现精密和自动化处理。在高效使用能源、减少污染排放等方面，以物联网为代表的信息通信技术是目前唯一有效的技术方式。物联网通过智能感知、精确测量和计算，量化生产过程中的能源消耗和污染物排放，一方面减少能源的浪费，另一方面为研发新的节能减排技术提供精确的信息。目前，一些国家正在研究开发物联网技术在石油勘探开发和电力资源高效利用等方面的应用，相关研发成果已经在个别地区得到有效利用，如美国正在进行的智能电网（Smart Grid）工程。

无线传感器网络产品可用于监测大跨距输电线路的应力、温度和震动等参数。每个传感器节点部署在高压输电线上，而网关固定在高压输电塔上，这样就克服了超高压大电流环境中在线监测装置的电磁屏蔽、工作频率干扰、电晕干扰、在线监测装置的长期供电等技术难题，解决了导地线微风振动传感技术、无线数据传输、多参数信息监测与集成等关键技术问题。无线传感器网络的优良特性能为电力系统提供更加广泛和完善的解决方案，同时灵活、开放、可配置的无线传感器网络技术平台能够满足电力行业开发与应用的特殊需求，使及时、准确、低成本的电力系统监测控制成为可能。用于监控的传感器节点包含多个传感器，如应力、温度、震动传感器，如果按照传统方式，每个传感器配置一个远距离移动通信模块，这样不仅功耗大，增加了人力维护检修的成本，而且还需要占用大量的网络资源，降低了网络使用的效率。采用物联网网关设备，将数个相邻的传感器节点通过同一个网关传输数据，这样大幅度减少传感器占用的网络空号和资源数，也使节点可以使用耗电更小的短距传输的 WSN 协议，从而延长了人工更换电池的周期，同时通过物联网网关的远程管理能力，监控节点的能源消耗，提供故障预警、远程诊断等管理功能，帮助电力系统节省大量的人力维护成本。

在电力行业大量应用的远程无人抄表系统中，传统做法是为每个电表配备一个 GSM/GPRS 或 CDMA 数据模块，这样不仅设备部署的成本高，而且需要大量的运输商的号码资源，而每个号码资源又都是短时小数据流量的应用，无形中增加了网络运营的负担，这样有可能对正常的语音和数据服务造成影响。而对电力系统而言，这些号码资源的使用也是不小的成本支出。使用物联网网关后，可以一幢大楼甚至几幢大楼部署一个网关。电表信息汇聚到网关后由网关通过运营商网络传送到电力系统的管理平台，这样大大减少了电力系统的成本支出，同时也减轻了运营商网络的运营压力，提高了效率。除了抄表功能本身，通过物联网网关强大的管理能力，还可以监控每个抄表终端节点的运行状态，远程维护数量庞大的末梢节点，节省了人力维护成本。

8.4.3 智慧通信中的应用

为了方便使用，人们总习惯用移动的方式与网络连接。无线终端通过无线移动通信网络接人物联网并能实现对目标物体识别，监控和控制等功能，此时的物联网便称之为无线物联网。目前的物联网主要集中在展会区域，通过固定区域放置射频识别器，实现该片区域的智能化。无线物联网还没有真正的大规模的应用。

在未来的无线物联网中，我们利用手机终端访问物联网数据库，查询目标信息。比如利用手机访问特定网址。经过身份验证后，输入产品的电子标签就可以查询所买的超市商品信息。无线物联网也可以用于智能监控，利用手机终端通过通信网络传输可以视频查看目标区域的交通情况，以便选择方便快捷的路线。同样我们可以把该技术用于很多区域，如医院、仓库物流等，实现远程智能监控。另外我们通过无线物联网也可以用手机终端去控制装配有电子标签的家用电器。比如设置空调的开启时间和温度，电视的开启设置等。

(1) 中国电信

中国电信已建成300多个全国性的信息应用系统，已涌现出了一大批成功案例。

“平安e家”是一款典型的家庭M2M应用，其利用传感技术，结合家庭的安防和看护需求，实现了集音频、视频和报警功能为一体的综合安防。

“家庭信息机”在传统数码相框的基础上，采用推送的方式将更丰富的信息呈现在终端上，甚至已经初具云计算的基础。

“客运车辆调度与监控应用”系统通过3G网络传输车载传感器和摄像头采集的图像和数据，实现了客运企业对车辆的实时监控和精确调度，提高了车辆的运营行驶安全，如济南1000多辆公交车已经使用该系统。

“污染源在线监测监控”系统将污染源的实时监控图像和相关传感器采集的环境监测数据，与环保执法人员的3G手机连接起来，极大地方便了环保部门对污染源的管理。目前已协助11个省（市）的环保部门，实现了对3000多个重点污染源的远程实时监控。

(2) 中国移动

中国移动率先提供了统一开放的M2M系统架构，并在该架构下设计了针对无线机器通信的WMMP通信协议。通过TD M2M模组的开发提供标准化的软硬件接口以及二次应用开发环境，实现了M2M终端的标准化，有效降低了终端部署成本。此外，针对工业环境的应用特点，设计了工业级SIM卡的解决方案，有效解决了工业环境下SIM卡寿命过短的问题。同时，还积极承担国家物联网相关重大专项课题，有效推动了技术、应用和产业的发展。

通过与产业链各方的广泛合作，中国移动已经开通了手机支付、物流管理、电力抄表、动物溯源、终端监控、电梯卫士、数字城管和车务通等各类物联网的业务。其车务通产品已在2008年北京举行的奥运会上得到应用。中科院上海微系统所与移动公司合作，在太湖设置采集点，获取水质相关信息，进行实时水文监测。目前，中国移动已经部署超过300万台M2M终端，年增长率超过80%。

（3）中国联通

中国联通M2M相关业务也已经推出，在汽车信息化、环保信息化、公交信息化、手机银行、手机订票、移动办公以及远程定损等业务应用中推进创新业务。

汽车信息化方面。中国联通与上汽股份公司合作，开展3G车载信息服务应用，目前已完成车载终端功能测试以及实际路测并实现终端量产，2010年1季度已整车下线。

环保信息化方面，中国联通为内蒙古自治区提供重点污染源自动监控服务，涵盖12个盟市，完成两百余个企业污染源前端监测设备、污染源视频监控前端设备建设，同时配套编制、建立相应的项目建设标准规范体系和安全管理体系。

公交信息化方面，中国联通为济南公交总公司提供公交车辆车载3G视频监控系统，监控中心不仅可以通过3G网络实时监控公交车辆运行位置、运动轨迹和车厢内的情况，还能接收司机人工触发的紧急报警信号，触发相关预警预案，同时相关视频图像还能满足市应急指挥中心和市交通委等管理调度视频信号联网要求。根据济南警方的统计，济南公交安装了视频监控之后，扒窃发案率下降了30%，市民出行更加安全。

8.4.4 智能交通中的应用

物联网可以很好地应用到诸多领域，智能交通领域即是其中之一。目前的智能交通系统（Intelligent Transport System，ITS）主要包括以下几个方面：先进的交通信息服务系统、先进的交通管理系统、先进的公共交通系统、先进的车辆控制系统、先进的运载工具操作辅助系统、先进的交通基础设施技术状况感知系统、货运管理系统、电子收费系统和紧急救援系统。

智能交通的发展，将带动智能汽车、导航、车辆远程信息系统、RFID、交通基础设施运行状况的感知技术（如智能道路、智能铁路、智能水运航道等）、运载工具与交通基础设施之间的通信技术、运载工具与同种运载工具或不同种运载工具之间的通信技术、动态实时交通信息发布技术等多个产业的发展，具有很广泛的应用需求。

随着车载导航装置的发展和手机的普及，在北京、上海、广东珠海等比较发达的城市已经出现了基于车载导航装置和手机的动态交通信息服务（如珠海的“安捷通”系统），这些发布方式必将随着城市智能交通的发展进一步得到普及。可以说，随着交通信息发布系统的进一步建设，广大交通参与者将能够越来越方便、越来越及时地获得各种交通信息，从而更好地帮助其出行。

ITS作为一个信息化的系统。它的各个组成部分和各种功能都是以交通信息应用为中心展开的，因此，实时、全面、准确的交通信息是实现城市交通智能化的关键。

从系统功能上讲，这个系统必须将汽车、驾驶者、道路以及相关的服务部门相互连接起来，并使道路与汽车的运行功能智能化，从而使公众能够高效地使用公路交通设施和能源。其具体的实现方式是：该系统采集到的各种道路交通及各种服务信息，经过交通管理中心集中处理后，传送到公路交通系统的各个用户，出行者可以进行实时的交通方式和交通路线的选择；交通管理部门可以自动进行交通疏导、控制和事故处理；运输部门可以随时掌握所属车辆的动态情况，进行合理调度。这样，路网上的交通经常处于最佳状态，能够改善交通拥挤，最大限度地提高路网的通行能力以及机动性、安全性和生产效率。

美国是应用ITS较为成功的国家。1995年美国交通部出版的“国家智能交通系统项目规划”，明确规定了智能交通系统的七大领域和29个用户服务功能。七大领域包括出行和交通管理系统、出行需求管理系统、公共交通运营系统、商用车辆运营系统、电子收费系统、应急管理系统、先进的车辆控制和安全系统。目前ITS在美国的应用已达80%以上，而且相关的产品也较先进。美国ITS应用在车辆安全系统（占51%）、电子收费（占37%）、公路及车辆管理系统（占28%）、导航定位系统（占20%）、商业车辆管理系统（占14%）方面发展较快。

本章小结

物联网应用领域广泛，但物联网目前尚处于起步阶段，在技术、商业模式、行业准入等方面仍面临重大挑战。看待物联网必须放长眼量。发展物联网产业还有很多问题需要解决，还面临一些行业不安全的壁垒。

此外，物联网的发展还与大数据、智慧城市、移动互联网和云计算技术相辅相成。物联网时代是“大智移云”时代的重要标志，是信息技术应用深化的重要体现。

虽然从当前来看，已经有不少“物联网”了，但是联网的“物”只占所有物品的1%。就是说还有99%的“物品”没有联网，物联网未来的潜力很大。国家也将在政策层面为物联网的发展营造更加良好的环境。

习题与思考题

8-1 物联网主要有哪些应用。

8-2 你使用过哪些物联网的应用？

8-3 智能家居系统有哪些模块？

附 录

附录 A 智能图书馆——RFID 实验

一、智能图书馆实训系统介绍

1. 智能图书馆实训系统（ITS - RFIDLIB）总体架构

采用 RFID 标签系统的图书馆，将极大简化图书的上架、借阅、盘点和归还流程，使图书在相同的时间内流通次数增加，而且图书查找定位迅捷方便，顺架快速准确，降低工作人员劳动强度，可以为更多读者服务，提高了图书馆图书的利用效率并使读者自助服务得以实现。

在物联网图书馆实训系统 ITS - RFIDLIB 中，学生通过开放式平台，动手搭建一个完整的 RFID 智能图书馆系统的实验环境，进一步理解 RFID 技术，学习 RFID 应用系统典型架构，系统地学习和熟悉 RFID 应用系统的建设、管理与应用。典型架构图如图 A-1 所示。

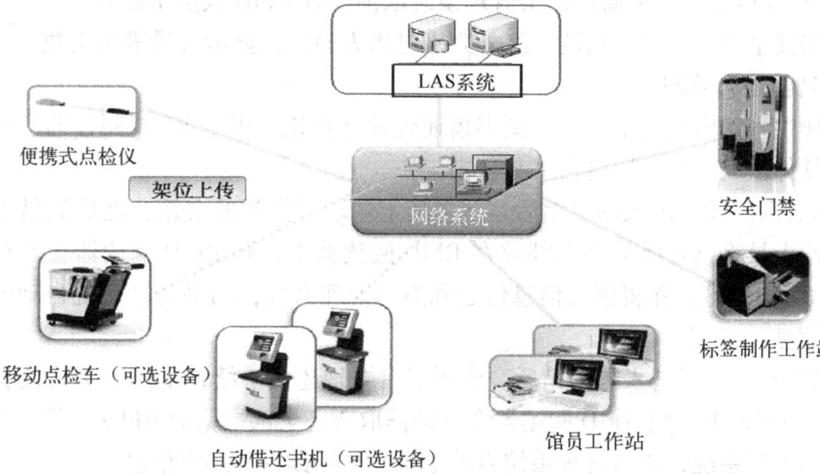

图 A-1 典型智能图书馆总体架构图

ITS - RFIDLIB 主要功能包括：完成智能图书馆实训系统上层开发环境搭建；UHF SDK 认识；利用读写器制作人员卡实验；利用读写器制作图书标签实验；人员卡读取实验；人员进入时声音和图像提示、LED 灯显示实验；门锁控制实验；手持机盘点图书实验；自动借还书实验；安全门人员图书读写实验；嵌入式手持机开发环境搭建实验等。

2. 系统主要功能

（1）RFID 标签制作管理

RFID 标签制作管理由 RFID 标签制作台、RFID 标签打印机、RFID 标签阅读器、条码阅读器、RFID 标签制作管理等设备与软件组成。每当新书入库时，工作人员为新书制作 RFID 标签，根据图书管理系统中有关新书的登录编辑信息（如新书编号等），控制 RFID 标签打印机打印新书 RFID 标签，并通过 RFID 标签阅读器读取新书的 RFID 卡，验证新书标签信息的正确性，并在图书管理系统数据库中标注已贴 RFID 标签的信息。

（2）门禁管理

门禁管理由门禁管理工作台、智能防盗安全门、摆闸、超高频读写器、超高频阅读器、超高频 RFID 人员卡、门禁管理计算机等设备与软件组成，用于人员入出身份自动识别。

当读者进入图书馆时，通过超高频阅读器远程读取进入人员身上所携带的 RFID 人员卡信息，若是合法用户，则通过 32 寸显示器显示读者身份与照片信息，语音广播“欢迎某读者光临图书馆”，并自动打开摆闸，让读者进入图书馆内。若是非法用户或没有携带 RFID 卡，则通过语音与显示器告知读者身份不合法，安全门闭合不允许读者进入图书馆。

图书标签具有一种独特功能，即在 106 kHz 下的 EAS 防盗功能，标签内有设定的 EAS 防盗位（已办理借书手续设定为“1”，未办理借书手续设定为“0”）。读者通过智能防盗安全门离开图书馆时，安全门内阅读器不需要激发信号就可以直接读取 EAS 防盗位，即 TTF 型模式。所以书本通过安全门时，无需与后台数据库验证，即可完成安全检测。如检测通过，则通过 32 寸显示器显示读者身份与照片信息，语音广播“感谢光临图书馆，欢迎下次再来”，并自动打开摆闸，让读者走出图书馆。

工作人员可以通过超高频读写器为新读者设置 RFID 人员卡账号信息，为老读者更新 RFID 人员卡账号信息，也可通过图书管理系统取消读者 RFID 人员卡账号。

智能防盗安全门具有统计功能：红外判别进出方向，并显示人员进出次数。

（3）读者借还书管理

读者借还书管理由馆员工作台、图书借还管理计算机、固定 RFID 阅读器、图书管理软件等设备与软件组成。完成读者借书与还书工作。

1）借书管理。读者进入图书馆后，从书架上选取要借阅的书籍，然后到借书台办理借书手续，工作人员将读者所借书全部放在 RFID 阅读器上，则 RFID 阅读器会自动读取所借全部书籍的 RFID 标签，并将借书信息传送到图书管理系统，图书管理系统自动记录并显示读者的借书信息。

2）还书管理。读者进入图书馆后，到还书台办理还书手续，工作人员将读者所还书全部放在 RFID 阅读器上，则 RFID 阅读器会自动读取所还全部书籍的 RFID 标签，并将还书信息传送到图书管理系统，图书管理系统自动记录并显示读者的还书信息。

（4）图书盘点管理

图书盘点管理由手持天线、RFID 阅读器、书架、带 RFID 标签图书、笔记本电脑及管理软件等组成。每月图书盘点时，工作人员用手持天线对书架上的每本图书进行非接触式扫描，通过 RFID 阅读器和笔记本电脑以无线方式将图书盘点信息传送图书管理系统，图书管理系统软件自动根据图书库存数、盘点数、借出数进行统计分析，最后给出盘点统计报表，完成自动图书盘点统计工作。

（5）图书管理系统软件

图书管理系统软件除具有普通图书馆图借阅功能外，还具有与 RFID 标签制作管理、门禁管理、读者借还书管理、图书盘点管理子系统的数据接口，以便工作人员能通过 RFID 阅读器能将新书注册、图书借还、图书盘点信息自动转入图书管理系统。

二、智能图书馆实训系统搭建与实施

1. 实验目的

1）熟悉智能图书馆 RFID 相关设备的工作流程；

2）熟悉高频 RFID 读写标签的制作方法；

3）熟悉高频电子标签的打印制作方法；

4）熟悉超高频电子标签与高频电子标签的区别。

2. 实验设备

1）台式计算机一台（安装有图书管理软件）；

2）高频 RFID 读写器二台，高频借书卡一张；

3）超高频读写器一台，超高频人员卡一张；

4）电子标签打印机一台，电子标签打印纸一卷；

5）手持便携式天线一个；

6）图书若干本；

7）图书馆门禁设备一套。

3. 实验要求

1）完成门禁卡的制作，能够进行办卡和注销，熟悉超高频 RFID 标签及读写器的工作原理；

2）完成借书卡的制作，熟悉高频 RFID 标签的制作；

3）完成图书入库，图书电子标签的打印，熟悉条形码与 RFID 标签的关联；

4）完成多本图书的借阅与归还，熟悉高频 RFID 标签的试读过程。

4. 实验原理

超高频人员卡主要用于门禁的管理，关键设备为超高频 RFID 读写器。如图 A-2 所示为门禁卡标签制作硬件设备图。

高频 RFID 标签主要用于借书卡的办理和图书识别标签，借还书中使用到高频 RFID 阅读器，其天线的封装有多种形式。其硬件设备图如图 A-3 所示。

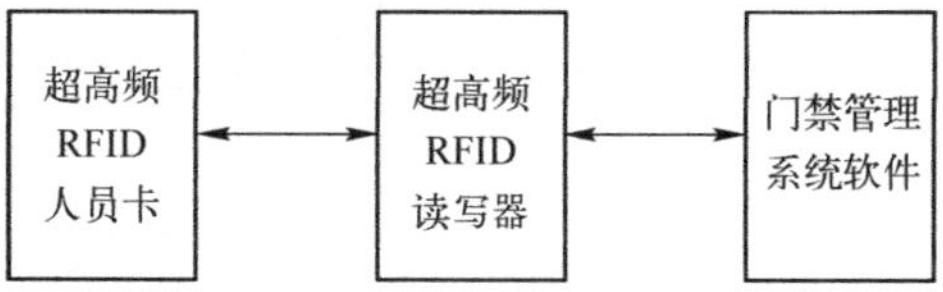

图 A-2 门禁卡标签制作硬件设备图

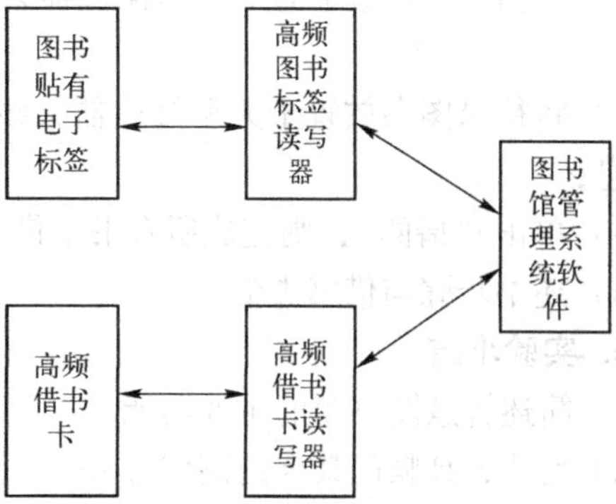

图 A-3 借书卡标签制作及借还书硬件设备图

电子标签打印机主要用于图书标签的打印。

5. 实验步骤

（1）超高频门禁卡制作

1）打开计算机，双击打开桌面上“门禁管理系统”应用程序；

2）将超高频读写器与计算机的串口连接；

3）单击“新卡发布”，将超高频 RFID 标签放置于读写器上，单击“查询标签”，手动输入持卡人信息，单击“发卡登记”，完成制作；

4）单击“挂失卡片”，将标签放置于读写器上，单击“查询标签”，即显示卡号，单击“确认挂失”，则数据库中删除人员信息，完成挂失；

5）单击“系统监视”，将已注册的卡片放置于读写器上，则门禁打开，播放“欢迎光临”语音，若非注册卡片，放置于读写器上，则门禁始终为关闭状态。

（2）高频借书卡制作

1）打开计算机，双击打开桌面上“图书馆”应用程序；

2）将高频读写器与计算机及高频天线连接；

3）选择界面右侧串口号 com3，单击“打开串口”，若正确则显示“串口已打开”；

4）单击“借阅证”，单击“查询标签”后，提示“继续输入”后把“姓名”“学号”等相关信息填入后，完成则借书人信息写入数据库。

（3）图书入库及电子标签打印

1）打开图书馆软件，按照（2）中方法打开 com3；

2）单击“图书入库”，单击“新书添加”，手动输入图书的 ISBN 条形码等相关信息，单击“RFID 数据库写入”，则图书信息进入数据库，主机从机均可查询；

3）设置图书的层号、架号

4）连接电子标签打印机与计算机，并打开电源；

5）单击“添加图书 RFID”，则打印机输出一张带有 ISBN 条形码，书名信息的 RFID 标签，可粘贴至图书中。

（4）借还书

1）打开图书馆软件，按照（2）中方法打开 com3；

2）单击“借还书”，进入借还书界面；

3）将借书卡标签放置于小型阅读器天线上，单击“获得卡号”，则借书卡 RFID 卡号能显示；

4）将待借图书放置于大型阅读器天线上，单击“获取图书信息”，则可显示所有借书的信息；

5）单击“借阅”，则完成所有书本借入；

6）还书步骤与借书类似。

6. 实验小结

1）简述智慧图书馆的主要功能。

2）简述超高频门禁卡的制作过程。

3）简述借还书操作的具体实施步骤。

附录 B　智能家居——传感器实验

一、智能家居实训系统介绍

1. 智能家居简介

智能家居实训项目具有空调、电视、音响、窗帘、门禁、热水器、微波炉、电饭锅、灯光照明等设备的无线控制管理功能，并能监测水电气表的运行数据。智能家庭控制中心，通过无线网上的传感器采集当前室内温度、湿度等数据信息，通过屏幕显示家电运行数据信息，进行分析处理，并通过无线网控制家电运行工作状态。通过该实验，能够让学生了解在家居场景中，如何使用传感器采集信息并加以处理，用以远程显示、控制等智能操作。

2. 智能家居系统组成部分

主控系统：安装配置智能家居的接入设备，显示和控制智能家居中各类接入设备的工作状态。安装嵌入式网关，接入互联网，允许授权用户通过远程终端通过各类有线或无线网络接入系统监测或控制部分智能家居。

智能门禁系统：RFID 识别人员，开门，摄像头监控，设置红外入侵报警装置，可以启动远程视频报警。室内安全摄像头可以在热释红外传感器捕捉到室内移动物体识别启动拍照并远程报警。

各类智能家电：包括生活间的自动窗帘、照明灯、电视，会客厅的空调、电视、音响、热水器、加湿器、门禁、照明灯、监控摄像机，厨房的冰箱、电饭锅、微波炉、照明灯，都能够用主控系统控制开关，可以设置定时开关，或者按照某些传感器采集的数据开关。

多种传感器：包括温度、湿度、光照度、热释红外传感器，主控系统采集这些传感器的状态，在系统配置下自动控制某些家电设备。

二、实验实施

1. 实验目的

1）讲解智能家居总体方案设计及系统组成；

2）介绍展示温度、湿度、光照度、热释红外等多传感器特性；

3）介绍家居传感器与微机接口（CC2530）方式；

4）熟悉常用控制执行器控制方法。

2. 实验设备

1）中央控制器 1 台（主控芯片为 ARMS3C2440，800 × 480 像素触摸屏，无线路由器，继电器模块）。

2）烟雾传感器、温度传感器、光照度传感器各 1 个。

3）Zigbee 模块 4 个（其中之一为协调器）。

4）电饭煲、热水器等执行器 1 套。

智能家居实验系统设备连接如图 B-1 所示。

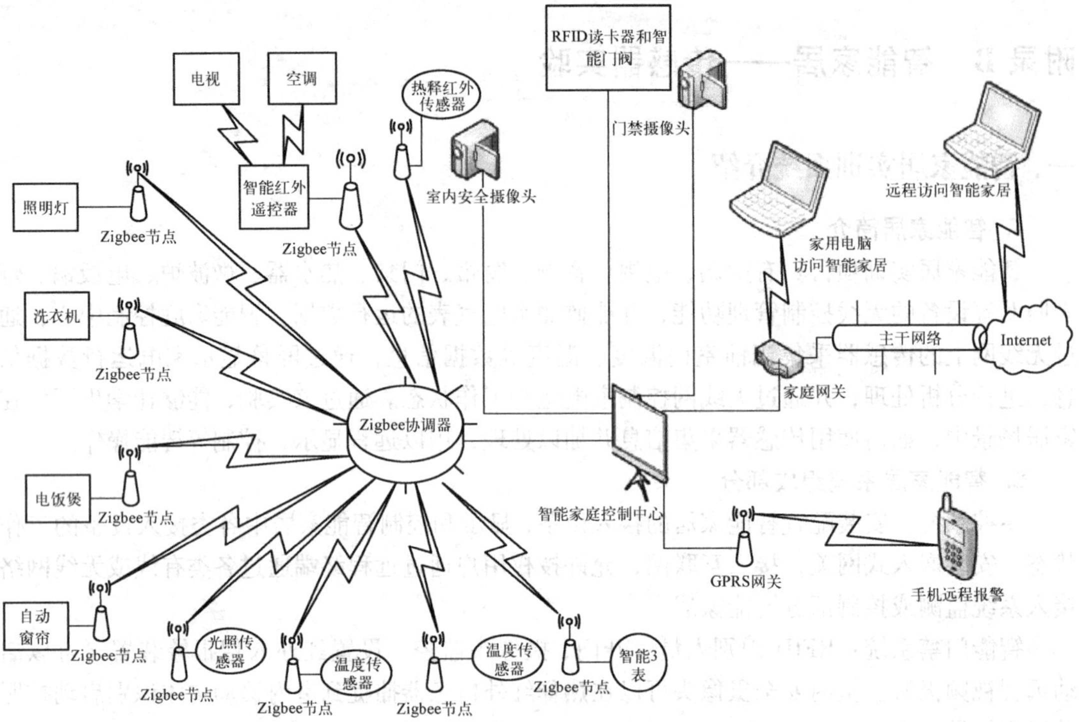

图 B-1　智能家居实验系统设备连接图

3. 实验要求

1）熟悉智能家居系统的组成和功能；

2）熟悉常用传感器特性；

3）熟悉常用传感器接口电路；

4）熟悉执行器控制方法。

4. 实验原理

（1）智能家居系统组成及功能（如图 B-2 所示）

主控系统：显示和控制智能家居中各类接入设备的工作状态。

智能家电：包括电饭煲、热水器、LED 光源等各类电器开关控制。

多传感器：包括温度、光照度、烟雾等传感器采集家居状态。

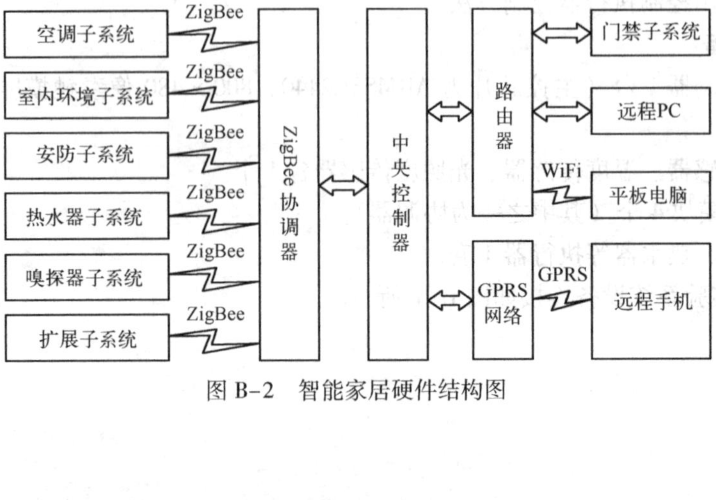

图 B-2　智能家居硬件结构图

（2）温度传感器采样（如图 B-3 所示）

信息采样：CC2530 向温度传感器发送获取温度指令，从温度传感器获取当前温度值。

信息处理：对温度值进行转换，将转换完毕的数据发送至中控台，用于屏幕显示。

用手触碰温度传感器，观察显示的数据是否响应升高（环境温度较体温偏低）。

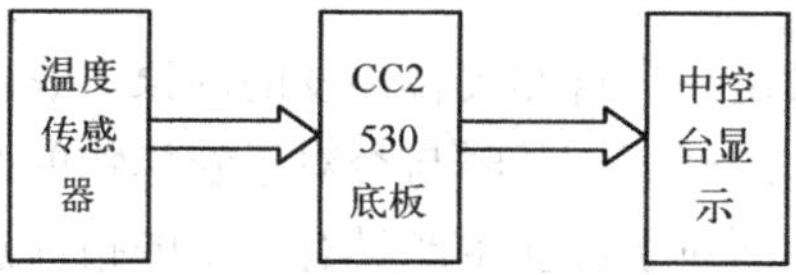

图 B-3　温度传感器硬件框图

（3）光照度传感器采样（如图 B-4 所示）

信息采样：CC2530 向光照度传感器发送获取光照度，从光照度传感器获取当前光照度值。

信息处理：对光照度值进行转换，与设定的亮暗光照度阈值比较，用于控制窗帘电机的正转反转，达到自动控制的目的（转向和转速由驱动电路和控制脉冲决定）。

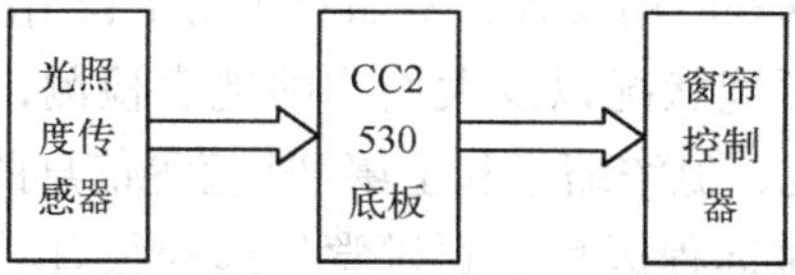

图 B-4　光照度传感器采样硬件框图

（4）烟雾传感器采样（如图 B-5 所示）

开启预警：三次按下按键，烟雾预警打开，红色指示灯点亮；

关闭预警：两次按下按键，预警取消；

环境监测：将打火机引燃纸产生烟雾，则声光报警，绿色指示灯闪烁，扬声器鸣响。（扬声器由继电器开启，需要加上隔离驱动。）

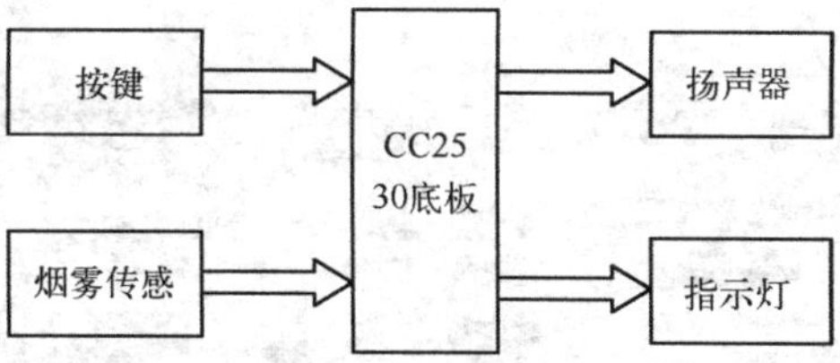

图 B-5　烟雾传感器硬件框图

5. 实验小结

1）结合物联网三层架构，简述智能家居总体设计框架。

2）以光照度传感器实验为例，简述传感器与微机接口及其控制电路设计。

附录 C　智慧农业——Zigbee 传感网实验

一、智慧农业系统介绍

1. 行业背景

我国是一个农业大国，又是一个自然灾害多发的国家，农作物种植在全国范围内都非常广泛，农作物病虫害防治工作的好坏、及时与否对于农作物的产量、质量影响至关重要。农作物出现病虫害时能够及时诊断对于农业生产具有重要的指导意义。农业专家相对匮乏，不能够做到在灾害发生时及时出现在现场，因此农作物无线远程监控产品在农业领域就有了用武之地。

20 世纪 90 年代后，无线技术的广泛应用使得它在许多国民经济领域的应用研究获得迅速发展。尤其以 Zibgee 无线技术为主的物联网系统，使得精准农业的技术体系广泛运用于生产实践成为可能。精准农业技术体系的实践与发展，已经引起一些国家科技决策部门的高度重视。

农业物联网建设主要包括环境、动植物信息检测，温室、农业大棚信息检测和标准化生产监控，精农业中的节水灌溉等应用模式，例如农作物生长情况、病虫害情况、土地灌溉情况、土壤空气变更、畜禽的环境状况以及大面积的地表检测，收集温度、湿度、风力、大气、降雨量，有关土地的湿度、氮浓缩量和土壤 PH 值等信息的监测，如图 C-1 所示。同时农业信息化建设还应包括农村远程医疗、农村党员远程教育、农业知识远程教育等方面的内容。

根据最新研究结果显示，我国实施精准农业的近期目标，一方面是总结国外发展经验，根据中国的国情找准自己的切入点，另一方面切实做好有关基于 Zigbee 无线技术的物联网应用与研究开发，力求走出适合中国国情的精确农业的发展道路。

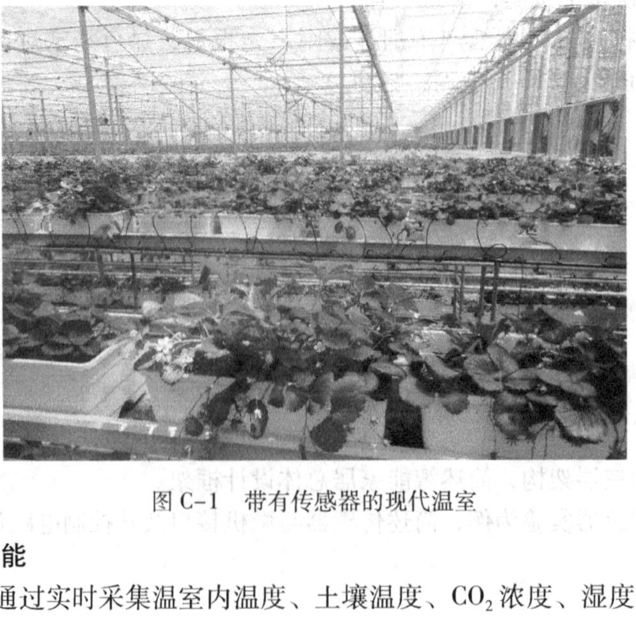

图 C-1　带有传感器的现代温室

2. 系统主要功能

智慧农业项目通过实时采集温室内温度、土壤温度、CO_2 浓度、湿度信号以及光照、叶面湿度、露点温度等环境参数，自动开启或者关闭指定设备。根据用户需求，随时进行处理，为实施农业综合生态信息自动监测、对环境进行自动控制和智能化管理提供科学依据。该项目具有以下特点。

1）可在线实时7×24小时连续的采集和记录监测点位的温度、湿度、风速、二氧化碳、光照等各项参数情况，以数字、图形和图像等多种方式进行实时显示和记录存储监测信息，监测点位可扩充多达上千个点。

2）系统可设定各监控点位的温湿度报警限值，当出现被监控点位数据异常时可自动发出报警信号，报警方式包括：现场多媒体声光报警、网络客户端报警、手机短信息报警等。上传报警信息并进行本地及远程监测，系统可在不同的时刻通知不同的值班人员。

3）系统可对传感器采集的温湿度、光照等数据在后台实现自动处理，与设定阈值比对，并根据结果自动调节大棚内温湿度、光照控制设备，实现大棚的全自动化管理。

4）具有强大的数据处理与通信能力，采用计算机网络通信技术，局域网内的任何一台计算机都可以访问监控计算机，在线查看监控点位的温湿度变化情况，实现远程监测。此外，还可将监测信息实时发送到用户个人手机上。

二、实验实施

1. 实验目的

1）结合Zigbee传感网，讲解智慧农业实训系统的设计框架。

2）介绍展示温度、湿度、光照度、水体溶解氧测定仪等多传感器特性。

3）介绍展示水体增氧泵、喷淋、风扇等执行器工作特性。

2. 实验设备

1）中央控制器1台（主控芯片为ARMS3C2440，800×480像素触摸屏）。

2）温湿度传感器（SHT10）、光照度传感器、水体溶解氧测定仪（COS4）各1个。

3）Zigbee模块4个（其中之一为协调器）。

4）风扇、加热器、喷淋、水增氧泵等执行器1套。

智能农业硬件结构如图C-2所示。

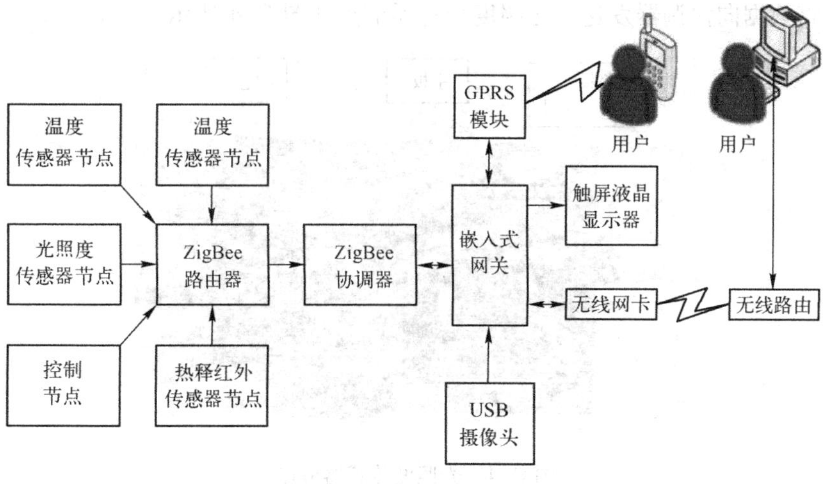

图C-2　智慧农业硬件结构图

3. 实验要求

1）熟悉 Zigbee 传感器网的组网特性、网络结构、节点特性。

2）熟悉常用农业用传感器的特性。

3）熟悉常用执行器控制方法。

4. 实验原理

（1）智慧农业系统组成及功能

嵌入式网关：显示和控制农业大棚中各类接入设备的工作状态（与 Zigbee 协调器直接相连）。

Zigbee 路由器：Zigbee 无线传感网的中心负责终端节点与协调器之间的信息交换。

Zigbee 终端节点：包括温湿度，光照度，水解氧等传感器的采集终端。

（2）光照度控制

如图 C-3 所示给出了光照度控制的原理。植物的光合作用需要阳光和 CO_2，当光照度达到系统设定值时，系统会自动打开风扇，加强通风。

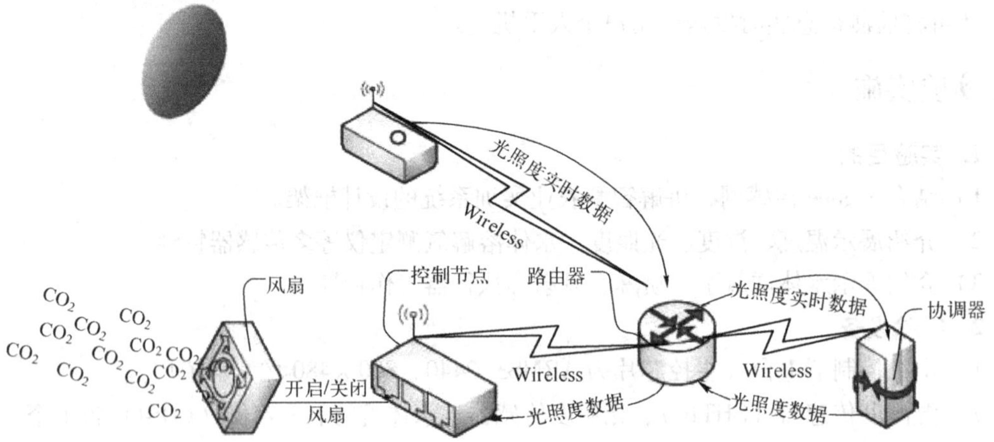

图 C-3　光照度控制原理图

光照度传感器节点部分：光照度节点采用光敏电阻，通过 CC2530AD 采样获取当前光照度数据，并将数据向协调器发送。光照度传感器节点如图 C-4 所示。

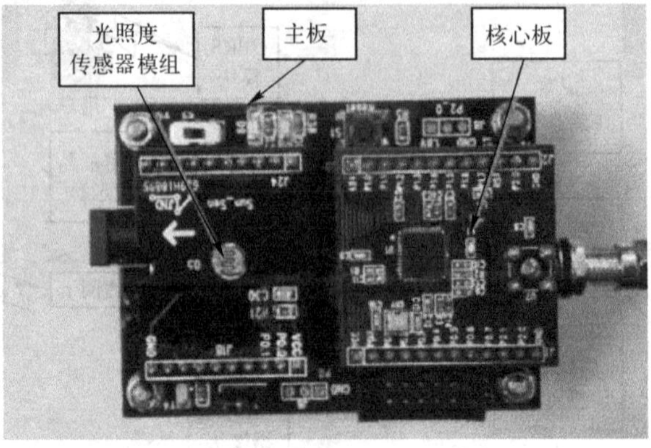

图 C-4　光照度传感器节点

光照度控制节点部分：控制节点加入网络成功之后，协调器会向控制节点发送光照度数据或控制命令。所以节点要判断收到的是数据命令还是控制命令。如果收到的是光照度数据命令且超过了阈值，则关闭风扇，反之打开风扇。

网关部分：网关向协调器发送控制命令，协调器按照协议向网关发送节点数据包。

（3）温湿度控制

如图 C-5 所示给出了温湿度控制原理。植物生长需要合适的温湿度环境，当环境温度低于设定温度，可自动开启加热器，当环境湿度低于设定湿度，可自动开启加湿器。

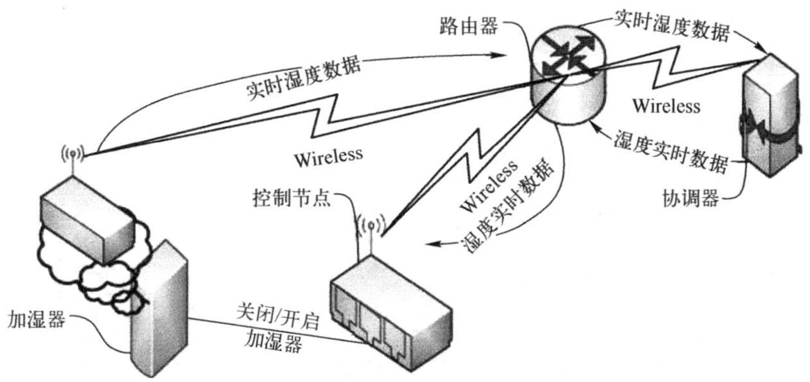

图 C-5　温湿度控制原理图

温湿度传感节点部分：SHT10 用于采集周围环境中的温度和湿度，工作电压 2.4 ~5.5 V，采用 SMD 贴片封装。输出的温湿度模拟信号通过运放放大之后经 AD 转换成为数字量，通过数据总线供用户使用。

温湿度控制节点部分：控制节点加入网络之后，判断实时数据和设定阈值，如果温湿度低于设定数据则相应打开加热加湿器，反之则关闭它们。

网关部分：通信方式与上例风扇一致。

（4）水解氧控制。

水解氧传感节点部分：水解氧含量可指示水体洁净程度，对于鱼塘来说这是一个重要指标，水解氧增加可利于水中动物生长，也可去除挥发性物质，使水质净化。我们通过 COS_4 电化学传感测定仪来测量这项指标。传感器中的电流与水中氧分压的含量成正比，将其经运放处理为电压信号后供采样节点采样。

控制节点部分：控制节点加入网络后，判断实时水解氧浓度是否低于设定阈值，如果低于设定值则开启增氧泵，反之则关闭。

网关部分：通信方式与上例风扇一致。

5. 实验过程

利用嵌入式 Web 服务器对智慧农业中的参数进行监控。具体操作如下：

1）温度、湿度的监测：通过传感器和 Zigbee 节点对大棚的参数进行监测。

2）风扇控制：通过触摸屏控制风扇。

3）喷淋系统：通过触摸屏控制喷淋。

4）融氧监控：对鱼塘的融氧进行控制。

6. 实验小结

1）简述智慧农业的整体架构。

2）以温湿度传感器实验为例，简述温湿度控制的原理。

参考文献

[1] 朱仲英．传感网与物联网的进展与趋势［J］．微型电脑应用，2010，26（1）：1－3.

[2] 金纯，罗祖秋，罗凤．Zigbee技术基础及案例分析［M］．北京：国防工业出版社，2008.

[3] 王志良，王粉花．物联网工程概论［M］．北京：机械工业出版社，2011.

[4] 彭力．无线传感器网络技术［M］．北京：冶金工业出版社，2011.

[5] 孙利民，李建中，陈渝，等．无线传感网络［M］．北京：清华大学出版社，2005.

[6] 孙亭，杨永田．无线传感器网络发展现状［J］．电子技术应用，2011，5.

[7] 曹承志，王楠．智能技术［M］．北京：清华大学出版社，2004.

[8] 吴功宜，吴英．物联网工程导论［M］．北京：机械工业出版社，2012.

[9] UIT. ITU Internet Reports 2005：The Internet of Things［R］．2005.

[10] 卢涛，尤安军．美、欧、日、韩等国物联网产业的发展战略及其对我国的启示［J］．科技进步与对策，2012，（29）：47－51.

[11] 欧青立，曾照福，徐光远，沈洪远．嵌入式系统的架构与发展［J］，实验室研究与探索，2007，26（4）：57－61.

[12] 刘霞，刘士彩．嵌入式系统应用现状及发展趋势［J］．科技信息，2011（02）．

[13] 王亚唯．物联网发展综述［J］．科技信息，2010（03）．

[14] 无锡市物联网产业发展规划纲要［Z］．无锡市政府，2012.

[15] 刘平．自动识别技术概论［M］．北京：清华大学出版社，2013.

[16] 聂敏，等．现代通信系统原理［M］．北京：电子工业出版社，2013.

[17] 周洪波．物联网技术、应用、标准和商业模式［M］．北京：电子工业出版社，2011.

[18] 邹铁刚，等．移动通信技术及应用［M］．北京：清华大学出版社，2013.

[19] 王平．物联网概论［M］．北京：北京大学出版社，2014.

[20] 沈苏杉，毛燕琴，曲立．物联网概念模型与体系结构［J］．南京邮电大学学报（自然科学版），2010，30（5）：1－8.

[21] 孙其博，刘杰．物联网：概念、架构与关键技术研究综述［J］．北京邮电大学学报，2010，33（3）：1－9.

[22] W Richard Stevens. TCP/IP详解卷1：协议［M］．范建华，等译。北京：机械工业出版社，2000.

[23] 肖慧彬．物联网中企业信息交互中间件技术开发研究［D］．北京：北京工业大学，2009.

[24] Hua－Dong Ma. Internet of Things：Objectives and Scientific Challenges［J］．JOURNALOF COMPUTER SCIENCE AND TECHNOLOGY，2011，26（6）：919－924.

[25] HaoChen，Xueqin Jia，Heng Li. A Brief Introduction to IoT Gateway［J］．ICCTA，2011.

[26] 吴功宜．智慧的物联网——感知中国和世界的技术［M］．北京：机械工业出版社，2010.

[27] 胡小青，范并思．云计算给图书馆管理带来挑战［J］．大学图书馆学报，2009.

[28] 石志国，薛为民，尹浩．计算机网络安全教程［M］．北京：清华大学出版社，2007.

[29] 胡道元，闵京华．网络安全［M］．北京：清华大学出版社，2004.
[30] 袁津生，吴砚农．计算机网络安全基础［M］．北京：人民邮电出版社，2004.
[31] 臧劲松．物联网安全性能分析［J］．计算机基础，2010.
[32] 樊世清，于泽，郭红军．论物联网对供应链管理的影响［J］．中国经贸导刊，2009（19）．
[33] 江宏．物联网引发供应链革命［J］．物流技术与应用，2004.
[34] 赵国庆．物联网在物流运输中的应用探讨［J］．中国商界，2010（18）．
[35] 潘金生．基于物联网的物流信息增值服务［J］．经济师，2007（9）．